青海省生态保护、修复与建设集成模式

王文颖　史培军　陈克龙　曹广超　刘峰贵　连利叶　著

科学出版社

北京

内 容 简 介

本书针对三江源草地与湿地生态功能区、祁连山冰川与水源涵养生态功能区、青海湖流域生物多样性生态功能区、柴达木盆地荒漠生态功能区和河湟谷地农业供给生态功能区五大功能区，系统筛选上述区域近20年已实施的生态保护、修复和建设项目工程及关键技术；基于各功能区生态系统服务价值评估数据，评估各功能区已实施的生态保护、修复和建设工程的生态效益、经济效益和社会效益；明确五大功能区应承担的生态保护、修复、建设责任与社会发展集成模式，为青海省全面履行生态责任提供科学支撑。

本书可供从事高原生态学、地理学、生物学研究的科研人员、高校教师和研究生阅读，也可以为从事生态环境保护、生态可持续发展和国家公园建设相关部门的管理人员及技术人员提供参考。

审图号：青S（2024）153号

图书在版编目（CIP）数据

青海省生态保护、修复与建设集成模式 / 王文颖等著. —北京：科学出版社，2024.12

ISBN 978-7-03-072613-1

Ⅰ. ①青… Ⅱ. ①王… Ⅲ. ①区域生态环境－生态环境保护－研究－青海 Ⅳ. ①X321.244

中国版本图书馆CIP数据核字（2022）第104313号

责任编辑：杨帅英 程雷星 /责任校对：郝甜甜

责任印制：徐晓晨 /封面设计：图阅社

科学出版社 出版

北京东黄城根北街16号

邮政编码：100717

http://www.sciencep.com

北京中科印刷有限公司印刷

科学出版社发行 各地新华书店经销

*

2024年12月第 一 版 开本：787×1092 1/16

2024年12月第一次印刷 印张：18 3/4

字数：445 000

定价：268.00元

（如有印装质量问题，我社负责调换）

本书编委会

前 言

青海最大的价值在生态、最大的责任在生态、最大的潜力也在生态。青海的生态地位决定了青海必须实施生态优先战略，这不仅是构筑中下游地区可持续发展的生态屏障之根基所在，更是东南亚乃至全球生态安全的必要保障。生态优先战略的确立决定了必须全面研究青海的生态价值、生态责任和生态潜力，以便从理论上、技术上和模式上为这一战略的顺利实施提供必要的科技支撑。

有没有科学客观的量化数据阐明青海生态地位在全球和全国的特殊性和重要性？2008年青海省确立“生态立省”战略以来生态价值是否变化，如何变化，变好了多少？以及近几年推进的重大生态保护、恢复（修复）与建设工程的生态效益如何？现有的生态价值评估有没有考虑高原生态系统对于区域外的溢出价值，有没有权衡高原隆升和气候变化造成的生态价值变化得失？这些问题不仅是党中央、国务院和省委省政府等各级管理部门和决策层迫切需要了解和共同期盼解决的重大科学问题，也是实现社会经济和生态环境协调发展迫切需要解决的重大技术问题。

科学评估青海的生态价值并准确定位这一价值的来源、数量和变化动态，是合理判断青海生态地位的重要科学依据。合理划分不同区域应当承担的生态责任并提供生态保护、修复和建设的关键技术支撑，是落实各区生态保育责任的重要手段。准确评估不同资源系统的生态开发潜力并积极探索将潜力转化为生产力的发展模式，是因地制宜地构建青海大生态产业的重要前提。解决这些问题，需要全面研究青海的生态价值、生态责任和生态潜力，科学评估青海生态家底、合理规划青海生态产出、加快攻克生态保育的关键技术和建设模式，为美丽中国生态梦的价值诉求贡献青海力量。

因此，本课题组针对青海省三江源草地与湿地生态功能区、祁连山冰川与水源涵养生态功能区、青海湖流域生物多样性生态功能区、柴达木盆地荒漠生态功能区和河湟谷地农业供给生态功能区等五大功能区，系统调查、整理了近20年来已实施的生态保护、修复与建设项目的工程和关键技术，全面梳理了全省五大生态功能区已承担的生态保护、修复、建设责任与社会-生态协同发展模式，评估了五大生态功能区生态保护、修复、建设效益。结果表明：青海省生态保护、修复和建设工程的生态效益显著，经济和社会效益显现，社会-生态协同发展模式初步形成。2000年以来，青海省在五大功能区实施生态保护、修复和建设工程项目321项，治理模式48种，累计投资近817.83亿元。2000～2020年，三江源草地与湿地生态功能区（简称三江源生态功能区）生态系统服务总价值为2.24万亿元/a，年平均为578万元/km^2；祁连山冰川与水源涵养生态功能区（简称祁连山生态功能区）生态系统服务总价值为0.33万亿元/a，年平均为590万元/km^2；青海湖流域生物多样性生态功能区（简称青海湖生态功能区）生态系统服务总价值为0.19万亿元/a，年平均为775万元/km^2；柴达木盆地荒漠生态功能区（简称柴达木生态功能区）生态系统服务总价值为0.91万亿元/a，单位面积年平均为397万元/km^2；河湟谷地农业供给生态功能区（简称河湟谷地生态功能区）生态系统服务总价值为0.06万亿元/a，单位面积年平均为405万元/km^2。五个生态功能区生态系统服务总价值由大到小依次为三江源生态功能区＞柴达木生态功能区＞祁连山生态功能区＞青海湖生态功能区＞河湟谷地生态功能区；单位面积总价值由大到小依次为青海湖生态功能区＞祁连山生态功能区＞三江源生态功能区＞河湟谷地生态功能区＞柴达木生态功能区；投资效益由大到小依次为青海湖生态功能区＞祁连山生态功能区＞柴达木生态功能区＞三江源生态功能区＞河湟谷地生态功能区。全省五个生态功能区生态系统服务总价值20年间增加了6013亿元，是2018年GDP的2倍，单位面积增加值83.2万元/km^2，达到此期间总投资（817.83亿元）的约7.4倍。

全省五大生态功能区生态保护、修复和建设集成模式类型多样。其中，三江源生态保护以建立国家公园、自然保护区，生态移民、草原生态补助奖励、生态管护岗设置为主；生态修复以天然草地改良、有害生物防治、森林草原防火、退牧还草、封山育林、禁牧抚育为主；生态建设以防沙治沙、黑土滩治理、人工饲草基地建设、水土保持、人工造林、小城镇建设工程等为主。通过多部门协作、多渠道保障、多区域联动和多措施优化四个层次集成山水林田湖草畜多层次跨区联动保护修复建设模式，创建兼顾生活-生态的协同范式。柴达木盆地、河湟谷地以流域为单元，实行流域综合治理，构建绿色产业，发展设施农业、"专业合作社＋农户""公司＋基地（合作社）＋农户""互联网＋物联网"等模式，创建生活-生态-生产一体化发展的范式。

本书各章的撰写分工如下：第1章由王文颖、史培军、李文龙、陈哲、刘攀、祝存兄、史飞飞、曹晓云撰写；第2章由曹广超、史培军、张进虎、袁杰、曹生奎撰写；第3章由陈克龙、于德永、王欣烨、马元希、索南吉、周华坤、张卓撰写；第4章由连利叶、温军、郭凯先撰写；第5章由刘峰贵、陈琼、汪生珍撰写。此外，在本书的统稿过程中，刘艳方、张永红、张卓、杨玉青、德却拉姆等也做了大量的工作，在此表示感谢！

本书是青海师范大学、北京师范大学、青海省气象科学研究所、兰州大学的近20名教授和研究员近几年工作的系统总结，内容涉及生态学、地理学、地理信息科学、气象学、管理学等多门学科。本书所涉研究得到以下项目支持：青海省重大科技专项青海生态价值评估及大生态产业发展综合研究（项目编号：2019-SF-A12）；国家重点研发计划青藏高原典型自然保护地生态系统保护恢复及多功能提升技术与示范（项目编号：2023YFF1304305）；第二次青藏高原综合科学考察研究青藏高原草地生态安全评估与适应性管理（项目编号：2019QZKK0302）和生物地球化学循环与环境健康（项目编号：SQ2019QZKK2206）；2019年青海省“高端创新人才千人计划”之杰出培养人才——王文颖和领军培养人才——陈克龙；2020年青海省“昆仑英才·高端创新创业人才”拔尖人才——张进虎、袁杰；青海省中央引导地方科技发展资金项目青藏高原草地生态系统微生物驱动的碳氮循环研究（项目编号：2021ZY002）。在此表示感谢。

在项目执行过程中得到中国科学院院士孙鸿烈、中国科学院院士郑度、中国科学院院士秦大河、中国科学院院士傅伯杰、中国科学院院士于贵瑞、中国科学院院士吴国雄、北京大学彭建教授、北京师范大学宋长青教授和效存德教授的指导，特此感谢！感谢青海大学赵新全研究员，三江源自然保护区管理局张德海高级工程师，青海省林业和草原局王恩光局长、张莉处长的支持与帮助！感谢青海省人民政府-北京师范大学高原科学与可持续发展研究院的支持！感谢青海省发展和改革委员会、青海省生态环境厅、青海省水利厅、青海省林业和草原局、青海省农业农村厅对本书数据的核实和审定！

鉴于作者水平和时间有限，书中不足之处在所难免，恳请读者批评指正！

作 者

2023年12月

目 录

第1章 三江源生态功能区生态保护、修复与建设集成模式

1.1 引 言

1.1.1 研究背景和意义

青海最大的价值在生态、最大的责任在生态、最大的潜力也在生态。青海的生态地位决定了青海必须实施生态优先战略，这不仅是构筑青海河源区中下游地区可持续发展的生态屏障之根基所在，更是东南亚乃至全球生态安全的必要保障。生态优先战略的确立决定了必须全面研究青海的生态价值、生态责任和生态潜力，以便从理论上、技术上和模式上为这一战略的顺利实施提供必要科技支撑。

三江源区位于31°39′N～37°10′N，89°24′E～102°27′E，是中国重要江河——长江、黄河与澜沧江的发源地，区域内发育了高寒湿地、冰川雪山、高寒草甸等，具有极为重要的水源涵养和水调节功能，长江总水量的25%、黄河总水量的49% 和澜沧江总水量的15%都源自该区域，被称为“中华水塔”。三江源总面积约39.0万km^2，占青海省总面积的约54%。东西跨度约1150km，南北跨度约490km，平均海拔在4000m以上。特殊的地理位置、丰富的自然资源、重要的生态功能使其成为中国青藏高原生态安全屏障的重要组成部分，也孕育了三江源区独特的生物区系，成为高原生物多样性最集中的地区，被誉为高寒生物自然种质资源库（陈桂琛，2007；Anderson and Goulden，2011）。高寒草地是三江源分布最广泛、最主要的植被类型，约占总区域面积的65%，以高寒草甸和高寒草原为主，分别占76%和23%。高寒草地是三江源生物多样性和生态系统服务功能、畜牧业生计和文化的基础，恢复草地生态是三江源生态保护工程的主要目标之一。近几十年来，受全球气候变暖和人类活动加剧的双重影响（Chen et al.，2014；Zhou et al.，2015），该区域生态系统发生了严重退化。

为保护三江源的生态环境，青海省在2000年建立了面积约15.2万km^2的三江源自然保护区，2003年三江源自然保护区升为国家级自然保护区。2005年，国务院批准实施《青海三江源自然保护区生态保护和建设总体规划》（以下简称《一期规划》，相应的工程称“一期工程”），总投资75亿元。建设内容包括生态保护与建设项目（49.2亿

元）、农牧民生产生活设施项目（22.2亿元）和支撑项目（3.6亿元）等3大类22项，重点工程区为三江源国家级自然保护区，包括全部18个自然保护分区，面积占三江源地区总面积的42%。为加强三江源的保护力度，2011年国务院又将范围扩展为整个综合试验区，即包括玉树、果洛、海南、黄南4个州的21个县和格尔木市的唐古拉山镇的总面积39.0万km^2的区域。

为回答习近平总书记指出的“青海最大的责任在生态”，本书针对青海省五大生态功能区特征，系统评估五大生态功能区生态环境保护及社会经济发展现状，提出生态环境保护与社会经济发展双赢目标，凝练、筛选适合各功能区的生态保护、修复、建设与社会经济发展的关键技术及集成模式，明确各功能区应承担的生态保护、修复与建设责任与社会经济发展模式，为全面履行青海省生态责任提供科学支撑。

1.1.2 研究内容

本书针对三江源草地与湿地生态系统，梳理已实施的生态保护、修复和建设项目，系统筛选三江源区主要的生态保护、修复和建设关键技术及措施；基于生态系统服务价值评估结果和实施的生态建设专项结果，评估已开展的生态保护、修复和建设措施的成效；依据其生态保护目标，构建定量评估指标体系，突出水源地价值的维护，提出三江源区生态保护、修复和社会发展的集成模式，为持续发挥三江源区生态系统功能与服务、全面履行青海省生态责任提供科技支撑。

1.1.3 技术路线

本书技术路线如图1.1所示。

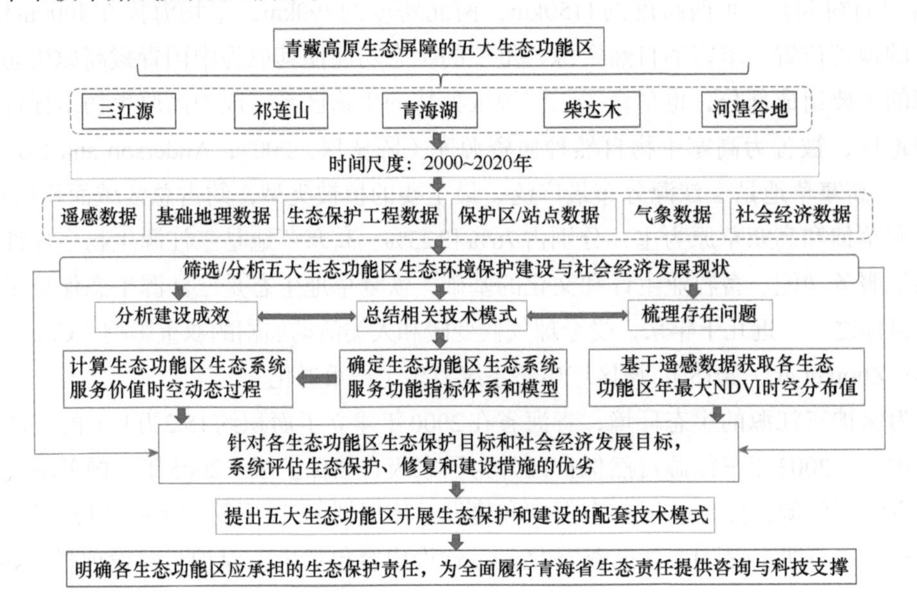

图1.1 技术路线图

1.2　研究区概况

1.2.1　地理位置

三江源区位于青藏高原腹地、青海省南部，是长江、黄河和澜沧江的源头。地理位置介于31°39′N～37°10′N，89°24′E～102°27′E，行政区域涉及玉树藏族自治州（简称玉树州）、果洛藏族自治州（简称果洛州）、海南藏族自治州（简称海南州）、黄南藏族自治州（简称黄南州）全部行政区的21个县和格尔木市的唐古拉山镇，共158个乡镇，行政村（含社区）1214个，总面积为39.0万km^2，占青海省总面积的约54%。

1.2.2　地形地貌

三江源区地貌以山地为主，源区内地形复杂、山脉广布、地势高耸，海拔在2579～6813m，昆仑山脉及其支脉阿尼玛卿山、巴颜喀拉山和唐古拉山脉是源区的主要山脉，纵穿境内，总体地势为西高东低。海拔5000m以上地区有冰川覆盖，因高山山顶平缓，有利于冰川发育，主要分布在阿尼玛卿、昆仑山和唐古拉山山脉。处于西部的长江源区群山高耸，平均海拔最高，以冰川、冰缘、高山、高地平原、丘陵地貌为主，相间分布，间有谷地、盆地和沼泽。地处中西部的部分长江源区以及北部的澜沧江源区，由于未受到青藏高原强烈隆起所造成的河流溯源侵蚀影响，因而地势平坦，起伏较小，宽阔而平坦的滩地较多，有大面积的沼泽发育，特别是可可西里地区，相对高差仅300～600m。位于东南部的黄河源区及部分长江源区属于高山峡谷地带，地形陡峭，相对高差在1000m以上，坡度多在30°以上。东部的阿尼玛卿山横穿东西，山峰终年积雪覆盖（郑度，1996；王春敏，2018）。

1.2.3　气候

三江源区气候属于典型的高原大陆性气候，表现为冷暖两季交替，干湿两季分明，无四季之分；年温差小、日温差大、日照时间长、辐射强烈的气候特征。冷季时间长，受青藏冷高压控制，温度低、降水量少；暖季时间短，受西南季风影响，水汽丰富、降水量多。由于海拔高，绝大部分地区空气稀薄，所以太阳辐射强烈，日照时间长，蒸发量大，年太阳辐射量为5500～6800MJ/m^2，年日照时数为2300～2900h，年蒸发量为730～1700mm；平均气温为−5.6～3.8℃，一般7月气温最高，1月气温最低；年平均降水量为262.2～772.8mm，降水多集中在6～9月，约占全年降水量的75%；植物生长期短，无绝对无霜期（范微维，2017；邵全琴和樊江文，2012）。

1.2.4 河流湿地

三江源区水资源十分丰富，素有“中华水塔”乃至“亚洲水塔”之称，区内河流密布，湖泊、沼泽众多，是世界上海拔最高、湿地面积最大、湿地类型最丰富的地区。三江源区山脉众多，大部分地区海拔在4000m以上，雪线以上地区因海拔高、气温低积雪常年不化，使得雪山、冰川分布范围大，因此三江源区也是中国雪山冰川集中地之一。

三江源水系发达，区内河流密布，有大小河流180多条，河流面积达0.16万km^2，年总径流量为324.17亿m^3，多年平均总流量达到1022.3m^3/s，长江、黄河、澜沧江水系是三江源区主要的三大外流河。长江是我国第一大河，发源于唐古拉山主峰各拉丹东雪山，在三江源区内长1217km，占干流全长的约19%，主要支流有沱沱河、楚玛尔河、当曲、通天河等；黄河是我国第二长河，发源于巴颜喀拉山北麓约古宗列盆地，在三江源区内长1959km，占干流全长的约36%，主要支流有扎曲、卡日曲、约古宗列曲等；澜沧江是一条国际性河流，发源于唐古拉山北麓杂多县西北部查加日玛山，经杂多县、囊谦县后进入西藏，经云南省出境，在三江源区内长448km，占干流全长的约9%。

三江源区湿地广布，湿地总面积达7.33万km^2，湿地类型以湖泊湿地和沼泽湿地为主。湖泊主要分布在长江、黄河的源头，大小湖泊16500余个，面积大于0.5km^2的湖泊共188个，总面积为0.51万km^2。沼泽主要分布在黄河源，以及长江的沱沱河、楚玛尔河、当曲河三源头，澜沧江河源也有大片沼泽发育，成为中国最大的天然沼泽分布区，总面积达6.66万km^2（谢遵党，2017）。

1.2.5 植被

三江源区地形复杂，地貌多样，自然资源丰富，其独特的地理环境和特殊的气候条件孕育了独特而典型的高寒生态系统，拥有丰富的野生动植物资源，是世界高海拔地区生物多样性特点最集中的地区，被誉为高寒生物自然种质资源库。据调查，三江源区野生维管束植物有87科、471属、2238种，约占全国植物种数的8%。植物种类以草本植物居多，在471属中，草本植物422属，约占 89%；灌木植物41属，占8.7%；乔木植物11属，总属数的 2.3%。野生药用植物就有100多种，主要有冬虫夏草、党参、蕨麻、羌活、柴胡、知母、贝母、水母、沙棘、雪莲、大黄、藏茵陈等。受地形地势和光照强度等因素的影响，三江源区气温和降水均呈现出从东南向西北逐渐递减的趋势，因此植被分布状况有明显的水平分带性。从东南向西北依次分布着森林、高山灌丛、高寒草甸、温性草原、高寒草原、高寒荒漠等植被类型。森林植被分布于源区的东部及南部地区，主要种类有川西云杉、青海云杉、紫果云杉、红杉、祁连圆柏、大果圆柏、白桦、红桦、糙皮桦等；灌丛植被主要有杜鹃、山柳、金露梅、锦鸡儿、水栒子、忍冬等（刘敏超等，2005）。草地是三江源地区的主体植被类型，其分布面积占三江源地区总面积的65.37%（刘纪远等，2008）。草地类型主要包括高寒草甸、高寒草原、沼泽湿地、荒漠草原以及温性草原等植被类型。由于该地区地势由东南至西北逐渐抬升，同时受到来自南部孟加拉湾暖湿气流的影响，自东南向西北温度和降水量均逐渐降低，从而出现高寒草甸和高寒草原由东南向西北的过渡。

1.2.6　社会经济

青海省三江源区行政区域涉及海南、黄南、果洛、玉树四个藏族自治州全部行政区域的21个县和格尔木市的唐古拉山镇，截至2018年底，三江源区内总人口为136.71万人，其中乡村人口108.67万人，约占 79.49%，是一个以藏族为主（占90%），包括汉、回、撒拉、蒙古族的多民族聚集区。人口分布呈现东多西少的布局，其中，同仁县、囊谦县、贵德县、玉树市、共和县人口密度较大，其他县人口密度较低（朱夫静，2016）。自改革开放以来，三江源区经济社会有了长足发展，但从生态环境的长远保护出发，自2005 年开始，三江源区的发展思路转变为以保护生态为主，政府不再考核三江源核心区域的GDP，而对其生态保护建设及社会事业发展方面的具体指标进行考核，其目的就是更好地保护好“中华水塔”，维护好生态屏障。近年来，随着《一期规划》的实施和人们生态环境保护意识的提高，三江源区生态环境逐步改善，生态旅游、居民服务业发展速度较快，成为推动第三产业快速发展的重要组成部分。2018年三江源区第三产业产值113.44亿元，占地区生产总值（326.48亿元）的35.75%。

1.2.7　三江源自然保护区

三江源自然保护区在三江源地区范围内，以森林灌丛、高原湖泊、湿地、雪山冰川、高寒草甸草原、野生动物分布集中且相对独立的18个保护分区组成，保护区总面积约为15.2万km^2，占青海省总面积的约21%，占三江源区总面积的约39%。三江源自然保护区以长江、黄河、澜沧江源头生态系统保护为主要内容，保护对象复杂，地理区位独特。根据保护区主体功能确定了以高原湿地生态系统为主体的自然保护区网络，其各自然保护分区面积与主要保护对象见表1.1。

三江源自然保护区根据自然资源分布情况、保护目的，区划为核心区、缓冲区和实验区3种类型。核心区总面积31218km^2，约占自然保护区总面积的20.49%；缓冲区面积39242km^2，占自然保护区总面积的25.76%；实验区面积81882km^2，占自然保护分

表1.1 三江源自然保护分区信息表

保护分区名称	面积/km²	保护类型	主要保护对象	保护区类型
阿尼玛卿雪山保护分区	4280.09	湿地与动物	雪山、高原珍稀动物	冰川类型
昂赛森林灌丛保护分区	1511.64	森林灌丛	暗针叶林、高山灌丛及动物	森林类型
白扎原始森林保护分区	8935.27	森林、动物	暗针叶林、森林动物	森林类型
当曲湿地保护分区	16423.38	湿地	沼泽湿地以及栖息的珍稀动物	湿地类型
东仲森林灌丛保护分区	2925.55	森林草原、动物	暗针叶林、森林动物、高山草甸草原	森林类型
多可河森林灌丛保护分区	578.76	森林、动物	暗针叶林、高山灌丛及珍稀动物	森林类型
各拉丹东雪山冰川保护分区	10376.83	湿地	冰川、雪山和珍稀动物	冰川类型
果宗木查湿地保护分区	11192.76	湿地	沼泽湿地以及栖息的珍稀动物	湿地类型
江西原始林保护分区	2424.73	森林、动物	暗针叶林、森林动物	森林类型
玛可河森林灌丛保护分区	1971.27	森林、动物	暗针叶林、高山灌丛及珍稀动物	森林类型
麦秀森林灌丛保护分区	2684.38	森林、动物	暗针叶林、珍稀动物	森林类型
年保玉则雪山冰川、湿地保护分区	3469.29	湿地	冰川、湖泊、野生动植物及其栖息地	湿地类型
索加-曲麻河野生动物保护分区	41631.56	高寒草原、湿地	高寒植被生态系统、野生动物	草地类型
通天河疏林灌丛保护分区	9594.48	峡谷灌丛草地	高原峡谷灌丛草地	草地类型
星星海湿地保护分区	6906.43	湿地与动物	珍稀水禽及其栖息环境	湿地类型
约古宗列湿地保护分区	4063.06	湿地	高寒湿地生态系统及其栖息的动物	湿地类型
扎陵湖鄂陵湖湿地保护分区	15507.21	湿地与动物	湖泊湿地水禽、涉禽以及其他珍稀动物	湿地类型
中铁军功森林灌丛保护分区	7865.31	森林、动物	针阔叶林与森林动物	森林类型
合计	152342	湿地类型6个；森林类型8个；草地类型2个；冰川类型2个		

注："保护分区名称"一栏以下往下分别简称为阿尼玛卿保护分区、昂赛保护分区、白扎保护分区、当曲保护分区、东仲保护分区、多可河保护分区、各拉丹东保护分区、果宗木查保护分区、江西保护分区、玛可河保护分区、麦秀保护分区、年保玉则保护分区、索加-曲麻河保护分区、通天河保护分区、星星海保护分区、约古宗列保护分区、扎陵湖鄂陵湖保护分区、中铁军功保护分区。

区总面积的53.75%。其中，核心区是自然保护区的核心，主要保护和管理好典型生态系统与野生动物栖息地，以封禁管护为主，禁牧、禁猎、禁伐。核心区牧民和牲畜迁出来，实行退牧退耕还草还林、开展自然环境与资源保护示范工程，并作为科研、观测、监测、宣传教育基地。缓冲区是核心区与实验区的过渡带，是核心区免遭人为活动影响而起缓冲作用的功能区，主要控制缓冲区对核心区的影响，并作为退化生态系统恢复与治理主战场，严格控制进入的人和牲畜数量。以草定畜、限牧轮牧、重点安排各种生态建设和环境保护工程，建设必要的管护、科研、监测、宣传教育等基础设施。实验区是核心区和缓冲区以外的区域，可开展与保护有关的科学实验、考察研究以及有利于保护区的发展、建设的一切活动。主要调整产业结构，优化资源配置，开展退化生态系统的恢复和重建，发展区域经济，促进社会进步（陈孝全，2002）。

1.3 生态保护工程清单

1.3.1 生态保护和建设规划

2005年国务院批准了《一期规划》,《一期规划》范围15.2万km^2，涉及玉树藏族自治州称多、杂多、治多、曲麻莱、囊谦、玉树6县，果洛藏族自治州玛多、玛沁、甘德、久治、班玛、达日6县，海南藏族自治州的兴海和同德2县，黄南藏族自治州的泽库县和河南蒙古族自治县（简称河南县），共16县以及格尔木市的唐古拉山镇，共由70个不完整的乡镇构成18个保护分区。每个保护分区又划分为核心区、缓冲区和实验区。

《一期规划》执行期为2005～2012年，建设内容包括三大类22项工程，其中，生态保护与建设项目有12项，包括退牧还草工程、退耕还林（草）工程、封山育林、沙漠化土地防治、湿地生态系统保护、黑土滩综合治理、森林草原防火、鼠害防治、水土保持工程、保护区管理设施与能力建设、野生动物保护和湖泊湿地禁渔工程；农牧民生产生活基础设施建设项目有6项，包括生态移民工程、小城镇建设、建设养畜配套工程、能源建设工程、灌溉饲草料基地建设和人畜饮水工程；生态保护支撑项目有4项，包括人工增雨工程、科研课题及应用推广、生态监测和农牧民培训。《一期规划》总投资75亿元。

1.3.2 生态保护和建设二期工程规划

2013年国务院第33次常务会议审议通过《青海三江源生态保护和建设二期工程规划》(以下简称《二期规划》)，国家发展和改革委员会于2014年1月8日正式印发该规划，青海省委省政府于1月10日召开启动大会启动实施。《二期规划》包括青海三江源国家生态保护综合试验区，含玉树、果洛、海南、黄南4州21县和格尔木市唐古拉山镇的全部行政区域，共158个乡镇，1214个行政村（含社区）。实施期限为2013～2020年。

《二期规划》包括生态保护和建设、支撑配套两大类24项工程。其中，生态保护和建设工程共17项，包括禁牧封育和草畜平衡管理、退牧还草、黑土滩治理、草原有害生物防控、现有林管护、封山育林、人工造林、农田防护林更新改造、中幼林抚育、林木种苗基地建设、森林有害生物防控、荒漠生态系统保护与建设、湿地和雪山冰川保护、水土保持、人工影响天气、饮用水源地保护、生物多样性保护和建设。支撑配套工程共7项，包括生态畜牧业基础设施、农村能源建设、生态监测、基础地理信息系统、科研和推广、培训、宣传教育。

根据《二期规划》目标，到2020年，林草植被得到有效保护，森林覆盖率由4.8%提高到5.5%，草地植被覆盖度平均提高25～30个百分点；土地沙化趋势得到有效遏制，可治理沙化土地治理率达到50%，沙化土地治理区内植被覆盖率达30%～50%；水土保持能力、水源涵养能力和江河径流量稳定性增强；湿地生态系统状况和野生动植物栖息地环境明显改善，生物多样性显著恢复；农牧民生产生活水平稳步提高，生态补偿机制进一步完善，生态系统步入良性循环。

《二期规划》总投资160.57亿元，其中，中央预算内投资80.83亿元，包括退牧还草、黑土滩治理、人工造林、荒漠生态系统保护与建设、湿地和雪山冰川保护、水土保持、人工影响天气、饮用水源地保护、生物多样性保护和建设等21项工程，占规划总投资的50.34%；财政资金79.74亿元，包括禁牧封育和草畜平衡管理、现有林管护、中幼林抚育3项工程，占规划总投资的49.66%。

1.3.3 已实施生态保护工程清单

2000～2019年青海省三江源实施了三江源生态保护和建设一期工程、三江源生态保护和建设二期工程、第一轮草原生态补奖政策、第二轮草原生态补奖政策、三江源草原管护等生态保护项目，累计投入资金352.20亿元（表1.2）。

1. 生态保护与建设、基础设施建设和支撑项目工程清单

2005～2013年实施了青海三江源生态保护和建设一期工程，该工程包括生态保护与建设项目、农牧民生产生活基础设施建设项目、支撑项目三大类项目，退牧还草工程、退耕还林（草）工程、封山育林、沙漠化土地防治、湿地保护、黑土滩治理、森林草原防火、鼠害防治、水土保持工程、管理设施与能力建设、野生动物保护、湖泊湿地禁渔工程、生态移民工程、小城镇建设、建设养畜工程、能源建设、灌溉饲草料基地建设、人畜饮水工程、人工增雨工程、科研课题及应用推广、生态监测、科技培训等22项生态保护工程项目。项目累积实施生态保护、修复和建设面积21772万亩（1亩≈666.67m^2），其中草原鼠害防治实施面积达11778万亩（占三江源的20.13%），其次为退牧还草工程，实施面积为8471万亩（占14.48%），其他如黑土滩治理、沙漠化土地防治等1394万亩（占2.38%）。总计青海三江源生态保护和建设一期工程总投资达64.50亿元，其中退牧还草工程26.28亿元，建设养畜工程8.91亿元，黑土滩治理5.23亿元，生态移民工程4.46亿元，这几项工程投资位居前列。

表1.2 三江源生态功能区生态保护/修复/建设工程清单

序号	生态工程名称	主要措施	实施年份	实施地点	完成情况和实施面积	总投资/万元
			青海三江源生态保护和建设一期工程			**644947**
一			生态保护与建设项目			**413479**
1	退牧还草工程	减畜禁牧、围栏封育	2003～2013年	原有渠道项目	8471.0万亩	262778
2	退耕还林（草）工程	核心区全部退耕还林、缓冲区25°以上全部退耕还林	2005年	囊谦县	9.8万亩	13523
3	封山育林	封山育林、人工造林	2005～2007年；2009～2013年	玛沁县、达日县、班玛县、久治县、甘德县、玛多县、玛可河林场、同德县、兴海县、河南县、泽库县、麦秀林场、玉树市、称多县、囊谦县、治多县、杂多县、曲麻莱县	555.0万亩	31643
4	沙漠化土地防治	封沙育林草、复合治沙、生物治沙、工程治沙	2005年；2007～2011年	玛沁县、玛多县、玛可河林场、治多县、曲麻莱县	66.2万亩	4617
5	湿地保护	长江源区的各拉丹东、当曲湿地群；黄河源区约古宗列湿地、扎陵湖鄂陵湖湿地、星宿海沼泽湿地、阿尼玛卿雪山划为核心区进行保护	2007年；2010～2013年	玛多县、治多县、杂多县、曲麻莱县	162.1万亩	11208
6	黑土滩治理	人工草地建植	2005年；2007～2013年	玛沁县、达日县、班玛县、久治县、甘德县、玛多县、玛可河林场、同德县、兴海县、河南县、泽库县、玉树市、称多县、囊谦县、治多县、杂多县、曲麻莱县	522.8万亩	52258
7	森林草原防火	森林防火、草原防火	2005～2007年；2009年	果洛州州本级、玛沁县、达日县、班玛县、久治县、甘德县、玛多县、玛可河林场、江西林场、称多县、囊谦县、治多县、杂多县、曲麻莱县、河南县、泽库县、唐古拉山镇、同德县、麦秀林场	建成4州16县1市森林草原防火体系	5205
8	鼠害防治	生物毒素防治鼠害、鹰架招鹰控制鼠害、物理器械捕获法	2005～2008年；2005年；2008年	玛沁县、达日县、班玛县、久治县、甘德县、玛多县、玛可河林场、同德县、兴海县、河南县、泽库县、唐古拉山镇、玉树市、称多县、囊谦县、治多县、杂多县、曲麻莱县	11778.0万亩	15690

续表

序号	生态工程名称	主要措施	实施年份	实施地点	完成情况和实施面积	总投资/万元
9	水土保持工程	修建谷坊、防洪堤、坡改梯等工程措施，植树造林种草、封山育林草等生物措施	2005～2012年	原有渠道项目（目前不掌握）	206.6万亩	253
10	管理设施与能力建设	保护管理站建设、保护管理局、分局建设、界桩界碑	2007～2008年；2010年；2012～2013年	果洛州州本级、玛多县	完成18个保护管理站点基础设施建设，完成3处省管理局局址和州管理分局建设，建设界碑18座，界桩19200个，标桩11000个等	13376
11	野生动物保护	建立野生动物保护站、建立迁徙通道、加强巡护宣传	2012～2013年	省林业厅实施	建设野外巡护和物种保护两项	2902
12	湖泊湿地禁渔工程	湖泊湿地禁渔工程	2013年	玛多县	已购置机动巡护船2艘、木船2艘	26
二	**农牧民生产生活基础设施建设项目**					**201193**
13	生态移民工程	搬迁安置核心区生态移民	2003～2010年	三江源核心区	完成生态移民10733户、55773人	44617
14	小城镇建设	小城镇建设、生态移民后继产业	2005～2010年	玛沁县、达日县、班玛县、久治县、甘德县、玛多县、玛可河林场、玉树市、囊谦县、治多县、杂多县、曲麻莱县、同德县、兴海县、河南县、泽库县	建设23个小城镇基础设施建设项目。已配套建成41个生态移民社区水、电、路等基础设施	29275
15	建设养畜工程	太阳能暖棚、饲草基地建设	2005～2012年	玛沁县、达日县、班玛县、久治县、甘德县、玛多县、玛可河林场、同德县、兴海县、唐古拉山镇、囊谦县、治多县、杂多县、曲麻莱县、河南县、泽库县	30421户	89137
16	能源建设	畜粪资源、薪柴资源、小水电资源、太阳能、风能利用建设	2005～2007年	玛沁县、达日县、班玛县、久治县、甘德县、玛多县、玛可河林场、同德县、兴海县、泽库县、唐古拉山镇、囊谦县、治多县、称多县、曲麻莱县、河南县、杂多县、玉树市	建成能源建设户30421户等	18557
17	灌溉饲草料基地建设	灌溉饲草料基地建设	2009年；2010年；2012年	同德县、兴海县、泽库县	建成灌溉饲草料基地5万亩	4245

续表

序号	生态工程名称	主要措施	实施年份	实施地点	完成情况和实施面积	总投资/万元
18	人畜饮水工程	人畜饮水工程	2005年；2012年	原有渠道项目	建成农牧区饮水安全工程140项，解决13.6万人的饮水困难	15362
三	**支撑项目**					30275
19	人工增雨工程	人工增雨工程	2007～2009年	三江源全区	建设人工增雨五大系统	16011
20	科研课题及应用推广	科研课题及应用推广	2005～2006年；2008年；2010～2013年	三江源全区	开展了三江源区黑土滩退化草地本底调查项目等16项课题研究	3394
21	生态监测	生态监测	2005～2000年；2009～2013年	三江源全区	建立了14个生态监测综合站点、496个基础监测点、3个水土保持监测小区、2个水文水资源巡测站、4个水文水资源巡测队、2个自动气象站	5500
22	科技培训	科技培训	2005～2013年	三江源全区	培训管理干部、专业技术人员6596人（次），农牧民48041人（次），建立和培育示范户1715户等	5370
	青海三江源生态保护和建设二期工程					970896
一	**生态保护与建设项目**					873208
1	退牧还草	季节性休牧和划区轮牧围栏、退化草地补播、改良草种补助、人工饲草基地建设、牲畜棚圈	2014～2019年	共和县、贵德县、贵南县、同德县、兴海县、同仁县、尖扎县、泽库县、河南县、玛沁县、达日县、班玛县、久治县、甘德县、玛多县、玛可河林场、玉树市、称多县、囊谦县、治多县、杂多县、曲麻莱县、唐古拉山镇	8080万亩，105523户建设棚圈	211537
2	黑土滩治理	人工草地建植	2015～2019年	共和县、贵德县、贵南县、同德县、兴海县、同仁县、尖扎县、泽库县、河南县、玛沁县、达日县、班玛县、久治县、甘德县、玛多县、玛可河林场、玉树市、称多县、囊谦县、治多县、杂多县、曲麻莱县	519.0万亩	77843

续表

序号	生态工程名称	主要措施	实施年份	实施地点	完成情况和实施面积	总投资/万元
3	草原有害生物防治	鼠害防治、防治规模、扫残规模、招鹰架、鹰巢架、鼠夹、弓箭、虫害、毒草治理	2014～2019年	共和县、贵德县、贵南县、同德县、兴海县、同仁县、尖扎县、泽库县、河南县、玛沁县、达日县、班玛县、久治县、甘德县、玛多县、玛可河林场、玉树市、称多县、囊谦县、治多县、杂多县、曲麻莱县、唐古拉山镇	草原虫害防治2714万亩；鼠害防治11815万亩；毒杂草防治8631万亩；招鹰架64638个；鹰巢架18158个 合计23160万亩	86713
4	封山育林	封山育林、人工造林	2014～2016年	杂多县、称多县、治多县、囊谦县、曲麻莱县、玛沁县、玛多县、甘德县、达日县、班玛县、久治县、共和县、贵德县、贵南县、兴海县、同德县、同仁县、尖扎县、河南县、泽库县、省林业厅	182.5万亩	11893
5	人工造林	人工造林	2014～2019年	囊谦县、玛沁县、甘德县、班玛县、共和县、贵德县、贵南县、兴海县、同德县、河南县、泽库县、玛沁县	19.1万亩	11004
6	农田防护林更新改造	农田防护林更新改造	资金未下达，没有执行			
7	林木种苗基地建设	良种繁育基地、采种基地、苗木生产基地、种苗基地基础设施建设	2015～2019年	玉树州州本级、班玛县、共和县、贵德县、贵南县、兴海县、黄南州州本级、麦秀林场、江西林场、省林业厅	良种繁育基地10处、采种基地8处、苗木生产基地23处、种苗基地基础设施建设10处	7667
8	森林有害生物防控	有害生物防治、监测预警体系	2015～2019年	玉树州本级、玉树市、称多县、囊谦县、治多县、杂多县、曲麻莱县、江西林场、玛多县、甘德县、达日县、班玛县、久治县、共和县、贵德县、贵南县、兴海县、同德县、黄南州本级、同仁县、尖扎县、河南县、泽库县、省林业厅	199.4万亩	9878
9	荒漠生态系统保护与建设	封沙育林育草、复合治沙、生物治沙	2014～2019年	治多县、曲麻莱县、玛沁县、玛多县、共和县、贵南县、兴海县、泽库县、长江源区、黄河源区	213.8万亩	45284

续表

序号	生态工程名称	主要措施	实施年份	实施地点	完成情况和实施面积	总投资/万元
10	水土保持	建谷坊、防洪堤、坡改梯等工程措施，植树造林种草、封山育林育草等生物措施	2014～2018年	同德县县城周边流域综合治理、贵南县茫拉河流域综合治理、兴海县大河坝流域综合治理、同仁县隆务河南当山流域综合治理、尖扎县黄河沿岸库区周边流域综合治理	坡改梯300万hm^2、造林10500hm^2、种草14000hm^2、封禁治理18200hm^2、谷坊2870座、拦沙坝192座、蓄水池480个、沟头防护1300处、护岸墙93000m^3	35590
11	湿地和雪山冰川保护	各拉丹东雪山、当曲湿地群；约古宗列沼泽湿地、扎陵湖鄂陵湖湿地、星宿海沼泽湿地、阿尼玛卿雪山为核心区进行保护	2015～2019年	称多县、囊谦县、治多县、杂多县、曲麻莱县、达日县、甘德县、久治县、班玛县、兴海县、河南县、泽库县	374.3万亩	9403
12	人工影响天气	人工影响天气	2019年	三江源区	人工增雨	1000
13	饮用水源地保护	饮用水源地保护		资金未下达，没有执行		0
14	生物多样性保护和建设	建立自然保护区，加强管护，建立保护管理站		资金未下达，没有执行		0
15	现有林管护	现有林管护	2013～2018年	共和县、贵德县、贵南县、同德县、兴海县、同仁县、尖扎县、泽库县、河南县、玛沁县、达日县、班玛县、久治县、甘德县、玛多县、玉树市、称多县、囊谦县、治多县、杂多县、曲麻莱县、麦秀林场、江西林场		357314
16	中幼林抚育	中幼林抚育	2014～2018年	原有渠道项目		8082
二	**农牧民生产生活基础设施建设项目**					77524
17	生态畜牧业基础设施建设	太阳能暖棚、饲草基地建设	2015～2011年；2015～2017年	共和县、贵德县、贵南县、同德县、兴海县、同仁县、尖扎县、泽库县、河南县、玛沁县、达日县、班玛县、久治县、甘德县、玛多县、玉树市、称多县、囊谦县、治多县、杂多县、曲麻莱县、唐古拉山镇、贵南县草业开发有限公司	封闭式暖棚252万m^2、储草棚84万m^2、青贮窖60.33万m^2	63006

续表

序号	生态工程名称	主要措施	实施年份	实施地点	完成情况和实施面积	总投资/万元
18	农村能源建设	太阳能光伏	2014～2016年	共和县、贵德县、贵南县、同德县、兴海县、同仁县、尖扎县、泽库县、河南县、玛沁县、达日县、班玛县、久治县、甘德县、玛多县、玉树市、称多县、囊谦县、治多县、杂多县、曲麻莱县、唐古拉山镇、可可西里自然保护区	太阳能光伏电源10370户	14518
三				支撑项目		20164
19	生态监测	生态监测	2015～2018年 2015～2019年	共和县、贵南县、同德县、兴海县、同仁县、河南县、麦秀林场	建设生态监测指标体系1套、生态监测系统1套、基层站点运行补助22个	5969
20	基础地理信息	基础地理信息	2015年	依托青海省测绘地理信息局对玉树州、果洛州、海南州、黄南州及唐古拉山镇的三江源国家生态保护综合试验区完成遥感影像全覆盖	资源三号（测绘卫星）遥感影像服务系统1套	1000
21	科研和推广	科技攻关和推广应用、科技示范点建设	2015年；2017年；2018年；2019年	三江源全区	科技攻关和推广应用8项，科技示范点18处	5300
22	培训	培训	2014～2019年	三江源全区	牧民技能培训92128人次、技术员培训2930人次、管理人员培训5230人次	5935
23	宣传教育	宣传教育	2014年；2016～2019年	三江源全区	印制宣传册20万册、电视片制作10部、宣传牌30个	1960
				三江源区第一轮草原生态补奖政策		665230
一	草原禁牧补助	禁牧区牧民发放6元/（年·亩）的禁牧补助	2011～2015年	三江源全区	19167万亩草地禁牧	647185
二	草原草畜平衡奖励	草畜平衡区牧民1.5元/（年·亩）奖励	2011～2015年	三江源全区	12030万亩草地草畜平衡	18045

续表

序号	生态工程名称	主要措施	实施年份	实施地点	完成情况和实施面积	总投资/万元
			三江源区第二轮草原生态补奖政策			922700
一	草原禁牧补助	禁牧区牧民发放7.5元/（年·亩）的禁牧补助	2011～2015年	三江源全区	19167万亩草地禁牧	892625
二	草原草畜平衡奖励	草畜平衡区牧民发放2.5元/（年·亩）的补助	2011～2015年	三江源全区	12030万亩草地草畜平衡	30075
			三江源草原管护员			318216
一	草原管护员	加强草原保护和管理	2015～2019年	三江源全区	39293名	318216
			三江源生态功能区已实施的生态保护/修复/建设工程总投资352.20亿元			

2014～2020年实施了三江源生态保护和建设二期工程。该工程包括生态保护与建设项目、农牧民生产生活基础设施建设项目、支撑项目三大类项目，退牧还草、黑土滩治理、草原有害生物防控、封山育林、人工造林、农田防护林更新改造、林木种苗基地建设、森林有害生物防控、荒漠生态系统保护与建设、水土保持、湿地和雪山冰川保护、人工影响天气、饮用水源地保护、生物多样性保护和建设、现有林管护、中幼林抚育等23项。项目累积实施生态保护、修复和建设面积37312万亩（占三江源面积的63.78%），其中草原有害生物防治（虫害、鼠害、杂草）实施面积达23160万亩（占三江源总面积的39.59%），其次为退牧还草工程，实施面积为8080万亩（占13.81%），其他黑土滩治理、荒漠化治理等生态工程6008万亩（占三江源总面积10.27%）。总计青海三江源生态保护和建设二期工程总投资达97.09亿元，其中，现有林管护35.73亿元，退牧还草工程21.15亿元，草原有害生物防治8.67亿元，黑土滩治理7.78亿元，生态畜牧业基础设施建设6.30亿元，荒漠生态系统保护与建设4.53亿元，这几项工程投资位居前列。

2. 草原生态补奖政策和生态管护政策

2011年12月，农业部和财政部共同印发了《中央财政草原生态保护补助奖励资金管理暂行办法》，主要用于补助草原禁牧、休牧和草畜平衡奖励，目标是“两保一促进”，即“保护草原生态、保障牛羊肉等特色畜产品供给、促进牧民增收”。按照草原生态奖补政策要求，将草原牧区中生态脆弱、生存环境恶劣、草场严重退化、不宜放牧以及位于大江大河水源涵养区的草原划为禁牧区；牧区除禁牧区以外的草原都划为草畜平衡区。2015年5月，中共中央、国务院发布《关于加快推进生态文明建设的意见》，明确指出“严格落实禁牧休牧和草畜平衡制度，加快推进基本草原划定和保护工作；加大退牧还草力度，继续实行草原生态保护补助奖励政策；稳定和完善草原承包经营制度”，为新一轮草原生态补奖政策的实施奠定了基础。2016年3月，农业部办公厅与财政部办公厅印发了《新一轮草原生态保护补助奖励政策实施指导意见（2016—2020年）》，标志着我国第二轮草原生态补奖政策开始施行。

2011年启动草原生态补奖政策，周期为2011～2015年，涵盖青海、内蒙古、新疆、西藏等8省（自治区）及新疆生产建设兵团，其主要内容包括：一是给禁牧区内按规定禁牧的牧民发放6元/（a·亩）的禁牧补助；二是对草畜平衡区内未超载的牧民进行1.5元/（a·亩）的草畜平衡奖励；三是对开展人工种草的牧区给予10元/（a·亩）的牧草良种补贴；四是按照500元/（a·户）的标准，中央财政对牧民进行生产资料综合补贴。2011年第一轮草原补奖涉及青海省6州2市42个县4.74亿亩可利用天然草原，其中，禁牧面积2.45亿亩，草畜平衡面积2.29亿亩，每年补奖资金19.4714亿元。

2016年启动新一轮草原生态补奖政策，周期为2016～2020年，其主要内容包括：一是给禁牧区内按规定禁牧的牧民发放7.5元/（a·亩）的禁牧补助；二是对草畜平衡区内未超载的牧民给予2.5元/（a·亩）的草畜平衡奖励；三是按照绩效考核等级排名，综合考虑草原面积、工作难度等因素给各地区安排绩效评价奖励资金。2016年新一轮草原补奖政策涉及青海省6州2市42个县的21.54万牧户、79.97万牧民、4.74亿亩可利用天然草原，其中禁牧面积2.45亿亩、禁牧补助资金18.38亿元，草畜平衡面积2.29亿亩、草畜平衡奖励资金5.73亿元，每年青海省草原补奖资金共计24.1亿元。

自2011年实施草原补奖政策以来，三江源共计落实草原禁牧1.917亿亩、草畜平衡1.203亿亩。2011～2020年三江源草原生态补奖政策资金总计下达158.793亿元（表1.3和表1.4）。其中，2011～2015年三江源区每年下达草原生态补奖资金13.3049亿元，2016～2020年三江源区每年下达草原生态补奖资金18.4542亿元。按照2016年三江源区人口统计数据725697人计，三江源区人均获得草原生态补奖政策资金2543元/（a·人）。按照2016年三江源区户数统计数据177461户计，三江源区户均获得草原生态补奖政策资金1.04万元/（a·户）。

表1.3 2011～2015年三江源区第一轮草原生态补奖政策年度实施资金

地区	草原总面积/万亩	可利用面积/万亩	禁牧面积/万亩	禁牧补助/[元/（亩·a）]	草畜平衡/万亩	草畜平衡奖励/[元/（亩·a）]	合计/（万元/a）
海南州	**5412**	**5092**	**2778**	**6.0**	**2314**	**1.5**	**20140**
共和	1932	1828	995	6.0	833	1.5	7220
贵德	442	364	199	6.0	165	1.5	1442
贵南	852	813	449	6.0	364	1.5	3240
同德	670	643	373	6.0	270	1.5	2643
兴海	1516	1444	762	6.0	682	1.5	5595
黄南州	**2475**	**2367**	**1341**	**6.0**	**1027**	**1.5**	**9585**
河南县	948	885	653	6.0	232	1.5	4268
尖扎县	174	165	89	6.0	77	1.5	646
同仁县	416	404	104	6.0	300	1.5	1073
泽库县	937	913	495	6.0	418	1.5	3598
果洛州	**10130**	**9383**	**5671**	**6.0**	**3712**	**1.5**	**39594**
玛沁县	1463	1362	729	6.0	633	1.5	5323
玛多县	3705	3379	2511	6.0	868	1.5	16368
甘德县	921	854	477	6.0	377	1.5	3428
达日县	2227	2113	1360	6.0	753	1.5	9289
久治县	1081	998	366	6.0	632	1.5	3144
班玛县	733	677	228	6.0	449	1.5	2042
玉树州	**16272**	**14355**	**9377**	**6.0**	**4978**	**1.5**	**63730**
玉树市	1919	1763	984	6.0	794	1.5	7095
称多县	2107	1861	1138	6.0	720	1.5	7908
囊谦县	1490	1296	851	6.0	442	1.5	5769

续表

地区	草原总面积/万亩	可利用面积/万亩	禁牧面积/万亩	禁牧补助/[元/(亩·a)]	草畜平衡/万亩	草畜平衡奖励/[元/(亩·a)]	合计/(万元/a)
杂多县	3753	3260	2022	6.0	1235	1.5	13985
治多县	3277	2864	2035	6.0	826	1.5	13449
曲麻莱县	3726	3311	2347	6.0	961	1.5	15524
三江源区	**34289**	**31197**	**19167**	**6.0**	**12031**	**1.5**	**133049**

注：不包括唐古拉山镇数据。

表1.4　2016～2020年三江源区新一轮草原生态补奖政策年度实施资金

地区	草原总面积/万亩	可利用面积/万亩	禁牧面积/万亩	禁牧补助/[元/(亩·a)]	草畜平衡/万亩	草畜平衡奖励/[元/(亩·a)]	合计/(万元/a)
海南州	**5412**	**5092**	**2778**	**12.3**	**2314**	**2.5**	**39955**
共和	1932	1828	995	12.1	833	2.5	14072
贵德	442	364	199	12.7	165	2.5	2948
贵南	852	813	449	12.3	364	2.5	6433
同德	670	643	373	13.2	270	2.5	5615
兴海	1516	1444	762	12.1	682	2.5	10887
黄南州	**2475**	**2367**	**1341**	**17.5**	**957**	**2.5**	**26033**
河南县	948	885	653	18.3	232	2.5	12559
尖扎县	174	165	89	12.6	77	2.5	1309
同仁县	416	404	104	12.7	230	2.5	2069
泽库县	937	913	495	18.3	418	2.5	10096
果洛州	**10130**	**9383**	**5671**	**6.4**	**3712**	**2.5**	**45774**
玛沁县	1463	1362	729	8.4	633	2.5	7705
玛多县	3705	3379	2511	4.1	868	2.5	12465
甘德县	921	854	477	10.7	377	2.5	6027
达日县	2227	2113	1360	6.4	753	2.5	10586
久治县	1081	998	366	9.4	632	2.5	5020
班玛县	733	677	228	12.5	449	2.5	3971
玉树州	**16272**	**14355**	**9377**	**6.4**	**4978**	**2.5**	**72780**
玉树市	1919	1763	984	12.8	794	2.5	14578
称多县	2107	1861	1138	7.3	720	2.5	10048
囊谦县	1490	1296	851	12.9	442	2.5	12052
杂多县	3753	3260	2022	5.3	1235	2.5	13859
治多县	3277	2864	2035	4.3	826	2.5	10869
曲麻莱县	3726	3311	2347	3.8	961	2.5	11374
三江源区	**34289**	**31197**	**19167**	**7.5**	**11961**	**2.5**	**184542**

注：不包括唐古拉山镇数据。

三江源区2017年聘用草原生态管护员39293名（海南州6323名、黄南州5606名、果洛州6023名、玉树州21341名）加强对草原的保护和管理工作。年度投入总资金84874万元，年度人均发放草原管护员资金2.16万元。2015～2019年三江源区总计发放草原管护员资金31.8216亿元。

3. 县域尺度生态工程项目清单

1）玉树州（228461万元）

玉树州州级：封山育林0.5万亩；建立信息指挥系统，购置设备等；建设苗木生产基地及配套基础设施建设；管理分局保护和管理基础设施建设。

玉树州玉树市：治理黑土滩面积43.94万亩；生态畜牧业基础设施建设，4107户牧民修建暖棚、贮草棚、人工饲草基地；太阳能光伏电源及太阳灶1024台，光伏电源902套，采暖小学两座；封山育林39.437万亩；修建储备库、购防火设施等；修建道路、供电供水等基础设施；草原鼠害防治1214.58万亩；建设苗木生产基地两处及配套基础设施建设；草原虫害防治240.8万亩；安装招鹰架2920架，鹰巢架830架；有害生物防控10万亩，新建测报站1处、测报点1处，新建县级检疫检查中心实验室1个、林业植物检疫检查站两处、有害生物防治设施4处等。

玉树州称多县：鼠害防治688.64万亩；治理黑土滩面积91.29万亩；修建储备库、购置防火物资；为3787户牧民修建暖棚、贮草棚、人工饲草基地；光伏电系统3787套，校舍两座；封山育林59万亩；修建道路、供电供水、排水等基础设施；建设苗木生产基地及配套基础设施建设；生态畜牧业基础设施建设1385户；农村能源建设438套；保护沼泽湿地42万亩；草原鼠害防治1242.89万亩，草原虫害140万亩；安装招鹰架3248架，鹰巢架812架。

玉树州囊谦县：鼠害防治551.07万亩；治理黑土滩面积33.4万亩；为4637户牧民修建暖棚、贮草棚、人工饲草基地；光伏电系统4637套，校舍5座；封山育林48.58万亩；建立信息指挥系统，修建储备库、购防火设施等；修建道路、供电供水等基础设施；建设苗木生产基地及配套基础设施建设；生态畜牧业基础设施建设1370户；农村能源建设250套，1398户；人工造林0.2万亩；保护沼泽湿地13万亩；草原鼠害防治413.05万亩，草原虫害62万亩；安装招鹰架1904架，鹰巢架576架；林业有害生物防治11万亩。

玉树州杂多县：鼠害防治1044.51万亩；治理黑土滩面积39.03万亩；修建储备库、购防火设施等；为2635户牧民修建暖棚、贮草棚、人工饲草基地；太阳能光伏电源及太阳灶839台；光伏电源1126套，采暖小学两座；封山育林49.83万亩；修建道路、供电供水等基础设施；建立信息指挥系统，购置设备等；生态畜牧业基础设施建设1055户；农村能源建设151套，1262户；保护沼泽湿地78万亩；修建昂赛、果宗木查管理站点基础设施；草原鼠害防治946.01万亩，草原虫害21万亩；安装招鹰架7604架，鹰巢架1900架；林木有害生物防控5万亩，新建测报站1处、测报点1处，新建县级检疫检查中心实验室1个、林业植物检疫检查站1处、有害生物防治设施两处等。

玉树州治多县：鼠害防治1029.77万亩；治理黑土滩面积88.13万亩；修建储备库、购防火设施等；为1599户牧民修建暖棚、贮草棚、人工饲草基地；光伏电源1016套，采暖小学1座；封山育林28.84万亩；沙漠化土地防治20.4万亩；建立信息指挥系统，购置设备等；修建道路、供电供水等基础设施；生态畜牧业基础设施建设2100户；农村能源建设286套，830户；封沙育林草6万亩；保护沼泽湿地63万亩；草原鼠害防治392.7万亩，草原虫害51万亩；安装招鹰架9212架，鹰巢架2303架；林木防控总面积5万亩及基础设施建设；荒漠生态系统保护与建设1万亩。

玉树州曲麻莱县：鼠害防治1079.79万亩；治理黑土滩面积64.91万亩；修建储备库、购防火设施等；为1726户牧民修建暖棚、贮草棚、人工饲草基地；光伏电源1260套，采暖小学1座；封山育林14.52万亩；封沙育林草18万亩；沙漠化土地防治32万亩；建立信息指挥系统，购置设备等；修建道路、供电供水等基础设施；生态畜牧业基础设施建设2100户；农村能源建设126套，780户；修建约古宗列管理站点基础设施；保护沼泽湿地90万亩；草原鼠害防治384.2万亩，草原虫害81万亩；安装招鹰架9388架，鹰巢架2347架；林木有害生物防控5万亩，林业植物检疫检查站1处、有害生物防治设施两处等；荒漠生态系统保护与建设1万亩。

玉树州江西林场：林业有害生物防控5万亩，新建测报站1处、测报点两处，新建县级检疫检查中心实验室1个、林业植物检疫检查站两处、有害生物防治设施两处等；修建储备库、购防火设施等；建设苗木生产基地80亩及配套基础设施建设。

玉树州可可西里自然保护区：农村能源建设10套。

玉树州林业局：管理分局保护和管理基础设施建设。

2）果洛州（146915万元）

果洛州州级：果洛管理分局基础设施建设；修建储备库、购防火设施等。

果洛州玛多县：鼠害防治2260.9万亩；治理黑土滩面积81.74万亩；修建储备库、购防火设施等；为1103户牧民修建暖棚、贮草棚、人工饲草基地；太阳灶814台，光伏电源805套，采暖小学4座；封山育林8万亩；沙漠化土地防治42.7729万亩；生态畜牧业基础设施建设620户；农村能源建设325套；封沙育林草30万亩；修建扎陵湖-鄂陵湖、星星海管理站点基础设施；湖泊禁渔，巡护船购置；修建道路、供电供水、排水等基础设施；保护沼泽湿地56.12万亩；草原鼠害防治861.5万亩，草原虫害5万亩；安装招鹰架8504架，鹰巢架2126架；有害生物防控1万亩，检疫检查站1处、防治设施3处等。

果洛州玛沁县：鼠害防治549.7万亩；治理黑土滩面积37.23万亩；为1642户牧民修建暖棚、贮草棚、人工饲草基地；太阳能光伏电源及太阳灶1016台，光伏电源150套，采暖小学2座；封山育林68.88万亩；修建储备库、购防火设施等；沙漠化土地防治12万亩；建设苗木生产基地及配套基础设施建设；生态畜牧业基础设施建设1200

户；农村能源建设151套；人工造林0.3万亩；封沙育林草11万亩；修建道路、供电供水等基础设施；草原鼠害防治257.4万亩，虫害80万亩；安装招鹰架2828架，鹰巢架707架；有害生物防控1万亩，新建测报站1处、测报点3处，新建县级检疫检查中心实验室1个、林业植物检疫检查站1处、有害生物防治设施3处等。

果洛州甘德县：鼠害防治444.23万亩；治理黑土滩面积49.23万亩；修建储备库、购防火设施等；为374户牧民修建暖棚、贮草棚、人工饲草基地；光伏电系统374套，校舍4座；封山育林22万亩；生态畜牧业基础设施建设1260户；农村能源建设146套；人工造林0.05万亩；保护湿地7万亩；建道路、供水、供电等基础设施；保护沼泽湿地13万亩；草原鼠害防治238.9万亩，虫害87万亩；安装招鹰架1624架，鹰巢架406架；林业有害生物防控7万亩，林业植物检疫检查站1处、有害生物防治设施两处等。

果洛州久治县：鼠害防治402.05万亩；治理黑土滩面积36.07万亩；为1068户牧民修建暖棚、贮草棚、人工饲草基地；光伏电源780套，采暖小学4座；封山育林34.2万亩；建立信息指挥系统，购置设备等；建设苗木生产基地1处及配套基础设施建设；生态畜牧业基础设施建设735户；农村能源建设530套；人工造林0.2万亩；保护湿地16.6万亩；修建年宝玉则管理站点基础设施；修建道路、供电供水、排水等基础设施；草原鼠害防治284.58万亩，虫害10万亩；安装招鹰架866架，鹰巢架216架；林业有害生物防控2万亩，新建测报站1处、测报点1处，新建县级检疫检查中心实验室1个、林业植物检疫检查站1处、有害生物防治设施1处等。

果洛州达日县：鼠害防治973.64万亩；治理黑土滩面积94.4万亩；修建储备库、购防火设施等；为375户牧民修建暖棚、贮草棚、人工饲草基地；光伏电源142套，采暖小学1座；封山育林20.62万亩；生态畜牧业基础设施建设1608户；农村能源建设428套；修建道路、供电供水、排水等基础设施；保护沼泽湿地38万亩；草原鼠害防治336.05万亩，虫害39万亩；安装招鹰架3276架，鹰巢架819架；林业有害生物防控22万亩，林业植物检疫检查站1处、有害生物防治设施两处等。

果洛州班玛县：鼠害防治118.49万亩；治理黑土滩面积14.44万亩；为1218户牧民修建暖棚、贮草棚、人工饲草基地；光伏电系统1218套，校舍5座；封山育林34.5万亩；修建储备库、购防火设施等；建设苗木生产基地100亩及配套基础设施建设；生态畜牧业基础设施建设285户；农村能源建设463套；人工造林2.59万亩；修建道路、供电供水、排水等基础设施；保护沼泽湿地9.19万亩；草原鼠害防治45.6万亩，虫害40万亩；安装招鹰架2234架，鹰巢架559架；林业有害生物防控5万亩，新建测报站1处、测报点两处，新建县级检疫检查中心实验室1个、林业植物检疫检查站1处、有害生物防治设施3处等。

3）海南州（110912万元）

海南州州级：修建储备库、购防火设施等；海南州管理分局基础设施建设。

海南州兴海县：封山育林78.25万亩；鼠害防治973.64万亩；治理黑土滩面积34.46万亩；修建储备库、购防火设施等；为2687户牧民修建暖棚、贮草棚、人工饲草基地；太阳能采暖系统44台、灶780台，光伏电源1962套，采暖小学4座；建立信息指挥系统，购置设备等；林木种苗基地建设，维修业务用房、生产用房240m^2，修建日光温室600m^2，遮荫棚1000m^2，土壤改良240亩；购置生产用车1辆，中型拖拉机1台，育苗机具1套。辅助工程：购置病虫害防治设备1套，消防设备两套，新建和维修灌溉渠3510m，维修生产道路3480m，新建和维修围墙2330m等；生态畜牧业基础设施建设3600户；农村能源建设978套；人工造林0.1万亩；封沙育林草9万亩；建设灌溉饲草料基地2万亩；修建道路、供电供水、排水等基础设施；保护湿地16.4万亩；草原鼠害防治470.31万亩，虫害38.3万亩；安装招鹰架2482架，鹰巢架633架；林业有害生物防控18万亩，新建测报站2处、测报点4处，新建县级检疫检查中心实验室两个、林业植物检疫检查站两处、有害生物防治设施6处等。

海南州同德县：封山育林56.67万亩；鼠害防治287.9万亩；治理黑土滩面积29.53万亩；修建储备库、购防火设施等；为2165户牧民修建暖棚、贮草棚、人工饲草基地；太阳能采暖系统43台、灶815台，光伏电系统2079套，校舍4座；建立信息指挥系统，购置设备等；生态畜牧业基础设施建设600户；农村能源建设224套；建设灌溉饲草料基地2万亩；修建道路、供电供水、排水等基础设施；草原鼠害防治612.61万亩，虫害10万亩；安装招鹰架2190架，鹰巢架560架；林业有害生物防控4.5万亩，测报站1个，测报点两个，检疫检查中心实验室1个，检疫检查站1个，检疫除害设施1个，防治设施1个。

海南州共和县：封山育林19万亩；治理黑土滩面积7万亩；沙漠化土地防治11.9万亩；建设苗木生产基地两处及配套基础设施建设；生态畜牧业基础设施建设1734户；农村能源建设81套；人工造林10.46万亩；荒漠生态系统保护与建设5.6万亩；封沙育林草10万亩；草原鼠害防治279.31万亩，虫害11.94万亩；安装招鹰架320架，鹰巢架80架；林业有害生物防控11万亩，新建测报站两处、测报点6处，新建县级检疫检查中心实验室两个、林业植物检疫检查站两处、有害生物防治设施10处等。

海南州贵德县：治理黑土滩面积0.45万亩；生态畜牧业基础设施建设450户；农村能源建设38套；人工造林0.5万亩；建设苗木生产基地200亩及配套基础设施建设；草原鼠害防治136.68万亩，虫害18万亩；安装招鹰架712架，鹰巢架178架；有害生物防控3万亩及基础设施建设；封山育林6万亩；治理黑土滩面积28.05万亩；沙漠化土地防治1.5万亩；种检室30m^2、调制室30m^2、管理用房50m^2、资料档案室20m^2、贮藏室180m^2。晒种场1000m^2；购置抚育机具1套，采种机具1套，加工调制设备1套，调查设备1套，质量检验设备1套，办公管理设备1套，生产用车1台等；设立界桩4个，标示牌1座；生态畜牧业基础设施建设900户；农村能源建设100套；人工造林2.9万亩；荒漠生态系统保护与建设13.41万亩；封沙育林草2万亩；草原鼠害防治598.39万亩，虫害50万亩；安装招鹰架1158架，鹰巢架327架；林业有害生物防控10万亩，新建测报站1处、测报点3处，新建县级检疫检查中心实验室1个、林业植物检疫检查站1处、有害生物防治设施3处等。

4）黄南州（64648万元）

黄南州州级：黄南管理分局基础设施建设；生态畜牧业基础设施建设125户；人工造林0.2万亩；治理黑土滩1.6万亩；农村能源建设59套；草原鼠害防治60万亩；安装招鹰架150架；人工造林0.1万亩；封山育林2.5万亩。

黄南州河南县：为493户牧民修建暖棚、贮草棚、人工饲草基地；光伏电源360套，采暖小学1座；鼠害防治513.1万亩；治理黑土滩面积34.95万亩；修建储备库、购防火设施等；封山育林34.22万亩；生态畜牧业基础设施建设1115户；农村能源建设318套；人工造林0.22万亩；修建道路、供电供水、排水等基础设施；保护沼泽湿地31万亩；草原鼠害防治471.3万亩，虫害330.15万亩；安装招鹰架932架，鹰巢架233架；新建林业测报站1处、测报点1处，新建县级检疫检查中心实验室1个、林业植物检疫检查站1处、有害生物防治设施1处等。

黄南州泽库县：太阳能光伏电源及太阳灶567台，光伏电系统1420套，校舍5座；为2235户牧民修建暖棚、贮草棚、人工饲草基地；鼠害防治598.8万亩；治理黑土滩面积75.5万亩；封山育林51.22万亩；建立信息指挥系统，修建储备库、购防火设施等；建设苗木生产基地及配套基础设施建设；生态畜牧业基础设施建设200户；农村能源建设856套；人工造林0.1万亩；建设灌溉饲草料基地1万亩；保护湿地8万亩；封沙育林草6万亩；建道路、供水、供电等基础设施；保护沼泽湿地32万亩；沙漠化土地防治2万亩；草原鼠害防治825.1万亩，虫害63万亩；安装招鹰架1016架，鹰巢架254架；林业有害生物防控2万亩，新建测报站1处、测报点1处，新建县级检疫检查中心实验室1个、林业植物检疫检查站1处、有害生物防治设施1处等。

黄南州尖扎县：治理黑土滩面积0.3万亩；封山育林6万亩；建设苗木生产基地及配套基础设施建设；生态畜牧业基础设施建设330户；草原鼠害防治28万亩，虫害10万亩；安装招鹰架236架，鹰巢架59架；林业有害生物防治25万亩，新建测报站3处、测报点9处，新建县级检疫检查中心实验室3个、林业植物检疫检查站3处、有害生物防治设施9处等。

黄南州同仁县：治理黑土滩面积2.05万亩；封山育林5万亩；建设苗木生产基地及配套基础设施建设；生态畜牧业基础设施建设320户；农村能源建设138套；草原鼠害防治364.4万亩，虫害20万亩；安装招鹰架616架，鹰巢架154架；林业有害生物防控5万亩，新建测报站1处、测报点4处，新建县级检疫检查中心实验室1个、林业植物检疫检查站1处、有害生物防治设施4处等。

黄南州麦秀林场：封山育林23.16万亩；建立信息指挥系统，修建储备库、购防火设施等；建设苗木生产基地300亩及配套基础设施建设；林业有害生物防治建设。

黄南州玛可河林场：封山育林9.6万亩；建立信息指挥系统，修建储备库、购防火设施等；林业有害生物防控10万亩；林木种苗基地建设，塑料大棚1处，面积800m^2；遮荫棚4处，2000m^2；遮荫材料14400m^2；土壤改良174亩；购置旋耕机3台，喷灌机3台，微耕机4台，拖拉机3台；修建干渠1875m、支渠1440m；购置发电机3台，病虫害防治设备3台（个），办公设备6台（组），消防设备20个；维修生产道路2650m，安装浸塑栏800m，石笼护岸墙1044m^{3}等；人工造林0.5万亩；林业有害生物防控18万亩。

5）青海省三江集团有限责任公司和三江源国家公园管理局（46502万元）

青海省三江集团有限责任公司包括：青海省贵南县草业开发有限责任公司、青海省牧草良种繁殖场、青海省河卡种羊场、青海省湖东种羊场等。完成毒草防治15万亩；防治草原鼠害116.95万亩、虫害防治25万亩；安装招鹰架50架；有害生物防控12万亩，测报点1处，有害生物防治设施4处等；沙漠化土地防治封沙育草13.23万亩、工程治沙试点建设1万亩；建设畜牧业基础设施125户、户用太阳能光伏电源59套；人工营造灌木林0.96万亩、复合治沙7万亩。

三江源国家公园管理局包括：长江源区管委会、黄河源园区管委会、澜沧江源园区管委会。完成治理黑土滩面积113.78万亩；鼠害防治、扫残2392.3万亩、虫害防治140万亩、有害生物防控17.9万亩；封沙育林草31.4万亩；复合治沙3万亩。

1.4 生态保护技术清单

1.4.1 生态保护、修复和建设技术

三江源区主要植被类型可划分为高寒草地、高寒湿地、林地和荒漠。各植被类型生态保护、修复和建设的主要技术清单见表1.5，总计53项，其中，高寒草地主要涉及《天然草地改良技术规程》《天然草地补播技术规程》《高寒草地施肥技术规程》《人工草地建植技术规范》《高寒人工草地施肥技术规程》《高寒草甸中、轻度退化草地植被恢复技术规程》《高寒地区退化人工草地复壮技术规程》《“黑土型”退化草地等级划分及综合治理技术规程》《“黑土型”退化草地人工植被建植及其利用管理技术规范》等29项；高寒湿地主要涉及《高寒沼泽湿地保护技术规范》《重度退化高寒沼泽湿地修复技术规范》《退化高寒湿地冻土保育型修复技术规程》《退化高寒湿地人工增雨型修复技术规程》等8项；林地主要涉及《高寒山地森林抚育技术规程》《退化人工林改造技术规程》《沙地云杉育苗和造林技术规程》等8项；荒漠主要涉及有机化学固沙植生技术、沙方格固沙技术、网围栏保护人工补植恢复技术、流动沙丘固定与植生技术、封沙育草技术等8项。

表1.5 三江源区生态保护、修复和建设的主要技术清单

植被类型	技术标准	标准号
高寒草地	《天然草地改良技术规程》	DB 63/T 390—2018
	《天然草地补播技术规程》	DB 63/T 819—2009
	《高寒草地施肥技术规程》	DB 63/T 662—2007
	《人工草地建植技术规范》	DB 63/T 391—2018
	《高寒人工草地施肥技术规程》	DB 63/T 493—2005
	《高寒草甸中、轻度退化草地植被恢复技术规程》	DB 63/T 608—2006
	《高寒地区退化人工草地复壮技术规程》	DB 63/T 1443—2015
	《"黑土型"退化草地等级划分及综合治理技术规程》	DB 63/T 674—2007
	《"黑土型"退化草地人工植被建植及其利用管理技术规范》	DB 63/T 603—2006
	《刈用型黑土滩人工草地建植及利用技术规范》	DB 63/T 1009—2011
	《放牧型黑土滩人工草地建植与利用技术规范》	DB 63/T 1008—2011
	《生态型黑土滩人工草地建植及管理技术规范》	DB 63/T 1007—2011
	《青稞套（复）种豆科牧草高效栽培技术规范》	DB 63/T 1811—2020
	《高寒牧区小黑麦和箭筈豌豆混播及青贮利用技术规程》	DB 63/T 1731—2019
	《61.6%盖灌能EC防除草地瑞香狼毒技术规范》	DB 63/T 842—2009
	《草地恶性毒草－狼毒防治技术规程》	DB 63/T 659—2007
	《鹰架招鹰控制草地鼠害技术规程》	DB 63/T 790—2009
	《草地高原鼢鼠防治技术规范》	DB 63/T 1371—2015
	《草地鼠害生物防治技术规程》	DB 63/T 787—2009
	《草地毛虫生物防治技术规程》	DB 63/T 789—2009
	《防治草地害虫技术规范》	DB 63/T 165—2021
	《草地地面害鼠防治技术规范》	DB 63/T 164—2021
	《草地毒害草综合治理技术规范》	DB 63/T 241—2021
	《草地鼠虫害、毒草调查技术规程》	DB 63/T 393—2002
	草地毛虫预测预报技术	DB 63/T 333—1999
	草地蝗虫预测预报技术	DB 63/T 332—1999
	草地鼠害预测预报技术	DB 63/T 331—1999
	草地资源调查技术	DB 63/T 209—1994
	《三江源生态保护和建设生态效果评估技术规范》	DB 63/T 1342—2015
高寒湿地	《湿地监测技术规程》	DB 63/T 1359—2015
	《高寒沼泽湿地退化等级划分》	DB 63/T 1794—2020
	《高寒沼泽湿地保护技术规范》	DB 63/T 1354—2015
	《重度退化高寒沼泽湿地修复技术规范》	DB 63/T 1365—2015
	《退化高寒湿地冻土保育型修复技术规程》	DB 63/T 1797—2020
	《退化高寒湿地人工增雨型修复技术规程》	DB 63/T 1798—2020

续表

植被类型	技术标准	标准号
高寒湿地	围栏封育型高寒湿地修复技术	
	引水灌溉型高寒湿地恢复技术	
林地	《高寒山地森林抚育技术规程》	DB 63/T 1303—2014
	《退化人工林改造技术规程》	DB 63/T 1770—2020
	《沙地云杉育苗和造林技术规程》	DB 63/T 1738—2019
	《育苗技术规程》	DB 63/T 299—2020
	森林有害生物防控技术	
	封山育林技术	
	人工造林技术	
	中幼林抚育技术	
荒漠	有机化学固沙植生技术	
	沙方格固沙技术	
	网围栏保护人工补植恢复技术	
	流动沙丘固定与植生技术	
	封沙育草技术	
	植物固沙技术	
	灌草复合的植物固沙技术	
	机械沙障技术、工程措施和生物措施相结合的综合治理技术	

1.4.2 生态保护技术及效果评价

1. 材料及方法

基于大数据检索技术，以“三江源”“高寒草地”“草地修复”“森林修复”“草地恢复”“森林恢复”“草地退化治理”“生态保护”“生态恢复”“生态建设”等关键词汇中英文为检索词，检索了2005～2020年的相关文献数据，共检索到CSCD核心以上级别相关研究文献8098篇（包括部分硕士、博士研究生毕业论文），通过进一步的筛选（筛选原则：论文中包含野外实验，有具体的生态保护、建设及修复措施，恢复结果或者相关结论），选出可做进一步标准选择的定性分析或定量分析的相关文献1715篇，其中能进行文献分析的为473篇，可以进行数据提取并Meta分析的为91篇，基于以上主要文献完成本节内容。

2. 文献分析

1）生态保护、恢复和建设技术分析

在所选的91篇文献中，出现的草地生态修复技术达到16种（占473篇相关文献中措施的95%，土壤有机质的生态保护与恢复数据仍在收集分析中），分别为冬季火烧

（C1）、杂草防除（C2）、覆土（C3）、灌溉（C4）、划破草皮（C5）、撂荒弃耕（C6）、轮牧（C7）、耙地（C8）、浅耕翻（C9）、人工补播（C10）、人工建植（C11）、施肥（C12）、围栏封育（C13）、休牧（C14）、刈割（C15）、自由放牧（C16）。其中，围栏封育（C13）出现次数最多，高达52次，其次是人工补播（C10）和休牧（C14），分别为31次和24次（图1.2）。

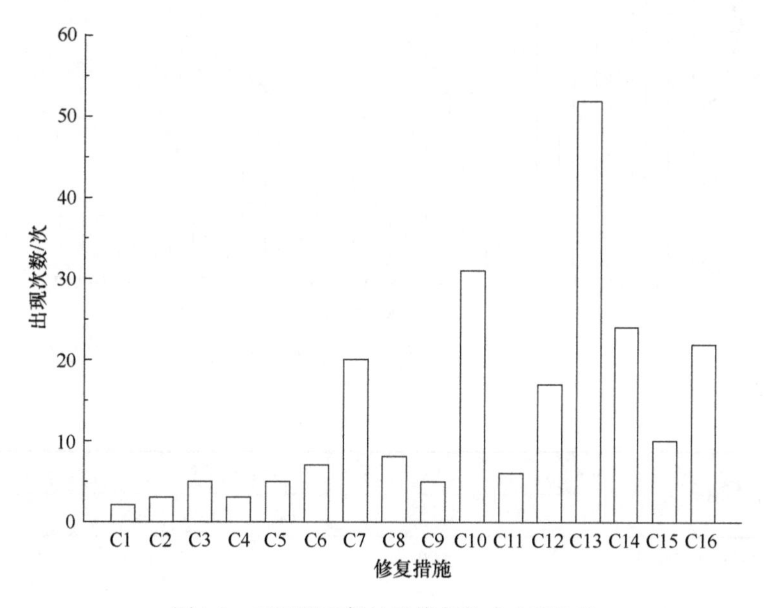

图1.2　三江源区保护及恢复技术出现次数

2）生态保护、恢复和建设效果评价指标分析

在所选的91篇文献中，所出现的生态保护、修复效果评价指标高达52种（占473篇相关文献中指标的92%）。前17种（出现频率>85%）分别为地上生物量（A1）、植被盖度（A2）、Shannon-Wiener指数（A3）、物种丰富度（A4）、群落均匀度指数（A5）、植株密度（A6）、各科群草产量比例（A7）、平均高度（A8）、Simpson指数（A9）、土壤有机碳（A10）、土壤全氮（A11）、土壤含水量（A12）、土壤容重（A13）、土壤紧实度（A14）、狼毒密度（A15）、土壤呼吸速率（A16）、土壤pH（A17）。出现最多的为生物量（A1），出现次数为51次，其次为植被盖度（A2）和Shannon-Wiener指数（A3），分别为31次和30次（图1.3）。

3）生态保护、恢复和建设效果评价体系构建

正确地评价不同保护及恢复措施的效果，对不同退化程度的高寒生态系统的生态恢复有重要的指导意义和经济效益。依据文献计量的统计数据、生态及生产功能的保护和恢复建设目标，归类选取四个评价指标，地上生物量、物种丰富度、0～20cm土壤含水量、毒杂草比例来评价各种保护和恢复措施对这四个指标的恢复效果，见表1.6。

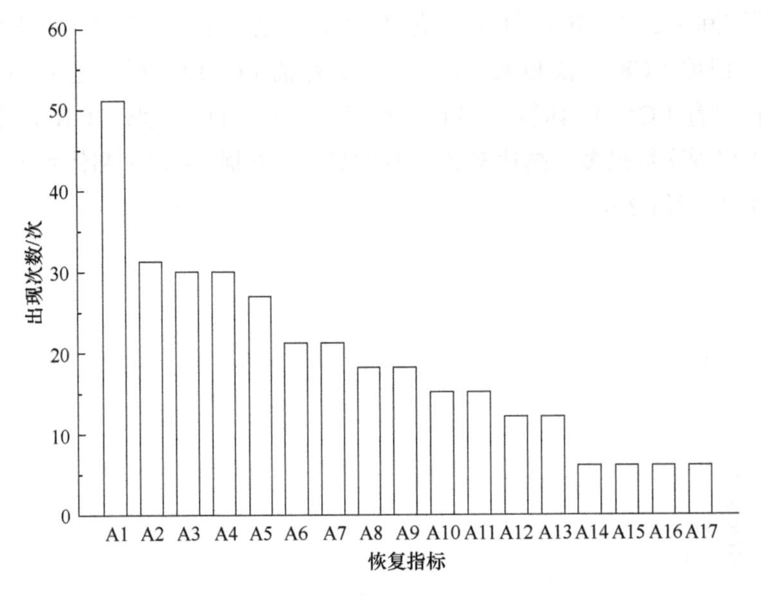

图1.3 三江源区保护及恢复指标出现次数

表1.6 评价指标等级

评价指标	评价等级		
	好	中	差
地上生物量/（kg/hm²）	≥2000	$2000>C_1\geq1000$	1000
物种丰富度/（种/m²）	≥15	$15>C_2\geq7$	<7
0～20cm土壤含水量/%	≥15	$15>C_3\geq5$	<5
毒杂草比例/%	≤5	$5<C_4\leq15$	>15

注：以上各评价指标的等级分类依据文献数据、结论和统计学四分位数法聚类修正得出。

4）三江源区主要技术恢复效果评价

由统计分析结果可知（图1.4和表1.7），C12（施肥）对生态系统地上生物量提升效果最明显，C16（自由放牧）效果最差。C14（休牧）对生态系统物种丰富度提升效果最明显，C3（覆土）效果最差。C8（耙地）对生态系统土壤含水量提升效果最明显，C16（自由放牧）效果最差。C2（杂草防除）和C7（轮牧）对生态系统毒杂草防治提升效果最明显，C10（人工补播）效果最差。

5）三江源区草地管理措施Meta分析

Meta分析是一种定量综合研究不同实验研究结果的统计方法，能够将多个独立研究的统计结果合并，以利于研究人员进行综合分析。Meta分析最初在医学领域广泛运用，后来引入大尺度生态现象研究。1998年我国学者彭少麟等首次将Meta分析引入生态学领域。本节使用Meta 分析方法，选取2005～2020年研究区可数据分析的91篇相关文献，提取定量化数据进行整合分析，重点解决以下两个问题：①不同的草地管理措施对草地生物量的影响；②不同退化等级的草地中，哪些管理措施更加适合。

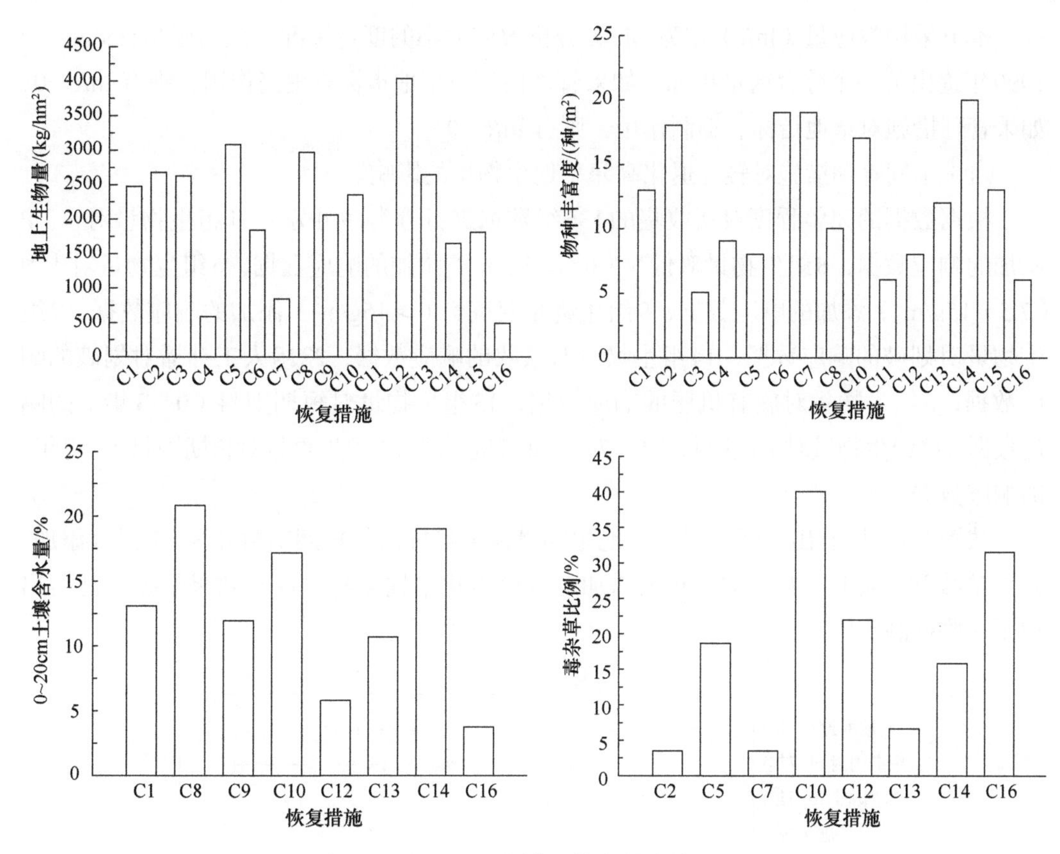

图1.4　三江源区不同草地恢复技术效果评价

表1.7　三江源区生态保护技术措施对四个评价指标的效果评价

恢复措施	恢复效果			
	地上生物量	物种丰富度	0～20cm土壤含水量	毒杂草比例
冬季火烧（C1）	好	中	中	/
杂草防除（C2）	好	好	/	好
覆土（C3）	好	差	/	/
灌溉（C4）	差	中	/	/
划破草皮（C5）	好	中	/	差
撂荒弃耕（C6）	中	好	/	/
轮牧（C7）	差	好	/	好
耙地（C8）	好	中	好	/
浅耕翻（C9）	好	/	中	/
人工补播（C10）	好	好	好	差
人工建植（C11）	差	差	/	/
施肥（C12）	好	中	差	差
围栏封育（C13）	好	中	中	中
休牧（C14）	中	好	好	差
刈割（C15）	中	中	/	/
自由放牧（C16）	差	差	差	差

本节采用效应量（$\ln R$）作为 Meta 分析效应大小的度量标准。该指标是Hedges 于1999年提出的一个综合衡量指标。如果管理措施对草地指标有提高作用，则有 $\ln R>0$；如果管理措施对草地指标有抑制作用，则有 $\ln R<0$。

（1）不同管理措施对轻度退化高寒草地生物量的影响。

根据数据的完整程度对所收集的136组数据进行分类，可分为31组生物量对N、P添加的响应数据，8组生物量对低N（0～7.5g/m^2）添加的响应数据，6组生物量对中N（7.5～15g/m^2）添加的响应数据，9组生物量对高N（>15g/m^2）添加的响应数据，7组生物量对划破的响应数据，14组生物量对禁牧的响应数据，22组人工补播对划破的响应数据，5组生物量对施有机肥的响应数据，13组生物量对短期围封（0～3年）的响应数据，13组生物量对中期围封（4～7年）的响应数据，8组生物量对长期围封（>7年）的响应数据。

从图1.5可以看出，轻度退化草地生物量恢复最好的是短期围封和N、P混合添加，其中禁牧和中度N（7.5～15g/m^2）添加对轻度退化草地生物量恢复效果最差，甚至出现了一些抑制作用。

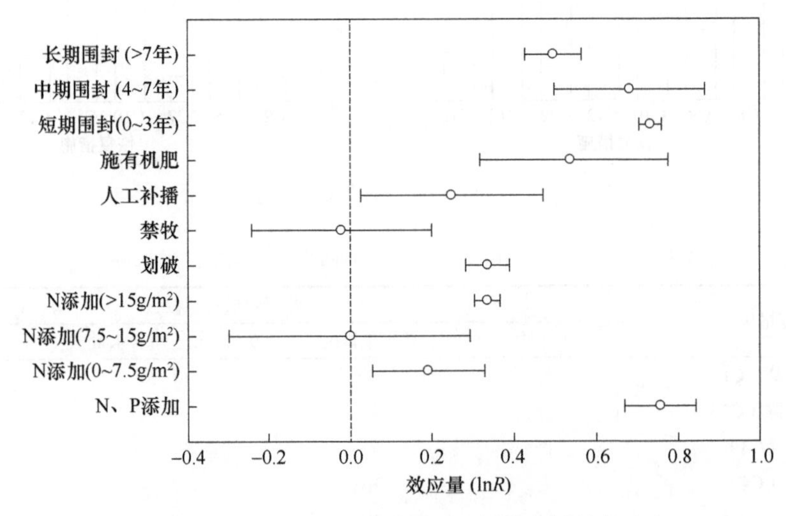

图1.5 轻度退化草地生物量对不同管理措施的响应

（2）不同管理措施对中度退化高寒草地生物量的影响。

根据数据的完整程度对所收集的93组数据进行分类，可分为6组生物量对N、P添加的响应数据，12组生物量对低N（0～7.5g/m^2）添加的响应数据，17组生物量对中N（7.5～15g/m^2）添加的响应数据，13组生物量对高N（>15g/m^2）添加的响应数据，6组生物量对施有机肥的响应数据，22组生物量对短期围封（0～3年）的响应数据，5组生物量对中长期围封（4～7年）的响应数据，12组生物量对休牧的响应数据。

从图1.6可以看出，出现的所有措施均对中度退化草地生物量的恢复有促进作用，其中最好的是休牧和N、P添加，其中施有机肥和低N添加对中度退化草地生物量恢复

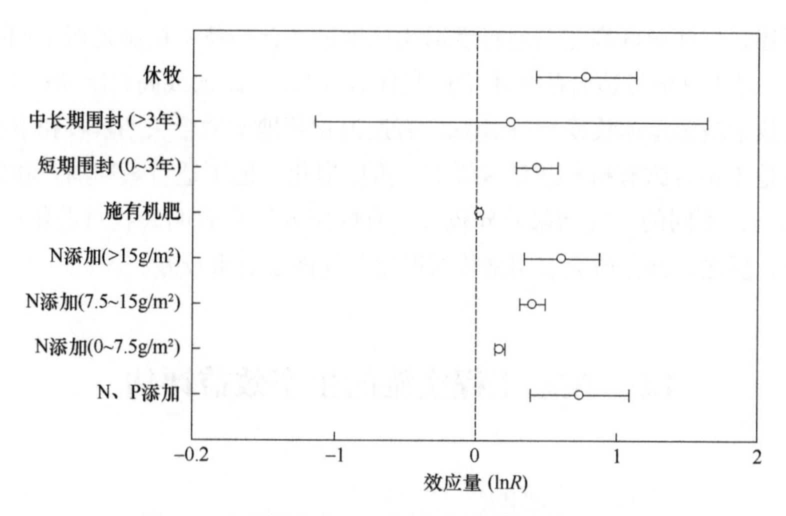

图1.6　中度退化草地生物量对不同管理措施的响应

效果最差。

（3）不同管理措施对重度退化高寒草地生物量的影响。

根据数据的完整程度对所收集的91组数据进行分类，可分为14组生物量对N、P添加的响应数据、6组生物量对低N（0～7.5g/m^2）添加的响应数据、6组生物量对中N（7.5～15g/m^2）添加的响应数据、13组生物量对高N（＞15g/m^2）添加的响应数据、8组生物量对禁牧的响应数据、13组生物量对人工补播的响应数据、11组生物量对短期围封（0～3年）的响应数据、12组生物量对中长期围封（4～7年）的响应数据、8组生物量对休牧的响应数据。

从图1.7可以看出，出现的所有措施均对重度退化草地生物量的恢复有促进作用，其中最好的是休牧和N、P添加（混合添加），其中，短期围封和低N添加对重度退化草地生物量恢复效果最差。

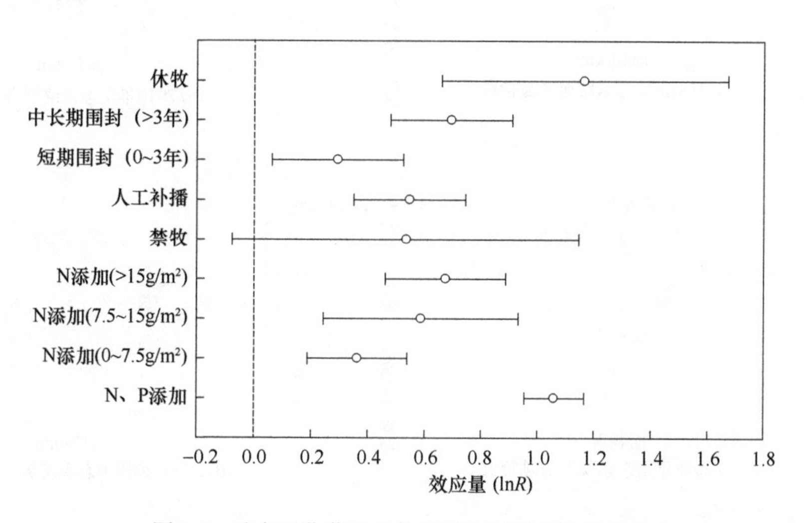

图1.7　重度退化草地生物量对不同管理措施的响应

综上所述，三江源区高寒草地轻度退化草地最适合的技术措施是短中期围封和N、P添加；中度退化草地最适合的技术措施是休牧和N、P添加或高N添加；重度退化草地最适合的技术措施是休牧或N、P添加。轻度退化草地不适合长期禁牧和中度N添加，中度退化草地不适合施有机肥或低N添加，重度退化草地不适合短期围封和低N添加。对于禁牧措施，不同的研究结果差异较大，有些研究结果表明禁牧对退化草地恢复有很好的效果，反之，部分研究表明禁牧对退化草地恢复效果较差。

1.5 生态工程实施的生态效益评估

1.5.1 基于生态服务价值的生态效益分析

本节研究数据和方法来源于“青海生态价值评估及大生态产业发展综合研究”（2019-SF-A12）课题一相关成果（于德永等，2022）。结果表明，2000年三江源区生态系统服务总价值为21677亿元，单位面积生态系统服务价值为559万元/km²（图1.8）。2018年总价值为23876亿元，单位面积生态系统服务价值为616万元/km²，2018年与2000年相比，三江源生态系统服务总价值增加了2199亿元，单位面积价值增加了57万元/km²。

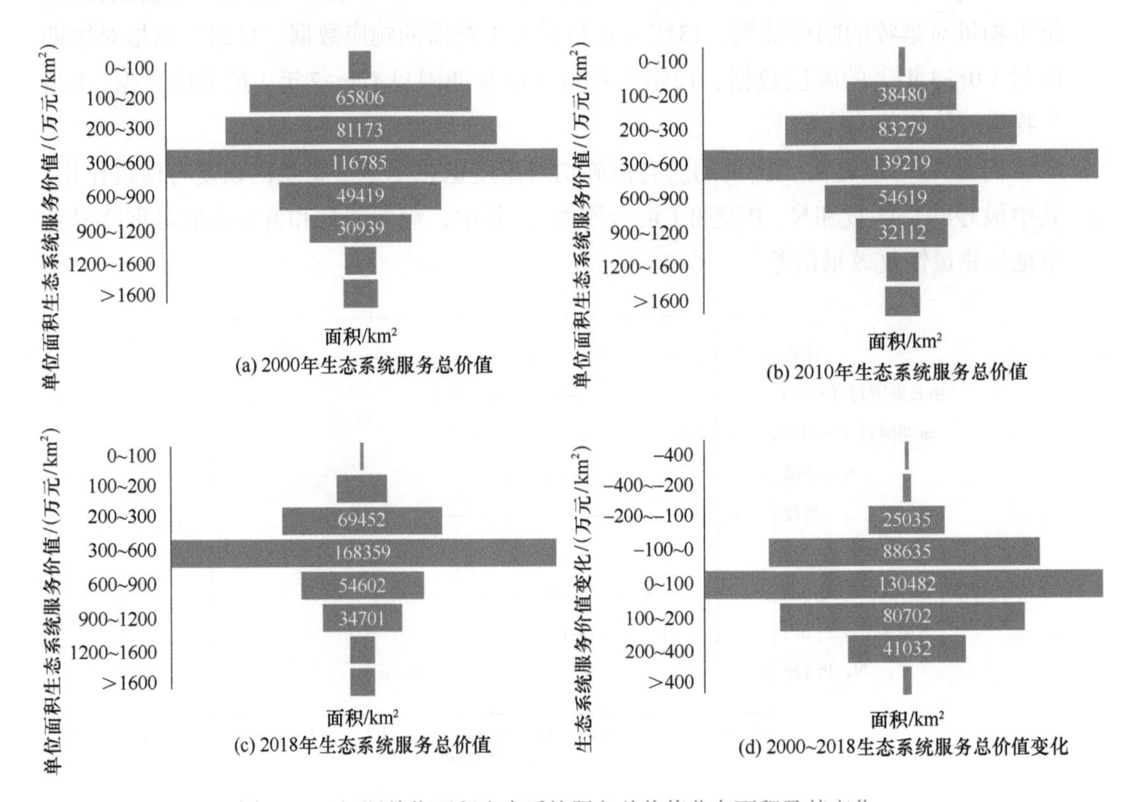

图1.8 三江源单位面积生态系统服务总价值分布面积及其变化

2018年，三江源区水资源供给服务价值最高，达到12492亿元，其次是水文调节和风蚀控制服务价值，分别为2444亿元和1398亿元，生态系统碳汇价值为722.05亿元。从生态系统服务价值变化来看，2000～2018年，水资源供给总价值增加最为明显，增加了1352亿元，其次是水文调节价值，增加了199亿元，水蚀控制服务价值增加了178亿元，碳汇价值增加了117.6亿元；空气净化和风蚀控制服务价值分别减少了3.26亿元和124.68亿元。

从空间分布来看，三江源单位面积生态系统服务总价值量整体呈现中西部显著大于东部，尤其长江源头和黄河源头生态系统服务总价值大于其他地区。2018年与2000年相比，东部、中部和南部地区增加较多，西部地区减小较为明显。2000～2018年，三江源有68.68%的区域单位面积生态系统总服务价值提升，其中33.58%的区域显著提升（＞100万元/km^2）。三江源区31.32%的区域单位面积总服务价值降低，其中7.4%的区域显著降低。

1. 域内水资源价值及时空变化

2000年三江源区域内水资源总价值为9892亿元，单位面积域内水资源总价值为257.94万元/km^2。2010年三江源区域内水资源总价值为9879亿元，单位面积域内水资源总价值为257.61万元/km^2。2018 年域内水资源总价值为10238亿元，单位面积水资源价值为266.96 万元/km^2。

从空间分布来看，三江源域内单位面积水资源价值量呈现从西向东、从北向南递减的趋势，2010年与2000年相比，东北部增加较多，西部明显有减小的趋势；2018年与2010年相比，东西部地区增加显著，中部减小较多；2018年与2000年相比，中部增加较为明显，西北部增加较少，西南部有少量减小。就2000～2018年变化率而言，西北部地区和南部地区增加较为明显。

2. 域外水资源价值及时空变化

2000年三江源区域外水资源总价值为920亿元，单位面积域外水资源总价值为23.99万元/km^2。2010年三江源区域外水资源总价值为924亿元，单位面积域外水资源总价值为24.10万元/km^2。2018 年区域外水资源总价值为1922亿元，单位面积水资源价值为50.13 万元/km^2。

从空间分布来看，三江源域外水资源价值量在南部地区增加较为显著，2010年与2000年相比，南部地区有少量减小，整体呈现减小趋势，2018年与2010年相比，南部、西部以及东部增加较为显著，2000～2018年整体呈现增加趋势，且增加显著。

3. 水资源总价值及时空变化

2000年，三江源区水资源总价值为11140亿元，单位面积水资源总价值为290.46万元/km^2。2010年，三江源区水资源总价值为11144亿元，单位面积水资源总价值为290.30万元/km^2。2018 年水资源总价值为12492亿元，单位面积水资源价值为325.42

万元/km²。可以看出，三江源区水资源价值占三江源区总价值的52%。从空间分布来看，三江源区域内水资源总价值量西部和中部显著高于东部和南部。从时间分布格局看，2000～2018年，整个三江源区85.47%的区域单位面积水资源价值增加，其中10.02%的区域单位面积水资源价值增量超过100万元/km²。三江源区14.52%的区域单位面积水资源价值降低，降低超过100万元/km²的区域几乎没有。同时结果显示，2000～2010年水资源价值变化不显著，但2010～2018年水资源增加十分显著（图1.9）。

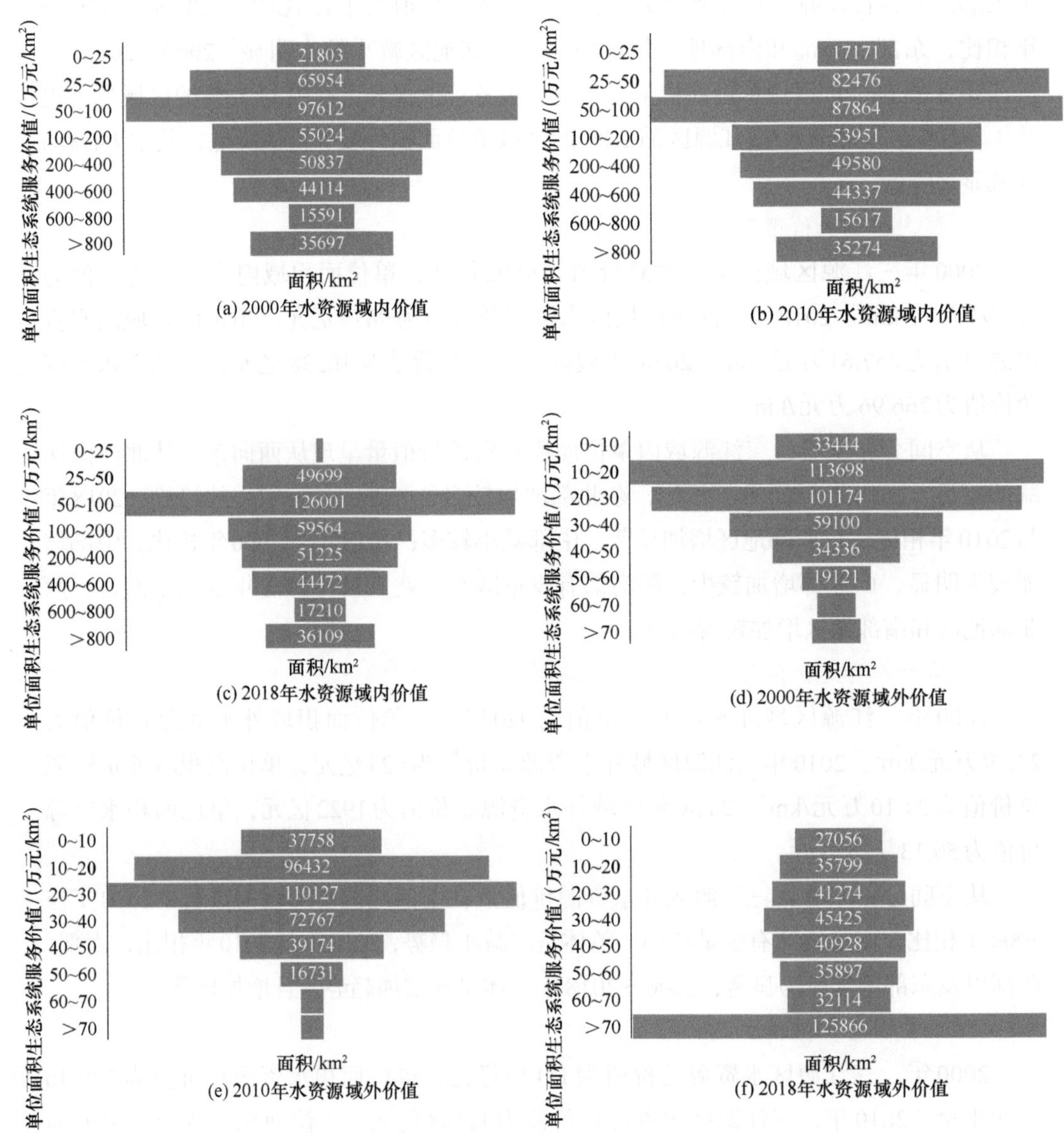

图1.9 2000年、2010年、2018年三江源单位面积水资源价值空间面积分布及其变化规律

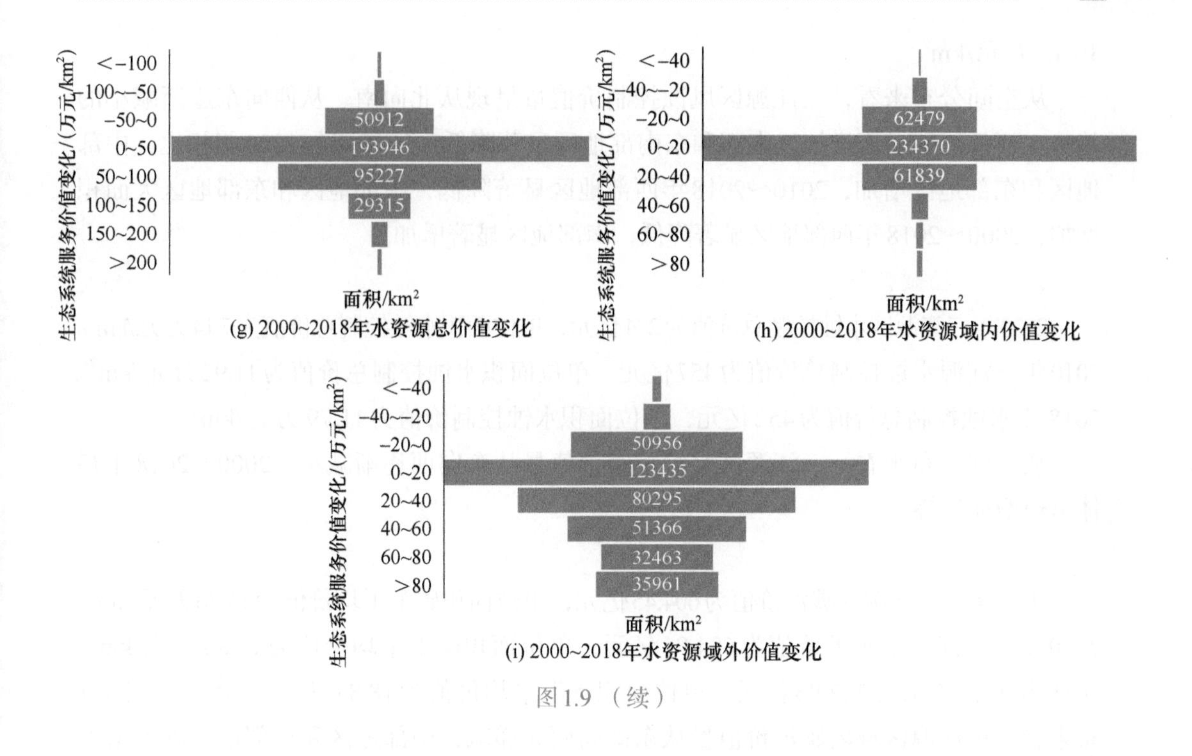

(g) 2000~2018年水资源总价值变化

(h) 2000~2018年水资源域内价值变化

(i) 2000~2018年水资源域外价值变化

图1.9（续）

4. 水文调节价值及时空变化

2000年三江源区水文调节总价值为2245亿元，单位面积水文调节总价值为58.55万元/km²。2010年三江源区水文调节总价值为2393亿元，单位面积水文调节总价值为63.39万元/km²。2018 年水文调节总价值为2444亿元，单位面积水文调节价值为63.73 万元/km²。

从空间分布来看，三江源区水文调节价值量呈现从北向南、从西到东逐渐减小的趋势。西北和东北地区增加，南部地区减少，2018年与2000年相比，西南地区明显减少，其次是中部地区，东部地区逐年增加。

5. 水质净化价值及时空变化

2000年三江源区水质净化总价值为328亿元，单位面积水质净化总价值为8.55万元/km²。2010年三江源区水质净化总价值为334亿元，单位面积水质净化总价值为8.71万元/km²。2018年水质净化总价值为333亿元，单位面积水质净化价值为8.68万元/km²。

从空间分布来看，三江源区水质净化总价值从东到西呈现下降的趋势。东北部地区明显增加，南部地区减少，中部地区显著降低。2000～2018年，西南地区显著增加，东部地区降低。

6. 风蚀控制服务价值及时空变化

2000年三江源区风蚀控制总价值为1533亿元，单位面积风蚀控制总价值为39.98万元/km²。2010年三江源区风蚀控制总价值为2585亿元，单位面积风蚀控制总价值为67.41万元/km²。2018 年风蚀控制总价值为1398亿元，单位面积风蚀控制价值为

36.45 万元/km^2。

从空间分布来看，三江源区风蚀控制价值量呈现从北向南、从西向东逐渐减小的趋势。西部地区显著增加，南部和东南部地区显著降低。2010年与2000年相比，中部地区和东部地区增加，2010～2018年西部地区显著降低，中部地区和东部地区大面积增加，2000～2018年西部地区显著降低，南部地区显著增加。

7. 水蚀控制服务价值及时空变化

2000年三江源区水蚀控制总价值为274亿元，单位面积水蚀控制总价值为7.14万元/km^2。2010年三江源水蚀控制总价值为457亿元，单位面积水蚀控制总价值为11.92万元/km^2。2018 年水蚀控制总价值为452亿元，单位面积水蚀控制价值为11.79 万元/km^2。

从空间分布来看，三江源区水蚀控制价值量从东向西逐渐减小。2000～2018年整体呈现增加趋势。

8. 碳汇价值及变化

2000年，三江源区碳汇价值为604.45亿元，单位面积碳汇平均价值为15.76万元/km^2。2010年，三江源区碳汇价值为684.91亿元，单位面积碳汇平均价值为17.86万元/km^2。2018 年碳汇价值为722.05亿元，单位面积碳汇平均价值为18.83 万元/km^2。从空间分布来看，三江源区域内碳汇价值量从东南向西北递减，中部地区和东部地区碳汇增加显著。从时间分布格局看，2000～2018年，整个三江源区48.81%的区域单位面积碳汇价值增加，其中，17%的区域单位面积碳汇价值增量超过50万元/km^2。三江源区51.19%的区域单位面积碳汇价值降低，降低超过50万元/km^{2}的区域占15%。

1.5.2 NDVI时空动态变化过程

1. 数据来源及处理

1）MOD13Q1植被指数产品

MOD13Q1植被指数16天合成产品提供归一化差异植被指数（normalized difference vegetation index，NDVI）和增强植被指数（enhanced vegetation index，EVI），该产品数据是从16天的所有采集中选择最佳可用像素值，使用的标准是低云、低视角和最高NDVI /EVI值。数据来源于美国戈达德地球科学数据和信息服务中心（Goddard Earth Sciences Data and Information Services Centre，GES DISC），数据质量完全能满足科学研究需求（https://search.earthdata.nasa.gov/search/granules?p=C194001241-LPDAAC_ECS&qMOD13Q1&tl=1566914003!4!!）。

2）数据处理过程

将2018年5～9月EOS/MODIS植被指数16天合成产品MOD13Q1经过拼接裁剪、投影转换、质量控制、年最大合成等一系列处理得到每年的最大NDVI合成数据，然后对三江源全区以及各自然保护分区的NDVI值进行区域统计。

2. 三江源区2000～2019年NDVI变化过程

从2019年三江源区年最大NDVI分布情况可以看出：三江源区年最大NDVI整体呈西北低东南高的分布特征，与海拔分布密切相关，西北部NDVI小至0.1～0.2，东南部NDVI高达0.9（图1.10）。

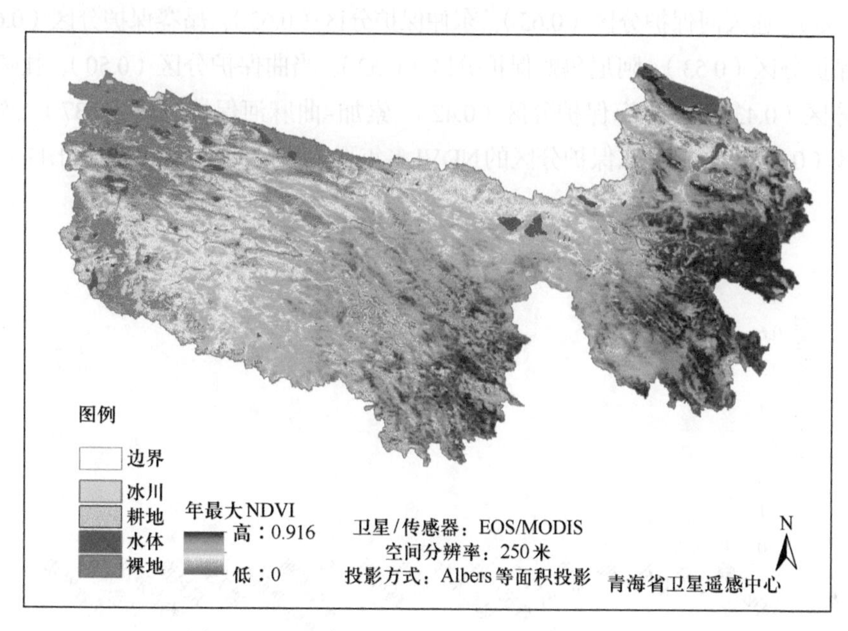

图1.10　2019年三江源区年最大NDVI分布情况

资料来源：青海省卫星遥感中心；卫星/传感器，EOS/MODIS；空间分辨率，250m；投影方式，Albers等面积投影

从2000～2019年三江源全区NDVI年平均值变化过程可以看出，2000年以来全区NDVI值呈缓慢波动增加趋势，年增加速率为0.0012/a，全区NDVI最低值出现在2000年，为0.46，最高值出现在2018年，为0.51。就年际变化速率而言，近20年来，三江源区大部分地区NDVI值呈缓慢波动增加趋势，但玉树州中部和果洛州中部地区NDVI值呈减小趋势。

3. 三江源区18个保护分区NDVI变化过程

三江源保护区建设布局以核心区为中心，从里向外分为3个层次：第一层为核心区，也是严格保护区；第二层为缓冲区，是重点保护区；第三层是实验区，也是一般保护区，作为实验、治理、经营区。

核心区主要保护和管理好典型生态系统与野生动物栖息地，以封禁管护为主，禁牧、禁猎、禁伐；牧民和牲畜迁出来；实行退牧退耕还草还林，开展自然环境与资源保护示范工程，并作为科研、观测、监测、宣传教育基地。缓冲区主要缓冲对核心区的影响，并作为退化生态系统恢复与治理主战场，严格控制进入的人和牲畜数量，以草定畜、限牧轮牧、重点安排各种生态建设和环境保护工程，建设必要的管护、科研、监测、宣传教育等基础设施。实验区主要是调整产业结构，优化资源配置，开展退化生态系统的恢复和重建，发展区域经济，促进社会进步。

从2000～2019年三江源18个保护分区NDVI多年平均值可以看出，玛可河保护分区的NDVI多年平均值最高，为0.77，其次是江西保护分区（0.76）、多可河保护区（0.75）、麦秀保护分区（0.74）、中铁军功保护分区（0.71）、白扎保护分区（0.67）、年保玉则保护分区（0.66）、通天河保护分区（0.65）、东仲保护分区（0.65）、昂赛保护分区（0.60）、果宗木查保护分区（0.53）、阿尼玛卿保护分区（0.52）、当曲保护分区（0.50）、扎陵湖鄂陵湖保护分区（0.43）、星星海保护分区（0.42）、索加-曲麻河保护分区（0.37）、约古宗列保护分区（0.31），各拉丹东保护分区的NDVI多年平均值最低，为0.23（图1.11）。

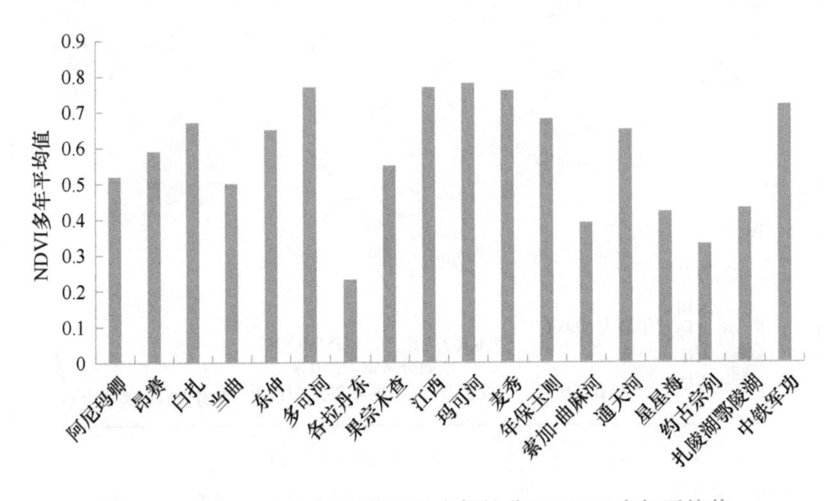

图1.11　2000～2019年三江源18个保护分区NDVI多年平均值

从2000～2019年三江源18个保护分区NDVI年际变化速率分布情况可以看出，除果宗木查保护分区NDVI有微弱减小趋势外，其余保护分区的NDVI值均呈增大趋势，星星海保护分区和扎陵湖鄂陵湖保护分区的NDVI值增大速率比较明显，年际变化速率超过了0.0025/a（图1.12）。

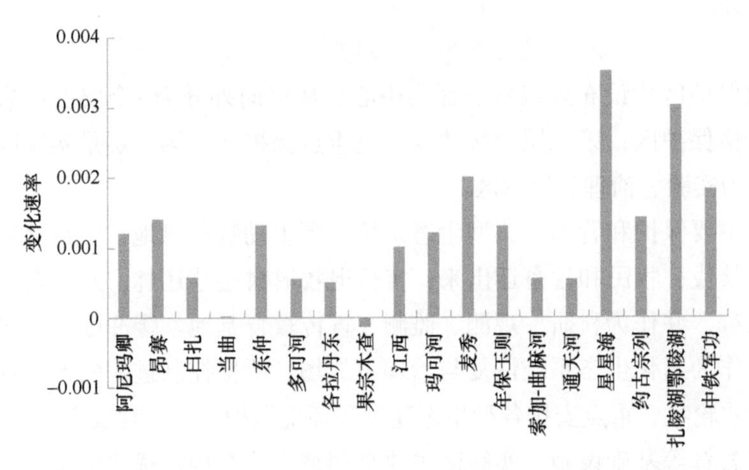

图1.12　2000～2019年三江源18个保护分区NDVI年际变化速率

从2000～2019年三江源18个保护分区及保护分区核心区、缓冲区和实验区NDVI年际变化速率情况可以看出，整体上核心区NDVI年际变化速率最高（0.0014/a），其次是缓冲区（0.0013/a），实验区的NDVI年际变化速率较慢（0.0010/a）。具体来看，除阿尼玛卿保护分区、多可河保护分区、果宗木查保护分区、索加-曲麻河保护分区和中铁军功保护分区核心区、缓冲区和实验区NDVI变化不一致外，大部分保护分区NDVI变化呈现出核心区大于实验区的特征，尤其是星星海保护分区和扎陵湖鄂陵湖保护分区（图1.13）。

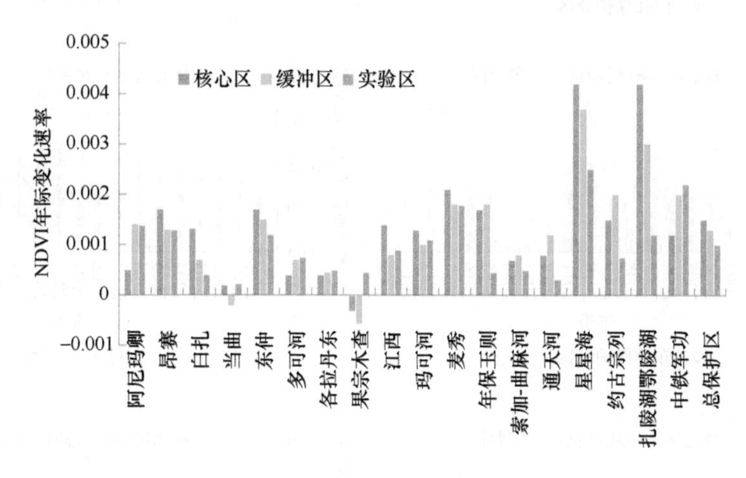

图1.13 三江源18个保护分区核心区、缓冲区和实验区NDVI年际变化速率

将每个保护分区分为核心区、缓冲区和实验区，详细分析每个保护分区NDVI的年际变化情况。

阿尼玛卿保护分区：从2000～2019年阿尼玛卿保护分区NDVI年平均值变化情况可以看出，2000年以来阿尼玛卿保护分区的核心区、缓冲区和实验区NDVI值年增加速率分别为0.0006/a、0.0014/a和0.0014/a，阿尼玛卿保护分区缓冲区和实验区NDVI指数增长速率高于核心区，核心区植被指数无显著变化（图1.14）。

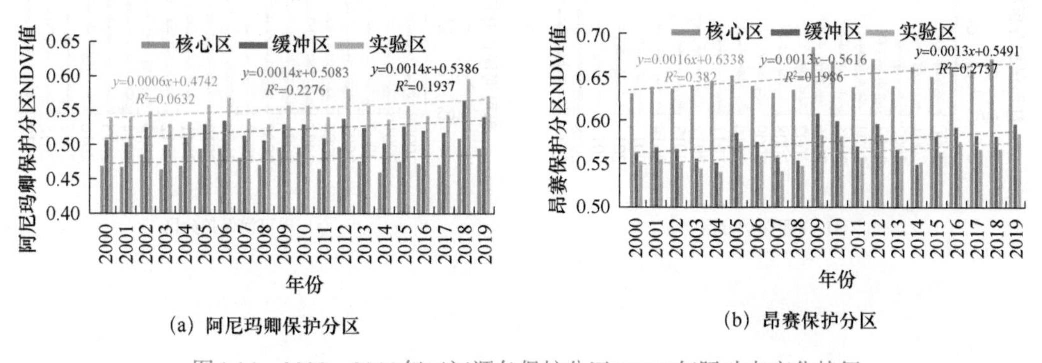

图1.14 2000～2019年三江源各保护分区NDVI年际动态变化特征

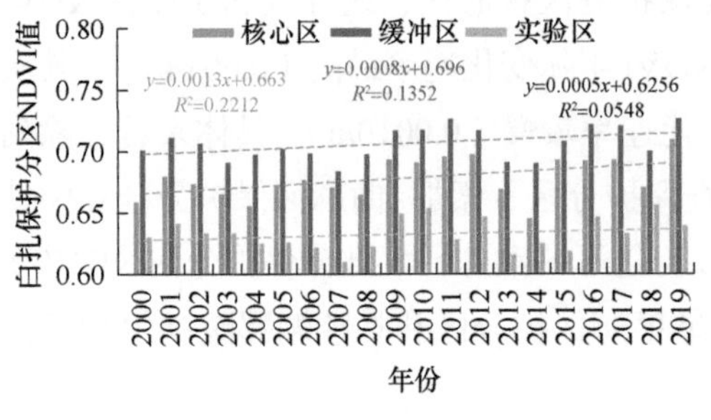

(c) 白扎保护分区

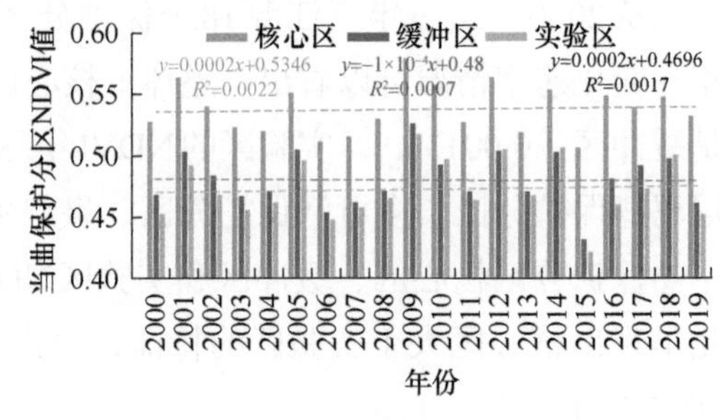

(d) 当曲保护分区

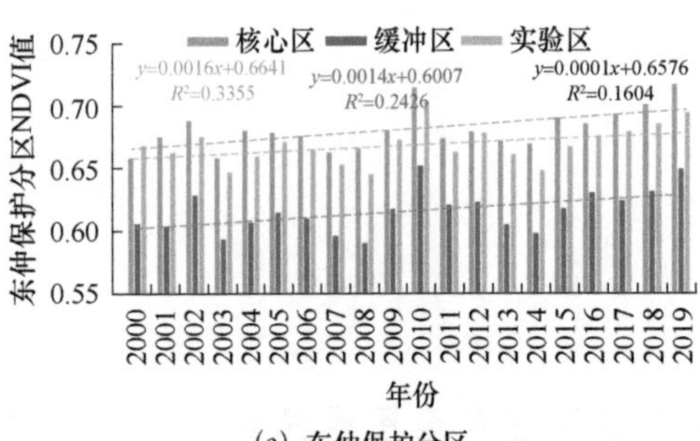

(e) 东仲保护分区

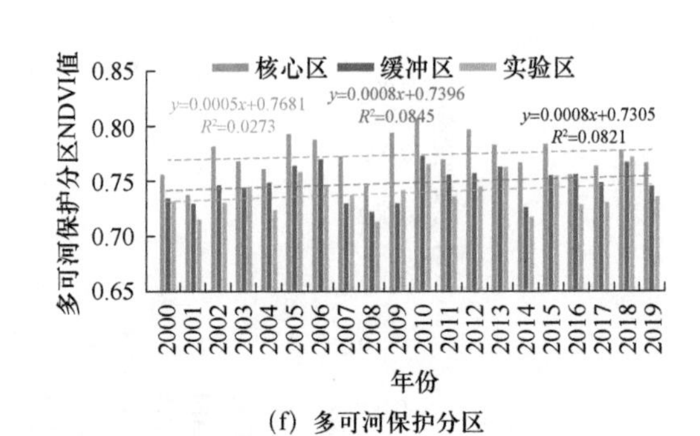

(f) 多可河保护分区

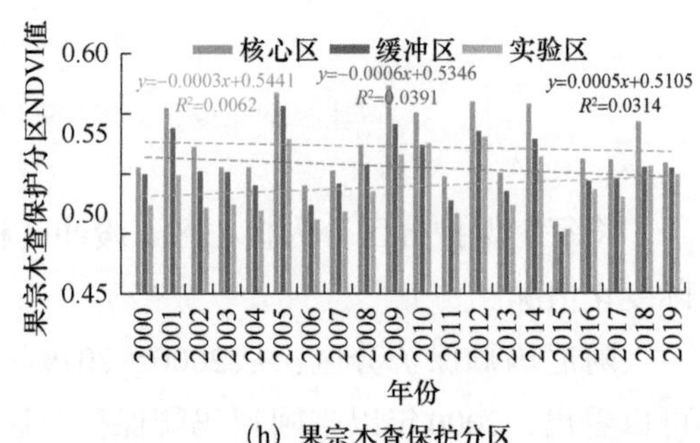

(g) 各拉丹东保护分区

(h) 果宗木查保护分区

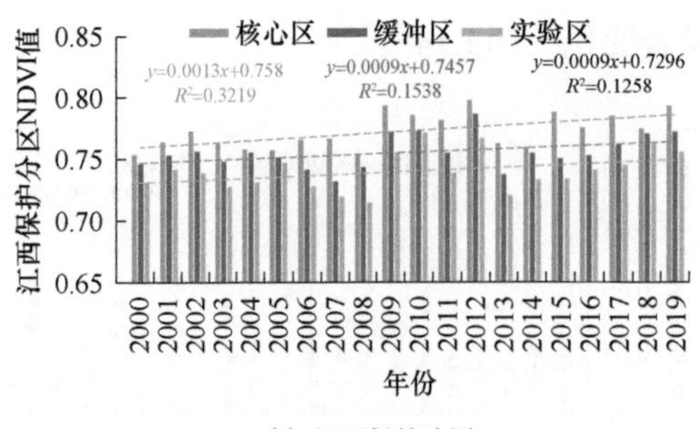

(i) 江西保护分区

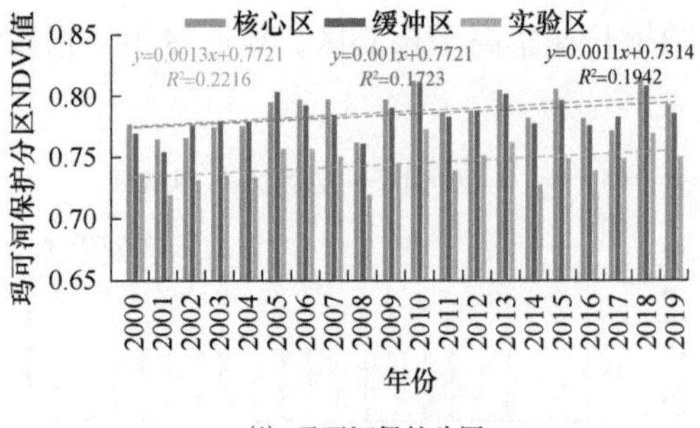

(j) 玛可河保护分区

图1.14 (续)

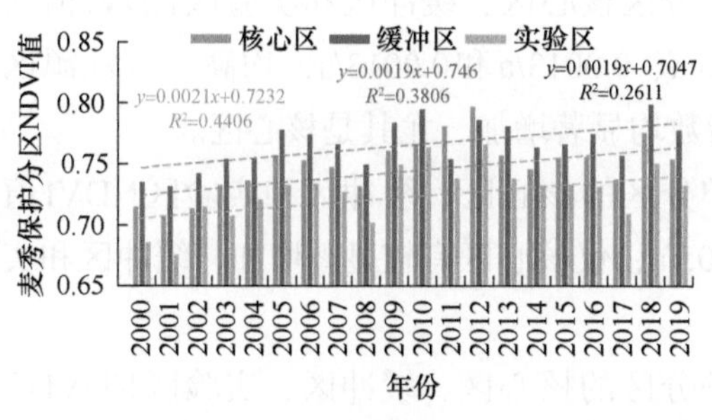

(k) 麦秀保护分区

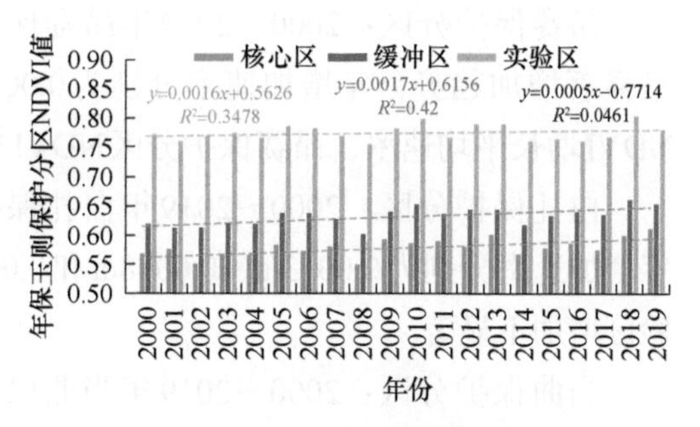

(l) 年保玉则保护分区

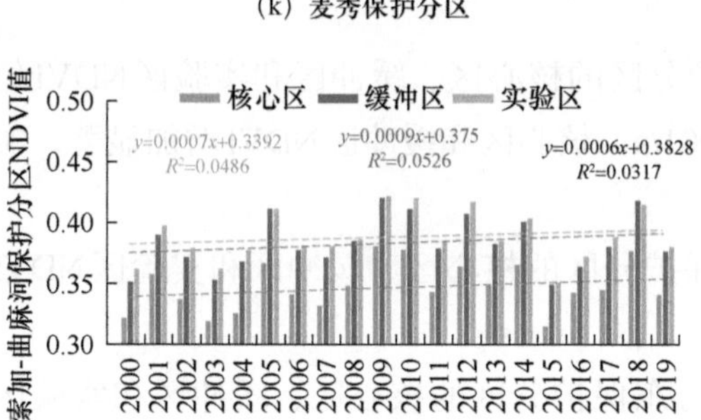

(m) 索加-曲麻河保护分区

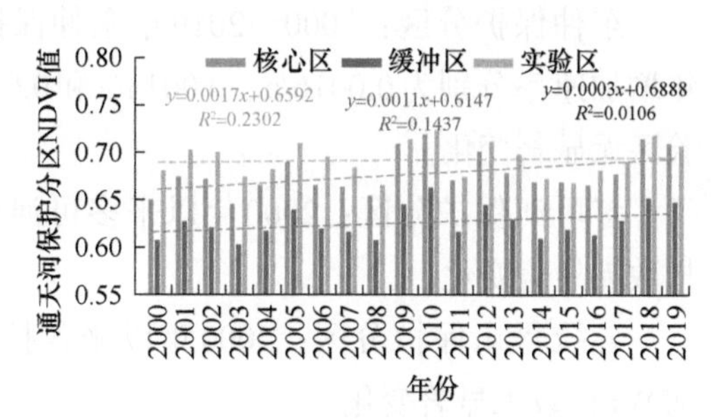

(n) 通天河保护分区

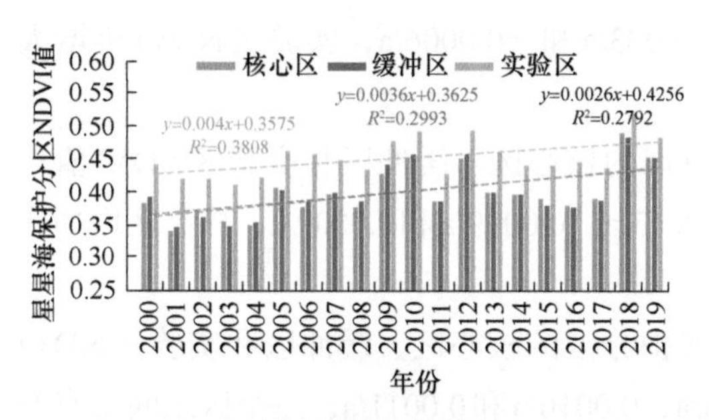

(o) 星星海保护分区

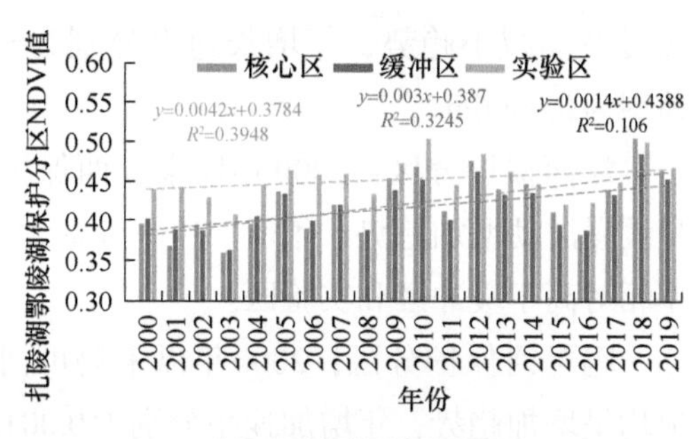

(p) 扎陵湖鄂陵湖保护分区

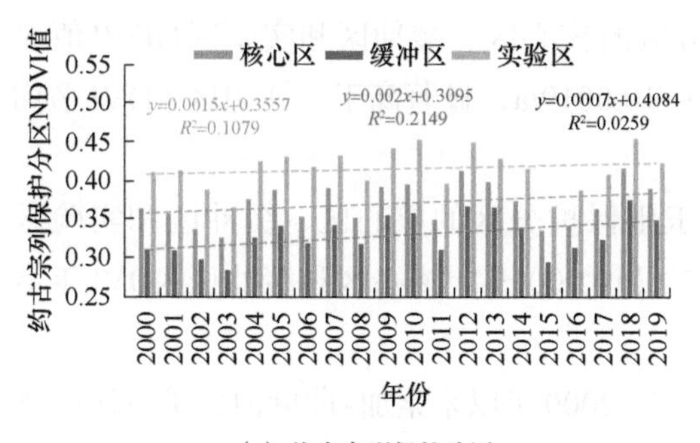

(q) 约古宗列保护分区

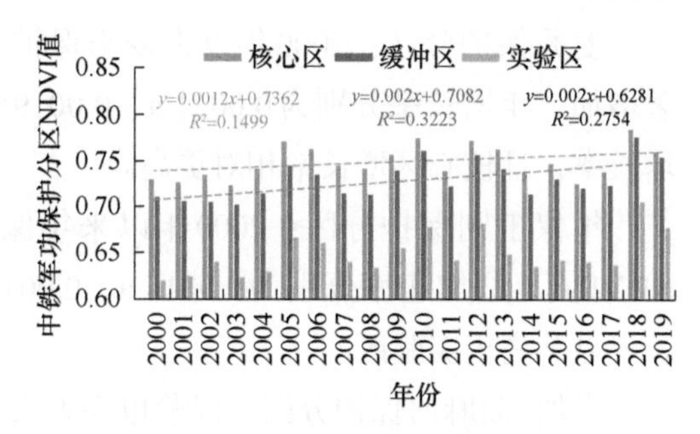

(r) 中铁军功保护分区

图1.14 （续）

昂赛保护分区：2000～2019年昂赛保护分区核心区、缓冲区和实验区NDVI值均呈显著增加趋势，年增加速率分别为0.0016/a、0.0013/a和0.0013/a，均高于三江源区NDVI增长平均速率，昂赛保护分区NDVI指数均显著增加，尤其是核心区。

白扎保护分区：2000～2019年白扎保护分区的核心区、缓冲区和实验区NDVI值年增加速率分别为0.0013/a、0.0008/a和0.0005/a，仅核心区有较显著增加，缓冲区和实验区增加不显著。

当曲保护分区：2000～2019年当曲保护分区的核心区、缓冲区、实验区NDVI值无显著变化。

东仲保护分区：2000～2019年东仲保护分区的核心区、缓冲区和实验区NDVI值年增加速率分别为0.0016/a、0.0014/a和0.0001/a，核心区和缓冲区NDVI增加显著，实验区无显著变化。

多可河保护分区：2000年以来多可河保护分区的核心区、缓冲区和实验区NDVI指数无显著变化。

各拉丹东保护分区：2000年以来各拉丹东保护分区的核心区、缓冲区和实验区NDVI指数无显著变化。

果宗木查保护分区：2000年以来果宗木查保护分区的核心区和缓冲区NDVI值呈缓慢波动减小趋势，年增长速率分别为−0.0003/a和−0.0006/a，实验区NDVI年增大速率为0.0006/a。

江西保护分区：2000年以来江西保护分区的核心区、缓冲区和实验区NDVI值均呈缓慢波动增加趋势，年增加速率分别为0.0013/a、0.0009/a和0.0009/a，核心区增加速率相对高于缓冲区和实验区。

玛可河保护分区：2000年以来玛可河保护分区的核心区、缓冲区和实验区NDVI值均呈增加趋势，年增加速率分别为0.0013/a、0.0010/a和0.0011/a，三个区之间没有明显区别。

麦秀保护分区：2000年以来麦秀保护分区的核心区、缓冲区和实验区NDVI值显著增加，年增长率分别为0.0021/a、0.0019/a和0.0019/a，显著高于三江源区NDVI平均增长率，且核心区增长率相对更高。

年保玉则保护分区：2000年以来年保玉则保护分区的核心区、缓冲区和实验区NDVI值年增加速率分别为0.0016/a、0.0017/a和0.0005/a，核心区和缓冲区NDVI年增长率显著高于实验区。

索加-曲麻河保护分区（以前也为无人区）：2000年以来索加-曲麻河保护分区的核心区、缓冲区和实验区NDVI值无显著变化。

通天河保护分区：2000年以来通天河保护分区的核心区、缓冲区和实验区NDVI值年增加速率分别为0.0017/a、0.0011/a和0.0003/a，核心区NDVI年增长率显著高于缓冲区，而实验区无显著变化。

星星海保护分区：2000年以来星星海保护分区的核心区、缓冲区和实验区NDVI值均呈极显著增加趋势，年增加速率分别达0.0040/a、0.0036/a和0.0026/a，显著高于三江源区NDVI增长速率，达3倍之多，且核心区显著高于缓冲区，缓冲区显著高于实验区。

约古宗列保护分区：2000年以来约古宗列保护分区的核心区、缓冲区和实验区NDVI值均呈波动增加趋势，年增加速率分别为0.0015/a、0.0020/a和0.0007/a，缓冲区和核心区NDVI增长率显著高于实验区。

扎陵湖鄂陵湖保护分区：2000年以来扎陵湖鄂陵湖保护分区的核心区、缓冲区和实验区NDVI值年增加速率分别为0.0042/a、0.0030/a和0.0014/a，核心区和缓冲区NDVI增长率极显著，达到了三江源区NDVI平均增长率的3倍。

中铁军功保护分区：2000年以来中铁军功保护分区核心区、缓冲区和实验区NDVI值均呈波动增加趋势，年增加速率分别为0.0012/a、0.0020/a和0.0020/a，缓冲区和实验区NDVI年增长率核高于核心区。

综合而言，18个保护分区中13个保护分区近20年NDVI指数有显著增加趋势，尤其是扎陵湖鄂陵湖湿地保护分区和星星海湿地保护分区，其植被指数年增长率极显著。5个保护分区NDVI指数无显著变化，如当曲湿地保护分区、多可河森林灌丛保护分区、各拉丹东雪山冰川保护分区、果宗木查湿地保护分区、索加-曲麻河野生动物保护分区。大部分保护分区NDVI指数年度增长率表现为核心区＞缓冲区＞实验区，18个保护分区中11个保护分区核心区NDVI指数年度增长率显著高于缓冲区和试验区。数据显示，三江源生态功能区近20年严格保护区域措施的保护成效是显著的。

1.5.3　最大牧草产量时空变化过程

青海省三江源自然保护区是我国面积最大、地域最辽阔、平均海拔最高、高差最大的保护区，是长江、黄河和澜沧江的发源地，平均海拔在4000m以上，是我国西北高寒地区生物多样性最集中的区域，同时也是我国生态保护最敏感的地区。利用遥感技术和数理统计模型，建立草地产草量的估算模型，对三江源地区及各保护区2000～2019年草地产草量进行估算，分析近20年来三江源地区草地产草量变化情况，对其生态现状进行研究分析。

1. 资料处理及方法

1）EOS/MODIS植被数据的下载

MODIS适当的时空分辨率可以较好地反映草地植被的时空变化特征。美国国家航空航天局（National Aeronautics and Space Administration，NASA）网站提供一系列MODIS（moderate resolutiong imaging spec-troradimeter）相关数据产品，其中用于计算牧草产量、覆盖度等的是16天合成的植被指数产品，其空间分辨率为250m、500m和1km。

本项目所用到的为MOD13Q1/全球250m分辨率植被指数16天合成数据。下载相关产品要在网站上填写订单，在收到专门的下载链接后，利用FTP软件的帮助进行数据下载。

根据需要，从NASA网站上下载2000～2019年植被指数16天合成数据，建立长序列16天合成MODIS植被指数数据集。

2）NDVI植被数据的提取

下载MODIS 16天合成植被数据完成后，先对原始数据进行质量控制和拼接转换，再用质量控制文件进行掩膜操作，最终得到NDVI植被指数数据。

（1）质量控制。选择两幅能覆盖青海省全境的MODIS 16天合成植被数据，对其进行质量控制和图像拼接。选择相应的分辨率及其他信息，指定输出文件目录，即完成数据的质量控制转换（图1.15）。

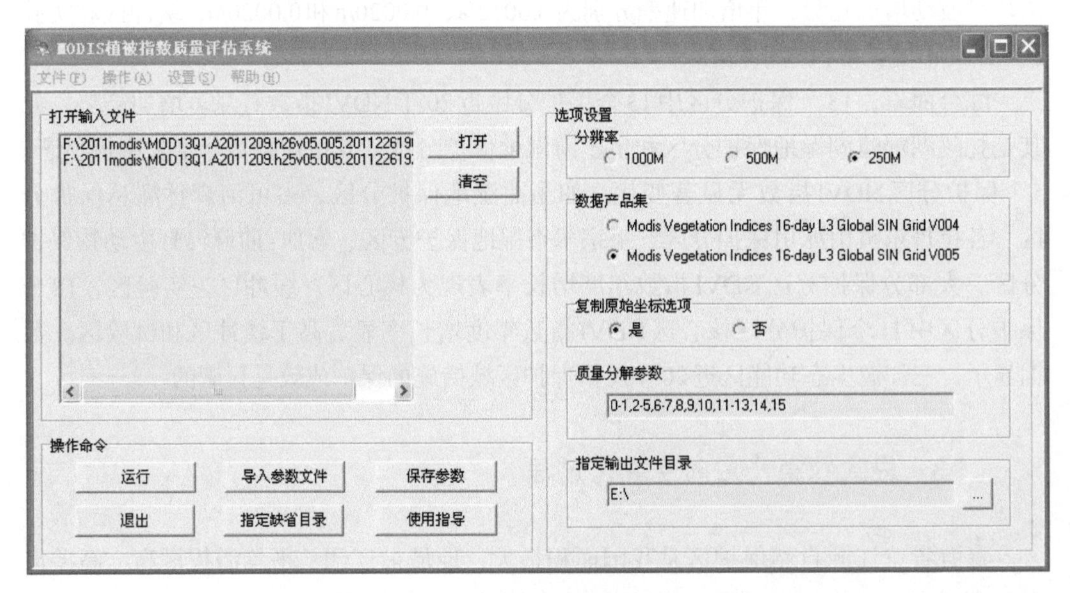

图1.15 质量控制界面

（2）图像拼接。图像拼接过程中，选择两幅相邻影像数据（一般，h26v05和h25v05拼接，为一幅完整的过青海省全境数据影像），选择波段、定义文件类型及投影坐标等，指定路径，最后完成图像拼接（图1.16）。

（3）图像掩膜及批处理。对已完成质量控制和拼接的数据在ENVI软件下进行掩膜操作，掩膜顺序为：裸地→云→水体，最终获取只含有植被指数信息的数据文件。

利用IDL＋MRT制作批处理程序，可实现资料的自动拼接、转投影、裸地和湖泊的掩膜以及从质量控制文件中提取云信息并进行掩膜，其还可进行NDVI最大值合成、转换为与现有的MODIS资料匹配的数据格式等处理，最终得到区域内NDVI数据（图1.17）。

（4）草地产草量的计算。通过将大量历年地面实测的产草量资料与相应遥感图像

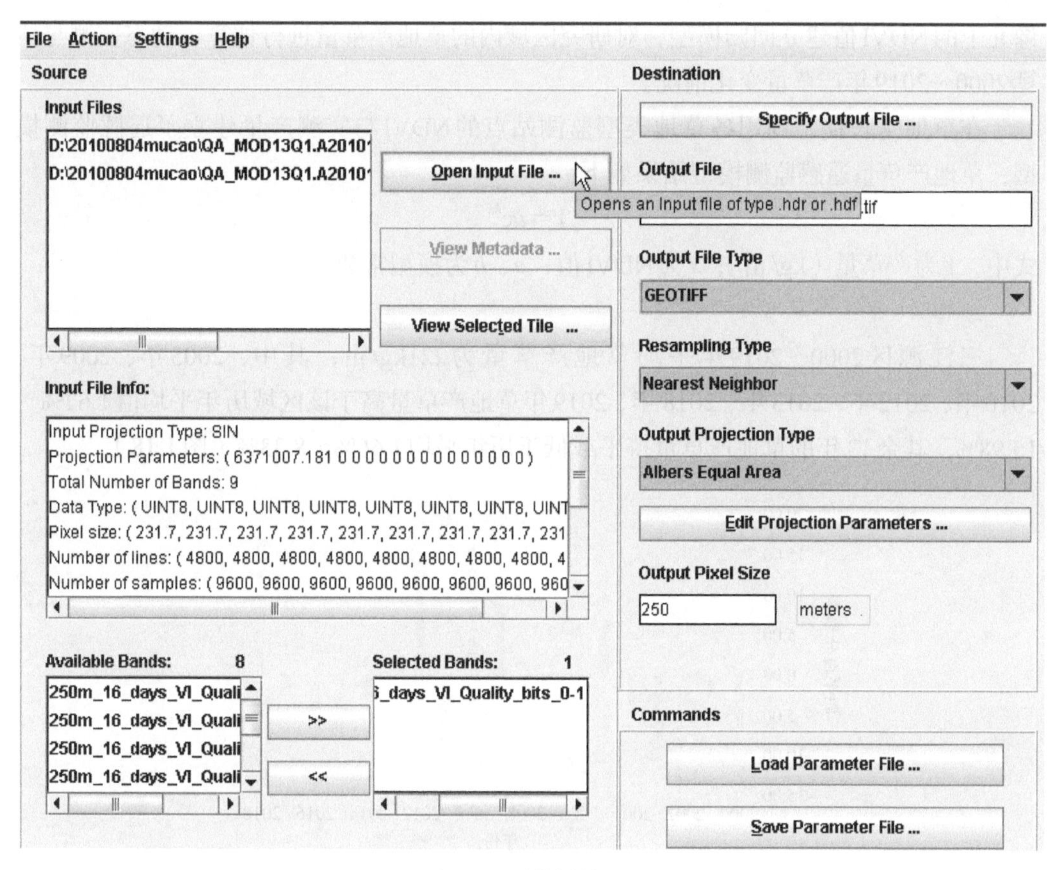

图1.16　图像拼接界面

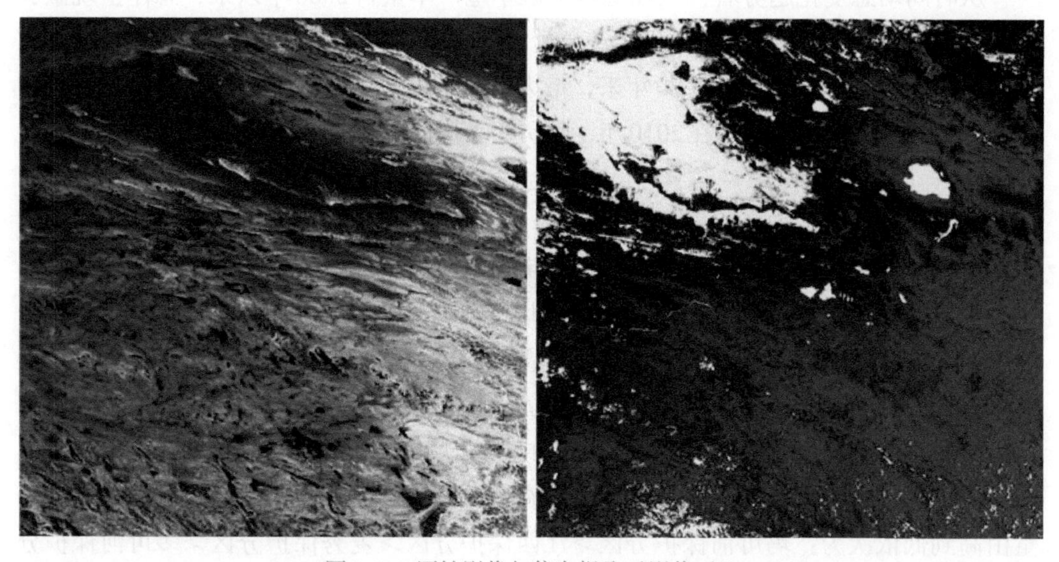

图1.17　原始影像与信息提取后影像对比

像元上的NDVI值建立回归模型，对研究区域内的草地产草量进行估算，动态监测与估算2000～2019年产草量变化情况。

在草地生长期，利用各草地类型监测站点的NDVI与实测产量建立了遥感监测模型，草地产草量遥感监测模型结果如下：

$$Y=ae^{bx}$$

式中，Y为产草量（kg/亩）；x为NDVI值；a、b为模型常数。

2. 三江源区产草量变化情况

三江源区2000～2019年平均草地产草量为221kg/亩，其中，2005年、2009年、2010年、2012年、2013年、2018年、2019年草地产草量高于该区域历年平均值1.62%～15.98%，其余13年的草地产草量持平或低于历年平均1.66%～8.33%（图1.18）。

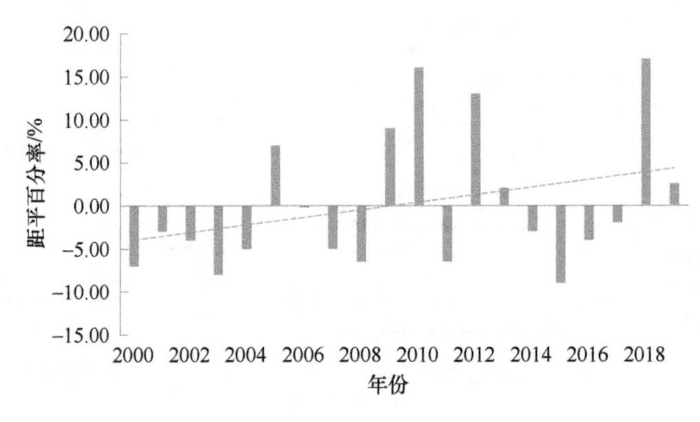

图1.18 2000～2019年三江源区草地产草量与平均值差值距平图

从时间动态变化趋势看：三江源区全区草地产草量自2000年以来，总体呈现微弱增加的变化趋势。2000～2008年区域产量大部分在平均值以下，2009年以后出现波动，且产量较高年份增多。近20年来，最大产草量出现在2018年，较历年平均值增加15.98%，次最大值年份出现在2010年，较历年平均值增加15.09%（图1.18）。

3. 三江源区保护分区产草量时空动态

18个保护分区平均产草量基本在100～500kg/亩，其中玛可河保护分区、江西保护分区、麦秀保护分区平均产草量在500kg/亩以上；多可河保护分区、年保玉则保护分区、中铁军功保护分区、东仲保护分区平均产草量在400～500kg/亩；白扎保护分区、通天河保护分区、昂赛保护分区平均产草量在300～400kg/亩；阿尼玛卿保护分区、果宗木查保护分区平均产草量在200～300kg/亩；当曲保护分区、扎陵湖鄂陵湖保护分区、星星海保护分区、索加-曲麻河保护分区平均产草量在100～200kg/亩；约古宗列保护分区、各拉丹东保护分区平均产草量在100kg/亩以下。各保护分区平均草地产草量由高到低依次为：玛可河保护分区＞江西保护分区＞麦秀保护分区＞多可河保护分区＞年保玉则保护分区＞中铁军功保护分区＞东仲保护分区＞白扎保护分区＞通天河保护分区＞昂赛保护分区＞阿尼玛卿保护分区＞果宗木查保护分区＞当曲保护分区＞扎陵湖鄂陵湖保护分区＞星星海保护分区＞索加-曲麻河保护分区＞约古宗列保护分区＞各拉丹东保护分区。

从18个保护分区的不同功能区平均草地产草量来看，核心区产草量普遍高于其他区的保护区有7个，分别是昂赛保护分区、当曲保护分区、东仲保护分区、多可河保护分区、江西保护分区、通天河保护分区、中铁军功保护分区；缓冲区产草量普遍高于其他区的保护区有5个，分别是白扎保护分区、各拉丹东保护分区、果宗木查保护分区、玛可河保护分区、麦秀保护分区；实验区产草量普遍高于其他区的保护区有6个，分别是阿尼玛卿保护分区、年保玉则保护分区、索加-曲麻河保护分区、星星海保护分区、约古宗列保护分区、扎陵湖鄂陵湖保护分区。

1.5.4　湖泊水体时空动态变化

青藏高原腹地——青海三江源是长江、黄河、澜沧江的发源地，这里被称为“中华水塔”。三江源地区大大小小的高原湖泊星罗棋布，湖泊分布海拔高、数量多、密度大，是国内稠密湖群之一。高原湖泊除了美学景观功能外，还承担着调节河川径流、水源涵养、繁衍水生物和改善区域生态环境等多种功能。

三江源地区湖泊由降水、融雪、冰川、冻土融化等多种方式补给，是较为复杂的高海拔湖盆流域，大部分湖泊受人类活动干扰较少，主要受气候变化及气候变化导致的冰川融化和蒸发的影响。在全球气候变暖、青藏高原暖湿化的大背景下，由于高原生态环境脆弱，高原湖泊水体面积具有明显的变化，湖泊的扩张与收缩及其引起的生态环境演化过程都是全球的、区域的和局部的构造和气候事件共同作用的结果。

1. 三江源自然保护区湖泊总面积变化

1）2003年以来三江源湖泊总面积呈增加趋势

三江源自然保护区内大于30km^{2}的典型湖泊共27个（表1.8），自2003年以来，年最大湖泊面积总体呈波动增加趋势，其中，2005年、2009年、2012年和2018年湖泊总面积增大显著；2005～2008年、2013～2016年湖泊总面积平稳扩张；2009～2012年、2016～2019年湖泊总面积显著扩张（图1.19）。

表1.8　三江源自然保护区典型湖泊分布

重点保护区	可可西里自然保护区（17个湖泊）	永红湖-西金乌兰湖、可可西里湖、库赛湖、勒斜武担湖、多尔改错、盐湖、卓乃湖、明镜湖、饮马湖、太阳湖、涟湖-月亮湖、错达日玛、可考湖、海丁诺尔、特拉什湖、库水浣、移山湖
	各拉丹东保护分区（2个）	米提江占木错、诺多错
	扎陵湖鄂陵湖保护分区（2个）	扎陵湖、鄂陵湖
一般保护区	乌拉湖、冬给措纳湖、波涛湖、雪莲湖、玛章措钦、雀莫错	

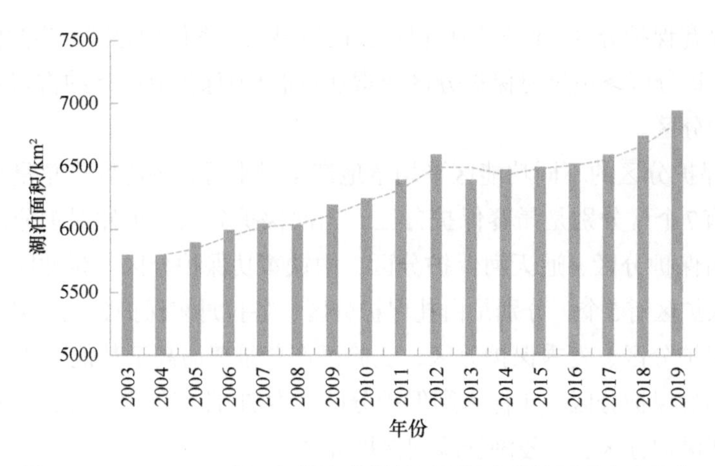

图1.19 2003～2019年三江源自然保护区年最大湖泊面积变化趋势

2）湖泊面积扩张形成高原链湖

由于湖泊面积扩张，三江源自然保护区中可可西里自然保护区内高原湖泊互相联通形成高原链湖，2012年涟湖与月亮湖联通，2017年永红湖与西金乌兰湖联通，尽管湖泊数量在减少，但湖泊总面积增加（图1.20和图1.21）。

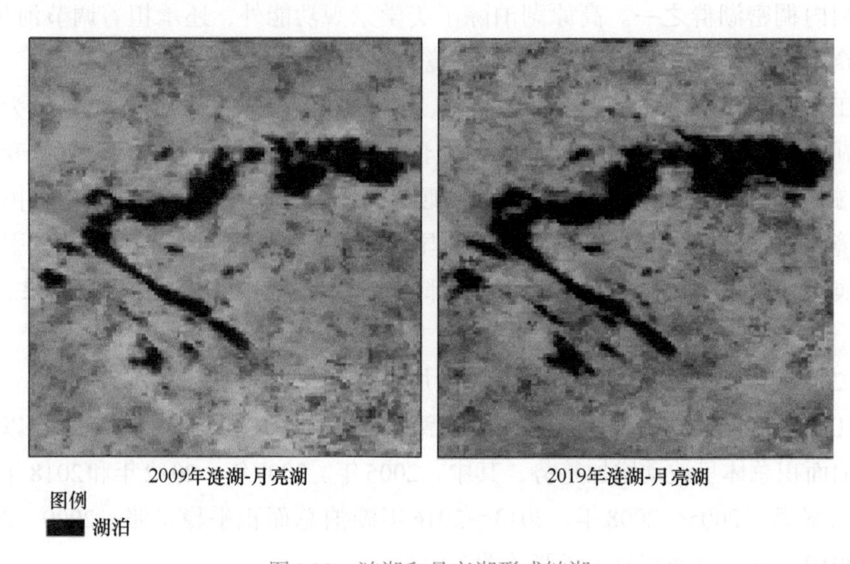

图1.20 涟湖和月亮湖形成链湖

资料来源：青海省卫星遥感中心；数据源，MOD09GQ；分辨率，250m；投影方式，Albers等面积投影

2. 三江源重点保护区内湖泊面积动态变化过程

1）可可西里自然保护区湖泊面积变化

2003年以来，可可西里自然保护区内典型湖泊水体总面积呈现波动增加趋势，具体来说，2003～2012年湖泊面积增加速度较快，2013年以后湖泊面积略有回落，2017～2019年湖泊面积进一步增加。其中，除卓乃湖2003～2019年变小，多尔改错、

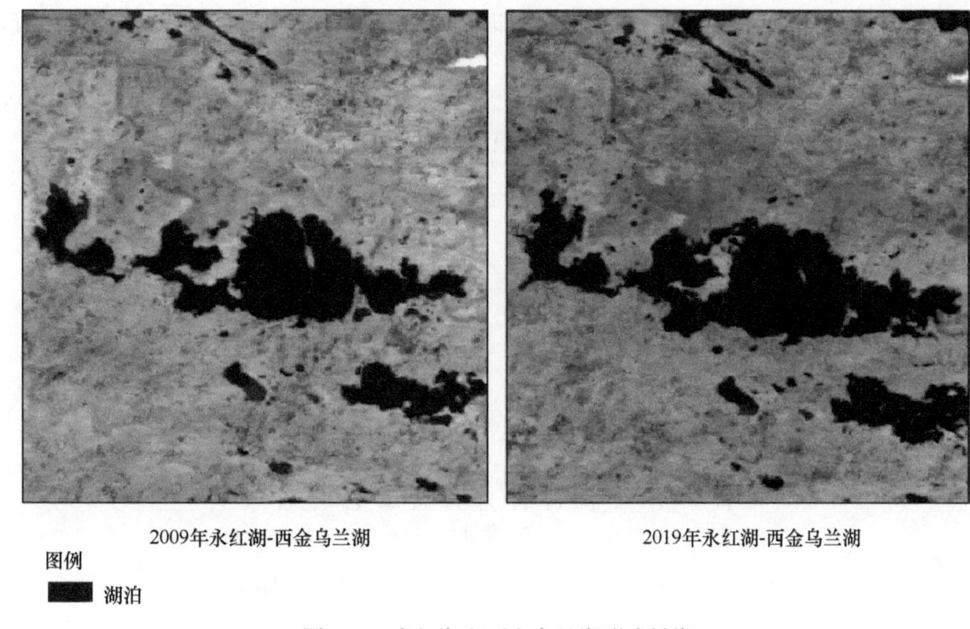

图1.21　永红湖和西金乌兰湖形成链湖

资料来源：青海省卫星遥感中心；数据源，MOD09GQ；分辨率，250m；投影方式，Albers等面积投影

饮马湖、太阳湖、库水浣等湖泊基本持平外，其余湖泊均增加趋势明显，尤其是盐湖，面积每年以11.4km^{2}的速度扩张（图1.22）。

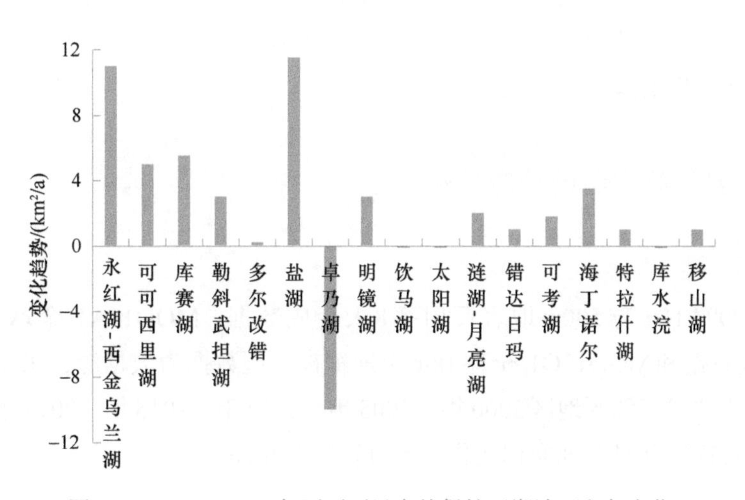

图1.22　2003～2019年可可西里自然保护区湖泊面积年变化

2）各拉丹东保护分区湖泊面积变化

三江源自然保护区重点保护区中各拉丹东保护分区实验区内的米提江占木错和诺多错两湖泊面积呈波动增加趋势，具体来说，米提江占木错2003～2012年湖泊面积增加速度较快，2013年以后湖泊面积略有回落，2017～2019年湖泊面积进一步增加；诺

多错2003～2012年面积变化平缓，2013年以后湖泊面积略有回落，2017～2019年湖泊面积略有回落（图1.23）。

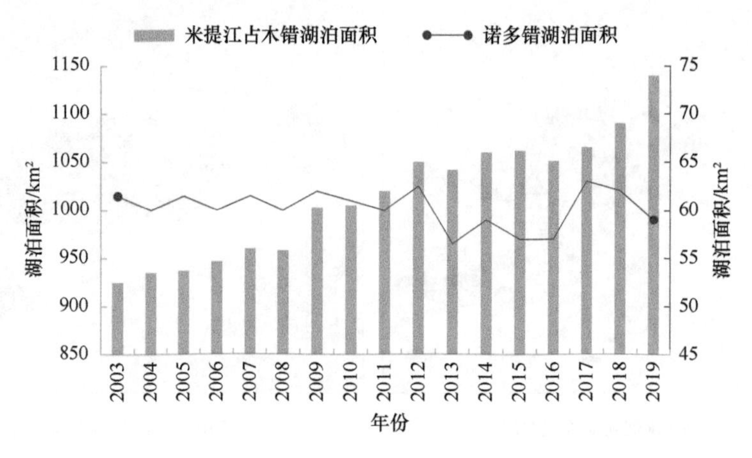

图1.23　2003～2019年米提江占木错和诺多错湖泊面积

3）扎陵湖鄂陵湖保护分区湖泊面积变化

扎陵湖和鄂陵湖是三江源自然保护区扎陵湖鄂陵湖保护分区核心区内重要的湖泊水体，是黄河上游段最大的天然湖泊，具有极为重要的水源涵养和径流汇集的生态系统服务功能。近年来两湖泊面积呈逐年波动增加趋势，具体来说，2003～2012年湖泊面积增加速度较快，2013年以后湖泊面积略有回落，2017～2019年湖泊面积进一步增加。遥感监测显示，扎陵湖湖体扩张区域主要为西部湖口位置，鄂陵湖扩张区域主要为西南部湖口位置（图1.24）。

1.5.5　典型高寒湿地动态变化过程

1. 资料处理及方法

以MOD09A1/全球500m地表反射率8天合成数据、MOD13A1/全球500m植被指数16天合成数据和MOD12Q1/全球1km土地覆被类型数据为数据源，采用专家知识的决策树分类方法对三江源地区2000年、2005年、2010年、2015年、2017年（5个年份）湿地范围进行提取并对湿地面积变化状况进行分析和评价。

2. 研究区概况

三江源地区是我国面积最大的天然湿地分布区，素有“中华水塔”之称。该地区湿地主要包括湖泊湿地、河流湿地、沼泽湿地和冰川湿地四大类型，根据遥感监测，湖泊湿地主要分布在长江、黄河的源头段，其中，玛多地区扎陵湖、鄂陵湖、星星海和可可西里地区湖泊湿地分布众多。河流湿地主要分布在唐古拉山北麓长江源区、玛多黄河源区以及青海湖流域。沼泽湿地大多集中于长江源区的东部和南部，尤以河流

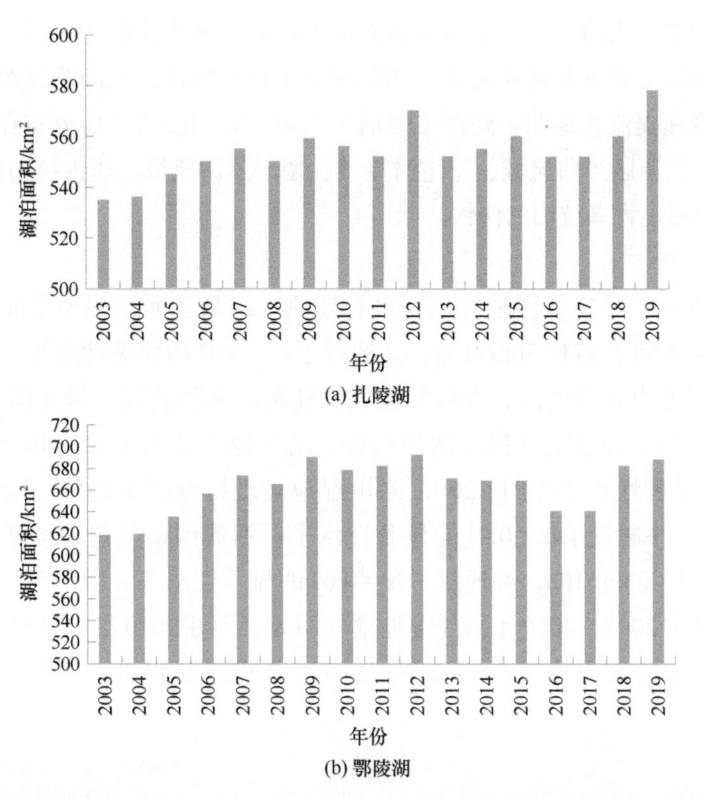

(a) 扎陵湖

(b) 鄂陵湖

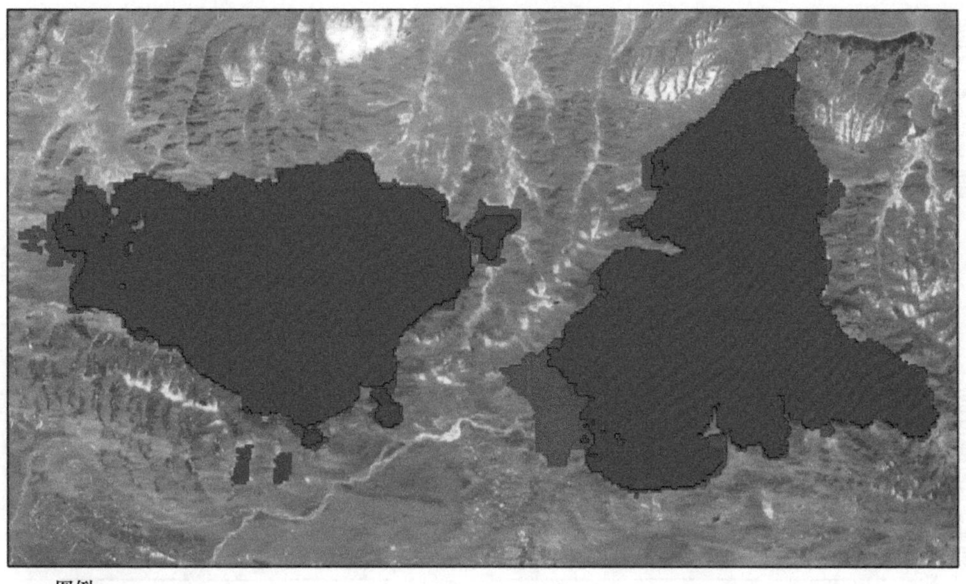

(c) 2003～2019年变化

图1.24　2003～2019年扎陵湖和鄂陵湖水体面积变化遥感监测图

资料来源：青海省卫星遥感中心；卫星/传感器，EOS/MODIS、GF1/WFV；空间分辨率，250m、16m；投影方式，Albers等面积投影

中上游分布为多，当曲水系中上游和通天河上段以南各支流的中上游一带沼泽连片广布，在黄河源区主要分布在扎陵湖、鄂陵湖和星宿海地区，而澜沧江源区主要集中在干流扎阿曲段和支流扎那曲、阿曲（阿涌）上游。冰川湿地主要分布在冰川和雪山分布地区，如长江源区当曲流域、沱沱河流域、楚玛尔河流域，唐古拉山脉的各拉丹冬、尕恰迪如岗及祖尔肯乌拉山的岗钦。

3. 结果分析

对三江源地区近20年湿地总面积进行监测，结果表明，湿地总面积增加趋势显著，增加速率达到了3734.7hm²/10a，并通过了α=0.01的显著性水平，湿地增加区域主要在可可西里中东部地区、青海湖流域、扎陵湖和鄂陵湖区域（图1.25）。在四种湿地类型中，湖泊湿地呈现持续增加趋势，增加速率达到了3234.0hm²/10a，并通过了α=0.01的显著性水平（图1.26），冰川湿地呈现持续减少趋势，减少速率达到了517.5hm²/10a，并通过了α=0.01的显著性水平。河流湿地呈现持续增加趋势，增加速率达到了1094.0hm²/10a，并通过了α=0.01的显著性水平。沼泽湿地在年际间呈现波动变化，其中2005～2010年沼泽湿地增加明显，而在2010年后呈现持续减少趋势，近20年沼泽湿地总体呈增加趋势，增加速率达到了24.2hm²/10a，但未通过α=0.01的显著性水平。

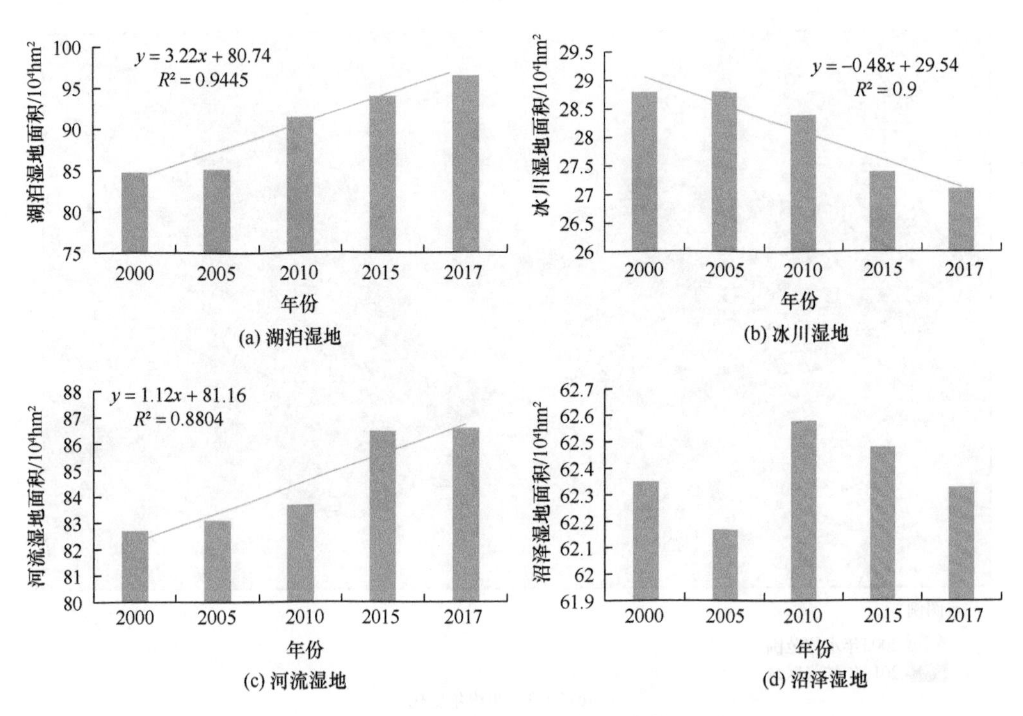

图1.25 三江源地区湿地面积年际动态变化特征

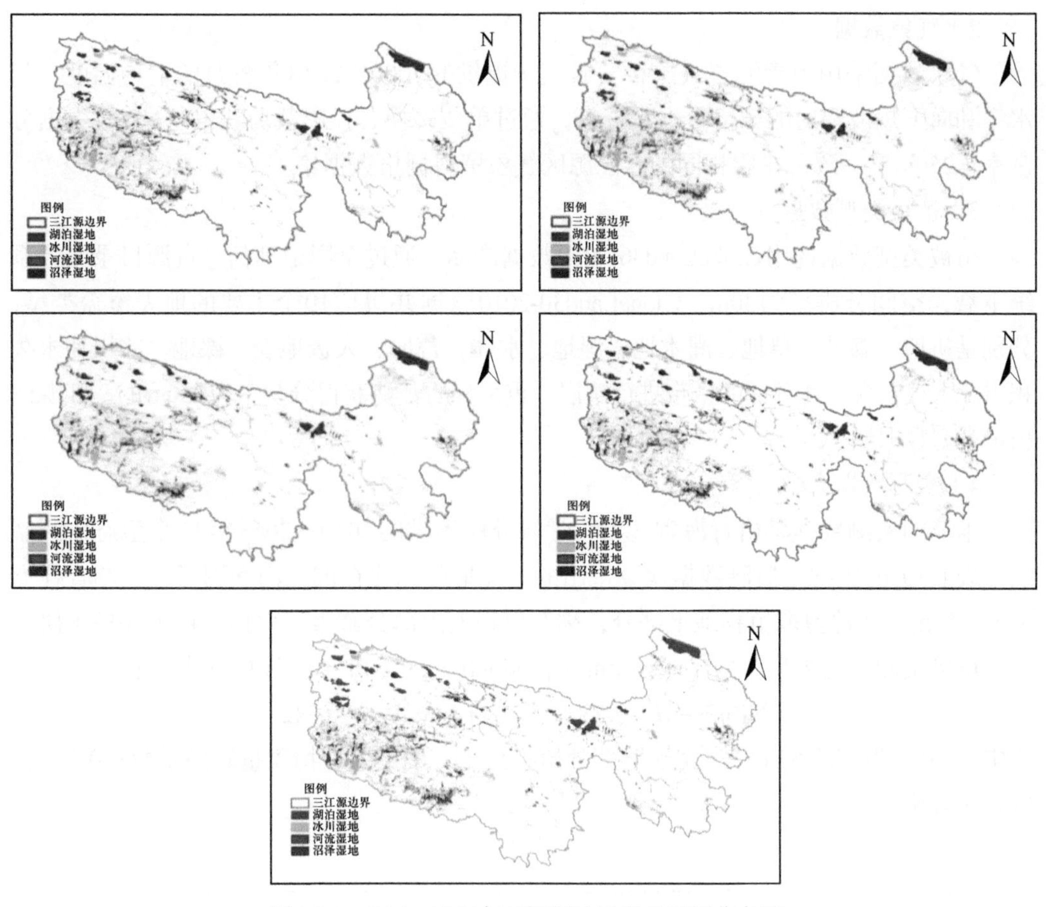

图1.26　2000～2017年三江源地区湿地空间分布图

1.5.6　气候变化和人类活动对植被生产力变化的影响

1. 数据来源及处理

1）NDVI数据

本节2000～2018年的NDVI数据选用MODI13Q1植被指数数据产品，时间分辨率为16天，空间分辨率为250m。利用MODIS Reprojection Tool（MRT）对NDVI数据进行提取、格式和投影转换，然后利用国际通用的最大合成法（MVC）进行处理，尽量减少噪声（云、水体、冰雪、大气等）对影像的影响，将16天数据取最大值合成月NDVI数据。为减少非植被因素对NDVI分析的影响，对影像中NDVI<0的像元进行剔除，然后利用三江源区边界矢量数据裁剪获得三江源区2000～2018年月NDVI系列数据集。

2）气象数据

气象数据采用由青海省气象科学研究所提供的2000～2018年各月的平均温度、降水率和向下短波辐射的栅格数据集资料，通过单位转换、投影裁剪获得与NDVI数据分辨率（250m）一致、投影相同的三江源区气象资料栅格数据集。

3）植被类型数据

植被类型数据选用GlobeLand30-2010数据产品，通过全国地理信息资源目录服务系统下载，空间分辨率为30m，GlobeLand30-2010数据共包括10个主要的地表覆盖类型，分别是耕地、森林、草地、灌木地、湿地、水体、苔原、人造地表、裸地、冰川和永久积雪。下载包含三江源区的条带进行镶嵌、重采样后裁剪获得分辨率为250m的三江源区植被类型数据。

4）实测数据

本节的实测数据是由青海省气象科学研究所提供的2010～2015年15个生态监测站点（表1.9）的生物量监测数据换算得出的。样地分别建在围栏内和围栏外，调查样方为1m×1m，齐地剪取植物地上部分，称取植物地上部分鲜重。根据王翀（2013）研究结果得出实测净初级生产力（net primary productivity，NPP）的计算方法，公式如下：

$$NPP_m = M \times 0.55 \times (1 + 41.3/58.8) \times 0.542$$

式中，NPP_m为实测NPP；M为地上部分植物鲜重；0.55为干物质量转换系数；0.542为碳转化效率。

表1.9　站点信息

站点	经度	纬度
同德	100.733°E	35.233°N
兴海	99.967°E	35.6°N
沱沱河	92.433°E	34.216°N
玛沁	100.275°E	34.452°N
达日	99.527°E	33.752°N
玛多	98.117°E	34.95°N
班玛	100.754°E	32.991°N
久治	101.499°E	33.333°N
甘德	99.872°E	33.975°N
杂多	95.3°E	32.9°N
清水河	97.148°E	33.807°N
囊谦	96.495°E	32.052°N
曲麻莱	95.589°E	34.093°N
泽库	101.533°E	35.067°N
河南	101.567°E	34.8°N

2. *研究方法*

气候生产力（NPPP）是生态环境在理想状态下不受人类活动影响的植被生产潜力，生产力的大小由气候条件决定（李辉霞等，2011；Yu Z et al.，2019；Liu et al.，2019）。而实际的植被生产力（NPPA）受人类活动和气候变化的综合影响，因此，NPPP和NPPA之间的差值可以用来表示人类活动对NPP的影响，即NPPH，表示如下：

$$NPPH = NPPP - NPPA$$

1）实际NPP计算方法

CASA（carnegie-ames-stanford approach）模型是基于遥感参数、气象条件、植被类型以及土壤类型的光能利用率模型，是目前使用较多的一种光能利用率模型，该模型最初是针对北美地区植被建立的一种NPP估算模型。许多学者根据不同需求和植被特征进行调整并对其进行了改进。本节利用朱文泉等改进的CASA模型对三江源区NPP进行估算。

CASA模型中NPP主要由植被所吸收的光合有效辐射（APAR）和实际光能利用率（ε）两个变量来表示，其公式如下：

$$NPP(x, t) = APAR(x, T) \times \varepsilon(x, t)$$

式中，$APAR(x, t)$为像元x在t月吸收的光合有效辐射［g C/（m^2 · month）］；$\varepsilon(x, t)$为像元x在t月的实际光能利用率（g C/MJ）。

（1）APAR的估算。

APAR由太阳总辐射量和植被对入射光合有效辐射的吸收比例来表示，计算公式如下：

$$APAR(x, t) = SOL(x, t) \times FPAR(x, t) \times 0.5$$

式中，$SOL(x, t)$为t月在像元x处的太阳总辐射量［MJ/（m^2 · month）］；$FPAR(x, t)$为植被层对入射光合有效辐射的吸收比例；常数0.5表示植被所能利用的太阳有效辐射占太阳总辐射的比例。

FPAR的估算：

在一定范围内，FPAR与NDVI之间存在着线性关系，这一关系可以根据某一植被类型NDVI的最大值和最小值以及所对应的FPAR最大值和最小值来确定，公式如下：

$$FPAR(x, t) = \frac{NDVI(x, t) - NDVI_{i,\ min}}{NDVI_{i,\ max} - NDVI_{i,\ min}} \times (FPAR_{max} - FPAR_{min}) + FPAR_{min}$$

式中，$NDVI_{i,\ max}$和$NDVI_{i,\ min}$分别对应第i种植被类型的NDVI最大值和最小值。

FPAR与比值植被指数（SR）也存在较好的线性关系，公式如下：

$$FPAR(x, t) = \frac{SR(x, t) - SR_{i,\ min}}{SR_{i,\ max} - SR_{i,\ min}} \times (FPAR_{max} - FPAR_{min}) + FPAR_{min}$$

式中，$FPAR_{min}$和$FPAR_{max}$的取值与植被类型无关，分别为0.001和0.95；$SR_{i,\ max}$和$SR_{i,\ min}$

分别对应第i种植被类型NDVI的95%和5%下侧百分位数；SR（x，t）由以下公式确定：

$$SR(x,t)=\frac{1-NDVI(x,t)}{1+NDVI(x,t)}$$

通过比较FPAR-NDVI和FPAR-SR的估算结果发现，由NDVI所估算的FPAR比实测值高，而由SR所估算的FPAR则低于实测值，但其误差小于直接由NDVI所估算的结果，因此将两种方法进行结合，取其平均值作为FPAR估算值，此时，估算的FPAR与实测值之间的误差达到最小。计算公式如下：

$$FPAR(x,t)=\alpha FPAR_{NDVI}+(1-\alpha)FPAR_{SR}$$

式中，α为两种方法间的调整系数，本节中统一定为0.5（取二者的平均值）。

（2）光能利用率的估算。

光能利用率是在一定时期单位面积上生产的干物质中所包含的化学潜能与同一时间投射到该面积上的光合有效辐射能之比。环境因子如气温、土壤水分状况以及大气水汽压差等会通过影响植物的光合能力而调节植被的NPP。在遥感模型中，这些因子对NPP的调控是通过对最大光能利用率进行调节而实现的。其计算公式如下：

$$\varepsilon(x,t)=T_{\varepsilon1}(x,t)\times T_{\varepsilon2}(x,t)\times W_{\varepsilon}(x,t)\times\varepsilon_{max}$$

式中，$T_{\varepsilon1}$（x，t）和$T_{\varepsilon2}$（x，t）为低温和高温对光能利用率的胁迫作用；W_{ε}（x，t）为水分胁迫影响系数，反映水分条件的影响；ε_{max}为理想条件下的最大光能利用率（g C/MJ）。

$T_{\varepsilon1}$（x，t）的估算：$T_{\varepsilon1}$（x，t）反映在低温和高温时植物内在的生化作用对光合的限制而降低净第一性生产力。计算公式如下：

$$T_{\varepsilon1}(x,t)=0.8+0.02\times T_{opt}(x)-0.0005\times[T_{opt}(x)]^2$$

式中，T_{opt}（x）为植物生长的最适温度，定义为某一区域一年内NDVI值达到最高时的当月平均气温（℃），当某一月平均温度小于或等于−10℃时，$T_{\varepsilon1}$（x，t）取0。

$T_{\varepsilon2}$（x，t）的估算：$T_{\varepsilon2}$（x，t）表示环境温度从最适温度T_{opt}（x）向高温或低温变化时植物光能利用率逐渐变小的趋势，这是因为低温和高温时高的呼吸消耗必将会降低光能利用率，生长在偏离最适温度的条件下，其光能利用率也一定会降低，计算公式如下：

$$T_{\varepsilon2}(x,t)=1.184/\{1+\exp[0.2\times(T_{opt}(x))-10-T(x,t)]\}\times 1/\{1+\exp[0.3\times(-T_{opt}(x)-10+T(x,t))]\}$$

当某一月平均温度T（x, t）比最适温度T_{opt}（x）高10℃或低13℃时，该月的$T_{\varepsilon2}$（x, t）值等于月平均温度T（x，t）为最适温度T_{opt}（x）时$T_{\varepsilon2}$（x，t）值的一半。

水分胁迫影响系数的估算：水分胁迫影响系数W_{ε}（x，t）反映了植物所能利用的有效水分条件对光能利用率的影响，随着环境中有效水分的增加，W_{ε}（x, t）逐渐增大，它的取值范围为0.5（在极端干旱条件下）～1（非常湿润条件下），由下式计算：

$$W_{\varepsilon}(x,t)=0.5+0.5\times E(x,t)/E_p(x,t)$$

式中，E（x，t）为区域实际蒸散量（mm）；E_p（x，t）为区域潜在蒸散量（mm）。

最大光能利用率的确定：最大光能利用率ε_{max}的取值因不同植被类型而有所不同，根据朱文泉、卫亚星、蔡雨恋等研究结果，选取各植被类型的最大光能利用率以及其他模型参数（表1.10）。

表1.10　参数统计表

代码	植被类型	$NDVI_{max}$	$NDVI_{min}$	SR_{max}	SR_{min}	E_{max}
10	耕地	0.7448	0.035	6.84	1.0725	0.208
20	森林	0.7783	0.035	8.02	1.0725	0.389
30	草地	0.7316	0.035	6.45	1.0725	0.312
40	灌木地	0.7785	0.035	8.03	1.0725	0.429
50	湿地	0.7316	0.035	6.45	1.0725	0.312
60	水体	0.634	0.035	4.46	1.0725	0.208
80	人造地表	0.634	0.035	4.46	1.0725	0.208
90	裸地	0.634	0.035	4.46	1.0725	0.208
100	冰川和永久积雪	0.634	0.035	4.46	1.0725	0.208

2）气候潜力NPP计算方法

气候NPP计算方法采用在国内应用较广的周广胜等、张新时等建立的自然植被净第一性生产力模型：

$$\mathrm{NPP}=\mathrm{RDI}^2\cdot\frac{r\cdot(1+\mathrm{RDI}+\mathrm{RDI}^2)}{(1+\mathrm{RDI})\cdot(1+\mathrm{RDI}^2)}\cdot\mathrm{Exp}\left(-\sqrt{9.87+6.25\mathrm{RDI}}\right)$$

$$\mathrm{RDI}=(0.629+0.237\mathrm{PER}-0.00313\mathrm{PER}^2)^2$$

$$\mathrm{PER}=\mathrm{PET}/r=\mathrm{BT}\cdot 58.93/r$$

$$\mathrm{BT}=\sum T/12$$

式中，RDI为辐射干燥度；PER为可能蒸散率；PET为年可能蒸散量（mm）；r为年降水量（mm）；BT为年平均生物温度（℃）；T为>0℃与<30℃的月平均温度（℃）。

3）趋势分析

采用线性回归方法确定三江源区2000～2018年NPP变化速率，公式如下：

$$\mathrm{slope}=\frac{n\times\sum_{i=1}^{n}(i\times\mathrm{NPP}_i)-\sum_{i=1}^{n}i\times\sum_{i=1}^{n}\mathrm{NPP}_i}{n\times\sum_{i=1}^{n}i^2-\left(\sum_{i=1}^{n}i\right)^2}$$

式中，n表示年份，NPP_i为第i年的NPP，当slope为正值时，表明NPP呈上升趋势，反之，则呈下降趋势。

4）人类活动和气候变化贡献比例分析方法

为了确定人类活动（human activity）和气候变化（climate change）对NPPA变化的

作用，比较了NPPP和NPPH在同一时期的变化率，以确定NPPA变化的原因。当s_{NPPP}为正值或s_{NPPH}为负值时，表明气候变化或人类活动有利于植被生长，相反，当s_{NPPP}为负值或s_{NPPH}为正值时，表明气候变化或人类活动促进植被退化。因此，在本节中，我们定义了六种情景来确定气候变化和人类活动的相对作用，为此，使用s_{NPPP}和s_{NPPH}计算了这两个因素的相对贡献，见表1.11。

表1.11 NPP变化的影响因素划分标准及贡献率计算方法

影响因素划分标准		影响因素	贡献率	
			气候变化/%	人类活动/%
$s_{NPPA}>0$	$s_{NPPP}>0$，$s_{NPPH}<0$	气候变化和人类活动（BI）	$\frac{100\times\lvert s_{NPPP}\rvert}{\lvert s_{NPPP}\rvert+\lvert s_{NPPH}\rvert}$	$\frac{100\times\lvert s_{NPPH}\rvert}{\lvert s_{NPPP}\rvert+\lvert s_{NPPH}\rvert}$
	$s_{NPPP}<0$，$s_{NPPH}<0$	人类活动（HI）	0	100
	$s_{NPPP}>0$，$s_{NPPH}>0$	气候变化（CI）	100	0
$s_{NPPA}<0$	$s_{NPPP}<0$，$s_{NPPH}<0$	气候变化（CD）	100	0
	$s_{NPPP}>0$，$s_{NPPH}>0$	人类活动（HD）	0	100
	$s_{NPPP}<0$，$s_{NPPH}>0$	气候变化和人类活动（BD）	$\frac{100\times\lvert s_{NPPP}\rvert}{\lvert s_{NPPP}\rvert+\lvert s_{NPPH}\rvert}$	$\frac{100\times\lvert s_{NPPH}\rvert}{\lvert s_{NPPP}\rvert+\lvert s_{NPPH}\rvert}$

注：CI表示气候变化主导NPPA增加，HI表示人类活动主导NPPA增加，BI表示两者共同主导NPPA增加，CD表示气候变化主导NPPA减小，HD表示人类活动主导NPPA减小，BD表示两者共同主导NPPA减小。

5）模型验证

利用围栏内草地样本NPP数据对周广胜气候潜力模型进行验证，同时利用围栏外草地样本数据对CASA模拟进行了验证。结果表明，2010～2015年NPP模拟值与观测值吻合良好，可用于以下分析。图1.27表示，NPPA与围栏内草地NPP的线性回归斜率为0.5271，R^2为0.4546；NPPA与围栏外草地NPP的线性回归斜率为0.88133，R^2为0.3812。表明基于改进的CASA模型模拟得到的草地实际NPP，以及基于周广胜模型模拟的气候潜力NPP具有较高的模拟精度和可靠性。

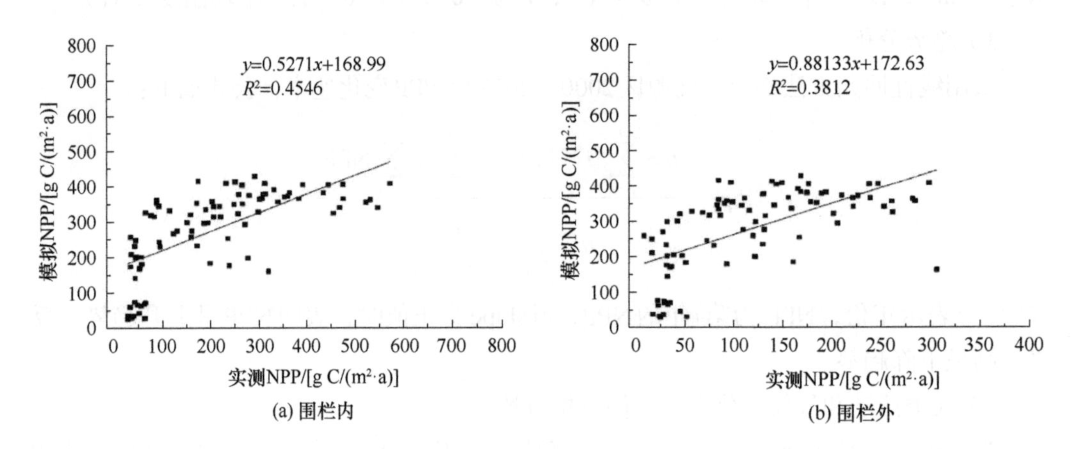

图1.27 NPP模型模拟值与实测值的比较

3. 三江源自然保护区植被净初级生产力时空变化特征

1）三江源区NPP空间分布特征

2000～2018年三江源区NPPA多年平均值空间分布如图1.28（a）所示，NPPA多年平均值面积统计如图1.29（a）所示，由图1.29（a）可以看出，三江源区NPPA总体上表现出较强的空间异质性，NPPA呈现从东南向西北递减的趋势，NPPA多年平均值大多分布在0～350g C/（m^2·a）内，计算得到三江源区NPPA多年均值为169.12g C/（m^2·a）。NPPA多年均值小于100g C/（m^2·a）的低值区主要分布在玛多县北部、曲麻莱县的西北部、治多县的中西部、唐古拉山镇、兴海县西部以及共和县南部。这些县域主要分布在长江中上游地区、可可西里地区、扎陵湖鄂陵湖北部地区以及青海湖南部地区，植被类型主要以高寒草原、高寒荒漠草原和温性荒漠草原为主，海拔大多在4000m以上，占研究区面积的34.95%。NPPA多年均值在100～350g C/（m^2·a）的地区主要分布在杂多县、治多县中东部、曲麻莱县南部、玉树市西北部、称多县、玛多县南部、达日县、玛沁县西部、兴海县中南部等地区，占研究区面积的54.23%。NPPA多年均值大于350g C/（m^2·a）的高值区主要分布在囊谦县东部、玉树市东南部、玛沁县东部、达日县南部、久治县东北部、甘德县西南部、班玛县东南部、同仁县东部、泽库县东北部以及河南县东部地区，占研究区面积的7.19%。另有3.63%为无值区。

分析2000～2018年三江源区气候生产力NPP（NPPP）多年平均值空间分布情况[图1.28（b）]以及不同NPPP阈值所占面积百分比[图1.29（b）]，由图1.29（b）可以看出，三江源区NPPP总体上呈现出较强的区域特征，NPPP呈现从东南向西北递减的趋势，NPPP多年平均值大多分布在150～450g C/（m^2·a），计算得到三江源区NPPP多年均值为284.00g C/（m^2·a）。NPPP多年均值小于150g C/（m^2·a）的地区主要分布在治多县北部和曲麻莱县北部地区，占研究区面积的0.88%。NPPP多年均值在150～400g C/（m^2·a）的地区占研究区面积的92.59%。NPPP多年均值大于400g C/（m^2·a）的地区主要分布在囊谦县、班玛县东南部、久治县东部、河南县南部和东部、同德县中部、兴海县东南部、尖扎县东北部以及龙羊峡水库周边地区，占研究区面积的2.91%。另有3.63%为无值区。

分析2000～2018年三江源区NPPH多年平均值空间分布情况[图1.28（c）]以及不同NPPH阈值所占面积百分比[图1.29（c）]，由图1.29（c）可以看出，三江源区NPPH总体上呈现出较强的空间异质性，NPPH呈现从东南向西北递增的趋势，NPPH多年平均值大多大于0g C/（m^2·a），计算得到三江源区NPPH多年均值为152.77g C/（m^2·a）。NPPH多年均值的负值区主要分布在东北部地区的泽库县、同仁县、尖扎县、贵南县东南部、玛沁县、兴海县以及共和县青海湖南部地区，中部地区的曲麻莱县、治多县、玉树市等地区有零星散状分布，占研究区面积的8.08%。NPPH多年均值在0～200g C/（m^2·a）的地区主要分布在杂多县、那么、囊谦县、治多县、曲麻莱县、称多县、玛多县、达日县、班玛县、久治县、甘德县、玛沁县西南部、兴海县等地区，

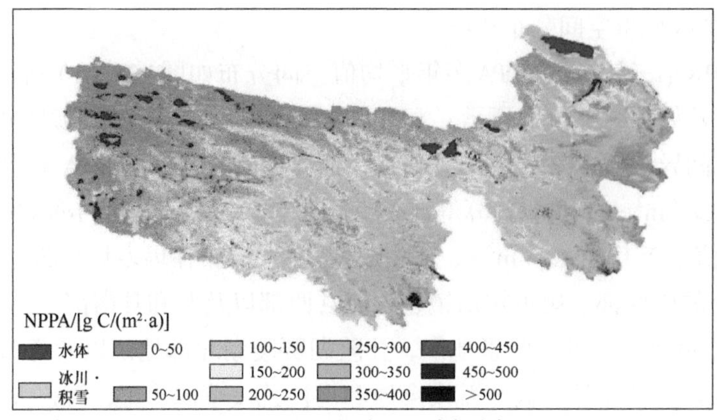

(a) 2000~2018年NPPA空间分布图

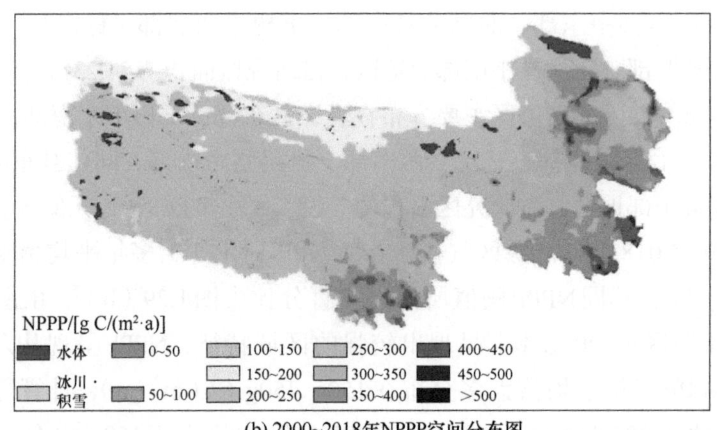

(b) 2000~2018年NPPP空间分布图

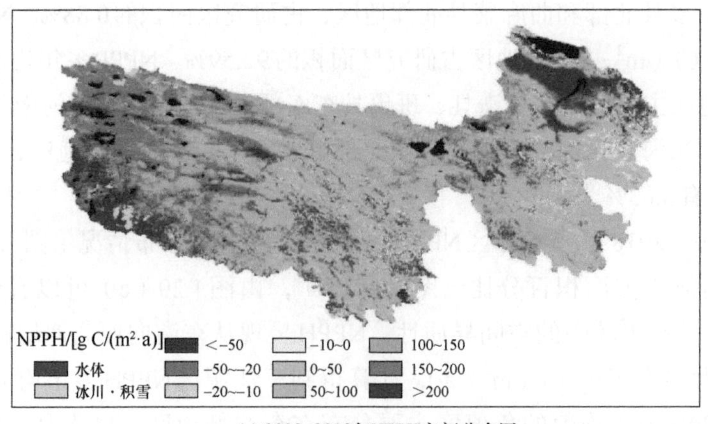

(c) 2000~2018年NPPH空间分布图

图1.28　三江源区NPPA、NPPP、NPPH多年平均值空间分布图

mile表示英里，1mile=1.609km

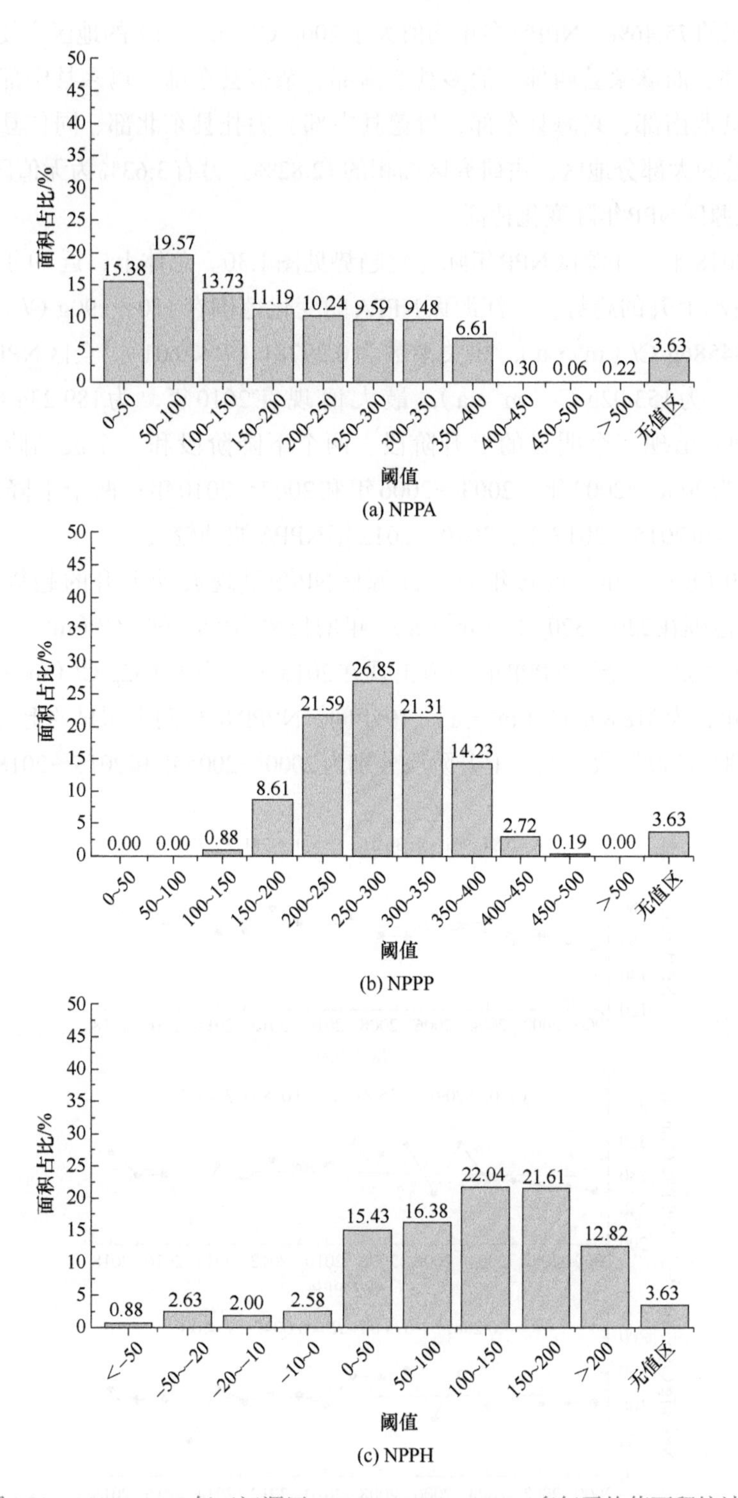

图1.29　2000～2018年三江源区NPPA、NPPP、NPPH多年平均值面积统计图

图中占比数值为四舍五入结果

占研究区面积的75.46%。NPPH多年均值大于200g C/（m^2・a）的地区主要分布在唐古拉山镇西南部、曲麻莱县西部、治多县东南部、杂多县东部、玛多县中部、玛沁县西北部、达日县西南部、兴海县东部、贵德县中部、尖扎县东北部、同仁县北部以及共和县和贵南县的大部分地区，占研究区面积的12.82%。另有3.63%为无值区。

2）三江源区NPP年际变化特征

2000～2018年三江源区NPP年际变化趋势见图1.30。总体上，近19年间三江源区NPPA呈现波动上升的趋势，三江源区NPPA的变化范围在150～190g C/（m^2・a），年增长率为0.84586g C/（m^2・a），相关系数为0.29781（$P<0.01$）。全区NPPA最小值出现在2000年，为153.92g C/（m^2・a），最大值现在2010年，为189.23g C/（m^2・a）。19年间，NPPA出现三个明显的上升阶段、两个下降阶段和一个波动阶段，三个上升阶段分别为2000～2002年、2003～2006年和2007～2010年；两个下降阶段分别为2012～2014年和2015～2017年，2010～2012年NPPA波动较大。

由图1.30（b）可知，近19年间三江源区NPPP呈现波动上升的趋势，三江源区NPPP的变化范围在220～320g C/（m^2・a），年增长率为0.55709g C/（m^2・a），相关系数为0.01804（$P<0.1$）。全区NPPP最小值出现在2015年，为227.32g C/（m^2・a），最大值出现在2009年，为318.89g C/（m^2・a）。19年间，NPPP出现两个明显的上升阶段、一个下降阶段和两个波动阶段，两个上升阶段分别为2000～2005年和2015～2018年，一个下

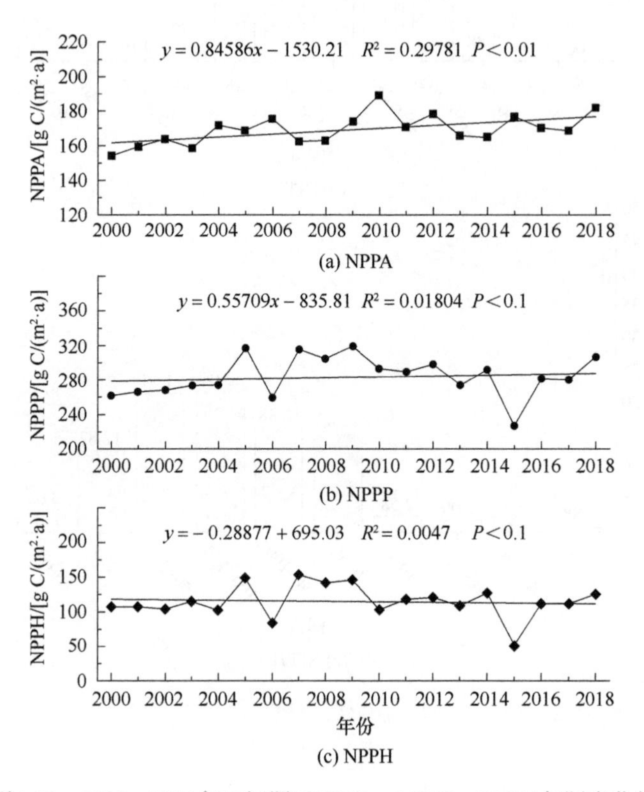

图1.30　2000～2018年三江源区NPPA、NPPP、NPPH年际变化趋势

降阶段出现在2009～2011年；2005～2008年和2012～2015年NPPP波动较大。

由图1.30（c）可知，近19年间三江源区NPPH呈现波动下降的趋势，三江源区NPPH的变化范围在50～160g C/（m^2·a），年下降率为0.28877g C/（m^2·a），相关系数为0.0047（P<0.1）。全区NPPH最小值出现在2015年，为51.01g C/（m^2·a），最大值出现在2007年，为152.77g C/（m^2·a）。19年间，NPPH出现两个明显的上升阶段和两个波动阶段，两个上升阶段分别为2010～2012年和2015～2018年；2002～2010年和2013～2016年NPPH波动较大。

三江源区2000～2018年NPPA变化率空间分布以及面积占比见图1.31（a）和图1.32（a）。可以看出，三江源区NPPA变化率总体上为正值的区域面积较大，NPPA呈增加趋势的地区占研究区总面积的78.62%。NPPA变化率为负值的区域占研究区总面积的17.77%。其中，NPPA变化率大于5g C/（m^2·a）的区域占研究区总面积的1.21%，主要分布在兴海县东北部、同德县北部、泽库县西北部、贵南县南部、尖扎县东北部等地，这些县域主要分布在三江源区的东北部，海拔相对较低，特别是自2005年以来，

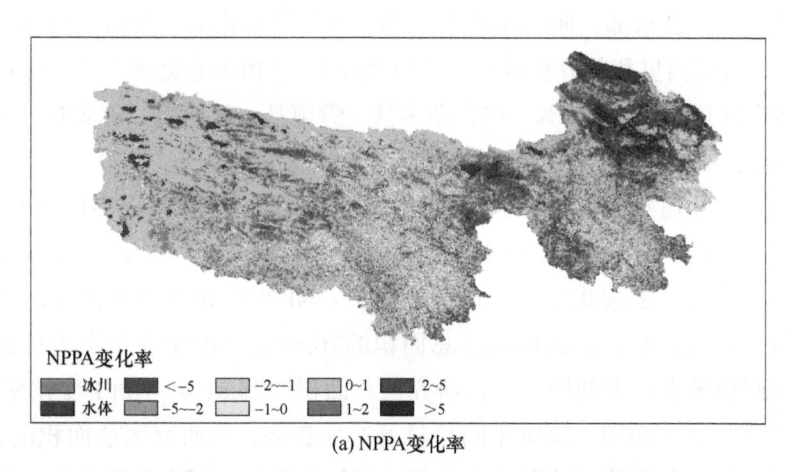

(a) NPPA变化率

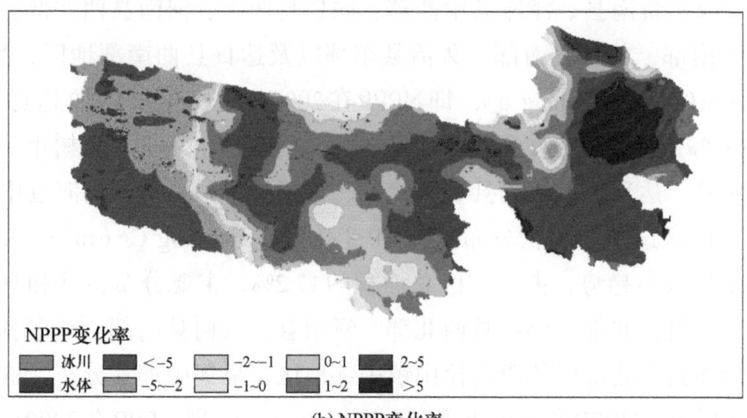

(b) NPPP变化率

图1.31　三江源区2000～2018年NPPA、NPPP、NPPH变化率分布图

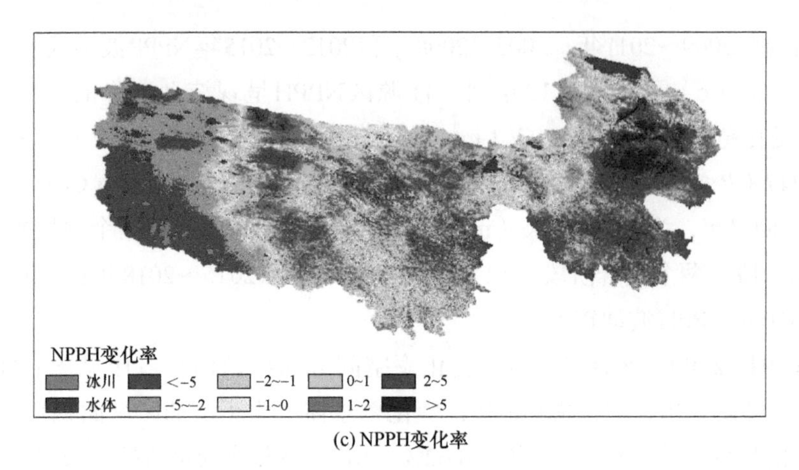

(c) NPPH变化率

图1.31 （续）

在此区域进行了大规模人工草地种植，因此NPPA呈显著的增加趋势。NPPA变化率在0～5g C/（m^2·a）的区域占研究区总面积的77.41%，呈连片大面积分布。NPPA变化率在－5～0g C/（m^2·a）的区域占研究区总面积的17.70%，主要分布在囊谦县、玉树市、杂多县、治多县东部、曲麻莱县东南部、达日县东北部、久治县西部、河南县东南部等地区，可可西里和部分县域呈零星散状分布。NPPA变化率小于－5g C/（m^2·a）的区域占研究区总面积的0.07%，仅在杂多县、囊谦县、玉树市、称多县、治多县、曲麻莱县、玛沁县、甘德县、久治县等地区呈零星点状分布。

分析2000～2018年三江源区NPPP变化率空间分布情况［图1.31（b）］以及不同变化率阈值所占面积百分比［图1.32（b）］，可以看出，三江源区NPPP变化率总体呈现较强的区域差异，呈现集中连片的分布特征。NPPP变化率为正值时，表明气候变化促进植被生产力的增长，占研究区总面积的70.56%；NPPP变化率为负值时，表明气候变化阻碍植被生产力的增长，占研究区总面积的25.81%；NPPP变化率大于5g C/（m^2·a），即NPPP在2000～2018年间呈显著增加趋势，占研究区总面积的5.25%，主要分布在同德县、贵南县、泽库县中西部、同仁县西部、河南县西北部、玛沁县东北部、兴海县东南部、共和县南部、久治县东部以及达日县西南部地区，呈连片分布。NPPP变化率在0～5g C/（m^2·a），即NPPP在2000～2018年呈增加趋势，占研究区总面积的65.31%，主要分布在囊谦县、杂多县、治多县中东部、玉树市、称多县、曲麻莱县、玛多县、达日县、班玛县、久治县、甘德县、玛沁县、兴海县中部、河南县等地区，呈大面积连片阶梯状分布。NPPP变化率在－5～0g C/（m^2·a），即NPPP在2000～2018年呈减小趋势，占研究区总面积的17.2%，主要分布在共和县西南部、兴海县西部、玛多县东北部、玛沁县西北部、囊谦县、玉树县南部、杂多县西部、曲麻莱县北部、治多县西北部以及唐古拉山镇中部地区，呈集中连片分布，这些县域地区海拔在4500m以上。NPPP变化率小于－5g C/（m^2·a），即NPPP在2000～2018年呈显著减小趋势，占研究区总面积的8.61%，主要分布在位于可可西里的治多县西北部和唐

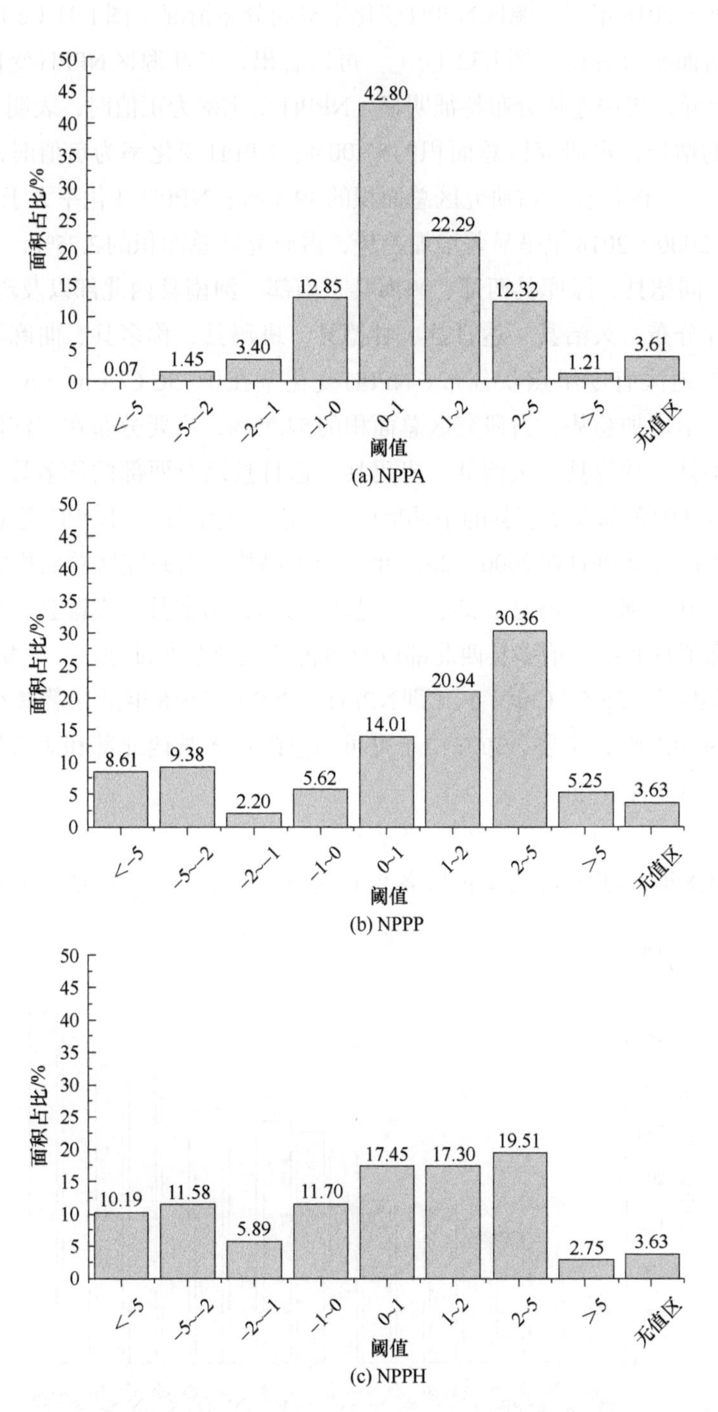

图1.32 2000～2018年三江源区NPPA、NPPP、NPPH变化率面积统计图

图中占比数值为四舍五入结果

古拉山镇的大部分地区，呈集中连片分布。

分析2000～2018年三江源区NPPH变化率空间分布情况［图1.31（c）］以及不同变化率阈值所占面积百分比［图1.32（c）］，可以看出，三江源区NPPH变化率总体呈现较强的区域差异，集中连片分布特征明显。NPPH变化率为正值时，表明人类活动阻碍植被生产力的增长，占研究区总面积的57.00%；NPPH变化率为负值时，表明人类活动促进植被生产力的增长，占研究区总面积的39.36%；NPPH变化率大于5g C/(m^2 · a）时，NPPH在2000～2018年呈显著增加趋势，占研究区总面积的2.75%，主要分布在贵南县中南部、同德县、泽库县西部、兴海县东南部、河南县西北部以及玛沁县东北部，呈现集中连片分布，久治县、达日县、甘德县、班玛县、称多县、曲麻莱县、治多县以及玉树市等地区有零星点状分布。NPPH变化率在0～5g C/（m^2 · a）时，NPPH在2000～2018年呈增加趋势，占研究区总面积的54.25%，主要分布在三江源区东南部的河南县、玛沁县、甘德县、久治县、班玛县、达日县以及西部的称多县、玉树县、曲麻莱县、治多县中东部和杂多县的中部地区，呈连片集中分布。NPPH变化率在−5～0g C/（m^2 · a）内时，NPPH在2000～2018年呈减小趋势，占研究区总面积的29.17%，主要分布在共和县西部、兴海县北部、玛沁县西北部、玛多县、囊谦县、杂多县的东部和西部、曲麻莱县北部、治多县西北部以及唐古拉山镇东北部地区，呈集中连片分布。NPPH变化率小于−5g C/（m^2 · a），即NPPH在2000～2018年呈显著减小趋势，占研究区总面积的10.19%，主要分布在位于可可西里的治多县西北部和唐古拉山镇的大部分地区，呈集中连片分布。

4. 三江源保护分区植被净初级生产力变化特征

2000～2018年三江源自然保护区各保护分区NPPA多年平均值分布特征见图1.33

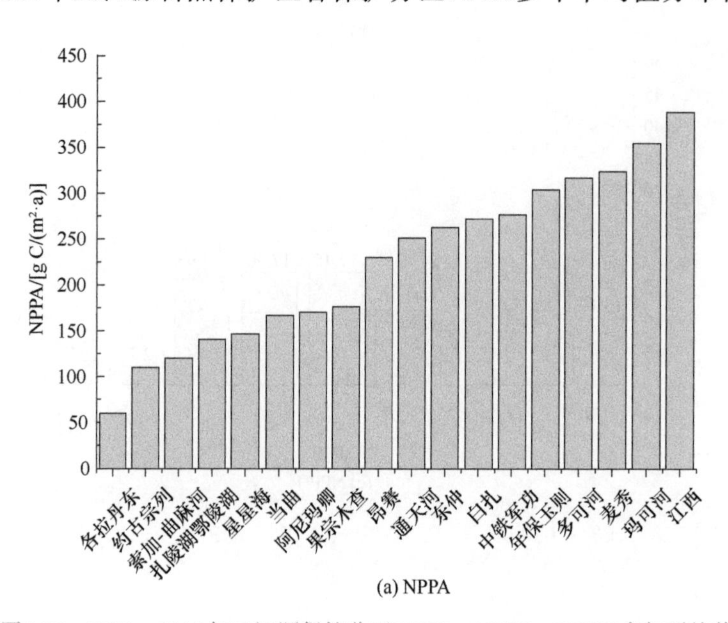

(a) NPPA

图1.33　2000～2018年三江源保护分区NPPA、NPPP、NPPH多年平均值

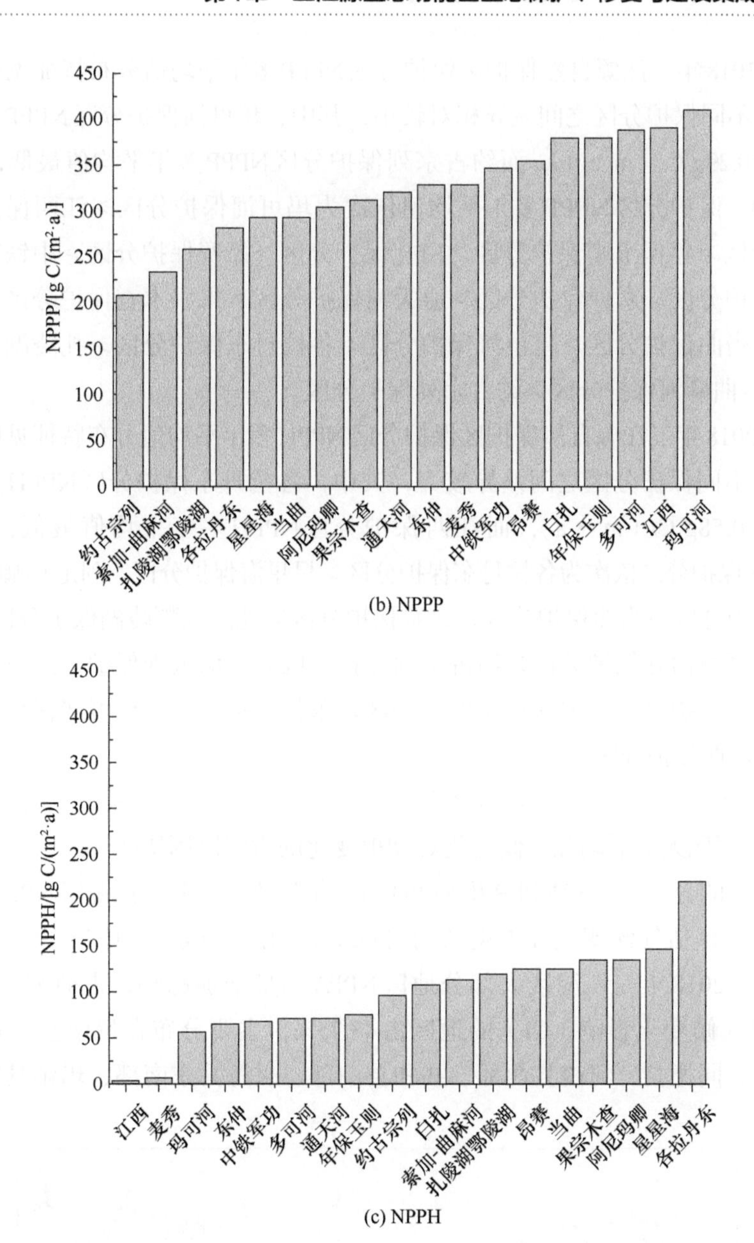

(b) NPPP

(c) NPPH

图1.33 （续）

（a）。可以看出，不同保护分区之间差异较大，其中，江西保护分区NPPA多年平均值最高，为387.35g C/（m^2·a），而各拉丹东保护分区NPPA多年平均值最低，为60.16g C/（m^2·a）。保护分区NPPA多年平均值依次为江西保护分区＞玛可河保护分区＞麦秀保护分区＞多可河保护分区＞年保玉则保护分区＞中铁军功保护分区＞白扎保护分区＞东仲保护分区＞通天河保护分区＞昂赛保护分区＞果宗木查保护分区＞阿尼玛卿保护分区＞当曲保护分区＞星星海保护分区＞扎陵湖鄂陵湖保护分区＞索加-曲麻河保护分区＞约古宗列保护分区＞各拉丹东保护分区。

2000～1018年三江源自然保护区保护分区NPPP多年平均值分布特征见图1.33（b）。可以看出，不同保护分区之间差异相对较小，其中，玛可河保护分区NPPP多年平均值最高，为410.29g C/（m^2·a），而约古宗列保护分区NPPP多年平均值最低，为205.23g C/（m^2·a）。保护分区NPPP多年平均值依次为玛可河保护分区＞江西保护分区＞多可河保护分区＞年保玉则保护分区＞白扎保护分区＞昂赛保护分区＞中铁军功保护分区＞麦秀保护分区＞东仲保护分区＞通天河保护分区＞果宗木查保护分区＞阿尼玛卿保护分区＞当曲保护分区＞星星海保护分区＞各拉丹东保护分区＞扎陵湖鄂陵湖保护分区＞索加-曲麻河保护分区＞约古宗列保护分区。

2000～2018年三江源自然保护区保护分区NPPH多年平均值分布特征见图1.33（c）。可以看出，不同保护分区之间差异较大，其中，各拉丹东保护分区NPPH多年平均值最高，为220.58g C/（m^2·a），而江西保护分区NPPH多年平均值最低，为3.95g C/（m^2·a）。各保护分区依次为各拉丹东保护分区＞星星海保护分区＞阿尼玛卿保护分区＞果宗木查保护分区＞当曲保护分区＞昂赛保护分区＞扎陵湖鄂陵湖保护分区＞索加-曲麻河保护分区＞白扎保护分区＞约古宗列保护分区＞年保玉则保护分区＞通天河保护分区＞多可河保护分区＞中铁军功保护分区＞东仲保护分区＞玛可河保护分区＞麦秀保护分区＞江西保护分区。

5. 人类活动和气候变化对植被净初级生产力变化的贡献

1）三江源区人类活动和气候变化对NPP变化的贡献比例特征

根据前面的分类标准和NPPP及NPPH的变化趋势，划分三江源区NPP变化的主要影响因素，并评估气候变化和人类活动对NPPA变化的贡献。由图1.34和图1.35可以看出，2000～2018年三江源区大部分地区NPPA均呈增加趋势，占研究区的81.57%，其中，仅受气候变化影响（CI）的地区占43.75%，主要分布在贵南县、贵德县中南部、泽库县、同德县、河南县西部、共和县南部、兴海县东南部、玛沁县东部、久治

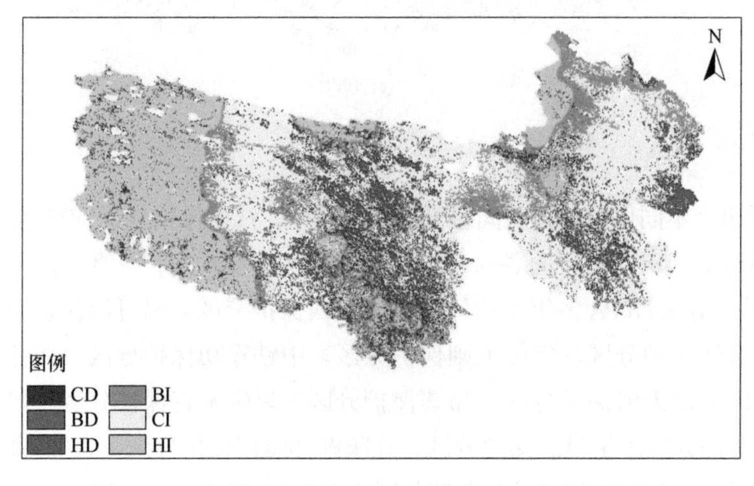

图1.34 三江源区人类活动和气候变化对NPP变化的影响

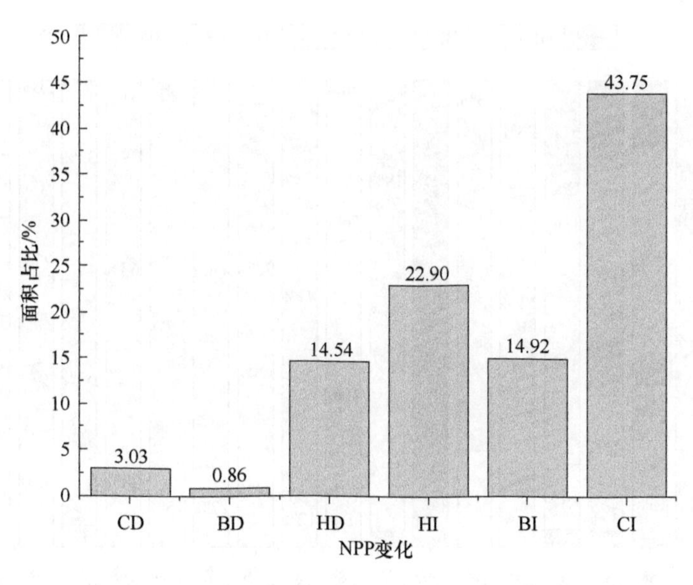

图1.35　三江源区人类活动和气候变化影响面积统计

图中占比数值为四舍五入结果

县中东部、班玛县南部、达日县、玛多县中西部、称多县东北部、曲麻莱县东部和西部以及治多县中部等地区。仅受人类活动影响（HI）的地区占22.90%，主要分布在共和县西部、兴海县西部、玛沁县西北部、玛多县东北部、曲麻莱县西北部、囊谦县北部、杂多县西部和北部部分地区、治多县西部以及唐古拉山镇大部分地区。受气候变化和人类活动共同影响（BI）的地区占14.92%，主要分布在共和县中部、兴海县中北部、玛多县南部、曲麻莱县中北部、治多县中部、杂多县东部以及与唐古拉山镇东北部部分地区。三江源区NPPA呈下降趋势的地区占研究区的18.43%，其中，仅受气候变化影响（CD）的地区占3.03%，主要分布在贵德县北部、共和县西部和东北部、曲麻莱县北部、囊谦县北部、杂多县西部和北部、治多县西部以及唐古拉山镇，呈零星散状分布。而仅受人类活动影响（HD）的地区占14.54%，是仅受气候变化影响的4.8倍，主要分布在河南县东部、甘德县南部、久治县西部、班玛县西部、达日县东北部、曲麻莱县中南部、治多县东部、杂多县中东部、玉树市、称多县西部以及囊谦县中部等地区，部分地区呈散状分布。受气候变化和人类活动（BD）共同影响的地区仅占0.86%，主要分布在贵德县北部、玛沁县西北部、玉树市西南部、囊谦县北部、曲麻莱县北部以及杂多县北部部分地区，呈零星散状分布。

2）不同保护分区NPP变化人类活动和气候变化贡献比例特征

分析各保护分区气候变化和人类活动对NPPA变化的贡献，由图1.36可以看出，2000～2018年各保护分区NPPA呈增加趋势的面积所占比例较高，可达68%～95%，星星海保护分区所占比例最高，为95%，白扎保护分区占比最低，为68%。其中，气候变化为NPPA增加的主导因素的保护分区有13个保护分区，所占比例在38%～83%，

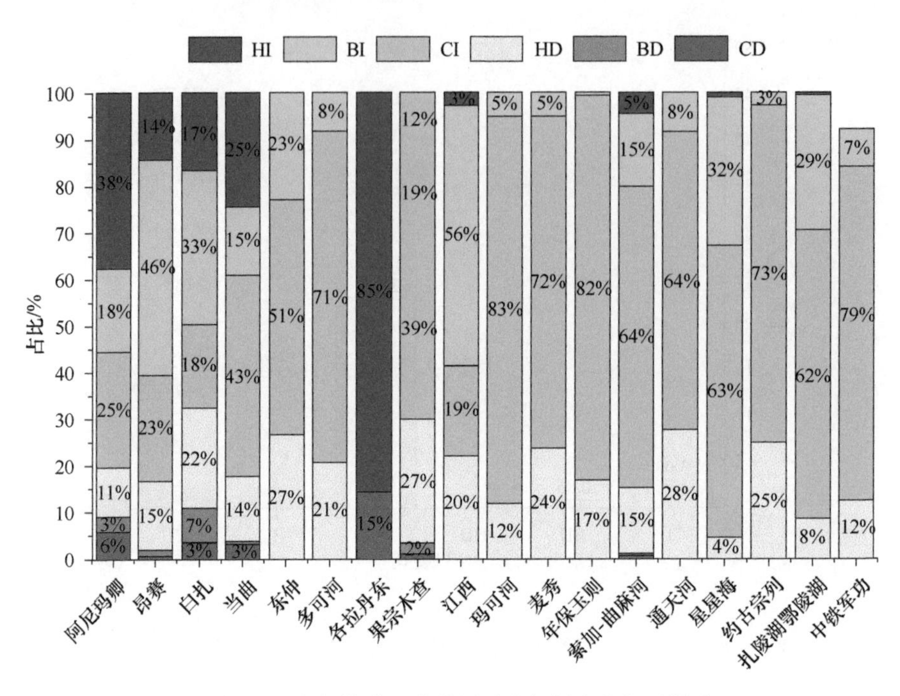

图1.36　各保护分区人类活动和气候变化相对影响

分别为玛可河保护分区（83%）、年保玉则保护分区（82%）、中铁军功保护分区（79%）、约古宗列保护分区（73%）、麦秀保护分区（72%）、多可河保护分区（71%）、索加-曲麻河保护分区（64%）、通天河保护分区（64%）、星星海保护分区（63%）、扎陵湖鄂陵湖保护分区（62%）、东仲保护分区（51%）、当曲保护分区（43%）、果宗木查保护分区（39%）；各拉丹东保护分区和阿尼玛卿保护分区NPPA增加的主导因素是人类活动，所占比例分别为85%和38%；江西保护分区、昂赛保护分区和白扎保护分区NPPA的增加受人类活动和气候变化共同影响，所占比例分别为56%、46%和33%。各保护分区NPPA呈减少趋势的面积所占比例较低，占4%～33%，其中，所占比例最高的白扎保护分区，为32%，占比最低的星星海保护分区，为4%。其中，气候变化为NPPA减小的主导因素的保护分区只有各拉丹东保护分区，所占比例为15%；其他17个保护分区NPPA减小的主导因素均为人类活动，所占比例分别为通天河保护分区（28%）、果宗木查保护分区（27%）、东仲保护分区（27%）、约古宗列保护分区（25%）、麦秀保护分区（24%）、白扎保护分区（22%）、多可河保护分区（21%）、江西保护分区（20%）、年保玉则保护分区（17%）、昂赛保护分区（15%）、索加-曲麻河保护分区（15%）、当曲保护分区（14%）、中铁军功保护分区（12%）、玛可河保护分区（12%）、阿尼玛卿保护分区（11%）、扎陵湖鄂陵湖保护分区（8%）、星星海保护分区（4%）。

3）不同功能区NPP变化人类活动和气候变化贡献比例特征

分析不同功能区人类活动和气候变化对NPPA的相对贡献，由图1.37可以看出，2000～2018年各功能区NPPA呈增加趋势的面积所占比例较高，核心区为83.73%，缓冲区为83.24%，实验区为80.58%。其中，气候变化是各功能区NPPA增加的主导因素，所占比例达48%～60%，核心区最大，缓冲区次之，实验区最小，分别为59.41%、55.51%、48.57%；人类活动为主导因素而引起的NPPA增加所占的比例最低，为7%～14%，实验区最大、缓冲区次之、核心区最小，分别为13.71%、12.99%、7.9%；人类活动和气候变化共同影响而引起的NPPA增加所占比例较低，为14%～19%，实验区最大，核心区次之，缓冲区最小，分别为18.30%、16.42%、14.73%。各功能区NPPA呈减小趋势的面积所占比例较低，核心区为16.27%，缓冲区为16.77%，实验区为19.42%。其中，人类活动是各功能区NPPA减小的主导因素，所占比例为14%～16%，实验区最大，核心区次之，缓冲区最小，分别为15.89%、14.84%、14.37%；气候变化为主导因素而引起的NPPA减小所占比例较低，为1.2%～2.2%，实验区最大，缓冲区次之，核心区最小，分别为2.19%、1.80%、1.21%；人类活动和气候变化共同影响而引起的NPPA减小所占比例最低，仅为0.2%～1.4%，实验区最大，缓冲区次之，核心区最小，分别为1.34%、0.60%、0.22%。

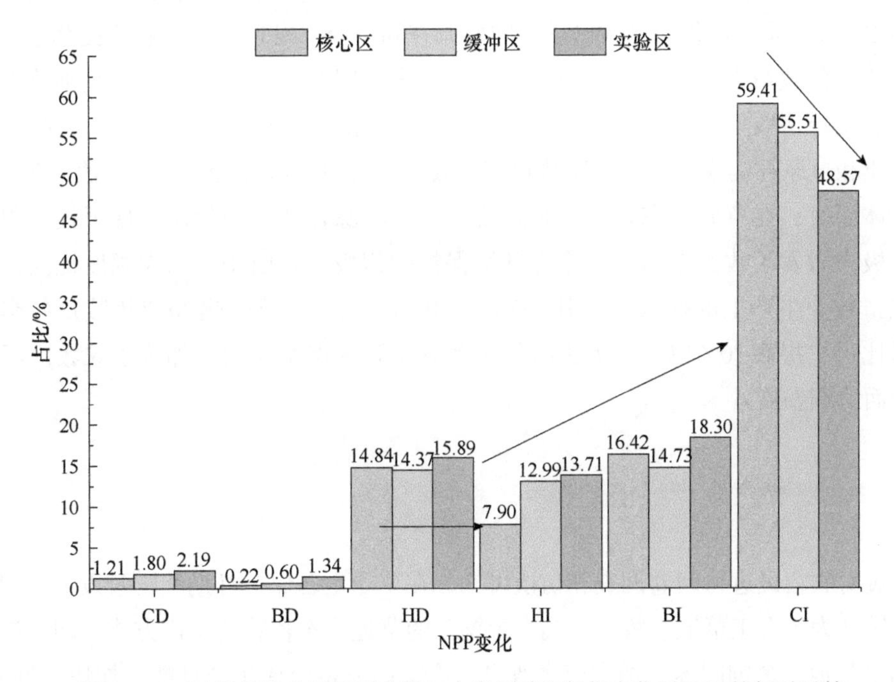

图1.37　三江源保护分区不同功能区人类活动和气候变化对NPP的相对贡献

图中占比数值为四舍五入结果

1.6 生态工程实施的经济效益评估

1.6.1 补奖政策直接经济效益

2011～2020年三江源草原生态补奖政策资金总计下达158.793亿元，其中，2011～2015年三江源区每年下达草原生态补奖资金13.3046亿元，2016～2020年三江源区每年下达草原生态补奖资金18.4540亿元。按照2016年三江源区人口统计数据725697人计，三江源区人均获得草原生态补奖政策资金2543元/（a·牧民）。按照2016年三江源区户数统计数据177461户计，三江源区户均获得草原生态补奖政策资金1.04万元/(a·户)。由草原生态补奖政策直接和间接实施带来的牧户收入增幅非常显著，补奖资金成为三江源牧民收入的重要组成部分。补奖政策已成为乡村振兴、牧民增收的重要途径。通过草原生态补助奖励政策，三江源各州县的牧民实现了较高程度的增收。

从地区来看，黄南州补奖总资金共惠及2.93万农牧户、12.6万人，户均为8884.8元，人均为2066.07元，占全州人均可支配收入的38.1%；果洛州补奖总资金共惠及4.14万农牧户、15.20万人，户均为11056.50元，人均为3011.44元，占全州人均可支配收入的25.5%。通过对各州县牧民进行问卷调查和访谈，发现三江源农牧民草原生态补助奖励为主的政策性收入占家庭总收入比例较大。因此，草原生态补助奖励政策对农牧户的直接经济收入影响程度较高。黄南州被调查的农牧民中有73%的家庭收入来源为畜牧业和草原补奖收入，也说明牧户家庭收入来源以畜牧业和草原补奖收入为主。

总体而言，在草原生态补助奖励政策下，三江源各地区的牧民实现了较大程度的增收，极大激发了牧民参与草原生态环境保护的积极性。由于收入大幅度提高，牧民群众在畜牧业生产上的投入也提升了20%～40%，例如，黄南州2017年牧户冬季储备饲草料比过去提高20%以上，大大减轻了冬春季防灾保畜压力，加快了农牧区经济社会的全面协调发展。

1.6.2 农牧户生产经济效益

通过对农牧民进行问卷调查和访谈可知，在草原生态保护补助奖励政策下，四季放牧逐渐转变为“人工草地＋牧区舍饲半舍饲”的草地生态畜牧业生产方式，即通过建立人工饲草基地、舍饲圈养、加大家畜改良力度提高家畜个体生产性能、加快畜群周转、提高出栏率等。同时，不断加强农牧业基础设施建设，提高畜牧业综合生产能力，保证从事牧业生产的农牧民收入水平的稳步提高，有效实现“禁牧不禁养，减畜不减收”。

根据各地区统计年鉴数据，奖补政策实施以来牲畜总量虽然有所下降，但是畜群结构变化不大，牛、马和羊在畜群中的比例较为稳定。改变畜群结构（如牛、马、羊等所占的比例）和改良畜群品种（如引进良种或者改良本地品种）可以在一定程度上减轻禁牧和草畜平衡所带来的牲畜数量降低的冲击，从而保证牧民群众的生产和生活水平。例如，从玉树州奖补政策实施以来畜种结构数据来看，牦牛的数量显著增加，从128.58万头增加至190.8万头，增加了60多万头，而羊的数量则下降了一半，约60万只；在大牲畜中，马的数量没有显著的变化，一直在2.5万匹左右。这也表明了草原生态补助奖励政策的实施在一定程度上促使农牧民在保护生态的同时，有效地改良其畜牧业的生产管理模式，以实现生态保护、生产发展、生活富裕的“三赢”局面，为全省各市州的经济发展营造新的增长点。

1.6.3　畜牧业产业经济效益

全面实施生态保护政策，不仅保护了三江源草原生态，而且保障了特色畜产品供给，促使畜牧业经济结构得以调整。目前，青海省经工商部门登记注册、农牧部门备案的农牧民专业合作社达到6719家，较2010年底的1921家增长了2.5倍，增长迅速。农牧业组织化程度的增强明显增加了当地畜牧业的经济效益，各市州因地制宜，摸索出了不同的模式，效益明显。例如，果洛州的农牧民逐渐由四季放牧转变为“人工草地＋牧区舍饲半舍饲”的草地生态畜牧业生产方式，即通过建立人工饲草基地、舍饲圈养、加大家畜改良力度提高家畜个体生产性能、加快畜群周转、提高出栏率等。同时，不断加强农牧业基础设施建设，提高畜牧业综合生产能力，保证从事牧业生产的农牧民收入水平的稳步提高，有效实现“禁牧不禁养，减畜不减收”。2018年果洛州草食家畜出栏率为31.1%，全州畜牧业生产总值在2014～2018年每年以3%的速度增长（表1.12），表明草原生态补助奖励政策的实施在一定程度上促使农牧民在保护生态的同时有效转变了畜牧业的生产管理模式，提高了畜牧业生产效率，以实现生态保护、生产发展、生活富裕的“三赢”局面。此外，海南州实施了一系列农牧业基础设施配套建设工程项目，以加强畜牧业基础设施的建设，通过建设牲畜棚圈、储草棚和围栏等来推进禁牧和草畜平衡工作。自补奖政策实施以来，海南州的舍饲和半舍饲的比例逐年提高，到目前为止，舍饲和半舍饲规模达到167万羊单位，舍饲或半舍饲率达32%。玉树州现有牲畜棚圈3.06万座，全州舍饲或半舍饲率达27.26%。舍饲和半舍饲实现了在减轻草原放牧压力的情况下最大限度保障牧民群众增产增收的目的。

表1.12　果洛州2014～2018年畜牧业生产总值变化　（单位：万元）

州县	2014年	2015年	2016年	2017年	2018年
果洛州	48491	58304	61824	63835	71407
玛沁县	15495	16940	17693	18224	20602

续表

州县	2014年	2015年	2016年	2017年	2018年
班玛县	6821	7522	7952	8522	9253
甘德县	7257	9288	9912	9333	10209
达日县	5795	7353	7927	8338	9354
久治县	7953	11020	11747	12409	14093
玛多县	5168	6177	6592	7008	7895

1.6.4 产业融合经济效益

奖补政策的实施既有效减轻了天然草原承载力，又促进了富余劳动力转移，缓解了人草畜之间的矛盾，推进农牧民向旅游业、城镇服务业、畜产品加工流通业等第二、三产业转移，拓展了现代草原畜牧业发展空间和农牧民转产就业增收渠道。各州利用当地丰富的旅游资源，大力发展畜产品体验、餐饮、草原住宿等观光旅游业，秉承了“绿水青山就是金山银山”的发展理念，正确处理了生态保护和产业发展的关系，走绿色发展之路，不仅保护了生态，还延伸了畜牧业产业链条，提高了畜产品的附加值，带来了经济效益。例如，果洛州2018年通过产业结构调整，第三产业生产总值占全州生产总值的比重提高到了47.6%；黄南州通过产业结构调整，2018年第三产业生产总值占全州生产总值的比重提高到了39.5%。奖补政策的实施进一步促进了当地“种养结合、农牧互补、草畜联动、循环发展”草原生态畜牧业的良性循环发展和一、二、三产业的融合发展，为全州草原生态畜牧业发展起到了良好的示范引领作用。一是工程实施中对网围栏、水泥杆等物品的需求，带动了基础设施、设备企业的发展，增加了相关就业机会；二是项目实施涉及生态畜牧业合作社961个，牧民转移到二、三产业的人数逐年增加，促进了牧区小城镇建设；三是人工饲草业也不断发展，实施人工饲草地建设工程42万亩，每亩每年平均新增鲜草产量800kg以上，缓解了草畜矛盾，促进了现代畜牧业发展。

1.6.5 生态保护红利持续释放

通过连续多年实施三江源一期、二期等生态保护和建设工程，三江源地区生态环境明显改善，生态涵养愈加丰富，生态活力不断涌现，生态优势正逐步转化为发展优势，生态保护触发的生态红利溢出效应日益明显。一方面，绿色生态创造经济效益。海南州生态畜牧业可持续发展试验区被列为国家级可持续发展试验区，成为全国知名的高原绿色和有机农畜产品基地，河南、泽库、兴海、甘德、祁连、天峻等县完成了有机认证，成为全国面积最大的有机畜产品生产基地；2013～2016年，三江源地区年均接待游客3376.9万人次，实现旅游总收入79.48亿元，年均增速20.75%。另一方面，绿色生态推动民生改善。通过实施生态畜牧业基础设施建设、农村能源建设、培训等与农牧民生产生活紧密相关的支撑配套工程及退牧还草、草原森林有害生物防控、退化草地治理、水土保持等生态保护工程，落实各类生态保护补偿资金，设立草原生态公益管护岗位，改善了项目区农牧民生产生活条件，拓宽了农牧民就业渠道，增加了收入（表1.13），分享了项目实施的效益，人均可支配收入逐年增加。2011年三江源区人均可支配收入3840.18元，2018年三江源区人均可支配收入8998.05元，比2011年增加了5157.87元，增长了134%，有效带动了社会经济发展。

表1.13　三江源区2011～2018年人均年收入情况　（单位：元）

项目	2011年	2012年	2013年	2014年	2015年	2016年	2017年	2018年
海南州	5235.24	6124.77	7116.25	8045.76	8758.55	9573.83	10452.11	11432.61
黄南州	4054.47	4776.70	5545.59	6282.27	6813.51	7448.49	8157.41	8944.36
果洛州	3128.03	3910.03	4496.80	5094.12	5513.47	6073.14	6683.81	7808.20
玉树州	2942.99	3868.98	4530.24	5137.22	5564.40	6176.31	6837.92	7807.02
平均	3840.18	4670.12	5422.22	6139.84	6662.48	7317.94	8032.81	8998.05

资料来源：《青海统计年鉴》（2011～2018年）。

1.7　生态工程实施的社会效益评估

1.7.1　促进区域社会发展

通过工程建设，提升了群众的生态意识，改进了牧民群众的生产、生活方式，调整了农牧民的发展思路。自然生态环境面临的压力降低了，发展水平提高了。项目的资金投入，可激活省内生产力要素市场，带动区域经济社会的可持续发展，从而促进全省经济的发展和繁荣。同时，工程实施有利于牧民的集中培训以及新思想、新知识、新技术的推广，一系列有关林草植造、有害生物防控、围栏暖棚等基础设施建设等的知识得到普及，使农牧民劳动素养不断提高，农牧民生活、耕种、蓄养方式不断改进，集约化、高效化、和谐化程度进一步提高，绿色发展理念得到有效贯彻，习近平生态文明思想落地生根。区域社会发展主要成效表现在：一是农村新能源得到大力发展。退耕还林区农作物秸秆、柴草、畜粪、薪柴等生物质占农牧民生活用能的80%左右。为补充退耕区农牧民生活用能，先后建成“一池三改”户用沼气池5400口，发放太阳灶89678台，生物质炉161840台，太阳能热水器13684台，太阳能庭院节能灯5227座。二是基本口粮田建设成效明显，人均拥有高产稳产基本口粮田面积都在2亩以上。全省退耕区累计改造基本口粮田77.06万亩。其中，坡改梯15.36万亩，低产田改造 23.9 万亩，农田水利改善灌溉面积36.33万亩，小型蓄水保土工程1.47万亩。三是退牧工程实施带动畜牧业发展从放牧型向半舍饲畜牧型转变，向草原合理利用＋人工饲草地＋舍饲棚圈＋高效养畜型转变。截至目前，全省建设舍饲棚圈88500栋，有效增加了畜产品，降低了死亡率，提高了仔畜繁活率，畜牧业现代化水平不断提高。

1.7.2 促进民族团结和社会进步

工程实施对促进民族团结、社会安宁意义重大，其转变了农民、牧民的传统耕牧观念，提高了农牧民文化素养；一系列工程富民政策的落实，使三江源地区广大农牧民生活得到明显改善，牧民群众普遍对党和政府心存感恩，增强了群众向心力、凝聚力，工程区民族关系更加和谐，社会更加稳定。

通过补奖机制实施的前期完善草原承包工作，使草原承包经营关系更加稳定；广大牧民经营畜牧业的主观意识更加顺应人、畜、草等客观实际，责、权、利的紧密结合，充分调动了牧民群众的生产经营积极性，增强了牧民依法保护、合理利用草原的责任感。尤其对部分草原划界不合理、权属界限不明确、承包经营权不落实的历史遗留问题，借实施草原补奖机制的契机，化解了矛盾，促进了社会和谐，为顺利推进补奖政策落实奠定了良好的基础。自实施草原生态补奖政策以来，牧民群众真正从“绿色与生态”中得到了实惠，果洛、玉树和黄南等三江源地区、环青海湖地区和祁连山区是少数民族集聚的地方，草地也多集中在少数民族聚居地，草资源的发展状况对区域经济和文化有着重要的影响，补奖政策的实施鼓励农牧民就业，加大了各民族之间的联系，提高了牧民的生活水平，对加强各民族间的团结和社会稳定做出了贡献。

1.7.3 牧民观念得到转变

作为草原使用和管理最直接的主人，牧民对草原变化的感知和认识是最客观和最直接的，也最有说服力。在抽样调查的人群中，大家对于草原表观变化的感知和认识都有所提升，几乎所有的牧民都认为自家草场的生态有所好转，90%以上的牧民认为自家草场虫害鼠害现象有所减少。同时从牧民们的反映来看，绝大多数的牧民认为草原生态奖补政策对于生态环境有积极作用，其主要原因是开展草原生态保护补奖政策后，牧民均自觉开始禁牧及减畜工作，或通过购买草料以减小草场的压力，并且大多数的牧民表示自家的草场质量逐渐得到提高。大多数牧民明确表示自己熟知国家实施草原生态奖补政策的目的，对政策的了解和认可度是较高的。

1.7.4 牧民就业渠道进一步拓宽

草原补奖政策的实施有效地改善了项目区农牧民的基本生产条件，使牧区经济进一步发展，牧民的生活质量大幅度提高。例如，果洛州补奖政策实施后，鼓励转移的富余劳动力通过经营出租车、开商铺、跑运输等渠道开展再就业，同时通过专业合作社的发展结合第二、三产业拓展就业和创收渠道，进一步提高非畜牧业的收入。此外，政府鼓励牧民参加家政服务、特色餐饮、农机维修、汽车驾驶等工种的技能培训，发展具有民族传统特色的烹饪、手工艺品制作、畜产品加工等二、三产业，这也一定程度上扩充了青年农牧民的就业渠道。这些不但成为转移富余劳动力和增加农牧民收入的重要举措，也成为繁荣牧区经济的重要力量。

1.7.5　推进了精准脱贫的进程

按照党中央精准扶贫政策和青海省脱贫攻坚工作的要求，各市州认真落实精准扶贫的各项工作部署，不断取得脱贫攻坚的胜利，2018年青海省精准脱贫标准为：年均人收入3532元/人。补奖政策实施加快了各市州的脱贫进程，全省90%以上的农牧民从中受益，对于贫困的农牧民而言，这等同于直接的“输血式”扶贫，是解决贫困户当前生活困难问题的关键，实现就地脱贫的最有效方式。因此，补奖政策有效地促进了各个市州的精准脱贫进程。对于贫困的农牧民而言，补奖政策扶贫模式为“造血式”扶贫的最佳途径，即能将产业扶贫与贫困村、贫困户利益联结起来，形成互惠共赢的“企业＋基地＋贫困户”的精准扶贫模式。“输血式”扶贫是解决贫困户当前生活困难问题的关键，而“造血式”扶贫则是贫困群众持续稳定增收，实现就地脱贫的最有效方式。因此，农牧民补助奖励政策有效地促进了精准脱贫进程。

1.7.6　牧户移民搬迁比例逐年上升

草原生态补奖政策和移民工程实施后，牧区牧户移民搬迁比例增多。政策性搬迁以政府为主导，在政府住房援建、补贴补助下牧户搬离草原生态保护项目实施区。在调研中我们发现，不少牧户将草场入股合作社，或流转出去，自发地选择搬迁至乡镇、州府或西宁市。通过访谈得知，不论是政策性搬迁户还是自发性搬迁户，其搬迁原因均相似，都是摆脱原本就难以维持的畜牧业。不少无畜少畜户、劳动力不足或孤老户没有能力经营草场，通过移民搬迁，其可享受孩子上学、交通的便利，且打工机会更多。自发户选择搬迁的主要原因是迁入地的吸引力，政策户搬迁的主要原因是草原生态的恶化与草原生态保护项目的实施。

1.7.7　牧民生产生活条件得到改善

牲畜暖棚、贮草棚和人工饲草料基地建设，促进了草地畜牧业向生态畜牧业的生产方式转变；小城镇建设和生态移民工程，使5.39万生态移民进入城镇，其居住、就医、上学等条件得到极大改善。13.58万人和36万头牲畜的饮水问题得到解决；4.5万户农牧民安装了太阳能光伏电源和太阳灶，其用能结构得到改善，收看电视、收听广播也方便了，文化生活也丰富了；太阳能校舍为学生创造了良好的学习环境；通过移民产业扶持，发展藏毯编织、唐卡制作、嘛尼石雕刻等民族传统特色产业，拓展了牧民就业和增收渠道；当地群众通过参与三江源生态保护和建设，获得报酬，增加了收入，提高了生活质量。2014年三江源区农牧民人均纯收入达到5792.25元，10年间年均增长14.6%。

1.7.8 生态补偿机制初步建立

三江源地区先后实施了退耕还林、退牧还草、生态公益林补偿、生态移民补助、草原生态保护补助奖励机制等工程和政策，对农牧民给予了一定补偿。在国家的大力支持和青海省共同努力下，三江源地区以中央财政为主、地方财政为辅的生态补偿机制已初步建立。

1.7.9 生态保护意识普遍提高

通过生态工程建设实践和培训、宣传等工作，项目区广大干部群众加深了对三江源生态保护和建设重大意义的认识，自觉参与意识普遍增强，思想观念和生产生活方式有所转变，保护和建设生态的积极性明显提高。同时，生态工程进一步密切了党群、干群和民族关系，促进了藏区社会稳定和民族团结，成为青海藏区的民心工程、德政工程。

1.7.10 生态文明理念逐步树立

生态保护和建设工程的实施，为树立尊重自然、保护自然、善待自然的先进理念，全社会关心生态、支持生态营造了良好氛围，为把三江源国家生态保护综合试验区建成全国生态文明建设先行区、示范区创造了条件，使构建生态文明社会、实现人与自然和谐发展意识增强。

1.7.11 发展能力显著增强

在保护好生态的同时，着力改善民生，推进绿色发展，通过一系列生态保护和民生改善、绿色发展等政策的制定和落实，三江源地区经济社会各项事业全面发展，广大农牧民生产生活条件得到明显改善，幸福指数明显提升，民族团结、社会和谐稳定的局面进一步巩固。10年来有近10万牧民放下牧鞭转产创业，加快走向保护生态和绿色发展奔小康的新征程。

1.8　生态保护、修复与建设集成模式

1.8.1　三江源区已有生态保护、修复与建设集成模式

1. 三江源“分区-分类-分级-分段”恢复治理技术和管理模式

在三江源区，退化草地生态恢复的研究主要集中于高寒草地分类及其相应的退化成因、生态恢复技术以及生态农牧业发展模式，并在这些方面取得了一系列研究成果和理论技术。根据该区的主要生态问题，研发了高寒草地“分区-分类-分级-分段”的恢复治理技术和管理模式，如人工种草、人工改良、半人工草地建设、人工草地复壮技术、人工草地分类建植技术、刈用型人工草地建植技术、放牧型人工草地建植技术、高寒地区燕麦和箭筈豌豆混播技术、黑土坡治理技术等。基于分区，研究轻、中度退化草甸近自然恢复技术，用人工干预引导黑土滩、群落分类和生态恢复技术体系构建，开展区域性示范。基于分类，应用相关技术制定不同程度的退化草地分类标准，基于分级，依据植被的覆盖度、生物量以及土壤有机质等指标，以天然草地为对照，将退化草地划分为轻度、中度、重度及极度 4 个等级，对高寒草地的退化等级进行划分，针对不同的等级，对退化草地的恢复进行分类治理。

2. 三江源区退化高寒草地植被恢复模式

三江源区中、轻度退化草地为受害轻微的退化草地生态系统，该系统的受损是不超负荷的，是可逆的，减轻放牧压力和害鼠等的危害，在 3～6 年内即可恢复到良好状态。重度退化草地和极度退化草地“黑土滩”，由于草地植物群落中原生植被嵩草属植物几乎消失，其自然繁殖更新能力极低，因此，仅靠封育在短期内是难以恢复的，必须通过重建和改建才能恢复其植被。重度退化草地和极度退化草地“黑土滩”，必须采用重建和改建的方法，通过补播、施肥、毒杂草防除等改良措施或改建人工植被的途径才能恢复其植被。重度和极度退化草地植被的恢复首先要根据恢复的目标，为退化草地补充足够的适宜草种。通过补充原生植被优势种群可达到植被重建的目标，但高寒草甸优势种群莎草科植物的种子具有极强的惰性特征，自然条件下的发芽率极低，实验室处理后也只能达到30%多。另外，人工种植嵩草属植物生长速度慢，种子生产周期长，产量低，收获难度大。因此，用莎草科植物的种子进行高寒“黑土型”退化草地生态系统的重建，目前在生产中难以推广和应用。利用适于高寒草甸地区生长的禾本科牧草，特别是一些当地的乡土草种，通过建植人工和半人工草地的途径改建高寒

草甸“黑土型”退化草地生态系统，既可达到恢复草地植被的目标，也能满足当地畜牧业生产的需要。

3. 三江源区草地农牧业生态系统三大功能区耦合模式

高原地区从生产功能上划为草地畜牧业区、农牧交错区和河谷农业区。草地畜牧业区实施畜群优化管理，推行“季节畜牧业”模式，加强良种培育及畜种改良，在入冬前出售大批牲畜到农牧交错区和农业区，以转移冬春草场放牧压力，充分利用农业区的饲草料资源进行育肥，实现饲草资源与家畜资源在时空上的互补。农牧交错区进行大规模的饲草料基地建设和加工配套技术集成，推行标准化的集约舍饲畜牧业，为转移天然草场的放牧压力提供强大的物质基础，将部分饲草料输送到草地畜牧业区，为越冬家畜实施补饲及抵御雪灾提供饲料储备。河谷农业区充分利用牧区当年繁殖的家畜种草养畜进行农户小规模牛羊肥育，一部分饲草料进入牧区，农区、牧区的动植物资源产生互作效应，使其资源利用效益超出简单的相加价值，整体经营效益得以提高。根据高原地区各生产系统的特点和优势，从转变生产方式入手，解决好以下几个层面的耦合是草原草地畜牧业生产方式转变的关键：一是不同生产层之间的系统耦合；二是不同地区-生态系统之间的系统耦合；三是不同专业之间的系统耦合，这三者的市场-生产流程新建构组成了新时代草地畜牧业方式转变的主要特征。

4. 青海省生态保护地体系建设模式

青海省设立了国家公园（试点）、自然保护区、风景名胜区、水产种质资源保护区、沙化土地封禁保护区、水利风景区、地质公园、森林公园、湿地公园、沙漠公园、重要湿地、世界自然遗产地等12类保护地体系。自1975年在青海湖建立第一个自然保护区以来，历经40余年的建设与发展，全省保护地建设取得了显著成效，截至2018年，共划建了国家公园（试点）两处、自然保护区11处、风景名胜区19处、水产种质资源保护区14处、沙化土地封禁保护区8处、水利风景区17处、地质公园9处、森林公园23处、湿地公园20处、沙漠公园12处、重要湿地20处、世界自然遗产地1处，共156处，基本覆盖了全省绝大多数重要的自然生态系统和自然遗产资源，最大限度上保留了自然本底，完好地保存了典型生态系统、珍稀特有物种资源、珍贵特殊自然遗迹和自然景观。

全省156处保护地批建总面积达到52.88万km^2，按此计算，占全省面积的73.2%。扣除保护地交叉重叠区域后，全省保护地矢量面积约28.89万km^2，约占全省面积的40.0%。

通过对保护地划分不同功能分区实施差别化管理，功能区划分类型多。三江源国家公园试点划分核心保育区、生态保育修复区、传统利用区，祁连山国家公园试点划分核心保护区和一般控制区；自然保护区划分核心区、缓冲区、实验区；森林公园划分生态保育区、核心景观区、一般游憩区、管理服务区；风景名胜区划分特级保护区、一级保护区、二级保护区、三级保护区；湿地公园划分湿地保育区、恢复重建区、合理利用区、管理服务区、科普宣教区；水产种质资源保护区划分核心区、实验区；沙漠公园划分生态保育区、宣教展示区、沙漠体验区、管理服务区；地质公园划分自然生态区、地质遗迹保护区、浏览区、门区、科普教育区、公园管理区、游客服务区、原有居民保留区；自然遗产地划分核心区和缓冲区。

青海省经过 40 多年的努力，已建立数量众多、类型丰富、功能多样的各级各类保护地，在生物多样性保护、自然遗产保存、生态环境质量改善和国家生态安全维护方面发挥了重要作用，同时也存在着重叠设置、多头管理、边界不清、保护与发展矛盾突出等问题。下一步需规范划定功能分区，实行差别化管控，妥善解决历史遗留问题，形成青海省生态保护新体制、新模式。

1.8.2 三江源区生态保护、修复与建设新集成模式

该模式包括多部门协作的管理层、多渠道保障的政策层、多区域联动的耦合层和多措施优化的屏障层四个层次。多部门协作的管理层即成立以三江源国家公园管理局为首，省财政厅、发展和改革委员会（简称发改委）、生态环境厅、自然资源厅、水利厅、林业和草原局、农业农村厅、科学技术厅（简称科技厅）等部门协同的管理层，按照职责分工，各司其职、各负其责。明确市县政府为生态保护修复试点工作实施的责任主体，制定具体政策措施和实施步骤，切实推进试点工作高效、有序开展。三江源山水林田湖草畜多层次跨区联动保护修复模式如图 1.38 所示。

多渠道保障的政策层即加强组织领导，明确责任分工，形成部门联动机制，建立跨区域生态保护修复协同机制。此外，创新体制机制，探索有关设施、资产运行管护模式，加强资源资产管理，探索流域系统修复模式。统筹安排各类资金，实施多元筹资。加强项目管理，严格考核评价。多区域联动的耦合层即基于三江源区“三区功能耦合理论”，凝练出区域可持续畜牧业生产的“天然草地用半留半模式”“草地资源经营置换模式”“家畜两段饲养模式”。应用这些模式，缓解冬、春草场放牧压力，为三江源区草地畜牧业生产的时间相悖、空间相悖提供创新模式。多措施优化的屏障层即三江源区实行以生态保护为主、生态修复和建设为辅的系统联动保护工程。生态保护措施以建立国家公园、自然保护区、生态移民、草原生态补助奖励、生态管护岗设置为主。生态修复以天然草地改良、有害生物防治、森林草原防火、退牧还草、封山育林、禁牧抚育为主。生态建设以防沙治沙工程、“黑土滩”治理工程、人工饲草基地建设、水土保持工程、人工造林、小城镇建设等为主。在三江源区通过多部门协作、多渠道保障、多区域联动和多措施优化四个层次集成的三江源山水林田湖草畜多层次跨区联动保护修复模式，创建了兼顾生态保护和生产发展的管理方式，为国家生态安全战略及生态文明建设提供了理论依据、技术支撑。

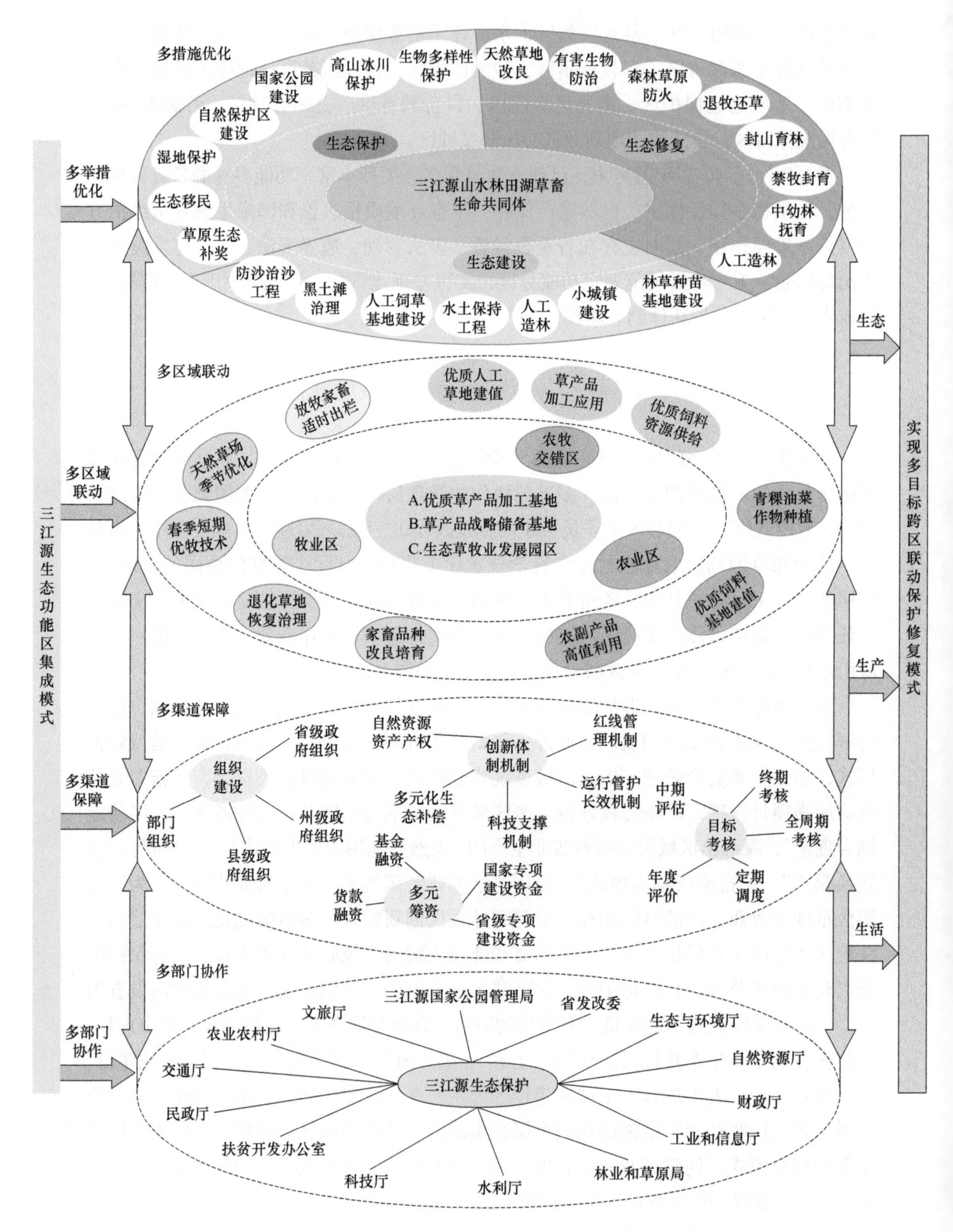

图1.38 三江源山水林田湖草畜多层次跨区联动保护修复模式

1.9 结　　论

青海的生态地位决定了青海必须实施生态优先战略，这不仅是构筑青海河源区中下游地区可持续发展的生态屏障之根基所在，更是东南亚乃至全球生态安全的必要保障。生态优先战略的确立决定了必须全面研究青海的生态价值、生态责任和生态潜力，以便从理论上、技术上和模式上为这一战略的顺利实施提供必要科技支撑。三江源是青海重要的生态屏障区，履行生态保护责任义不容辞。

1.9.1 三江源生态功能区工程与投资

2000～2019年青海省三江源生态功能区实施了三江源生态保护和建设一期工程、三江源生态保护和建设二期工程、第一轮草原生态补奖政策、第二轮草原生态补奖政策、三江源草原管护等生态保护项目，累计投入资金351.1亿元。其中，一期工程包括生态保护与建设项目、农牧民生产生活基础设施建设项目、支撑项目三大类22项生态保护工程项目，总投资达64.50亿元。项目累积实施生态保护、修复和建设面积21772万亩，其中草原鼠害防治实施面积达11778万亩（占三江源的20.13%），其次为退牧还草工程，实施面积为8471万亩（占14.48%），其他如黑土滩治理、沙漠化土地防治等1394万亩（占2.38%）。二期工程总投资达97.07亿元，累积实施生态保护、修复和建设面积37312万亩（占63.78%），其中草原有害生物防治（虫害、鼠害、杂草）实施面积达23160万亩（占三江源总面积39.59%），其次为退牧还草工程，实施面积为8080万亩（占13.81%），其他黑土滩治理、荒漠化治理等生态工程6008万亩（占三江源总面积10.27%）。三江源共计落实草原禁牧1.917亿亩、草畜平衡1.203亿亩。2011～2020年三江源草原生态补奖政策资金总计下达158.793亿元。三江源区2017年聘用草原生态管护员39293名，2015～2019年三江源区总计发放草原管护员资金31.8亿元。

1.9.2 三江源生态功能区生态保护技术与生态效益

三江源区主要植被类型有草地、湿地、林地和荒漠。各草地类型生态保护、修复和建设技术总计53项，其中，高寒草地主要涉及《天然草地改良技术规程》《天然草地补播技术规程》《高寒草地施肥技术规程》《人工草地建植技术规范》等29项；高寒湿地主要涉及《高寒沼泽湿地保护技术规范》《重度退化高寒沼泽湿地修复技术规范》《退化高寒湿地冻土保育型修复技术规程》《退化高寒湿地人工增雨型修复技术规程》等8项；林地主要涉及《高寒山地森林抚育技术规程》《退化人工林改造技术规程》等

8项；荒漠主要涉及有机化学固沙植生技术、沙方格固沙技术、网围栏保护人工补植恢复技术、流动沙丘固定与植生技术、封沙育草技术等8项。总体上草地修复技术多、高寒湿地和荒漠修复技术少，单个技术多、复合集成技术少。

2000年，三江源区生态系统服务总价值为21677亿元，单位面积生态系统服务价值为559万元/km^2。2018年总价值为23876亿元，单位面积生态系统服务价值为616万元/km^2。与2000年相比，三江源生态系统服务总价值增加了2199亿元，单位面积价值增加了57万元/km^2。2000～2018年，三江源生态保护和建设工程的投入总资金为351.1亿元。2000～2018年，三江源有68.68%的区域单位面积生态系统总服务价值提升，其中33.58%的区域显著提升（大于100万元/km^2）。三江源区31.32%的区域单位面积总服务价值降低，其中7.4%的区域显著降低。

2018年，三江源区总服务价值中水资源供给服务价值最高，达到12492亿元，其次是水文调节和风蚀控制服务价值，分别为2444亿元和1398亿元，生态系统碳汇价值为722.05亿元。从生态系统服务价值变化来看，2000～2018年，水资源供给总价值增加最为明显，增加了1352亿元，其次是水文调节价值，增加了199亿元，水蚀控制服务价值增加了178亿元，碳汇价值增加了117.6亿元；空气净化和风蚀控制服务价值分别减少了3.26亿元和124.68亿元。

1.9.3 三江源生态功能区NDVI指数、NPP及湿地时空变化

18个保护分区中13个保护分区近20年NDVI指数有显著增加趋势，尤其是扎陵湖鄂陵湖湿地保护分区和星星海湿地保护分区，其植被指数年增长率极显著。5个保护分区NDVI指数无显著变化或降低，如当曲湿地保护分区、多可河森林灌丛保护分区、各拉丹东雪山冰川保护分区、果宗木查湿地保护分区、索加-曲麻河野生动物保护分区。大部分保护分区NDVI指数年度增长率表现为核心区＞缓冲区＞实验区，18个保护分区中11个保护分区核心区NDVI指数年度增长率高于缓冲区和实验区。数据显示，三江源生态功能区近20年严格保护区域的保护成效是显著的。

三江源地区近20年，湿地总面积增加趋势显著，增加速率达到了3734.7hm^2/10a，湿地增加区域主要在可可西里中东部地区、青海湖流域、扎陵湖和鄂陵湖区域。其中，湖泊湿地呈现持续增加趋势，增加速率达到了3234.0hm^2/10a（$P<0.01$）；冰川湿地呈现持续减少趋势，减少速率达到了517.5hm^2/10a（$P<0.01$）；河流湿地呈现持续增加趋势，增加速率达到了1094.0hm^2/10a（$P<0.01$）；沼泽湿地总体呈增加趋势，增加速率达到了24.2hm^2/10a，但未达到$P<0.01$的显著性水平，其中，2005～2010年沼泽湿地增加明显，而2010年后呈现持续减少趋势。

三江源区大部分地区NPPA呈增加趋势，占研究区的81.57%。其中，气候变化引起的NPPA增加占43.75%，人类活动引起的NPPA增加占22.9%。三江源区NPPA呈减

小趋势的地区占18.43%。其中，气候变化引起的NPPA减小仅占3.03%，而人类活动引起的NPPA减小占14.54%，是NPPA减小的主要因素。从18个保护分区看，各功能区核心区83.73%、缓冲区为83.24%、实验区为80.58%的NPPA呈增加趋势。气候变化是各功能区NPPA增加的主导因素，所占比例达48%～60%；人类生态保护为主导因素引起的NPPA增加所占的比例为7%～14%；人类活动和气候变化共同影响而引起的NPPA增加所占比例较低，为14%～19%。功能区16%～20%区域NPPA呈减少趋势，人类活动是功能区NPPA减小的主导因素。

1.9.4　三江源生态功能区生态保护集成模式

提出三江源山水林田湖草畜多层次跨区联动保护修复模式：该模式包括多部门协作的管理层、多渠道保障的政策层、多区域联动的耦合层和多措施优化的屏障层四个层次。在三江源区通过多部门协作、多渠道保障、多区域联动和多措施优化四个层次集成的三江源山水林田湖草畜多层次跨区联动保护修复模式，创建了兼顾生态保护和生产发展的管理方式，为国家生态安全战略及生态文明建设提供了理论依据、技术支撑。

第2章 祁连山生态功能区生态保护、修复与建设集成模式

2.1 引　　言

2.1.1 研究背景和意义

西北干旱区土地面积约占我国陆地面积的24.5%，由于深居亚欧大陆腹地，其平均年降水量在150mm以下，是世界上自然环境最严酷的干旱区之一，水资源匮乏成为区域社会经济发展的瓶颈。位于青藏高原东北部的祁连山生态功能区，地跨中国甘肃、青海两省，是中国西北干旱区最重要的水源地之一，也称“湿岛”。它不仅是甘肃河西走廊黑河、石羊河、疏勒河三大内陆河的发源地，也是黄河上流的重要补给区，养育着青海湖、湟水、大通河等青海重要水系，孕育着璀璨的河湟文明。同时，河西走廊绿洲农业主要依赖于祁连山区发育的黑河，因此，祁连山生态地位极其重要，其不仅是中国西北内陆干旱区集水和输水中心，还是重要的农牧业生产基地；祁连山又处于中国“两屏三带”生态安全战略建设重要地位，南防腾格里沙漠、巴丹吉林沙漠及库姆塔格沙漠，维持着走廊绿洲稳定，保障着黄河径流补给；祁连山又是中国生物多样性保护优先区域、世界高寒种质资源库和野生动物迁徙的重要廊道，发挥着极其重要的社会生态作用。因此，祁连山区是中国西北地区重要的生态屏障（刘海红等，2011；赵成章，2017）。

该区海拔高、温差大，加之近年来人类活动的影响，生态问题不断凸显，冰川退缩、森林资源总量降低、草场退化、生物多样性降低、水源涵养功能降低、水土流失等生态问题便是其直观体现，导致祁连山水源涵养区的生态调节、生态支撑等功能发生了衰退（赵传燕等，2010）。上述问题已成为政府及国内外学者关注和重视的重点问题（曹广超等，2018；王宝等，2019；Yu M et al.，2019；Zhang et al.，2020）。针对上述问题，一方面，中国科学院西北生态环境资源研究院、兰州大学、甘肃祁连山水源涵养林研究院、青海师范大学等高校科研院所积极行动，对该区主要的森林、灌丛、草地、湿地等生态系统的水源涵养功能等内容开展了大量研究，取得了系列成果；另一方面，政府部门也从20世纪末开始，相继启动了天然林保护、退耕还林还草、山区

山水林田湖生态保护修复等大型生态环境建设工程，并设立了祁连山国家级自然保护区，且成为高原国家公园建设的一部分。经过20多年自然保护地的建设、科学研究和投入巨资的生态环境建设，祁连山部分地区生态环境已经出现了明显改善和好转，但部分地区仍存在水源涵养功能降低、草地退化、水土流失等严重生态问题。其根本原因在于以往的技术研究过于分散，系统性和针对性不强。要有效地解决上述问题，很有必要梳理和总结已实施生态工程的技术措施、治理模式，并且系统评估已有技术措施和治理模式的系统性、针对性和实用性。在此基础上，筛选出生态功能提升技术措施及模式。上述问题不仅是党中央、国务院和省委省政府等各级政府部门和决策层迫切需要了解和共同期盼解决的重大科学问题，也是实现区域社会经济和生态环境协调发展迫切需要解决的重大实践问题。同时，自然保护地的建设也关系到区域生态文明及国家公园建设的成败。

因此，本子课题以祁连山生态功能区为研究对象，基于团队前期成果，通过梳理总结、补充研究，调查分析祁连山生态功能区已实施生态工程的项目清单，筛选、凝练出适宜该区生态功能提升的关键技术及模式，为青海省“一优两高”战略的实施及祁连山国家公园建设提供技术支撑。

2.1.2　研究内容

针对祁连山冰川与水源涵养生态功能区，系统筛选上述区域已实施的生态保护、修复和建设关键技术及措施，基于生态系统服务价值评估和已实施的生态专项评估结果，评价生态保护、修复和建设措施的成效，提出各生态功能区开展生态保护、修复和建设的集成模式。具体研究内容如下：分析祁连山生态功能区生态环境与社会经济发展现状，评估筛选主要生态保护措施和建设工程的成效和存在问题；提出祁连山生态功能区生态保护、修复和治理的集成模式，为祁连山生态功能区保护及国家公园建设提供科技支撑；基于上述工作，划分祁连山生态功能区生态保护、恢复及治理的地理空间范围。

2.1.3　技术路线

1. 总体思路

系统收集整理祁连山生态功能区，尤其是近20年来（2000～2019年）实施的生态工程资料；归纳、总结不同土地利用/覆盖类型下的治理技术措施及模式；对主要生态工程及典型治理技术措施和模式的生态、经济和社会效益进行评价；在此基础上，引进、组装集成祁连山生态功能区不同景观类型生态保护、修复和建设技术模式，为青海省“一优两高”战略实施提供依据（图2.1）。

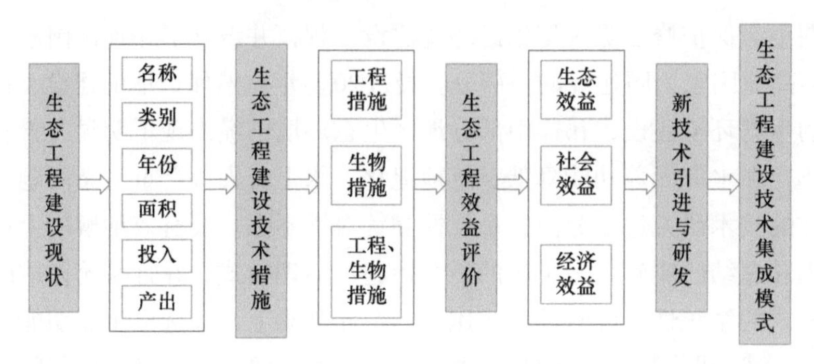

图2.1　项目总体思路

2. 文献资料获取方法

通过文献计量学和统计学的方法，对2000年以来知网、万方、维普、百度学术、CNKI、Elsevier、Springer、AGU、ESA、Wikipedia、Google scholar等数据库和搜索引擎中涉及祁连山生态保护、恢复和建设的文献进行统计和分析，细致地梳理出该区域生态工程中采取的重要技术和措施，为提出祁连山生态功能区生态保护、恢复和建设技术集成模式奠定良好的基础（图2.2）。

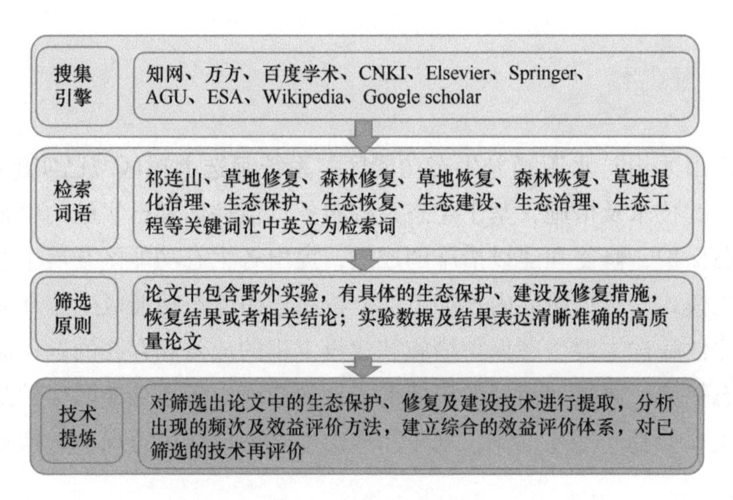

图2.2　资料收集方法

以“祁连山”“生态修复”“生态治理”“草地恢复”“森林恢复”“草地退化治理”“生态保护”“生态恢复”“生态建设”“生态工程”“Qilian Mountain”“ecological protection”等关键词汇中英文为检索词检索了2000年以来的相关文献数据，共检索到相关研究文献1544篇（包括期刊、博硕士学位论文、会议、成果等数据库），通过进一步的筛选（筛选原则：论文中包含野外实验，有具体的生态保护、建设及修复措施，恢复结果或者相关结论），选出可做进一步定量分析的相关文献800余篇。

3. 行业部门资料收集

部门资料收集：一是到省发改委、林业和草原局、生态环境厅、水利厅及其下属部门重点收集2000年以来已经实施或正在实施的重大生态工程技术清单和部分验收成果；二是收集不同年份祁连山生态功能区遥感影像资料，完成研究区数字高程、植被类型、土壤类型及土地利用/覆被等基础地理矢量化图集，形成生态本底图集；三是根据搜集到的1961～2016年气象数据完成祁连山生态功能区的气温、地温、降水、风速、日照等气候要素的趋势分析和突变分析（图2.3）。

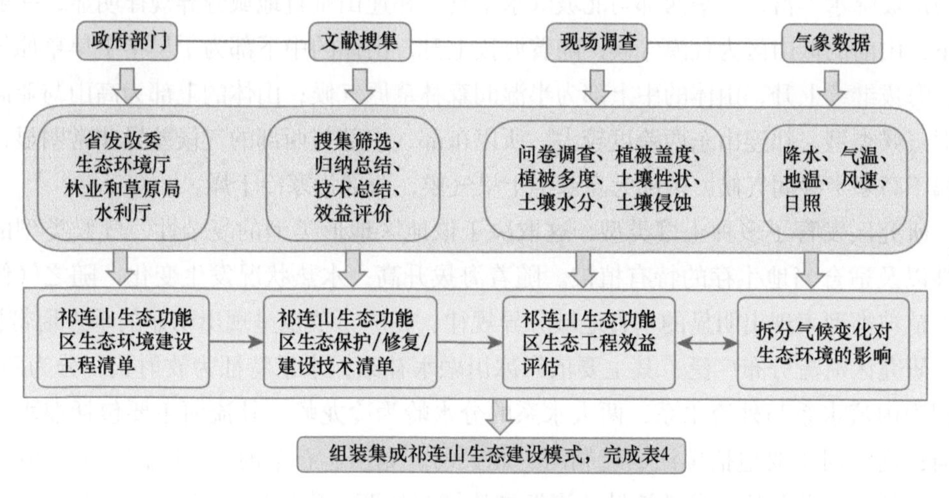

图2.3　资料分析途径

2.2　研究区概况

祁连山生态功能区位于青藏高原东北部边缘，区域主体地处青海省与甘肃省交界地带，是我国地势第一级阶梯和第二级阶梯的分界线。经纬度范围为96°E～103°E，36°4′N～39°N，海拔1733～5766m，平均海拔3947m，包含海北藏族自治州祁连县、门源回族自治县（简称门源县）及海西蒙古族藏族自治州（简称海西州）天峻县大部分区域，另包含海西州德令哈市，海东市民和县、互助土家族自治县（简称互助县）、乐都区部分区域，总面积约$6.12\times10^4\text{km}^2$。区内地形起伏大、纵深跨度大，呈现西北—东南走向，其间分布山间谷地。

由于研究区深居内陆，远离海洋，受大陆气团与高原气候共同影响，全区自然条件复杂，气候变化大，气温年较差大，东部地区降水丰富，湿度大，西部地区降水较为匮乏，湿度小，具有高原大陆性气候特征。受海拔的影响，降水中的一部分以固体的形式储存起来。祁连山功能区春季与秋季较短，冬季漫长，不存在气候学意义上的夏季，祁连山年平均气温的空间分布相对稳定，气温的年际变化较小。从大气环流的角度来看，祁连山处于中纬度盛行西风带的位置上，青藏高原作为独立的地理单元，西风带经过青藏高原时被分为南支西风与北支西风，北支西风经过祁连山时对祁连山的影响非常明显，祁连山冬季受到西风带形成的高压脊线的影响，寒冷干燥，夏季受到的大气环流影响较为复杂，随太阳直射点北移，西风带北移，来自印度洋的西南湿润气流与来自太平洋的东南暖湿气流均对此区域产生影响。高原季风是影响祁连山区降水的主要因素之一。冬季受来自蒙古西伯利亚冷高压的影响，祁连山区降水稀少，11月至次年2月降水总量占祁连山年降水总量不到5%。由于祁连山冬夏季节受到不同风向的影响，夏季东部与南坡降水丰富，冬季西部与北坡降水丰富。祁连山垂直地域分异规律明显，一般情况下，山前的低山区为荒漠气候，随着海拔上升，山体的中下部为干旱半干旱草原气候区，海拔继续上升，山体的中上部为半湿润森林草原气候；山体的上部为高山与亚高山冷湿气候类型。祁连山东西跨度较大，所以东部、中部与西部的气候差异非常明显，东部属于高寒半湿润气候，中部为高寒半干旱气候，西部为寒冷干燥。

研究区发育了多种土壤类型，这取决于该地区地形类型的复杂性、气候类型的独特性以及适合当地生存的特有植被。随着海拔升高，水热状况发生变化，随之气候类型与植被类型表现出明显的垂直地域分异规律，相应土壤也呈现出明显的垂直地带性。

研究区河流分布广泛，其主要依靠冰川融水补给，水系特征为放射状，分为两类，分别为内流水系与外流水系，两大水系的分水岭为冷龙岭。外流河主要包括湟水、大通河；内流河主要包括黑河、疏勒河、北大河、党河、石羊河、布哈河等。内流区域分为三部分，即柴达木盆地流域、青海湖流域与河西走廊流域。其中，黑河、北大河、党河、托来河、疏勒河和石羊河等河流属于河西走廊水系，而鱼卡河、哈尔腾河、塔塔棱河等属于柴达木盆地水系，布哈河属于青海湖流域水系。南部水系主要汇入柴达木盆地，北部水系主要汇入河西走廊地区。

2.2.1 生态环境现状分析

根据已收集数据，完成了功能区主体区域（祁连山南坡）的数字高程、植被类型、土壤类型及土地利用/覆被等基础地理矢量化图集，并对其土壤结构组成进行了插值，分别形成了研究区土壤砂、粉砂、黏粒空间分布情况。此外，基于NDVI为植被覆盖代用指标，对其近15年植被覆盖情况进行了分析，结果表明，功能区主体区域地形地势方面，地形复杂，起伏较大，地势较高，相对高差大，主要山脉都为西北—东南走向，造就了数条与山脉平行的山谷地带。祁连山南坡以山地为主，区内平均海拔 3757m，最高海拔为5210m，最低海拔为2286m，主要分布4座山脉，分别是研究区西北地区的走廊南山、中部地区的托勒山、中东部地区的冷龙岭以及东北部地区的乌鞘岭，山脉的隆起形成了黑河、八宝河、北大河及大通河4 条主要河流的分水岭。从地貌形态上看，有盆地、峡谷、丘陵、低山、中山和高山，存在明显的冰蚀区地貌单元。研究区内各山体之间存在山间凹陷和断陷盆地，由于长时间的水流侵蚀和剧烈的切割作用，形成了较多的峡谷，主要有柯柯里、大河、油葫芦、扎麻什和八宝等峡谷，垂直景观十分明显。区内主要河流有 4 条，黑河是我国第二大内陆河，长度仅次于塔里木河，黑河发源于祁连山支脉走廊及八一冰川，流向东北，与宝瓶河在八宝河汇合，同时干流向北转流进入甘肃省后称甘州河，最后汇入内蒙古自治区的居延海。八宝河是黑河的一级支流，源于祁连山南麓景阳岭南侧拿子海山，自东向西流经八宝镇等 3 乡镇，最终与黑河汇合。北大河（托勒河）发源于托勒山南麓的纳尕尔当，河源处有大面积沼泽，河从东南流向西北，流经托勒牧场段家土曲处，转向正北，经甘肃省嘉峪关、酒泉市入鸳鸯池水库。大通河是湟水的一级支流，发源于天峻县木里山，流经木里盆地、江仓盆地、默勒盆地、门源盆地，到民和县享堂汇入湟水。植被类型复杂，有森林、灌木、草地等，森林以青海云杉为主；灌木以高山柳、金露梅、鬼见愁为主；还分布有大面积草地、草甸，祁连县境内拥有大量天然优质草场，研究区的农业种植区主要集中在东南部地区门源境内。

从图2.4可以看出主体区域土壤砂、粉砂、黏粒含量空间分布情况，其中，该区土壤粉砂和黏粒含量空间分布趋势较为一致，均表现出中部高、西北和东南部低的趋势，土壤砂含量空间变化趋势与粉砂和黏粒空间变化趋势相反，中部低，西北和东南部高。土壤有机质含量空间变化趋势与区域内土壤粉砂和黏粒含量呈极显著相关关系，均呈现中部高、西北和东南部低的趋势。这种变化趋势与国内外研究结果相似，即土壤有机质和土壤中粉砂及黏粒含量存在正相关关系。近15年来植被覆盖呈明显增加趋势（图2.4）。

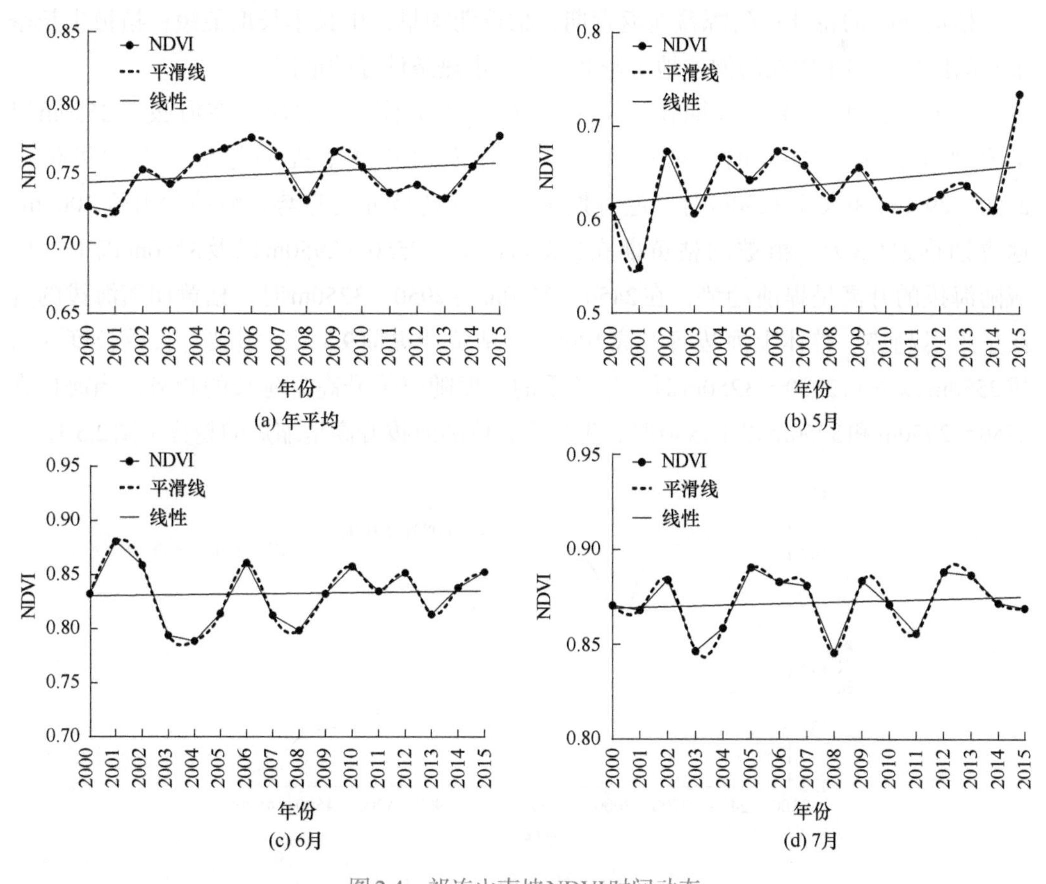

图2.4　祁连山南坡NDVI时间动态

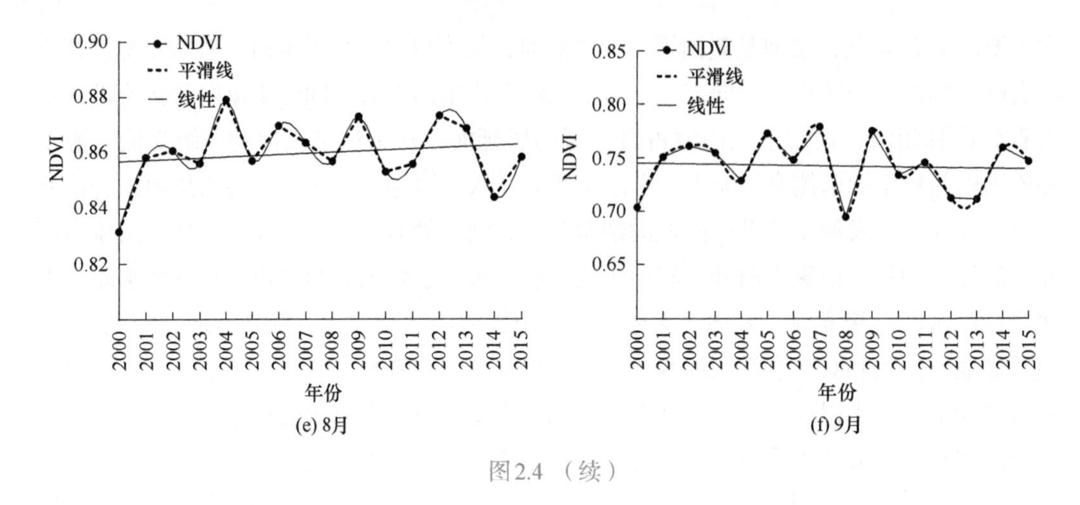

图2.4 （续）

2.2.2 植被物候特征

祁连山南坡植被返青期集中在第97～129天，自东南低海拔地区向西北高海拔地区逐步推进；枯黄期集中在第257～289天，空间变化特征与返青期相反；生长季长度集中在113～177天，空间变化特征与返青期相同。低海拔和低纬度地区植被具有返青期早、枯黄期晚的特征；门源盆地返青期、枯黄期均早，生长季长度最短；植被生长季最长的区域，多集中在门源盆地东侧低海拔、水热条件好的地区。

祁连山南坡整体返青期在不同的海拔区间有不同的响应。在海拔在2550m以下和处于2950～3250m时，植被返青期随海拔的升高呈提前趋势。当海拔位于2550～2950m和大于3250m时，返青期随海拔升高呈推迟趋势，海拔每升高1000m，返青期推迟5.3天；植被的枯黄期在2450m以下、2550～2950m以及3250m以上的区域随海拔的升高呈提前趋势，在2450～2550m与2950～3250m时，枯黄期随海拔的升高呈推迟趋势。整体上海拔每升高1000m，枯黄期提前9.3天；植被生长季长度在海拔2550m以下和2950～3250m时，生长季的长度随海拔升高呈延长的趋势，当海拔在2550～2950m和3250m以上区域时，生长季长度随海拔升高呈缩短的趋势（图2.5）。

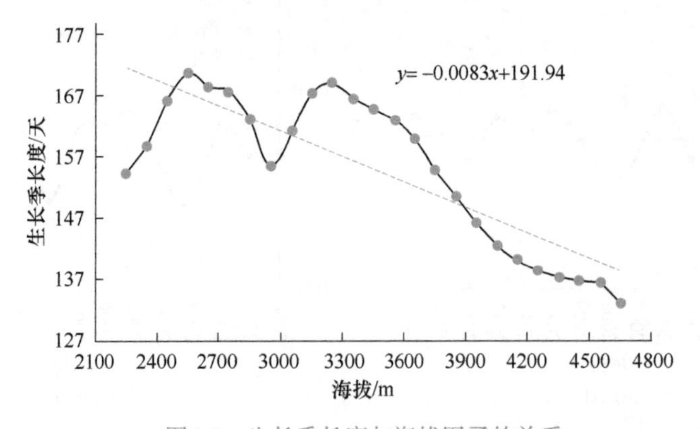

图2.5 生长季长度与海拔因子的关系

2.3　生态保护工程及技术清单

2.3.1　文献资料统计

共搜集到祁连山生态建设相关文献资料1544篇，筛选阅读807篇。以“祁连山生态保护”为关键词搜集到的文献集中分布于2000～2005年；以“祁连山生态建设”为关键词搜集到的文献集中分布于2015年以后；以“祁连山生态修复”“祁连山生态治理”“祁连山生态工程”为关键词搜集的文献数量较少。具体统计特征如图2.6所示。

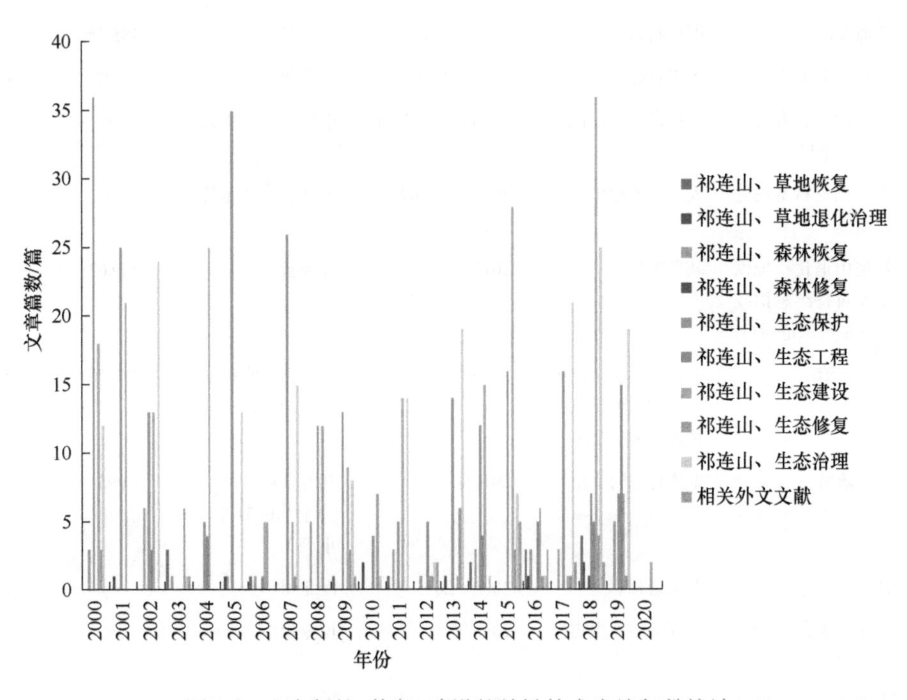

图2.6　生态保护/修复/建设的关键技术实施年份统计

2.3.2　区域尺度生态工程清单

为获得较为完整、准确的祁连山生态环境建设工程相关资料信息，课题组首先与省级相关业务部门进行了对接，先后走访了青海省林业和草原局、农业农村厅、生态环境厅、水利厅及发展改革委等单位，就祁连山生态功能区生态环境建设的工程名称、年份、实施地点、投资、效益资料进行收集。然后，课题组与祁连县、门源县、天俊县及德令哈市的林业和草原局、自然资源局、生态环境局、农业农村局等部门部分对接，收集到生态功能、生态环境建设相关资料。在此基础上，结合文献整理完成了祁连山生态功能区已经实施的生态保护、修复和建设工程清单及技术清单。据统计，祁连山生态功能区生态环境建设工程共有九大类，涉及直接生态建设工程及间接生态保护工程具体实施工程32项，总投资约66亿元（不完全统计），覆盖面积约22287万亩（表2.1），平均每年投资2.64亿元，平均每年生态建设面积为891万亩。

表2.1 祁连山生态功能区生态环境建设工程清单（1995～2019年）

序号	生态工程名称	主要措施	实施年份	实施地点	完成情况实施面积/万亩	总投资/万元
一	**祁连山生态功能区生态环境保护和综合治理工程**					**326603.4**
1	草原生态治理	围栏、松肥、松土、补播等措施	1995～2003年	祁连县	33.4003	—
2	草地保护	围栏封育	1995～2003年	祁连县	1485.289	—
3	草原生态建设	人工补播	2005～2015年	海北州	4627	33500
4	草原鼠害、有害生物防控项目	生物毒素防治鼠害	2018年、2019年	刚察县、天峻县	—	—
5	人工饲草料基地建设项目	人工草地建植	2016年、2018年、2019年	祁连县、大通县	—	—
6	祁连山退化草地恢复及可持续利用技术集成与示范项目	减畜禁牧	2015年	祁连县	749.63	—
7	鼠害防治	生物毒素防治鼠害、鹰架招鹰控制鼠害、物理器械捕获法	2019年	祁连县、刚察县、德令哈市	479.76	1940
8	虫害防治	生物毒素防治鼠害	2019年	祁连县峨堡镇（7个林班31个小班）	4.95	68.8
9	林业生态建设	人工造林	2005～2015年	海北州	—	122900
10	沙化土地治理项目	工程治沙、生物治沙	2015年	德令哈市	—	—
11	水源涵养功能提升工程	植树造林、坡改梯	2017～2018年	海晏县、刚察县、祁连县、门源县	—	
12	综合治理工程	沙化草地治理	2012～2020年	祁连县、门源县、刚察县	9445.28	112900
13	湿地保护奖励补贴	人工整地、湿地修复	2014年	祁连县、门源县		1000
14	湿地保护与恢复	湿地保护与修复	2015～2017年	祁连县		1400
15	湿地保护与建设	湿地保护与修复	2019年	祁连县、刚察县、天峻县	68.97	—
16	生态监测项目（森林、湿地、沙化土地专项）	林地监测评估	2018年	祁连县、门源县等	—	11.39

续表

序号	生态工程名称	主要措施	实施年份	实施地点	完成情况实施面积/万亩	总投资/万元
17	青海省祁连山地区雪豹监测网络与调查、巡护资金项目	陆生野生动物及栖息地调查、监测、评估	2018年	青海省祁连山区	保护区全域	156.53
18	祁连山国家公园智能化监测、管控工程	前端感知系统建设、无人值守监测设备、热成像	2019年	祁连山国家公园油葫芦片区	油葫芦片区	1136.68
19	生态监管与基础支撑工程	供电、太阳能电池板等配套措施	2017～2019年	海晏、刚察、祁连、门源四县	—	—
20	大通河门源段无主废弃矿山治理与生态修复工程	土地复垦复绿、道路平整等措施	2017年	珠固乡、皇城乡、苏吉滩乡、东川镇、青石嘴镇、苏吉滩乡等，共计16处矿山	0.86	4401.39
21	石羊河河源区-出境段生态保护与修复工程	稳定河槽、改善河流边界等措施	2017年	石羊河流域	2.07	602
22	农村环境综合整治工程	户清、村集、乡镇运、县处理等措施	2017年	青石嘴镇、东川镇、泉口镇、浩门镇、阴田乡、麻莲乡等重点乡镇、村庄	—	11858.1
23	门源县农业＋环保发展模式示范建设工程	种养结合、化肥农业的控制使用	2017年	浩门镇、北山	1.00	862.5
24	草原补奖	转移支付	2011～2020年	祁连山生态功能区全境	5389	31991
25	生态管护公益岗位	转移支付	2015～2017年	祁连山生态功能区全境	保护区全域	1875
	二　祁连山区山水林田湖草生态保护修复试点项目					**331176.1**
1	祁连山区水资源优化配置方案项目	人工造林、人工种草、封山育林等措施	2018年	青海省祁连山区	保护区全域	179.5
2	国家第一批山水林田湖草生态保护与修复试点项目	围栏封育、人工种草、坡改梯	2019年	祁连山地区	—	164000
3	生态安全格局构建工程	农用地整理、建设用地整理、乡村生态保护	2017～2018年	海晏、刚察、祁连、门源四县	—	164000
4	祁连山区生态环境状况综合评估及生态环境指标体系建设项目	生态环境监测、布设红外相机	2019年	青海省祁连山区	保护区全域	178

续表

序号	生态工程名称	主要措施	实施年份	实施地点	完成情况实施面积/万亩	总投资/万元
5	一体化生态环境监测体系建设——祁连山生态环境监测大数据平台建设	搭建生态环境大数据云平台	2019年	青海省祁连山区	保护区全域	1095
6	一体化生态环境监测体系建设项目——祁连山区高分遥感数据一站式服务与应用平台建设项目	整合卫星遥感数据、建立模型“挖掘数据”	2019年	青海省祁连山区	保护区全域	1186
7	祁连山区生态环境状况本底监测与调查项目	建立覆盖水、气、声等的天空地一体化生态环境监测感知	2018年	青海省祁连山区	保护区全域	537.6

祁连山生态功能区已实施的直接生态环境建设工程涉及草原治理、林业生态、湿地保护、环境监测、矿山修复、河道治理及农村综合整治等。各类工程实施的地点主要在祁连县境内，实施的32项工程中，24项工程的实施区涉及祁连县，占比75%。1995～2000年及2000～2005年该区实施的生态工程数量较少，各有两项，分别占总工程数量的6.25%，2011～2015年生态工程的数量开始增加，达5项，占比15.63%，2016年生态工程的数量开始急剧增加，达21项，占比65.63%。间接生态保护工程主要为草原补奖工程和公益岗位设置涉足工程。祁连山生态功能区共实施两期草原补奖工程，时间分别为2011～2015年及2016～2020年，补助资金合计5589万元；公益性岗位投资在1875万元。

因此，祁连山生态功能区的生态环境工程主要涉及的领域为草原治理及生态监测，实施的核心区域为祁连县境内，全面实施生态环境工程建设的时间为2015年以后。祁连山生态功能区草原治理的具体工程主要包括草原的保护和建设、鼠害防治及虫害防治。林业生态的具体工程主要有林业建设、沙化防治及水源涵养功能提升等。综合治理工程主要包括祁连山区山-水-林-湖-草生态修复、祁连山区生态环境状况综合评估及生态环境指标体系建设和生态安全格局构建等。生态监测涉及面比较广，包含的工程主要有森林、湿地及沙化土地的监测，雪豹监测及山-水-林-湖-草生态修复监测等。

2.3.3 县域尺度生态工程清单

祁连县：人工造林0.2万亩，封山育林39.3万亩，农田林网建设250亩、特色经济林建设500亩；沙漠化土地治理0.3万亩；建设防火器材库200m²、防火通道120km、瞭望塔4座、购置监测及常用防火设备1028件；森林病虫害防控30万亩；建（购）太阳灶8600台、节柴灶8600台、生物质炉200台、太阳能电池8600套、户用风力发电机1000套；退牧还草990万亩、治理沙化草地60万亩、草地补播改良330万亩、治理黑土滩60万亩；草原鼠虫害防治1134万亩、毒杂草防治278万亩；建人工草地7.5万亩、牲畜棚圈36万m^2、贮草棚6.2万m^2、青贮窖1.2万m^3；湿地保护147万亩；建谷坊440座；建冰川保护警戒线2.6万m、警示和宣传牌22块、冰川检查站3处；建生物多样性保护中心保护站2座（表2.2）。

表2.2　祁连山生态功能区县域尺度具体工程措施清单

序号	工程类别	祁连县	门源县	互助县	民和县	乐都区	天峻县	德令哈市	大柴旦	刚察县	大通县	合计
1	人工造林/万亩	0.2	0.1	3.0	0.2	7.4		0.4	0.02		4.1	15.4
2	封山育林/万亩	39.3	43.8	21.5	0.7	18.0		6.5	2		13.7	145.5
3	农田林网建设/亩	250	350	5650	400	1950		100			5400	14100
4	特色经济林建设/亩	500		15500	200	10800		10500			5400	42900
5	沙漠化土地治理/万亩	0.3					3	4.5	3			10.8
6	建设防火器材库/㎡	200	200	200	100	900	100	100	100		300	2200
7	防火通道/km	120	250	100		70					150	690
8	瞭望塔/座	4	4	6	1	2		2			6	25
9	购置监测及常用防火设备/件	1028	1028	2066	205	1233	308	514	206		2570	9158
10	森林病虫害防控/万亩	30	45	17.4	1	16		7.5			5.6	122.5
11	建（购）太阳灶/台	8600		2920	200	1870	500	200	200		900	15390
12	节柴灶/台	8600		3700	500						940	13740
13	生物质炉/台	200	400	3630		940					960	6130
14	太阳能电池/套	8600					200	200	200			9200
15	户用风力发电机/套	1000					200	100				1300
16	退牧还草/万亩	990	121	48	0.8	39.6	555	90	75	75	37.3	2031.7
17	治理沙化草地/万亩	60			0.4		60	15		30	0.4	165.8
18	草地补播改良/万亩	330	40.3	16	0.3	13.2	185	30	25	26	12.3	678.1
19	治理黑土滩/万亩	60	5	12		16.7	45			15		153.7
20	草原鼠虫害防治/万亩	1134	172.5	147.9	1.5	143.2	1033.5	709.5	30	439.5	149.5	3961.1
21	毒杂草防治/万亩	278	32	60		10.5	26.4	45.1		66	12.2	530.2
22	建人工草地/万亩	7.5	21	20.4		4.3	3	1.5			5	62.7
23	牲畜棚圈/万㎡	36	97	130.8	4.2	25.8	18	2.4	1.4		56.2	371.8
24	贮草棚/万㎡	6.2	20	43.8	1.4	1.6	6				18.7	97.7
25	青贮窖/万m^3	1.2	1.1	48		5.4					0.4	56.1
26	湿地保护/万亩	147	40.5				229.5	1.5		114		532.5
27	建谷坊/座	440	1414	1872			200	270		540	282	5018

续表

序号	工程类别	祁连县	门源县	互助县	民和县	乐都区	天峻县	德令哈市	大柴旦	刚察县	大通县	合计
28	建冰川保护警戒线/万m	2.6	1				1	0.8	0.8			6.2
29	警示和宣传牌/块	22	6				7	6	4			45
30	冰川检查站/处	3	1				1	1				6
31	建生物多样性保护中心保护站/座	2	1				1	1			1	6
32	建水保林/万亩		2	1.46	0.1	9.1		0.5			3.18	16.3
33	水保种草/万亩		7.5	0.4		0.9	13.5				5.6	27.9
34	沟头防护/处		220	2812	10	1980	100	52		270		5444
35	封禁治理/万亩		19.5	12.5		7	22.5				7.8	69.3
36	坡改梯/万亩			1.25	0.2						1.5	3.0
37	保护性耕作/万亩			2.2	0.3	2					2	6.5
38	蓄水池/座					208		100	80			388

门源县：人工造林0.1万亩、封山育林43.8万亩、农田林网建设350亩；建设防火器材库200m^2、防火通道250km、瞭望塔4座、购置监测及常用防火设备1028件；森林病虫害防控45万亩；购生物质炉400台；退牧还草121万亩、草地补播改良40.3万亩、治理黑土滩5万亩；草原鼠虫害防治172.5万亩、毒杂草防治32万亩；建人工草地21万亩、牲畜棚圈97万m^2、贮草棚20万m^2、青贮窖1.1万m^3；湿地保护40.5万亩；建水保林2万亩、水保种草7.5万亩、谷坊1414座、沟头防护220处、封禁治理19.5万亩；建冰川保护警戒线1万m、警示和宣传牌6块、冰川检查站1处；建生物多样性保护中心保护站1座。

互助县：人工造林3.0万亩、封山育林21.5万亩、农田林网建设5650亩、特色经济林建设1.55万亩；建设防火器材库200m^2、防火通道100km、瞭望塔6座、购置监测及常用防火设备2066件；森林病虫害防控17.4万亩；建（购）太阳灶2920台、节柴灶3700台、生物质炉3630台；退牧还草48万亩、草地补播改良16万亩、治理黑土滩12万亩；草原鼠虫害防治147.9万亩、毒杂草防治60万亩；建人工草地20.4万亩、牲畜棚圈130.8万m^2、贮草棚43.8万m^2、青贮窖48万m^3；建水保林1.46万亩、水保种草0.4万亩、谷坊1872座、沟头防护2812处、封禁治理12.5万亩；坡改梯1.25万亩、保护性耕作2.2万亩。

民和县：人工造林0.2万亩、封山育林0.7万亩、农田林网建设400亩、特色经济林建设200亩；建设防火器材库100m^2、瞭望塔1座、购置监测及常用防火设备205件；森林病虫害防控1万亩；建（购）太阳灶200台、节柴灶500台；退牧还草0.8万亩、治理沙化草地0.4万亩、草地补播改良0.3万亩、草原鼠虫害防治1.5万亩；建牲畜棚圈4.2万m^2、贮草棚1.4万m^2；建水保林0.1万亩、沟头防护10处、坡改梯0.2万亩、保护性耕作0.3万亩。

乐都区：人工造林7.4万亩、封山育林18.0万亩、农田林网建设1950亩、特色经济林建设10800亩；建设防火器材库900m^2、防火通道70km、瞭望塔2座、购置监测及常用防火设备1233件；森林病虫害防控16万亩；建（购）太阳灶1870台、生物质炉940台；退牧还草39.6万亩、草地补播改良13.2万亩、治理黑土滩16.7万亩；草原鼠虫害防治143.2万亩、毒杂草防治10.5万亩；建人工草地4.3万亩、牲畜棚圈25.8万m^2、贮草棚1.6万m^2、青贮窖5.4万m^3；建水保林9.1万亩、水保种草0.9万亩、沟头防护1980处、封禁治理7万亩、保护性耕作2万亩、蓄水池208座。

大通县：人工造林4.1万亩、封山育林13.7万亩、农田林网建设5400亩、特色经济林建设5400亩；建设防火器材库200m^2、防火通道150km、瞭望塔6座、购置监测及常用防火设备2056件；森林病虫害防控5.6万亩；建（购）太阳灶900台、节柴灶940口、生物质炉960台；退牧还草37.3万亩、治理沙化草地0.4万亩、草地补播改良12.3万亩、草原鼠虫害防治129.5万亩、毒杂草防治12.2万亩；建人工草地5.0万亩、牲畜棚圈55.2万m^2、贮草棚18.4万m^2、青贮窖0.4万m^3；建水保林3.18万亩、水保种草5.6万亩、谷坊282座、封禁治理7.8万亩、坡改梯1.5万亩、保护性耕作2万亩；建生物多样性保护中心保护站1座。大通牛场：封山育林1.6万亩；建设防火器材库100m^2、瞭望塔1座、购置监测及常用防火设备514件；退牧还草1.7万亩、草地补播改良0.4万亩、治理沙化草地0.4万亩；草原鼠虫害防治20万亩、建牲畜棚圈1万m^2、贮草棚0.3万m^2。

刚察县：实施退牧还草75万亩、治理沙化草地30万亩、草地补播改良26万亩、治理黑土滩15万亩；草原鼠虫害防治439.5万亩、毒杂草防治66万亩；湿地保护114万亩；建谷坊540座、沟头防护270处。

天峻县：沙漠化土地治理3万亩；建设防火器材库100m^2、购置监测及常用防火设备308件；建（购）太阳灶500台、太阳能电池200套、户用风力发电机200套；退牧还草555万亩、治理沙化草地60万亩、草地补播改良185万亩、治理黑土滩45万亩；草原鼠虫害防治1033.5万亩、毒杂草防治26.4万亩；建人工草地3万亩、牲畜棚圈18万m^2、贮草棚6万m^2；湿地保护229.5万亩；水保种草13.5万亩、建谷坊200座、沟头防护100处、封禁治理22.5万亩；建冰川保护警戒线1万m、警示和宣传牌7块、冰川检查站1处；建生物多样性保护中心保护站1座。

德令哈市：人工造林0.4万亩、封山育林6.5万亩、农田林网建设100亩、特色经济林建设1.05万亩；沙漠化土地治理4.5万亩；建设防火器材库100m^2、瞭望塔2座、购置监测及常用防火设备514件；森林病虫害防控7.5万亩；建（购）太阳灶200台、太阳能电池200套、户用风力发电机100套；退牧还草90万亩、治理沙化草地15万亩、草地补播改良30万亩；草原鼠虫害防治709.5万亩、毒杂草防治45.1万亩；建人工草地1.5万亩、牲畜棚圈2.4万m^2；湿地保护1.5万亩；建水保林0.5万亩、谷坊270座、沟头防护52处、蓄水池100座；建冰川保护警戒线8000m、警示和宣传牌6块、冰川检查站1处；建生物多样性保护中心保护站1座。

综合分析各县生态环境建设工程情况可以看出，该区域生态环境建设工程除了直接的生态环境保护、修复及治理工程外，还有基础设施提升、清洁能源开发利用等间接保护生态环境。直接的生态环境建设工程主要是草原鼠虫害防治、毒杂草防治和草地补播改良，总面积分别为3961.1万亩、530.2万亩和678.1万亩；其次为封山育林、森林病虫害防控和治理黑土滩，总面积分别为145.5万亩、122.5万亩和153.7万亩。森林防火基础设施提升包括防火通道、瞭望塔、购置监测及常用防火设备；牧业基础设施提升包括牧区牲畜棚圈、贮草棚、青贮窖等的修建。清洁能源开发利用主要包括建（购）太阳灶、节柴灶、生物质炉；购买太阳能电池、户用风力发电机等。除此之外还有少量的农田防护林建设、冰川保护工程。

2.3.4 生态工程技术清单

祁连山生态功能区虽然开展了八类生态工程建设，30多个生态环境建设工程，涉及草原、森林、湿地等多个土地覆盖类型，但大多采用单一的围栏封育管理模式，旨在通过自然力量逐渐恢复生态。针对某一土地覆盖类型深入研发的治理技术比较少，主要集中在退化草原和退化森林治理两个方面（表2.3）。

表2.3 祁连山生态功能区生态保护、修复、建设技术清单

植被类型	技术标准	标准号
草地	建设围栏	—
	《天然草地改良技术规程》	DB 63/T 390—2018
	《天然草地补播技术规程》	DB 63/T 819—2009
	《高寒草地施肥技术规程》	DB 63/T 662—2007
	《高寒人工草地施肥技术规程》	DB 63/T 493—2005
	建造畜棚、圈	—
	完善草场基础设施	—
	免耕补播	—
	《人工草地建植技术规范》	DB 63/T 391—2018
	《草地高原鼢鼠防治技术规范》	DB 63/T 1371—2015
	《草地鼠害生物防治技术规程》	DB 63/T 787—2009
	《草地毛虫生物防治技术规程》	DB 63/T 789—2009
	《防治草地害虫技术规范》	DB 63/T 165—2021
	《草地地面害鼠防治技术规范》	DB 63/T 164—2021
	《草地毒害草综合治理技术规范》	DB 63/T 241—2021
	《草地鼠虫害、毒草调查技术规程》	DB 63/T 393—2002
	草地毛虫预测预报技术	—
	草地蝗虫预测预报技术	—
	草地鼠害预测预报技术	—
	饲草料生产及春季休牧	—

续表

植被类型	技术标准	标准号
林地	《高寒山地森林抚育技术规程》	DB 63/T 1303—2014
	退耕还林	—
	《退化人工林改造技术规程》	DB 63/T 1770—2020
	水源涵养功能提升	—
	《沙地云杉育苗和造林技术规程》	DB 63/T 1738—2019
	宜林荒山造林技术	—
	人工促进更新技术	—
	低质低效林改造技术	—
	幼林抚育技术	—
	生态移民恢复技术	—
	水资源优化配置技术	—

退化草原治理的关键技术主要有围栏封育、改良草场、人工种植饲草及建造畜棚、圈等，进而形成了围栏＋草场改良＋种草＋畜棚、圈＋基础设施提升优化组合治理模式和承包到户＋以草定畜＋有偿使用。该治理模式和管理模式确实解决了牧民冬季饲草少、牲畜掉膘快、温度低、牲畜过冬难的问题，有效提高了牲畜的出栏率，增加了牧民收入，加快了牧区奔小康的步伐，成效显著。该模式已在祁连山生态功能区大面积推广应用，取得了显著的经济效益、生态效益和社会效益。然而，围栏治理措施在一定程度上影响了动物的迁徙、草原生态系统的物质循环和能量流动，有专家提出拆除围栏的观点。但如何拆除、拆除之后如何处理，目前还没有成熟的做法。

针对草原退化造成的“黑土滩”问题，多家单位展开了研究，针对不同退化程度，提出了对应的治理技术。例如，中轻度黑土滩退化治理模式为补播草种（时间，5～7月；草种，早熟禾、短芒披碱草、中华羊茅）＋围封＋追肥＋鼠兔防治＋轮牧；重度黑土滩退化治理模式为灭鼠＋翻耙，平整，施肥，播种＋围封＋轮牧。前人对“黑土滩”研究虽然取得了大量的成果，有效促进了草原生态系统的良性发展，但是最新研究表明，对“黑土滩”治理的思考仍停留在某一层次，而未在生态系统的尺度上充分考虑退化草原的物质循环、能量流动及信息传递的过程，未彻底揭示“黑土滩”的驱动机制。在这种情况下，采取灭鼠、种草、施肥等措施缺乏精准性，造成已治理“黑土滩”的反弹，造成二次退化。

退化森林的恢复技术主要有封育、退耕还林还草、水源涵养功能提升、宜林荒山造林技术、更新技术、低质低效林改造技术、幼林抚育技术、生态移民恢复技术、水资源优化配置技术等。生态移民恢复技术采取了优化劳务输出＋发展劳务经济＋异地安置＋兴业致富的治理模式，实现了退化森林治理的可持续性，在此基础上提出了“人畜入川、林草上山”的管理模式。

2.4 生态工程实施的生态效益评估

2.4.1 基于生态系统服务价值的生态工程生态效益评估

1. 生态系统服务总价值时空变化

从空间分布看，祁连山区生态系统服务总价值量呈现从中部向东西部逐渐递减的趋势，其中，祁连山生态功能区的西部生态系统服务总价值较中东部地区更低。2000～2010年，总体呈现增加趋势，大通地区、德令哈市和天峻县增加比较明显。2010～2018年，除西部的德令哈市和天峻县局部地区略呈减小趋势外，其他地区呈现增加趋势，大通地区增长幅度较大。2000～2018年，总体呈现增加趋势，大通地区增长幅度较大，生态价值为300万～600万元/km^{2}的面积从16134km^{2}增加到18636km^2，增加值达到2502km^2。从变化率角度来看，该区2000～2018年变化率呈增加趋势，大通地区增加最快。

2. 域内水资源价值时空变化

从空间分布来看，祁连山区域内水资源价值量呈现从西向东递减的趋势，2000～2010年，哈拉湖周边及西部地区增加较多，西部民和、乐都地区有减少的趋势。2010～2018年，总体呈现增加趋势，西部地区增加显著。2000～2018年，总体呈现增加趋势。2000～2018年变化率呈增加趋势，其中，哈拉湖周边及西部地区增加较为明显。

3. 域外水资源价值时空变化

从空间分布来看，祁连山区域外水资源价值量呈现从西向东递增的趋势，2000～2010年，整体呈现增加趋势。2010～2018年，整体呈现增加趋势，哈拉湖周边增加更为显著。2000～2018年整体呈现增加趋势，哈拉湖周边增加更为显著，变化率整体也呈增加趋势，其中，哈拉湖周边及西部地区增加较为明显。

4. 水资源总价值时空变化

从空间分布来看，祁连山区水资源总价值量呈现从中部向东西部逐渐递减的趋势。2000～2010年，整体呈现增加趋势。2010～2018年，整体呈现增加趋势，哈拉湖周边地区增加较为明显。2000～2018年，整体呈现增加趋势，哈拉湖周边地区增加较为明显。就2000～2018年变化率而言，整体呈现增加趋势，东部及哈拉湖周边地区增加较为明显。

5. 调节服务价值时空分布

从空间分布来看，祁连山区风蚀控制价值量从西向东呈现减少趋势。2000～2010年，哈拉湖周边和西部地区增加明显。2010～2018年哈拉湖周边和西部地区明显减少。2000～2018年西部和南部地区增加，东部减少。祁连山区水蚀控制价值量从西向东呈增加趋势。2000～2010年，东部地区增加，西部地区和中部地区减少。2010～2018年，总体微弱减少。2000～2018年，东部地区增加，西部地区和中部地区减少。祁连山区水文调节价值量呈现从西到东逐渐增加的趋势，其中哈拉湖周边水温调节价值较高。2000～2018年，整体增加趋势明显。祁连山区水质净化总价值从东到西呈现下降的趋势。2000～2010年整体呈微弱增加趋势；2010～2018年西部呈现增加趋势，东部呈现减少趋势；2000～2018年整体呈现减少趋势。

6. 碳汇价值时空分布

从空间分布来看，祁连山生态功能区碳汇价值量呈现自西向东迅速增加的趋势。2000～2010年，不论西部还是中部、东部，祁连山生态功能区碳汇价值量都呈现出增加的态势，其中祁连县、门源县和大通县增加最为明显。2000年，该区碳汇价值50万～100万元/km^2的面积为4923km^2，到2010年增加到5902km^2，增加了979km^2；2010～2018年，增加量自西向东逐年增加，中部地区和东部地区最明显。其中在互助、民和、乐都比较明显，碳汇价值100万～150万元/km^2的面积从2010年的930km^2增加到1950km^2。从变化率来看，2000～2018年碳汇价值增加最快的主要集中在中部和中东部地区，而碳汇价值减小最快的主要在德令哈市。

2.4.2　基于问卷调查的生态工程生态效益评估

在项目执行期间，分别前往祁连山生态功能区对不同人群（县乡公职人员和农户）进行问卷调查，在祁连山生态功能区重点区域完成问卷共计536份，其中，公职人员问卷为270份，农户问卷266份，问卷问题涉及生态工程实施后灌溉浇水是否受影响、水质是否有所改善、风沙天是如何变化的、自然灾害是如何变化的、退耕还林以后最大的困扰、树的存活率以及技术人员指导等方面。通过统计分析发现，生态工程实施或者采取生态环保措施后，认为灌溉浇水更加方便的占比17.29%，不方便的占比3.38%，有75.56%的农户认为生态工程的实施对灌溉浇水没有任何影响；关于水质是否有所改善，42.11%认为有明显改善，45.49%认为有所改善但不明显，仅仅有8.65%的农户认为没有改善。生态工程实施后，认为风沙天气变多了的比例为12.78%，表示变少了的比例为53.38%，表示没变化的比例为31.95%；生态工程实施后，11.28%的农户表示自然灾害变多了，52.63%的农户认为自然灾害变少了，32.71%的农户认为自然灾害没有变化；关于退耕还林以后最大的困扰这一指标，36.09%的农户认为耕地减少、粮食减产是最大的困扰，4.51%的农户认为没事干、很无聊是最大的困扰，39.85%的农户认为没有困扰，有利于美化环境，19.17%的农户认为最大的困扰是其他；生态工程或者采取生态环保措施后，认为树的存活率很高的占比为66.54%，认为树的存活率一般的占比为22.93%，表示很低的为7.14%；调研农户中，有68.8%的农户有技术人员的指导，28.57%的农户没有技术人员的指导（表2.4）。

表2.4 祁连山生态功能区生态工程生态效益问卷调查（农户）

问题	选项	数量/份	比例
灌溉浇水是否受影响	A．更方便了	46	17.29%
	B．没影响	201	75.56%
	C．不方便了	9	3.38%
水质是否有所改善	A．明显改善	112	42.11%
	B．有所改善但不明显	121	45.49%
	C．无改善	23	8.65%
风沙天是如何变化的	A．变多了	34	12.78%
	B．没变化	85	31.95%
	C．变少了	142	53.38%
自然灾害是如何变化的	A．变多了	30	11.28%
	B．没变化	87	32.71%
	C．变少了	140	52.63%
退耕还林以后最大的困扰	A．耕地减少、粮食减产	96	36.09%
	B．没事干、很无聊	12	4.51%
	C．没有困扰，有利于美化环境	106	39.85%
	D．其他	51	19.17%
树的存活率	A．很高	177	66.54%
	B．一般	61	22.93%
	C．很低	19	7.14%
技术人员指导	A．有	183	68.80%
	B．没有	76	28.57%

由此可见，生态环境工程建设对农户灌溉浇水方便程度及其水质影响不明显，而对恶劣的风沙天气及自然灾害具有明显的减少效果，占比分别达53.38%及52.63%。退耕还林还草是我国最大的生态工程之一，但该工程的实施对农户造成极大的困扰，最大的困扰为耕地减少，粮食安全受到了威胁。

此外，对整个功能区270位公职人员进行问卷调研发现，生态工程实施或者采取生态环保措施后，认为当地林地和草地面积显著增加的占比为80.74%，认为有增加但不明显的占比为15.93%，表示林地、草地面积没有增加的占比为0.74%；认为工程实施后水质有明显改善的占比为72.59%，有所改善但不明显的占比为18.89%，表示水质无改善的占比为1.85%；认为水土流失情况有明显改善的占比为75.56%，有所改善但不明显的占比为18.89%，表示无改善的占比为1.85%；生态工程实施后，认为风沙天气变多了的占比为35.93%，表示变少了的占比为52.96%，表示没变化的占比为8.52%；生态工程实施后，30%的公职人员表示自然灾害变多了，54.81%的公职人员认为自然灾害变少了，12.59%的公职人员认为自然灾害没有变化；95.56%的公职人员认为生态工程实施后当地生态环境美化了，2.59%的公职人员认为当地的生活环境没变化；生态工程或者采取生态环保措施后，认为树的存活率很高的占比为58.15%，认为树的存活率一般的占比为36.3%，表示很低的为1.11%（表2.5）。

表2.5　祁连山生态功能区生态工程生态效益问卷调查（公职人员）

问题	选项	数量/份	比例
当地的林地、草地面积是否显著增加	A. 明显增加	218	80.74%
	B. 有增加但不明显	43	15.93%
	C. 无增加	2	0.74%
水质是否有所改善	A. 明显改善	196	72.59%
	B. 有所改善但不明显	51	18.89%
	C. 无改善	5	1.85%
水土流失情况是否有所改善	A. 明显改善	204	75.56%
	B. 有所改善但不明显	51	18.89%
	C. 无改善	5	1.85%
风沙天是如何变化	A. 变多了	97	35.93%
	B. 没变化	23	8.52%
	C. 变少了	143	52.96%
自然灾害是如何变化	A. 变多了	81	30.00%
	B. 没变化	34	12.59%
	C. 变少了	148	54.81%
美化当地生活环境	A. 是	258	95.56%
	B. 否	7	2.59%
树的存活率	A. 很高	157	58.15%
	B. 一般	98	36.30%
	C. 很低	3	1.11%

从公职人员的立场出发，生态工程建设显著提高了林草面积，水质也得到了明显的改善，水土流失显著减轻，风沙天气大幅度减少，当地的生活环境也得到了极大的改善，因此，生态工程建设的生态效益非常显著。

2.4.3　基于NDVI变化的生态工程生态效益评估

1. 数据来源及处理

1）MOD13Q1植被指数产品

MOD13Q1植被指数产品以16天为间隔，采集值中选择最佳可用像素值，使用的标准是低云、低视角和最高NDVI值，以多个空间分辨率生成，为植被冠层绿度、叶面积、叶绿素和冠层结构的综合特性提供了一致的时空对比。NDVI植被指数来自红色、近红外和蓝色波段的大气校正反射率。该数据产品来源于美国戈达德地球科学数据和信息服务中心。

2）数据处理过程

将2000年、2010年和2018年1～12月MODIS植被指数16天合成产品MOD13Q1经过拼接裁剪、投影转换、年最大合成等一系列处理得到每年的最大NDVI合成数据，然后对三江源全区以及各自然保护分区的NDVI值进行区域统计。

2. 2000～2018年植被覆盖率动态变化过程

从图2.7可以看出，近19年祁连山区地表植被覆盖总体上呈现出增长趋势。

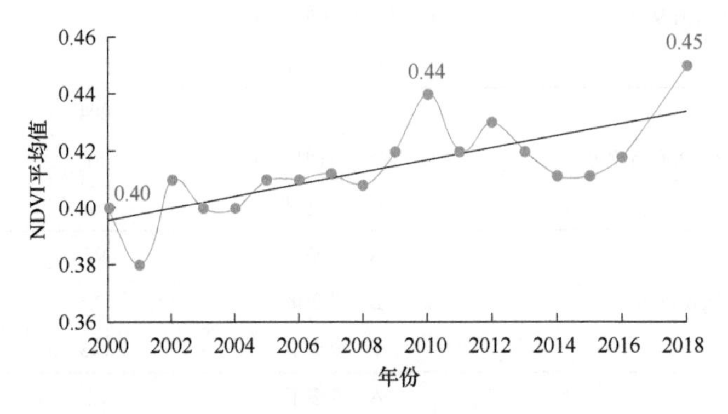

图2.7 2000～2018年植被覆盖变化图

祁连山地区面积的99.08%植被覆盖呈增长趋势，0.92%植被覆盖呈减小趋势，植被减少区域全部分布在德令哈市和大柴旦范围内。在植被增长区域内，植被覆盖增长速率大于0.4的面积占比为18.93%，主要分布在门源县内，增长速率在0.2～0.4的面积占比为30.64%，主要分布在祁连县内，增长速率在0～0.2的面积占比为49.51%，主要分布在德令哈市及大柴旦。

2.5 生态工程实施的经济效益评估

2.5.1 基于生态系统服务总价值的生态工程效益分析

近20年来，祁连山生态功能区生态系统服务总价值呈增加趋势。2000年，该区的生态系统服务总价值为2951.38亿元，单位面积生态系统服务价值为482.25万元/km^2。

2005年总价值为3131.72亿元，与2000年相比，生态系统服务总价值增加了180.34亿元，单位面积价值增加29.47万元/km^2。2018年总价值为3801.79亿元，比2000年增加850.41亿元，单位面积价值增加138.96万元/km^2。2018年生态系统服务总价值较

2000年的增加量是生态环境工程总投资（66亿元）的12倍多。由此可以看出，该区生态系统服务总价值增加明显，投资效益显著（表2.6）。

表2.6　祁连山生态功能区生态系统服务价值年际变化　（单位：亿元）

年份	总价值	供给服务价值	调节服务价值	文化服务价值
2000	2951.38	2192.32	743.94	15.12
2001	2938.76	2183.82	736.96	17.98
2002	3069.40	2223.69	825.84	19.87
2003	3186.93	2226.51	941.56	18.86
2004	3176.84	2219.56	931.89	25.39
2005	3131.72	2231.94	867.64	32.14
2006	3054.10	2210.28	802.07	41.75
2007	3383.16	2272.48	1056.86	53.82
2008	3273.87	2277.53	944.89	51.45
2009	3339.77	2297.91	979.25	62.61
2010	3568.67	2323.82	1173.34	71.51
2011	3351.60	2301.18	963.61	86.81
2012	3595.81	2322.65	1173.33	99.83
2013	3287.59	2278.79	893.50	115.30
2014	3323.78	2289.06	902.13	132.59
2015	3168.34	2295.13	718.08	155.13
2016	3324.65	2398.09	730.00	196.56
2017	3538.93	2492.12	805.05	241.76
2018	3801.79	2523.66	981.73	296.40

生态系统的供给服务价值由2000年的2192.32亿元增加到2018年的2523.66亿元，生态系统调节服务价值呈波动增加趋势，2000年时，调节价值为743.94亿元，2010～2012年达到最大值，1170亿元左右，随后开始降低，到2018年降至981.73亿元。2018年与2000年相比，生态系统调节价值增加237.79亿元，平均每年增加13.21亿元。生态系统的文化服务价值在2000～2018年呈指数增加，从2000年的15.12亿元增加到2018年的296.40亿元（图2.8）。

2.5.2　基于补奖政策的生态工程经济效益评估

按照草原生态奖补政策要求，将草原牧区中生态脆弱、生存环境恶劣、草场严重退化、不宜放牧以及位于大江大河水源涵养区的草原划为禁牧区；牧区除禁牧区以外的草原都划为草畜平衡区。2015年5月，中共中央、国务院发布《关于加快推进生态文明建设的意见》，明确指出“严格落实禁牧休牧和草畜平衡制度，加快推进基本草原划定和保护工作；加大退牧还草力度，继续实行草原生态保护补助奖励政策；稳定和

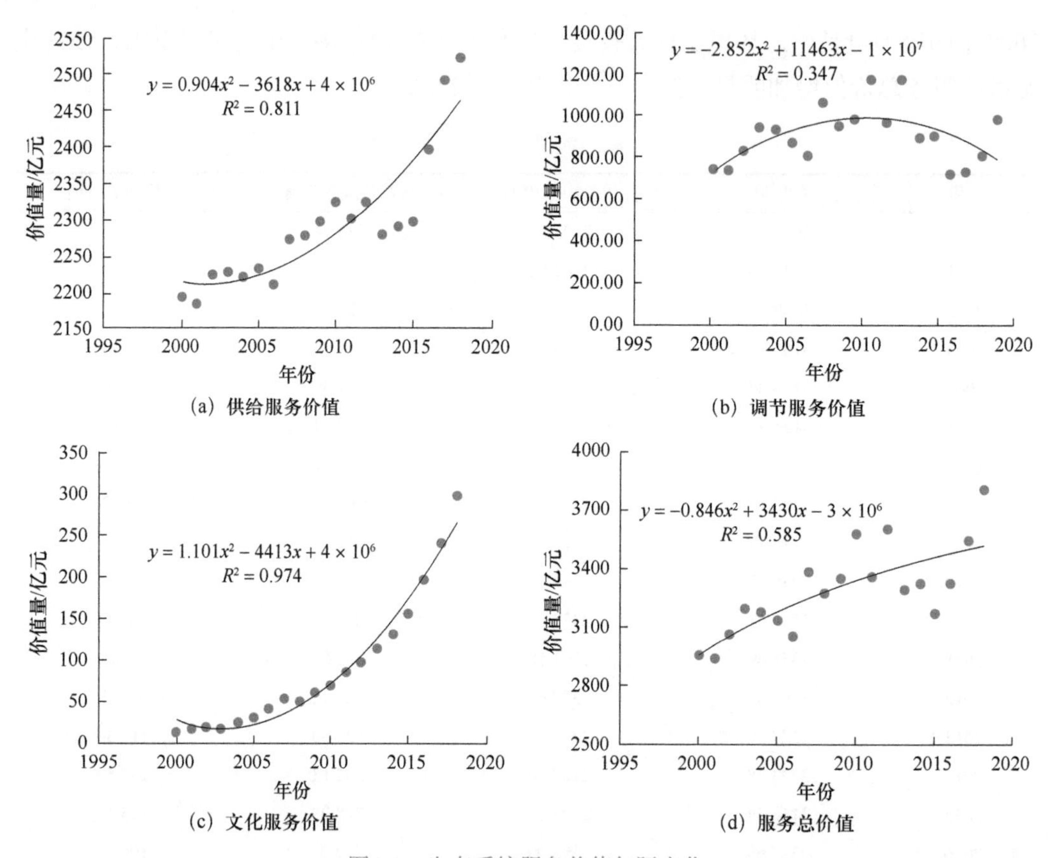

图2.8 生态系统服务价值年际变化

完善草原承包经营制度”，为新一轮草原生态补奖政策的实施奠定了基础。2016年3月，农业部办公厅与财政部办公厅印发《新一轮草原生态保护补助奖励政策实施指导意见（2016—2020年）》，标志着我国第二轮草原生态补奖政策开始施行。

2011年启动草原生态补奖政策，周期为2011～2015年，涵盖青海、内蒙古、新疆、西藏等8省（自治区）及新疆生产建设兵团，其主要内容包括：一是给禁牧区内按规定禁牧的牧民发放6元/（a·亩）的禁牧补助；二是对草畜平衡区内未超载的牧民进行1.5元/（a·亩）的草畜平衡奖励；三是对开展人工种草的牧区给予10元/（a·亩）的牧草良种补贴；四是按照500元/（a·户）的标准，中央财政对牧民进行生产资料综合补贴。2011年第一轮草原补奖涉及青海省6州2市42个县4.74亿亩可利用天然草原，其中，禁牧面积2.45亿亩，草畜平衡面积2.29亿亩，每年补奖资金19.4714亿元。

2016年启动新一轮草原生态补奖政策，周期为2016～2020年，其主要内容包括：一是给禁牧区内按规定禁牧的牧民发放7.5元/（a·亩）的禁牧补助；二是对草畜平衡区内未超载的牧民给予2.5元/（a·亩）的草畜平衡奖励；三是按照绩效考核等级排名，综合考虑草原面积、工作难度等因素给各地区安排绩效评价奖励资金。2016年新一轮草原补奖政策涉及青海省6州2市42个县的21.54万牧户、79.97万牧民、4.74亿亩可利用天然草原，其中禁牧面积2.45亿亩、禁牧补助资金18.38亿元，草畜平衡面积2.29亿亩、草畜平衡奖励资金5.73亿元，每年青海省草原补奖资金共计24.11亿元。

自2011年实施草原补奖政策以来，祁连山地区共计落实草原禁牧0.15亿亩、草畜平衡0.33亿亩。2011～2020年祁连山区草原生态补奖政策资金总计下达3.1991亿元（表2.7和表2.8）。其中，2011～2015年祁连山区每年下达草原生态补奖资金1.4456亿元，2016～2020年祁连山区每年下达草原生态补奖资金1.7535亿元。

表2.7　2011～2015年祁连山生态功能区第一轮草原生态补奖政策年度实施资金

地区	总草原面积/万亩	可利用草原总面积/万亩	禁牧面积/万亩	禁牧补助/[元/(a·亩)]	草畜平衡/万亩	草畜平衡奖励/[元/(a·亩)]	合计/万元
门源县	722.1	621.5	0.0	6	621.5	1.5	932
祁连县	1679.3	1552.1	511.4	6	1040.7	1.5	4629
海晏县	45.7	44.9	20.9	6	24.0	1.5	161
刚察县	207.2	191.4	92.0	6	99.4	1.5	701
互助县	203.0	168.3	0	6	168.3	1.5	252
民和县	14.7	12.6	0	6	12.6	1.5	19
大通县	179.9	166.7	0	6	166.7	1.5	250
乐都县	121.1	88.8	0	6	88.8	1.5	133
天峻	461.4	456.5	175.0	6	281.5	1.5	1472
大柴旦	728.2	728.2	728.2	6	728.2	1.5	5462
德令哈	295.0	138.6	53.0	6	85.6	1.5	447
祁连山区	**4657.5**	**4170**	**1582**		**3317**		**14455**

注：祁连山以天峻1/5、刚察1/5、德令哈1/5，祁连县、门源全部，大通2/3、互助2/3、乐都1/2、民和1/10、海晏县1/10面积计。

表2.8　2016～2020年祁连山生态功能区新一轮草原生态补奖政策年度实施资金

地区	总草原面积/万亩	可利用草原总面积/万亩	禁牧面积/万亩	禁牧补助/[元/(a·亩)]	草畜平衡/万亩	草畜平衡奖励/[元/(a·亩)]	合计/万元
门源县	722.1	621.5	0.0	0.0	621.5	2.5	1554
祁连县	1679.3	1552.1	511.4	10.8	1040.7	2.5	8125
海晏县	45.7	44.9	20.9	12.3	24.0	2.5	317
刚察县	207.2	191.4	92.0	14.0	99.4	2.5	1537
互助县	203.0	168.3	0.0	0.0	168.3	2.5	421
民和县	14.7	12.6	0.0	0.0	12.6	2.5	32
大通县	179.9	166.8	0.0	0.0	166.8	2.5	417
乐都县	121.1	88.8	0.0	0.0	88.8	2.5	222
天峻	461.4	456.5	175.0	5.8	281.5	2.5	1719
大柴旦	728.2	1456.4	728.2	1.2	728.2	2.5	2694
德令哈	295.0	138.8	53.0	5.1	85.6	2.5	484
祁连山区	4657.6	4169.9	1580.5		3317.4		17536

注：祁连山以天峻1/5、刚察1/5、德令哈1/5，祁连县、门源全部，大通2/3、互助2/3、乐都1/2、民和1/10、海晏县1/10面积计。

2.5.3 基于问卷调查的生态工程经济效益评估

在项目执行期间，分别前往祁连山生态功能区对不同人群（县乡公职人员和农户）进行问卷调查，通过问卷调查，定性揭示祁连山生态功能区生态工程实施产生的经济效益。在祁连山生态功能区重点区域完成问卷共计536份，其中公职人员问卷270份，农户问卷266份，问卷数量来源于题项的实际统计数据。

问卷问题重点涉及生态工程实施后收入渠道、收入变化、补助重要性及补偿标准等方面。通过统计分析发现，农户群体对于生态工程建设项目实施后在收入渠道方面有增加的占51.13%，收入方面有提升的占53.38%；对于工程补助重要性方面，认为一般和重要的占到85.72%，补偿标准的满意程度占到82.70%。因此，祁连山生态功能区，生态建设工程的实施对农户的收入途径有极大的助推作用且收入有明显的提升，项目实施后随之而来生态奖补成为其收入的重要组成部分（表2.9）。

此外，对整个功能区270位公职人员进行问卷调研，结果显示，生态环境建设可有效地推进县域经济的快速发展，认为增加迅速的占比为48.89%，但因针对性和区域性，不宜开展“一刀切”政策。总体来看，生态环境建设工程对县域尺度的经济发展起到了很大的推进作用（表2.10）。

表2.9 祁连山生态功能区生态工程经济效益问卷调查（农户）

问题	收入渠道			收入变化		
选项	A. 明显增加	B. 有增加但不明显	C. 无增加	A. 明显提升	B. 有提升但不明显	C. 无提升
数量/份	49	87	128	39	103	122
比例/%	18.42	32.71	48.12	14.66	38.72	45.86
问题	补助重要性			补偿标准		
选项	A. 重要	B. 一般	C. 不重要	A. 很高	B. 一般	C. 很低
数量/份	89	139	34	53	167	31
比例/%	33.46	52.26	12.78	19.92	62.78	11.65

表2.10 祁连山生态功能区经济工程经济效益问卷调查（公职人员）

问题	县域经济的发展			“一刀切”的政策是否合适		
选项	A. 增加迅速	B. 增加缓慢	C. 未增加	A. 合适	B. 不清楚	C. 不合适
数量/份	132	78	19	80	84	79
比例/%	48.89	28.89	7.04	29.63	31.11	29.26

2.6 生态工程实施的社会效益评估

在项目执行期间，分别前往祁连山生态功能区对不同人群（县乡公职人员和农户）进行问卷调查，在祁连山生态功能区重点区域完成问卷共计536份，其中，公职人员问卷为270份，农户问卷266份，问卷数量来源于题项实际统计数据，问卷问题涉及是否支持以上生态工程的实施、生态工程实施是否满意、生活水平如何变化、是否希望开展更多类似的生态工程或措施、生活环境变化情况以及是否组织过专业讲座和活动等方面。通过统计分析发现，农户群体对生态工程实施表示支持的占87.59%，对于生态工程实施表示满意的占84.21%，56.39%的农户认为生态工程实施后生活水平无明显变化，对于未来开展更多类似的生态工程或措施表示希望的占84.96%，94.36%的农户认为生态工程实施后生活环境变好，对于专业讲座和活动方面表示组织过的占64.66%（表2.11）。

表2.11 祁连山生态功能区生态工程社会效益问卷调查（农户）

问题	是否支持以上生态工程的实施			生态工程实施是否满意		
选项	A. 支持	B. 无所谓	C. 不支持	A. 满意	B. 一般	C. 不满意
数量/份	233	25	3	224	36	3
比例/%	87.59	9.40	1.13	84.21	13.53	1.13
问题	生活水平如何变化			是否希望开展更多类似的生态工程或措施		
选项	A. 有明显改善	B. 无明显变化	C. 降低	A. 希望	B.无所谓	C. 不希望
数量/份	105	150	5	226	29	5
比例/%	39.47	56.39	1.88	84.96	10.90	1.88
问题	生活环境变化情况			是否组织过专业讲座和活动		
选项	A. 是		B. 否	A. 组织过	B.没听说过	C. 没组织过
数量/份	251		12	172	63	28
比例/%	94.36		4.51	64.66	23.68	10.53

总体来看，农户对生态工程建设大力支持，对工程实施的效果表示满意并希望继续开展生态环境建设工程。生态工程建设虽然对农户生活水平没有明显的影响，但对其居住环境改善有明显影响。

此外，对整个功能区270位公职人员进行问卷调研发现，公职人员对生态工程实施后持支持态度的占91.85%，表示无所谓的占5.19%，不支持的占0.37%；78.89%的公职人员表示组织过退耕还林、天然保护林等的专业讲座及活动，表示没听说过的占7.41%，没组织过的占9.26%；认为生态工程实施后公众的生态保护意识有明显改善的占72.22%，无明显变化的占25.56%；认为生态工程实施后对当地就业率的提升有促进作用的占65.19%，有促进但不明显的占28.89%，无促进作用的占2.96%；对未来实施更多的生态工程或措施表示有必要的占78.89%，部分有必要的占18.15%，没有必要的占0.37%。总体来看，生态工程和生态环境保护措施的实施很有必要，其对县域尺度就业率的提升有着显著的作用。同时结合实际情况，注重公益讲座的频次和数量，有效地提高了社会公众的生态保护意识（表2.12）。

表 2.12 祁连山生态功能区生态工程社会效益问卷调查（公职人员）

问题	退耕还林、天然保护林等的专业讲座及活动			生态工程的实施所持态度		
选项	A. 组织过	B.没听说过	C. 没组织过	A. 支持	B. 无所谓	C. 不支持
数量/份	213	20	25	248	14	1
比例/%	78.89	7.41	9.26	91.85	5.19	0.37
问题	公众的生态保护意识是否有提升			是否促进了当地就业率的提升		
选项	A. 有明显改善	B. 无明显变化	C. 降低	A. 有促进作用	B. 有促进但不明显	C. 无促进作用
数量/份	195	69	0	176	78	8
比例/%	72.22	25.56	0.00	65.19	28.89	2.96

问题	实施更多的生态工程或措施的必要		
选项	A. 有必要	B. 部分有必要	C. 没有必要
数量/份	213	49	1
比例/%	78.89	18.15	0.37

2.7 生态保护、修复与建设集成模式

2.7.1 生态保护、修复与建设模式集成思路

生态系统的退化程度评价是开展生态保护、修复与建设的前提。退化生态系统是一种“病态”的生态系统，在实际工作中对其退化程度进行科学的诊断和判定，才能有效地开展恢复。理论上讲，生态系统的退化主要表现在组成、结构、功能及服务等方面，因此，生态系统退化的评价应多尺度进行，包括物种尺度的生物途径，土壤尺度的生境途径及生态系统尺度的物质循环、能量流动、生态过程，生态系统结构和功能等方面。在综合评价的基础上，揭示生态系统退化的驱动机制，识别生态系统退化的关键因子及生态恢复的限制性因子，为其后期生态工程类型及技术措施的选择做好铺垫。

目前，生态环境保护、修复及治理的工程类型及技术措施仍比较单一，针对性不强。例如，退化草地鼠兔的治理多采取物理办法进行，如捕捉、投药等，而未在生态系统的尺度上，考虑鼠兔在草原生态系统中的地位和功能及其泛滥的原因，进而造成生态工程效益较低。因此，只有在生态系统退化程度综合评价的基础上，才可选取适宜的工程类型及技术措施，实现生态环境工程类型及技术措施的对位配置，提高生态恢复的有效性及可持续性。生态环境建设工程按照建设对象的退化程度可划分为三种类型，即保护、修复及治理。生态保护主要包括草原补奖、湿地冰川保护、生物多样性保护、自然保护区设立及国家公园建设等；生态修复主要包括草地改良、有害生物防治、森林防火、退牧还草、封山育林及幼林抚育等；生态治理主要包括治沙工程、水土保持（水保）工程、土地复垦及基础设施建设工程等。

生态环境建设涉及多个行业主管部门，多部门协同推进方可取得良好的效果。生态环境建设主要涉及的部门有县（市）林业和草原局、自然资源局、农业农村局、生态环境局、水利局、发改委、科技局、文化和旅游局、工业和信息化局、草原工作站及国家公园等部门（图2.9）。

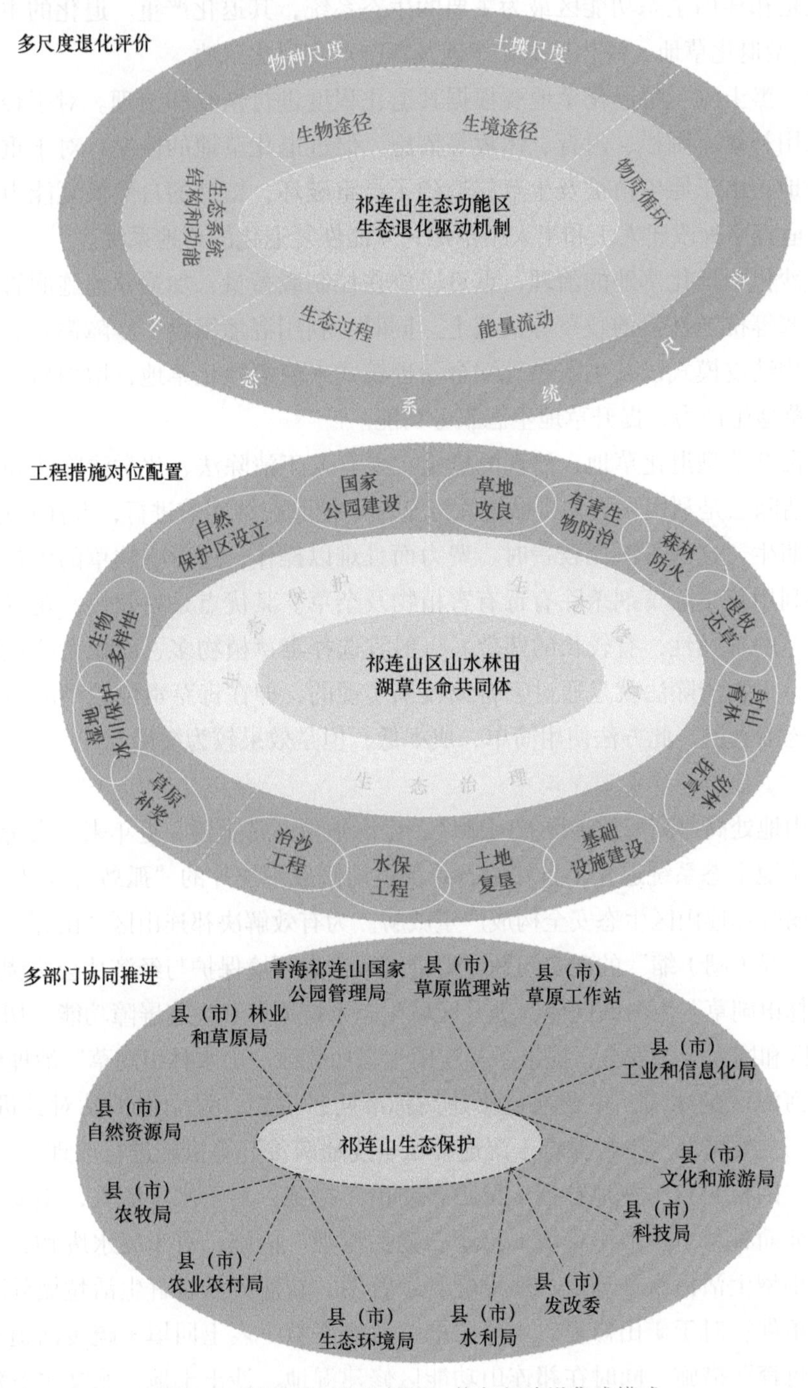

图2.9　祁连山区生态保护、修复与建设集成模式

2.7.2 典型退化生态系统保护、修复及建设模式集成

1. 退化草地生态系统的恢复

草地是祁连山生态功能区最为主要的生态系统，其退化严重。退化的主要类型有“黑土滩”型退化草地、沙化型退化草地及毒杂草型退化草地。

对于“黑土滩”型退化草地要根据其退化程度进行恢复和治理。对于轻度退化的草地，采用补播、围栏、封育、休牧等措施，促进退化草地的恢复；对于重度及极度退化的草地，由于原生植被及生草层遭到了严重破坏，植被的自然恢复能力已基本丧失，利用适宜草种改建人工和半人工草地，才能恢复退化的草地系统。

对于沙化型退化草地的治理，重点应放在控制载畜量，加强草地施肥管理，补播耐旱、耐寒等抗逆性强的牧草等措施上。同时，利用混播组合＋沙障模式、围栏补播模式＋生物结皮模式以及生态垫等综合治理模式来恢复沙化草地，增加植物群落稳定性，提高草地生产力，提升草地生态服务功能。

对于毒杂草型退化草地，治理的措施主要有人工清除法、化学清除法和生物清除法。人工清除法是利用人力和机械挖除毒杂草。挖除在结实前进行，并注意连根铲除，以免再次萌生。这种方法比较费时、费力而且难以操作，还影响牧草的生长。化学清除法就是利用化学除草剂杀除有毒有害植物及杂草。其优点是见效快，花费人力物力少，有特定的选择性，有较长的药效。一般宜选择毒草植物多、面积大的地区进行喷雾、喷粉。生物清除法就是通过家畜放牧来实现的，即在毒草毒性较小的地方进行重牧，使之逐渐衰退。此方法使用简单、成本低，但是效果较为缓慢。

2. “山水林田湖草”治理模式

祁连山地处高寒高海拔地区及河源区，生态地位非常重要。近年来，大量的森林生态系统、草地生态系统退化，自然生态系统被切割成不连片的“孤岛”，对生态环境本就十分脆弱的祁连山区生态安全构成严重威胁。为有效解决祁连山区“山碎、林退、水减、田瘠、湿（湖）缩”的现实问题，促进区域生态环境保护与经济社会协调发展，重塑“山水林田湖草”生命共同体，提升区域生态系统服务和生态屏障功能，切实保障西北内陆地区和国家生态安全，提出了祁连山生态功能区“山水林田湖草”治理模式。

对于河源区的冰川，主要通过修建高标准防护围栏、设立巡护站对其进行保护；对于湿地，主要采取“围栏保育＋湿地补植＋连通疏浚”等措施进行治理；对于草地，主要采取“围栏封育＋草地补播＋鼠虫害防治”措施；对于水土流失，主要采取“水保造林＋坡面种草＋护坡＋谷坊＋铅丝石笼拦沙坝”措施；对于废水废物，主要采取修建农村小型生活污水处理厂、建设配套水管网、新建高温裂解生活垃圾处理设施等改善用水条件；对于矿山修复，主要采取“覆坑平整＋表土回填＋疏浚河道＋林草种植＋围栏封育”措施，同时在祁连山功能区修建湿地、沙土土地、水文水资源、水土

保持、气象、环境质量等复合型监测站点等。

“山水林田湖草”项目的实施从河道治理、水生态环境保护、湿地保护与恢复、荒漠化防治等方面具体开展，人工造林30km²，退化草地治理900km²，河道生态护岸500km，集中式饮用水水源地规范化建设项目50余处，有效减少了人类活动对祁连山项目区生态系统的扰动，有效修复了生态系统，区域水源涵养能力提升15%以上，径流补给功能显著增强。项目区林草覆盖率得到进一步提升，地表植被结构得到调整，侵蚀模数降低40%～80%，地表径流冲刷和次生地质灾害发生频率及强度得到一定程度的控制，土壤肥力得到巩固，土壤保持和防风固沙功能显著提升，为野生动植物栖息和繁衍提供了良好的保护体系和生存环境，进一步提高了区域森林、草地、湿地生态系统的多样性，区域生物多样性指数得到提升，降低了景观破碎化指数，着力构筑了项目区生态屏障，提升了自然生态系统服务功能，促进了区域生态保护与区域经济发展“双赢”。同时，项目的实施通过产沙源头治理，降低了空气中浮尘含量以及区域沙尘天气发生的强度和频率，各流域水质优良稳定、空气质量良好，土壤环境安全得到有效保证。

通过项目实施，建立以祁连县“旅游＋生态环保”、门源县农业面源污染防治技术集成与循环农业示范项目为代表的以绿色低碳循环为取向的生态经济发展模式。在模式示范引领下，项目区生态系统得到有效改善，项目支撑社会经济发展的环境容量不断提高，区域生态优势进一步得到巩固和强化，生态产业发展获得了良好的环境基础。

3. 祁连山生态功能区生态保护、修复与治理区划

以IDRISI Selva 17和ArcGIS 10.2软件为平台，基于2000年和2015年祁连县两期遥感影像解译数据，利用IDRISI Selva中Markov模块分别生成2000～2015年土地利用面积转移矩阵和概率转移矩阵，结合本书针对研究区地理环境因子设定的限制性因素和影响因素，通过多准则评价（MCE）生成每类土地利用类型的转移适宜性图集，其中，草地、灌丛及林地限制性因素如表2.13所示。

表2.13　典型植被类型限制性因素设定

土地类型	高程及影响函数	坡度及影响函数	坡向及影响函数	适宜开发性	道路/m
草地	2700～4700m Signmoidal递减	5°～35° J-shaped递减	—	—	—
灌丛	2850～3800m Signmoidal递减	15°～35° Signmoidal递减	—	—	—
林地	3100～3850m Signmoidal递减	15°～41° Signmoidal递减	157°～248° J-shaped递减	—	—

根据表2.13，在IDRISI Selva 17软件中，利用Decision Wizard模块，分别设定限制性因素和影响因素，最终得出祁连县典型生态系统适宜性分布图，整个祁连县草地生态系统适宜性，可以看出未来时期研究区草地适应性自西南至东北呈增强趋势分布，

应对以上区域进行草地生态保护。

以上区域进行草地生态保护，该色阶以上区域主要呈西北—东南向狭长形分布，基本与黑河在祁连县境内走向吻合。此外，图中色阶值53以下黑色区域为不适宜草地发展区域，应及时对这些区域进行草地生态系统保护，采取适合的生态工程，及时治理。

灌丛生态系统的适宜性以图阶中207色阶值为界，界上呈极度适宜性，可以看出除疏勒河流域有较大面积分布以外，主要分布于野牛沟以东等零星区域，同样，要对色阶值207以上区域进行集中式保护，对色阶值17以下不适宜区域应立即进行生态修复与治理。

林地生态系统的适宜性生长区位于色阶值208以上，集中分布于祁连县八宝镇附近区域，同样，要对色阶值208以上林地适宜区域进行集中式保护，对色阶值22以下不适宜区域应立即进行生态修复与治理。

综上，对于作为整个祁连山生态功能区的核心区域祁连县，其典型生态系统分为草地生态系统、林地生态系统和灌丛生态系统，而根据该县工程清单，主要工程基本上为上述生态系统的保护工程，因此，本课题组对该区典型生态系统进行了生态适宜性评价，通过评价结果得出红色色阶区域为重点保护区域、黑色色阶区域应进行修复与治理的结论。

2.8 结　论

近20年来，祁连山生态功能区生态环境处于好转趋势。这主要归结于两个原因：一是区域气候暖湿化；二是人类活动的正向干预，主要包括生态环境建设工程的直接实施及生态环境的间接保护。

祁连山生态环境建设工程既有生态保护、修复及治理直接保护工程，也有国家直接发放补贴、增加农牧民收入等国家转移性支付，减轻环境压力的间接生态保护工程。据不完全统计，近20年，祁连山生态功能区生态环境建设总投资达66亿元，其中直接保护工程约63亿元，间接保护工程约3亿多元，平均每年投资约2.64亿元；生态环境建设工程覆盖面积达22287万亩，平均每年生态建设面积约为893万亩。自2000年以来，祁连山生态功能区生态系统服务总价值呈逐年明显增加趋势，生态环境建设投资收益明显。

祁连山生态功能区2000年的生态系统服务总价值在1598亿～2461亿元，2010年为1994亿～3046亿元，较2000年增加396亿～585亿元。2018年为2278亿～3428亿元，较2000年增加679亿～966亿元。经测算，2000年的生态系统服务总价值为2951.38亿元，2018年为3801.79亿元，较2000年增加850.41亿元，增量约为生态环境工程总投资的12倍多。

祁连山生态功能区生态工程主要涉及九大类，分别为草原治理、林业工程、湿地保护、矿山修复、河道治理、农村综合整治、生态综合治理、生态监测及间接生态保护工程。自2000年以来，草原治理、生态监测和生态综合治理类生态环境建设投入的资金和实施的具体工程均最多，且随年度呈明显的增加趋势。间接保护工程主要涉及两方面，即发放草原补贴和增设林业公益性岗位。

祁连山生态功能区退化草原及森林的恢复是生态环境建设的重点。近20年来，研发的退化草原恢复关键技术有20余项，治理模式3个，管理模式1个。退化草原治理的关键技术有围栏封育，改良草场，建造畜棚、圈，人工种植饲草等。治理模式有：①围栏＋草场改良＋种草＋畜棚、圈＋基础设施提升；②中轻度“黑土滩”退化治理，补播草种＋围封＋追肥＋鼠兔防治＋轮牧；③重度“黑土滩”退化治理，灭鼠＋翻耙，平整，施肥，播种＋围封＋轮牧。管理模式有承包到户＋以草定畜＋有偿使用。研发的退化森林恢复的关键技术有封育、退耕还林还草、宜林荒山造林技术、更新技术、生态移民恢复技术、水资源优化配置技术及水源涵养功能提升等11项。治理模式4个：①树种选取＋整地蓄水（鱼鳞坑、穴状整地）＋生根粉，保水剂；②保留母树（云杉、祁连圆柏）＋整地（带状、块状）＋围封；③冠下补植造林＋抚育改造（修剪枝干、收割冠草、清理枯木断木、朽木、虫木）；④优化劳务输出＋发展劳务经济＋异地安置＋兴业致富。管理模式1项：五定四落实管理模式，即“定区域、定面积、定人员、定职责、定奖罚”；“山有人管、林有人护、火有人防、责有人担。”

祁连山生态功能区生态环境建设效益显著。首先，农牧民从间接生态保护工程中得到了实惠，刺激了农牧民参与生态建设的积极性。其次，随着生态环境工程的实施，林草地面积增加，人居环境有效改善，提升了公众的生态环保意识，促进了生态环境保护事业的顺利发展。

第3章 青海湖生态功能区生态保护、修复与建设集成模式

3.1 引　　言

2016年8月，习近平总书记在青海考察时强调，青海最大的价值在生态，最大的责任在生态，最大的潜力也在生态。青海的生态地位决定了青海必须实施生态优先战略，这不仅是构筑青海河源区中下游地区可持续发展的生态屏障之根基所在，更是东南亚乃至全球生态安全的必要保障。围绕习近平总书记对青海的“三个最大”重要判断，青海省委省政府提出“一优两高”的发展总体布局，并提出建设“五个示范省”和培育“四种经济形态”，确保高原水塔生态安全和高质量发展有机协调。

因此，科学评估青海的生态价值并准确厘定这一价值的来源、数量和变化动态，是合理判断青海生态地位的重要科学依据。合理确定青海湖生态功能区应承担的生态责任并提供生态保护、修复和建设的关键技术支撑，是落实生态保育责任的重要手段。准确评估不同资源系统的生态开发潜力并积极探索将潜力转化为生产力的发展模式，是因地制宜地构建青海大生态产业的重要前提。解决这些问题，需要全面研究青海的生态价值、生态责任和生态潜力，科学评估青海生态家底，合理规划青海生态产出，加快攻克生态保育的关键技术和建设模式，为青海省实施生态大产业奠定科学基础。

3.1.1 研究背景和意义

1. 研究背景

青海湖是世界高原内陆湖泊湿地的典型代表（李凤霞等，2016），是青海省建立以国家公园为主体的自然保护地体系示范省战略布局的重要组成部分，青海湖流域系统完整地保有全球特有的高原内陆湖泊湿地生态系统。青海省委省政府历来高度重视青海湖的生态保护，从20世纪70年代中期开始持续实施生态保护与生态治理，实行严格管控，使青海湖生态系统的原真性得以很好地保存，生态系统的完整性得以完整地存续，成为世界上保有生态系统完整性和原真性特有的高原内陆湖泊湿地生态系统的典型代表。

青海湖是一个四周为高山环绕的封闭式山间内陆盆地，而西部以一系列北西西走向的高原山地岭谷构成了青海湖流域与柴达木盆地的分界（李小雁等，2016）。青海湖区域降水较充沛，冰川、河流、沼泽、湖泊等高原湿地生态系统，对调节西北地区气候、水源涵养、维护生态平衡有着不可替代的作用，青海湖是维系青藏高原东北部生态安全的重要水体，是促进青海省经济社会发展的一道天然生态屏障。受高空西风带和东南季风带共同影响，常年多风，夏秋两季以东南风为主，冬春两季则偏西风盛行且风力强劲。大风常引起沙暴，并伴随降温，湖滨地带风蚀与沙化情况比较严重，导致生态系统抗干扰能力弱，对全球气候变化敏感，时空波动性强，边缘效应显著和环境异质性高，成为我国生态区位中生态环境变化最激烈和最易出现生态问题的地区，也成为区域生态系统可持续发展及进行生态环境综合整治的关键地区。

青海湖是全球水鸟的重要栖息地，1992年，中国加入《关于特别是作为水禽栖息地的国际重要湿地公约》（也称《拉姆萨公约》），青海湖鸟岛被列入国际重要湿地名录，在国际上承担着水禽资源栖息地和湿地保护的义务和责任。1997年青海湖晋升为国家级自然保护区。鸟类以雁形目、鸥形目数量居多，雀形目、鸻形目种类较多，共225种，属于《中华人民共和国政府和日本国政府保护候鸟及其栖息环境协定》的鸟类有50种，属于《中华人民共和国政府和澳大利亚政府保护候鸟及其栖息环境的协定》的鸟类有24种。青海湖是国际水鸟迁徙的重要节点和青藏高原水鸟的重要越冬地，水鸟种类有95种，占青藏高原水鸟种类的70%，约占全国水鸟种类的33%，每年在青海湖繁殖的斑头雁、棕头鸥、渔鸥、普通鸬鹚达到全球繁殖种群的30%，每年春、秋两季，途经青海湖迁徙停留的水鸟达10万余只，其中有11～14种水鸟的种群数量达到或超过全球分布种群数量的1%，每年冬季在青海湖越冬的水鸟有1万余只，其中国家Ⅱ级保护动物大天鹅约1500只，国家Ⅰ级重点保护动物黑颈鹤在青海湖湿地草甸地带栖息繁殖。

青海湖是青藏高原物种基因库，位于中国三大地理区和气候区的交会处，同时地处生物地理古北界、东洋界、青藏高原特有物种分布区的交会处，是青藏高原上生物多样性最为丰富的地区之一。植物区系与东部季风区、西北干旱区和青藏高寒区紧密联系，植物种类构成复杂多样，已查明的种子植物共计445种，分属于52科174属，表现为温性植被与高寒植被共存的分布格局。青海湖环湖地区主要分布着三大植物类型，其中温性草原代表群落为西北针茅草原、芨芨草草原，其在青海湖地区分布最广，鸟岛地区为典型分布区；温性荒漠，以短花针茅草原为主要群落，分布于环湖东北地区；高寒草甸，以高山嵩草为主要群落，分布于青海湖周边海拔3500m以上的山地。青海湖野生动物资源丰富，动物区系组成以典型青藏高原野生动物成分为主体，已查明鸟类225种、兽类42种，其中，国家一级保护动物12种，二级保护动物36种，属于《濒危野生动植物种国际贸易公约》的有38种。湖区的兽类动物种类占全省的1/4，以啮齿目、食肉目、偶蹄目种类较多。普氏原羚是湖滨沙化草地的代表种，是世界最为濒危的野生动物之一，也是青海湖的旗舰物种，仅分布在青海湖环湖地区。两栖爬行类有高山蛙、西藏蟾蜍、沙蜥和高原蝮蛇等，主要分布于较潮湿的沼泽或积水较深的丘沟洼地地带。湖区鱼类资源独特，青海湖裸鲤被列入《中国物种红色名录》，评估等级为濒危，其仅分布在青海湖流域，属青海湖关键性物种。每年6～8月产卵期青海湖裸鲤洄游至环湖周边淡水河流产卵。青海湖流域还分布有硬刺条鳅、斯氏条鳅、背斑条鳅、隆头条鳅等鱼类，它们共同构成了青海湖独特而丰富的生物多样性。

青海湖是国家高原湿地生态系统的重要科研平台，地区地层发育较齐全，从老到新依次有太古宇、元古宇，古生界寒武系、奥陶系、志留系、石炭系、二叠系，中生界三叠系、白垩系和新生界古近系-新近系、第四系。从湖面到四周山岭之间，呈环带状分布着宽窄不同的风积地貌、冲积地貌和构造剥蚀地貌，地貌类型由湖滨平原、冲积平原、低山丘陵、中山和高山、冰原台地和现代冰川等组成。冰川、河流、沼泽、湖泊、沙地、草原拥有多样且独特的高原湿地生态景观，从水-鱼-鸟共生的湿地生态系统到山-水-林-草-湖生态系统共同体，涵盖了湿地-草原-高山三大生态系统相互关联、相互依存的完整的生态系统。青海湖独特的地质地貌、复杂的地理环境、典型的湿地生态系统类型、丰富的物种资源，具有极高的科研、学术价值，为科学考察、研究、实验及教学实习提供了极佳的野外环境实验场，被称为生物学、生态学、遗传学、气象学、地质学与农林科学等良好的科研、教学实习基地，是国家高原湿地生态系统及生态安全领域的重要科研平台。

2. 研究意义

本章针对青海湖流域生态功能区特征，系统评估生态环境保护及社会经济发展现状，提出生态环境保护与社会经济发展双赢目标，凝练、筛选适合青海湖流域生态功能区的生态保护、修复、建设的关键技术及集成模式，明确青海湖生态功能区的生态价值和生态潜力，为构建以青海湖国家公园为主体的自然保护地体系提供理论支撑。

3.1.2 研究内容

针对青海湖流域生物多样性降低、草地退化、水土流失、土地沙化等生态环境问题，系统分析气候变化、人类活动对流域湿地、草地、荒漠和灌丛等生态系统服务的影响，全面梳理青海省在青海湖流域开展的生态保护、修复建设工程，并从工程措施中筛选出生态保护、修复关键技术，基于“青海省生态价值总量和时空差异的量化”的生态系统服务价值评估和已实施的生态专项评估结果，评价生态保护、修复和建设措施的成效，最终提出生态保护、修复和建设的集成模式。

3.1.3 技术路线

本章针对青海湖流域生物多样性生态功能区，分析诊断流域内生态环境保护建设与社会经济发展现状，总结主要的生态保护技术与措施，分析建设成效并梳理存在的问题。依据主要生态功能，确定评价指标体系，系统评估已开展的保护、修复和建设措施的成效，提出开展生态保护和建设的集成模式，明确生态价值和应承担的生态保护责任，为全面履行青海省生态责任提供决策依据和科学支撑。

3.2　研究区概况

3.2.1　自然概况

青海湖是我国最大的湖泊，青海省因青海湖而得名。它因是我国面积最大的高原内陆咸水湖而闻名于世。其地理位置为36°32′N～37°15′N，99°36′E～100°46′E。2021年湖水面积为4625.6km²，湖水容量1100亿m³。青海湖湖面东西最长106km，南北最宽63km，周长约360km。湖面海拔3194m。湖水最深处28m，平均深度18m。湖中含氧量极低，浮游生物十分稀少，矿化度12.32g/L，含盐量14.13g/L，透明度在3m以下。每年进入湖泊的总径流量为27.46亿m³（其中，地表径流量14.43亿m³，地下径流量13.03亿m³）。由于入湖水量入不敷出，湖面水位下降幅度增大，资料显示1955～1985年的30年湖水平均每年下降10cm，10余年间，青海湖水位持续上涨，到目前扩大的水域面积约319km²。青海湖流域轮廓整体呈椭圆形，自西北向东南倾斜，是一个封闭的内陆盆地，其水体形状很像一只“翱翔的雄鹰”。四周山峦起伏，河流纵横。北部为大通山，东部日月山是青海省农业区与牧业区的分水岭，西部高原丘陵带与柴达木盆地相接，周围山峰多在海拔4000m以上，最高处为西北部海拔5291m的岗格尔肖合力山（又称仙女峰）。从相对高度2000m左右的山岭到湖面之间，环带状发育着宽窄不一的侵蚀构造地貌、堆积地貌和风积地貌。

1. 地形地貌

青海湖流域是一个地处西部柴达木盆地与东部湟水谷地、南部江河源头与北部祁连山地之间的封闭式山间内陆盆地，整个流域近似织梭形，呈北西西—南东东走向，被具有相似走向的海拔4000～5000m的山体所包围。盆地北部的大通山是本流域与大通河流域的分水岭；南部的青海南山是本流域与共和盆地的分水岭，东部的日月山为一条呈北北西走向的断块山，是本流域与湟水谷地的分水岭，也是我国季风区与非季风区、内流区与外流区、农业区与牧业区的分界；而西部以天峻山为主体的一系列北西西走向的高原山地岭谷，构成了本流域与柴达木盆地的分界。流域内部地势从西北向东南倾斜，最高海拔5291m，位于北面大通山西段的岗格尔肖合力山，最低处为流域东南部的青海湖，平均水深18m，最大水深28m，在湖中心和岸边分布着海心山、三块石、鸟岛、蛋岛等，它们是湖泊形成时产生的地垒断块，后来随着水位下降而逐渐出露水面，成为岛屿并逐渐与陆地相连。受湖水长期侵蚀影响，岛上基岩裸露，形成规模大小不一的湖蚀穴、湖蚀崖、湖蚀阶地等。从湖面到四周山岭之间，呈环带状分布着宽窄不一的风积地貌、冲积地貌和构造剥蚀地貌，地貌类型由湖滨平原、冲积平原、低山丘陵、中山和高山、冰原台地和现代冰川等组成。流域内山地面积大，约占流域面积的68.6%，山势陡峻、沟谷密布且多冰蚀地形；河谷和平原所占面积较小，约占流域面积的31.4%，主要分布于河流下游和青海湖周围。湖滨地带，在湖的西、北岸边以多条河流冲积形成的三角洲、河漫滩、阶地等河积-湖积地貌为主；在湖的南岸，山麓地带地形破碎，多侵蚀沟谷，山麓与平原交接带多坡积裙、洪积和冲积扇，之下为向湖倾斜的洪积-湖积平原，平原之间为沙砾质卵石堤；湖东地形相对低缓，倒淌河入湖处地势低洼，形成大片沼泽湿地；湖东北沿岸有大面积沙地分布，洱海和沙岛一带多见连岛沙坝、沙嘴、沙堤，向上发育有固定和半固定沙丘、沙垄等。

2. 气候

青海湖流域属于青藏高原温带大陆性半干旱气候，表现为冬季寒冷漫长、夏季温凉短促、气温日较差大、降水较少且集中于夏季、蒸发量大、太阳辐射强烈、日照充足、风力强劲等气候特征。流域年平均气温为－1.1～4.0℃，最高月平均气温为11.0℃，极端最高气温为28.1℃；最低月平均气温为－13.5℃，极端最低气温为－35.8℃。气温自东南向西北递减，由于“湖泊效应”，湖区气温较高，边远山地较低，海拔3800m以上的广大地区年平均气温均在－2℃以下。流域年平均降水量为291～579mm，受地形影响，降水分布不均，湖北岸降水量从北向南递减，大通山一带一般为500mm，至湖滨地带降水量约320mm；湖南岸相反，由南向北递减；湖西在布哈河下游河谷地带自东向西递减；湖东由东向西至湖滨递减；湖滨四周向湖中心（海心山270mm左右）递减。青海湖流域属半干旱地区，蒸发量大，多年平均蒸发量为1300～2000mm，蒸发量空间分布特征与降水量相反，即湖滨平原和地势较低的河谷地区蒸发量较大，山区随地势升高蒸发量减小。受高空西风带和东南季风带共同影响，境内常年多风，夏秋两季以东南风为主，冬春两季则偏西风盛行且风力强劲，尤其2～4月，大风常带来沙尘暴，造成湖滨地带植被稀少，地表风蚀和沙化。据气象资料统计，全年0℃以上积温1200～1500℃，积温期约180天；5℃以上积温900～1200℃，积温期约110天；10℃以上积温270～480℃，积温期仅有30天左右。

3. 水文

青海湖流域属于高原半干旱内流水系，流域面积大于5km^2的河流有48条，且多为季节性河流。流域内水系分布不均衡，西部和北部水系发达，东部和南部相反（李小雁等，2018）。河流大多发源于四周高山，向中心辐聚，最终汇聚于青海湖，较大的河流有布哈河、沙柳河、哈尔盖河、泉吉河、黑马河等。流域西部的布哈河最大，其次为湖北岸的沙柳河和哈尔盖河，这三条河流的径流量占入湖总径流量的75%以上；加上泉吉河和黑马河，五条河流的年总径流量达13.71亿m^3，占入湖地表径流量的

95.01%。受地理位置和地形、气候等自然条件影响，河川径流的补给主要来自大气降水（包括降雨和融雪径流），其次为冰川融水，经过转化地下水也有一定比重。流域多年平均径流量为16.68亿m^3，年内分配不均，6～9月径流量占全年的80%。径流分布与降水分布基本一致，湖北岸为高值区，布哈河南岸和湖东地区为两个低值区。流域地下水具有半干旱区内陆盆地典型的环带状分布特征，即周边山区为补给区、山前洪积-冲积平原为渗流区、环湖湖滨平原为排泄区，受山体宽度影响，北部地下水较南部丰富。

4. 土壤类型

土壤是在地形、母质、气候、水文、生物等因素共同作用下形成的。从青海湖流域的地形地貌看，地势较低的冲积和洪积平原、河谷和湖滨地区，成土母质主要是冲、洪积物及湖积物；地势较高的山坡为各种岩石风化的残积物和坡积物，4000m以上的高山还有冰碛物。从湖盆向四周，随海拔变化，青海湖流域土壤分布的垂直地带性特征明显。首先，流域地带性土壤为栗钙土，主要分布在海拔较低的湖滨平原和冲积平原，面积约占流域总面积的3.4%；其上为黑钙土，主要分布在海拔3200～3500m的山前冲积、洪积平原，占流域面积的3%左右。其次，在山地阳坡，海拔3400～3750m的低山丘陵和平缓山顶分布有山地草甸土，占流域面积的5%～8%，海拔3700～4200m的山地缓坡分布着高山草甸土，占流域面积的20%～25%，形成重要的夏秋季牧场；海拔3800～4400m的山地河谷和缓坡地带分布着高山草原土，占流域面积的20%～25%；海拔3900m以上、雪线以下的高山流石坡还有高山寒漠土，约占流域面积的10%。此外，海拔3300～4000m的中低山地阴坡有山地灌丛草甸土分布，石乃亥南部山地有少量灰褐土分布。另外，非地带性风沙土主要分布在湖滨沙地，占流域面积的12%；其他非地带性土壤包括沼泽土和盐碱土，散布在环湖排水不畅的湖滨洼地，如青海湖西南岸大小泉湾、湖东倒淌河入湖处、北岸沙柳河河口至泉吉河河口一带。此外，在布哈河、沙柳河、泉吉河及哈尔盖河等各大河流的河源地带及沿河河谷滩地还有淡水沼泽土分布，沼泽土占流域总面积的9.5%左右。

5. 植被类型

青海湖流域地处青藏高原东北边缘，区内温性植被与高寒植被共存，且具有水平和垂直分布的规律性。草原是流域的基带植被，受盆地地形和湖泊效应影响，温性草原在湖盆周围呈环带状分布，四周山地则以高寒植被占优，如高寒草原、高寒草甸、高寒灌丛和高寒荒漠等。主要植被类型及其分布如下（陈桂琛等，2008）：灌丛，包括河谷灌丛、沙地灌丛和高寒灌丛，物种多样、群落结构相对复杂，是流域内比较优质的生态系统。①河谷灌丛，在河谷滩地呈斑块状分布，如布哈河、沙柳河、哈尔盖河中下游河谷（3200～3300m）的具鳞水柏枝，以及布哈河中上游河谷（3300～3700m）的肋果沙棘等；②沙地灌丛，分布于青海湖东北海拔3200～3350m的沙丘边缘；③高寒灌丛，包括毛枝山居柳、鬼箭锦鸡儿和金露梅灌丛，主要分布于青海南山、日月山和热水等海拔3300～3800m的山地阴坡和沟谷地带。森林，主要包括寒温性针叶林和温性沙生林。①寒温性针叶林，以祁连圆柏为建群种的针叶疏林，分布于青海湖西岸共和县石乃亥乡及天峻县生格乡境内，海拔3350～3600m；②温性沙生林，分布于青海湖东北岸的海晏湾沙地，包括以青海云杉为建群种的针叶林和以小叶杨为建群种的落叶阔叶林，海拔3200～3250m。草甸，包括高寒草甸、沼泽草甸和盐生草甸，是重要的天然草场。①高寒草甸以嵩草属为优势种，广泛分布于海拔3200～4100m的山地阴坡、宽谷和滩地，面积较大，是本区主要植被类型；②沼泽草甸，以西藏嵩草和华扁穗草为优势种，分布于3200～4000m的湖滨洼地、河谷滩地及河源地，在布哈河、沙柳河、哈尔盖河等河源滩地集中成片、与高寒草甸镶嵌分布；③盐生草甸，以马蔺、星星草为优势种，分布于海拔3200～3250m的河口和湖滨滩地，如倒淌河及黑马河河口、鸟岛周围等。草原，包括温性草原和高寒草原，为重要的天然草场，在流域中分布面积大，但受干旱条件限制，群落盖度和单位面积产草量均不如草甸类草场。①温性草原，以芨芨草、西北针茅和短花针茅为优势种，呈环带状分布于湖盆四周3200～3400m的冲积、洪积平原，宽度1～10km不等；②高寒草原，以针茅为优势种，集中分布于大通山海拔3300～3800m的山地阳坡，并沿布哈河干旱宽谷延伸。高山苔原，分布于海拔4100m以上的高寒流石坡，高山岩体常年遭受寒冻风化形成流石滩，呈舌状延伸到高寒草甸带内，植被植株矮小、垫状、密被绒毛，群落结构单一，常见有风毛菊等菊科高山植物和垫状植物。栽培植被，分布于青海湖南岸和三角城种羊场一带，海拔3200～3350m的冲积平原上，以油菜为主，其次为燕麦和青稞。

3.2.2 经济社会概况

1. 行政区划

按行政区划分，青海湖流域包括青海省海北州的刚察县和海晏县、海西州的天峻县、海南州共和县的部分行政区，范围涉及3州、4县、26个乡（镇），以及5个农牧场：三角城种羊场（青海省农业农村厅）、青海湖农场（海北州）、黄玉农场（刚察县）、湖东种羊场和铁卜加草原改良试验站（简称铁卜加草改站）（表3.1）。

表3.1 青海湖流域行政区划

县名	流域内乡镇数/个	行政区划		行政村数目/个		
		流域内乡（镇）名称	省、州、县属农牧场	流域内	跨流域	合计
刚察	5	沙柳河镇、哈尔盖镇、泉吉乡、伊克乌兰乡、吉尔孟乡	青海湖农场、三角城种羊场、黄玉农场	5	26	31
海晏	5	青海湖乡、托勒蒙古族乡、甘子河乡、金滩乡、三角城镇、哈勒景蒙古族乡		2	13	15
天峻	10	新源镇、龙门乡、舟群乡、江河镇、织合玛乡、快尔玛乡、生格乡、阳康乡、木里镇、苏里乡		43	14	57

续表

县名	流域内乡镇数/个	行政区划		行政村数目/个		
		流域内乡（镇）名称	省、州、县属农牧场	流域内	跨流域	合计
共和	5	倒淌河镇、江西沟镇、黑马河镇、石乃亥镇、塘格木镇	湖东种羊场、铁卜加草原改良试验站	10	17	27
合计	25			60	70	130

2. 人口状况

青海湖流域人口稀少，传统以农牧业从业人口为主，近年外来人口不断增加，且主要从事采矿业和服务业。2018年，包括流动人口在内，流域总人口达到13.21万人，其中，农牧业人口7.76万人，占总人口的58.74%，农牧业人口比例呈下降趋势；天峻县5.10万人，占流域总人口的38.61%，其中农业人口1.43万人；刚察县4.26万人，占流域总人口的32.25%，其中农业人口2.90万人；共和县2.94万人，占流域总人口的22.26%，其中农业人口2.54万人；海晏县0.91万人，占流域总人口的6.89%，其中农业人口0.88万人。伴随着旅游业和服务业的发展，外来流动人口逐渐增多，天峻县最为明显，其流动人口约3.11万人，占总人口的60%以上（伊万娟等，2010）。

青海湖流域人口密度平均每平方千米不足5人，但人口分布很不均匀。在环湖的狭长地带，特别是河流沿岸或道路沿线，由于地形平坦、水源充足、交通便利，成为人口主要集聚区。例如，以刚察县为中心的青海湖北岸湖滨三角地带，人口密度较大；而四周的山地，主要是牧民的夏季草场，基本未建定居点。

青海湖流域属于多民族聚集地区，有藏族、汉族、蒙古族、回族、土族、撒拉族等共12个民族，其中，藏族占总人口的53.7%。在少数民族中，藏族占90%以上。

3. 经济发展

从青海湖流域各县2021年不同产业的产值构成看，天峻县第二产业的产值明显高于其余各县，表明天峻县第二产业最为发达，在青海湖流域各县中具有较强的经济实力。根据天峻县经济统计数据，2004年以前，第一产业是全县主导产业，在国民经济中占较大比重，经济增长速度较慢；2004年以后，以采矿业为主的第二产业迅速发展，成为天峻县的主导产业，采矿业发展的同时带动了运输业、服务业的发展，推动了地区生产总值迅速增加。刚察县以第一产业和第三产业为主，近几年经济发展较为迅速，地区生产总值明显增加。海晏县位于青海湖流域范围内的甘子河乡、青海湖乡和哈勒景蒙古族乡都是牧业乡，所以该区域经济以牧业为主，第一产业产值在总产值中占较大比重。共和县位于流域范围内的5个乡镇是全县的主要牧业区，并且还有湖东种羊场等大型农牧场，农牧业产值较高；第二产业以建筑业为主，其他工业部门极少。同时，借助位于青海湖边的优越地理位置，近年来旅游业发展较快。2021年，根据各县统计年鉴数据，青海湖流域4个县畜牧业产值合计达32亿元，人均可支配收入达到29430元，高于青海省农牧民平均收入，但仍低于全国农村居民人均收入水平。受气候条件限制，流域内种植业规模不大，现有耕地179km^2，主要农作物有油菜、青稞、燕麦及青饲料等，而且随着退耕还林还草等生态政策的实施，未来耕地面积还将不断缩小。青海湖流域丰富的草场资源为畜牧业生产提供了良好条件，使其成为青海省重要的畜牧业生产基地之一。除湖区现有乡镇均属于以畜牧业为主的牧业乡外，还有三角城种羊场、湖东种羊场、铁卜加草原改良试验站（简称铁卜加草改站）等以畜牧业生产为主体的国有牧场。因此，畜牧业在区域经济中占有十分重要的地位，属于基础产业部门。但是，由于高寒气候和恶劣的自然条件，青海湖流域生态环境比较脆弱，当地畜牧业生产也表现出脆弱性和不稳定性，出现诸如超载放牧导致草场退化等生态环境问题，使畜牧经济的可持续发展受到制约。从各县农牧业产值比较看，虽然天峻县在青海湖流域的面积最广，但是共和县和刚察县的牧业产值比天峻县高，这主要是因为刚察县和共和县有集中的大型农牧场，包括三角城种羊场、湖东种羊场等。近几年，部分农牧民除了农牧业收入外，还经营个体运输、商品零售、旅游和餐饮服务等，收入水平显著提高，但是大多数农牧民，尤其是少数民族牧民仍以放牧为主。

青海湖流域工业起步较晚，基础薄弱，但流域内矿产资源丰富，主要矿产资源有煤、铁、铜、石灰石、硫黄等。依靠当地丰富的煤炭资源，煤炭开采业发展迅速，如刚察县境内的热水煤矿、天峻县境内的木里煤矿等。除采矿之外，主要工业部门还有建材、畜产品加工、食品生产等，工业规模均不大。考虑环境的封闭性和生态的脆弱性，流域内不适宜发展污染严重的工业，但独具特色的高原湖泊景观、丰富的野生动植物资源和独特的宗教文化等优质旅游资源使旅游业发展具有得天独厚的优势。近年来，旅游业受到当地政府的高度重视，在国民经济中的地位不断上升。随着旅游业发展，建筑、运输、商品零售、餐饮服务等逐渐展开，交通通信等基础设施建设日益加快。青藏铁路从青海湖北岸经过，境内有220km的里程，但公路仍是当地的主要运输方式，伴随“环青海湖国际公路自行车赛”的举办，按照国道标准统一修筑的环湖公路得以全面贯通，从环湖公路出发，向东可直达省会西宁市，向西则与青藏公路相接。

3.2.3 生态保护成效

1. 生态环境持续向好

青海湖流域湿地面积持续增加，植被覆盖率不断提升，青海湖整体生态功能持续增强（水域面积持续扩大、水体水质状况良好、水生态环境总体保持稳定），沙地、裸地、盐碱化土地面积持续减少，保护功能性用地保持不变；无外来物种入侵，无疫病发生；旗舰物种（普氏原羚、黑颈鹤）得到有效保护，野外种群数量和栖息地面积实现双增长；湿地指示性物种（水鸟）整体种群数量稳中有增，多样性实现增量增长；湿地关键性物种（青海湖裸鲤）快速增长，封湖育鱼成果明显。具体表现为“三增、三减、一不变”。三增：湿地面积持续增大，累计增加1.35万hm^2；高密度植被覆盖率持续增大，累计增大21.33hm^2；青海湖整体生态功能持续增强。三减：保护区沙地、裸地、盐碱化土地面积持续减少，累计减少3960hm^2。一不变：保护区内保护功能性用地多年保持不变。在主要保护对象方面，实现了“三个增量、两项稳定”。三个增量：旗舰物种得到有效保护，野外种群数量实现增量，青海湖独有的濒危物种普氏原羚种群由2004年的257只增加到2018年的2793只，为开展监测以来历史最高值，黑颈鹤由原来的30余只增长到2018年的130余只；湿地指示性物种（水鸟）多样性实现增量，由原来的69种增加到2018年的95种；湿地关键性物种（青海湖裸鲤）实现增量，青海湖裸鲤资源蕴藏量达到9.3万吨，比2002年的2592吨增长了34.88倍。两项稳定：湿地指导性物种（水鸟）整体种群数量多年保持稳定，年累计为30余万只；整体水环境重要指标多年来保持稳定。

2. 湿地生态环境治理和观测成效明显

始终坚持自然恢复为主、人工修复为辅的生态环境保护理念，统筹兼顾湖里水上、岸上岸下，通过实施湿地保护与恢复、栖息地生境改善、退化湿地综合整治、生态效益补偿、水体治理等一系列生态综合治理项目，青海湖湿地生态环境综合治理成效明显。从生态系统健康的角度进行诊断并提出治理方案，按照标本兼治的原则，在初步分析发生绿藻水华原因的基础上，通过阻源控源、内源清理、绿藻水华打捞等手段对鸟岛绿藻水华进行针对性治理，有效保障了青海湖的水生态安全。在常规观测、专项观测、持续观测、综合观测、遥感观测的基础上，结合物联网、自动化观测、数据库等信息化技术的应用，初步形成了“水、土、气、生”“天、空、地”一体化湿地生态系统综合监测体系，对研究生态工程对生态系统功能的影响，永久性咸水湖生态系统演替及生物多样性维持机制，湿地保护、区域生态安全、可持续利用提供了科学依据。

3. 野生动物监测和救护能力得到提升

逐步形成陆生野生动物疫源疫病监测与防控的“青海湖经验”，为野生动物疫源疫病监测与防控工作起到示范引领作用，青海湖景区管理局成为我国第一批确定的118个野生动物疫源疫病监测的实施单位之一。加强外来物种监控与防范工作，确保青海湖区域无外来物种入侵，有效保证了青海湖生态系统的原真性。不断加大野生动物救护笼舍及配套附属设施建设力度，完善人工救护、健康恢复、野生放生等措施，野生动物救护成活率明显提升。实施普氏原羚栖息地保护、珍稀濒危物种野外救护与人工繁育等项目，普氏原羚、黑颈鹤种群数量明显增加，栖息地生境得到改善，栖息地面积持续扩大。

3.3 生态保护工程和技术清单及评价

3.3.1 生态保护工程清单

根据调查，自2000年起，青海湖流域范围内实施了众多生态保护、修复、建设类工程，这些工程大致可分为七大类148项子工程，总计投资超过33.31亿元（表3.2）。项目中实施时间持续较长、投资较大的工程项目有三项，其中较为重要的一项保护修复工程为青海湖流域周边地区生态环境综合治理项目，该项目是青海省首次利用国外贷款实施的一项大型生态综合治理项目，项目旨在通过退化草地治理、植树造林、水土保持等生态工程建设，保护和恢复青海湖流域周边地区林草植被，维护生态系统的健康稳定。2009年项目正式启动实施，项目建设内容包括退化草地治理、防风固沙、植树造林、水土保持、生态监测和交流培训六大工程，其中退化草地治理工程由省农牧部门组织实施，水土保持工程由省水利部门组织实施，防风固沙、植树造林、生态监测、交流培训工程由省林业部门组织实施。2017年项目建设任务全部完成，完成项目总投资5.2亿元。另两个项目分别为青海省祁连山区山水林田湖生态保护修复试点项目（青海湖北岸）和省发改委投资的青海湖流域生态保护修复类项目。

表3.2 青海湖流域生态功能区生态环境建设工程清单（2002～2019年）

类别	生态工程类型	序号	工程名称	实施年份	实施地点	实施面积	总投资/万元
I	林业工程	1	封沙育林草	2009～2013年	青海湖流域及其周边地区	54.9万亩	8422
		2	防风固沙造林	2009～2017年		5.7万亩	
		3	工程治沙	2009～2015年		3.7万亩	
		4	水土保持造林	2009～2017年	青海湖流域及其周边地区	22.4万亩	14721
		5	水源涵养林	2009～2011年		1.0万亩	
		6	封山育林	2009～2011年		36.4万亩	
		7	基础能力建设	2009～2017年	青海湖流域	—	188
		8		2009～2017年			
		9		2009～2017年			
		10		2009～2013年			
		11		2014年			42
		12		2014年 2016年			
		13		2009～2017年			

续表

类别	生态工程类型	序号	工程名称	实施年份	实施地点	实施面积	总投资/万元
Ⅱ	农牧工程	14	重度退化草地修复	2009～2013年	青海湖流域及其周边地区	5.9万亩	13565
		15	退化草地补播	2009～2013年		12.5万亩	
		16	退化草地围栏封育	2009～2013年		53.7万亩	
		17	生物毒素防鼠	2009～2013年		501.0万亩	
		18	人工捕捉鼢鼠	2009～2013年		535.0万亩	
		19	草原虫害防治	2009～2013年		388.9万亩	
		20	畜棚建设	2009～2013年		—	
		21	基础能力建设	2009～2013年	青海湖流域及其周边地区	—	
		22		2014～2016年			
		23		2009～2014年			
Ⅲ	水利工程	24	沟头防护工程	2009～2011年	青海湖流域及其周边地区	—	14574
		25	建造石谷坊	2009～2011年		—	
		26	建护岸墙	2009～2012年		—	
		27	西宁大南山林灌工程	2009～2012年		6.8万亩	
Ⅳ	基础设施建设	28	基础设施建设工程	2002～2014年	青海湖自然保护区内	—	1199
		29	青海湖保护设施项目	2010～2011年			3570
		30	2008年能力建设项目	2009年			92
		31	2009年能力建设项目	2010年			189
		32	2011年能力建设项目	2011年			210
		33	湿地保护与恢复建设工程（一期）	2006～2007年			800
		34	湿地保护与恢复建设工程（二期）	2008～2009年			1200
		35	沙漠化土地治理项目	2008年			42
		36	2012年湿地保护补助资金项目	2012年			1018
		37	2013年湿地保护补助资金项目	2013年			200
		38	2014年湿地保护补助资金项目	2014年			518
Ⅴ	综合治理	39	试点项目	2017年至今	天峻县、刚察县和海晏县西部	—	195355
Ⅵ	湿地保护	40	中央财政湿地补贴资金	2014年	青海湖国家级自然保护区及周边	—	518
		41					1075
		42					940

续表

类别	生态工程类型	序号	工程名称	实施年份	实施地点	实施面积	总投资/万元
Ⅵ	湿地保护	43	中央财政湿地补贴资金	2014年	青海湖国家级自然保护区及周边	—	459
		44					848
		45					115
		46			祁连县湿地	—	500
		47		2015年	布哈河国家湿地公园	—	300
		48			祁连黑河源国家湿地公园	—	300
		49			三河源湿地	—	300
		50		2016年	青海湖国家级自然保护区及周边	—	101
		51					68
		52					107
		53					40
		54					304
		55					150
		56			祁连山自然保护区	—	300
		57			祁连黑河源国家湿地公园	—	200
		58			刚察县	—	300
Ⅶ	生态保护、修复、建设	59	生态保护、修复、建设类项目	2009年	海晏县	治理沙化草地6.9万亩，治理黑土滩2.2万亩，治理毒杂草30万亩，防治鼠虫害176.3万亩	1535
		60			刚察县	治理沙化草地3万亩，治理黑土滩4.5万亩，治理毒杂草15万亩，防治鼠虫害179.3万亩	1337
		61			青海湖农场	防治鼠虫害15.7万亩	44
		62			共和县	治理沙化草地3万亩，治理黑土滩1.5万亩，治理毒杂草29.2万亩，防治鼠虫害375.7万亩	1564
		63			天峻县	治理沙化草地4.5万亩，治理黑土滩3万亩，治理毒杂草52.9万亩，防治鼠虫害916.9万亩	3301
		64			三角城种羊场	治理沙化草地1万亩，治理黑土滩7万亩，治理毒杂草19.9万亩，防治鼠虫害33万亩	1158

续表

类别	生态工程类型	序号	工程名称	实施年份	实施地点	实施面积	总投资/万元
Ⅶ	生态保护、修复、建设	65	生态保护、修复、建设类项目	2009年	湖东种羊场	防治鼠虫害20.99万亩	54
		66			刚察县	—	1207
		67			天峻县	—	1800
		68			海晏县	封山育林0.2万亩，人工造灌木林0.1万亩	56
		69			刚察县	封山育林1万亩，人工造灌木林0.4万亩	174
		70			青海湖农场	人工造灌木林1.5万亩	411
		71			共和县	封山育林1.9万亩，人工造灌木林1.2万亩	480
		72			天峻县	封山育林1.3万亩，人工造灌木林0.1万亩	132
		73			三角城种羊场	封山育林0.2万亩，人工造灌木林0.1万亩	34
		74			青海湖自然保护区	人工造灌木林0.03万亩	8
		75			湖东种羊场	人工造灌木林0.5万亩，聘用护林员	142
		76			铁卜加草改站	人工造灌木林0.2万亩	63
		77			海晏县	1.6万亩	262
		78			刚察县	2.2万亩	277
		79			共和县	0.8万亩	161
		80			天峻县	1.0万亩	77
		81			三角城种羊场	0.2万亩	21
		82			青海湖自然保护区	0.2万亩	42
		83			湖东种羊场	0.9万亩	160
		84			海晏县	季节性封育0.3万亩，全年封育0.4万亩	30
		85			刚察县	季节性封育6.4万亩，全年封育0.5万亩	174
		86			共和县	季节性封育0.6万亩，全年封育0.4万亩	36
		87			天峻县	季节性封育13.7万亩	228
		88			三角城种羊场	全年封育0.3万亩	16
		89			湖东种羊场	季节性封育0.1万亩，全年封育0.3万亩	16

续表

类别	生态工程类型	序号	工程名称	实施年份	实施地点	实施面积	总投资/万元
Ⅶ	生态保护、修复、建设	90	生态保护、修复、建设类项目	2010年	海晏县	治理沙化草地11.5万亩，治理黑土滩6万亩	1293
		91			刚察县	治理沙化草地7.1万亩，治理黑土滩4.6万亩，治理毒杂草124.9万亩，防治鼠虫害170.5万亩	2999
		92			青海湖农场	治理沙化草地1.9万亩	113
		93			共和县	治理沙化草地14.5万亩，治理黑土滩3.9万亩，治理毒杂草30.7万亩	1638
		94			天峻县	治理沙化草地10.9万亩，治理黑土滩3万亩，治理毒杂草100万亩	2208
		95			湖东种羊场	治理沙化草地18万亩	1040
		96			刚察县	沙柳河整治42.5km，沙柳河镇防洪排洪渠10.1km，布哈河防洪堤4.7km	1557
		97			刚察县	哈尔盖河河道疏浚2.5km和布设铅丝石笼0.3km，甘子河河道疏浚15km和布设铅丝石笼0.2km	83
		98			共和县	布哈河河道疏浚10km，黑马河河道疏浚5km，拆除切吉河石乃亥电站水坝等	403
		99			天峻县	布哈河河道疏浚20km和防洪堤7.786km	369
		100			海晏县	封山育林0.9万亩，人工造灌木林0.4万亩	163
		101			共和县	封山育林4.9万亩，人工造灌木林2.2万亩	954
		102			天峻县	封山育林3.1万亩，人工造灌木林0.1万亩	264
		103			三角城种羊场	封山育林1万亩，人工造灌木林0.3万亩	136
		104			青海湖自然保护区	人工造灌木林0.1万亩	17
		105			湖东种羊场	人工造灌木林0.4万亩	108
		106			海晏县	沙漠化土地治理6.3万亩	895
		107			共和县	沙漠化土地治理4万亩	690
		108			天峻县	沙漠化土地治理4.2万亩	308
		109			三角城种羊场	沙漠化土地治理0.9万亩	146

续表

类别	生态工程类型	序号	工程名称	实施年份	实施地点	实施面积	总投资/万元
Ⅶ	生态保护、修复、建设	110	生态保护、修复、建设类项目	2010年	青海湖自然保护区	沙漠化土地治理0.1万亩	33
		111			湖东种羊场	沙漠化土地治理4.5万亩	682
		112			海晏县	季节性封育2.4万亩，全年封育1.8万亩	114
		113			刚察县	季节性封育57.3万亩，全年封育1.6万亩	1043
		114			共和县	季节性封育5.2万亩，全年封育1.6万亩	156
		115			天峻县	季节性封育100万亩	1675
		116			三角城种羊场	全年封育2.2万亩	95
		117			湖东种羊场	季节性封育2.8万亩，全年封育1.7万亩	118
		118			青海湖流域	—	700
		119		2011年	海晏县	治理黑土滩7.5万亩，治理沙化草地13.9万亩	1588
		120			刚察县	治理黑土滩19.5万亩，治理沙化草地18.4万亩，治理毒杂草45万亩	3677
		121			共和县	治理黑土滩4.5万亩，治理沙化草地22.5万亩，鼠害防治84.7万亩	1947
		122			天峻县	治理黑土滩34.6万亩，治理毒杂草30万亩	4016
		123			刚察县	封山育林4.28万亩	315
		124			天峻县	封山育林1.50万亩	110
		125			海晏县	沙漠化土地治理1.6万亩	121
		126			刚察县	沙漠化土地治理6.9万亩	680
		127			天峻县	沙漠化土地治理2.2万亩	165
		128			海晏县	季节性封育0.6万亩，全年封育1.4万亩	69
		129			刚察县	季节性封育22.5万亩	354
		130			天峻县	季节性封育60万亩	945
		131			青海湖流域	—	1013
		132		2012年	天峻县	治理黑土滩34.6万亩，治理毒杂草30万亩	4016
		133			海晏县	人工造灌木林0.4万亩	110
		134			共和县	封山育林0.75万亩	55

续表

类别	生态工程类型	序号	工程名称	实施年份	实施地点	实施面积	总投资/万元
Ⅶ	生态保护、修复、建设	135	生态保护、修复、建设类项目	2012年	青海湖自然保护区	人工造灌木林0.1万亩	17
		136			海晏县	沙漠化土地治理1.6万亩	121
		137			刚察县	沙漠化土地治理8.6万亩	1401
		138			共和县	沙漠化土地治理1.6万亩	118
		139			青海湖自然保护区	沙漠化土地治理0.7万亩	133
		140			湖东种羊场	沙漠化土地治理3.9万亩	739
		141			海晏县	季节性封育2.3万亩	35
		142			刚察县	季节性封育76.6万亩，全年封育1万亩	1250
		143			共和县	季节性封育7.1万亩，全年封育1.1万亩	159
		144			天峻县	季节性封育44.3万亩	712
		145			青海湖流域	—	1134
		146			青海湖流域		5000
		147		2014年	青海湖流域		5000
		148		2015年	青海湖流域		145
合计						5013.4万亩	333135

青海省祁连山区山水林田湖生态保护修复试点项目是青海省又一项在祁连山地区开展的大规模、大投入的生态保护修复项目，总投资78亿元，该项目旨在通过实施生态安全格局构建、水源涵养功能提升、生物多样性保护能力提高、生态环境和自然资源监管能力强化等四类试点工程，打造山水林田湖生命共同体，切实保障区域和国家生态安全。在该项目生态安全格局构建工程中其中一项为“青海湖北岸汇水区生态安全格局构建项目”，该子项目共投资19.54亿元，主要在青海湖流域的布哈河、沙柳河、哈尔盖河、泉吉河等开展环境治理与生态修复工程及生活垃圾无害化处治工程，该项目通过采取天然草地补植恢复、人工草地建植、加强草原基础设施建设等措施，治理青海湖北岸退化草地；通过持续加快防风固沙林建设、湖滨地退耕还草等措施，治理沙化土地，防止沙漠化扩展；通过河流水道连通、湿地生物修复和防护、河岸湖滨复绿以及休养生息等措施，修复湖滨和汇水河流河源湿地、沼泽；通过集中式乡镇和分散式农村污水处理设施建设、农村垃圾无害化收集处理等措施，防治湖滨生活源污染；通过废弃矿山治理修复、砂石料采坑覆坑、植被恢复等措施，治理修复破碎生境与景观。

另外，青海省发展和改革委员会在青海湖流域也组织实施了生态保护、修复、建设的相关工程，自2009年开始省发改委在青海湖流域的刚察县、海晏县、天峻县、共和县及青海湖农场、三角城种羊场、湖东种羊场、铁卜加草改站和青海湖自然保护区内开展了沙化土地治理、黑土滩治理、毒杂草治理、鼠虫害治理以及封山育林、河道整治、种植灌木林等一系列生态工程，累计投资7.01亿元（图3.1）。

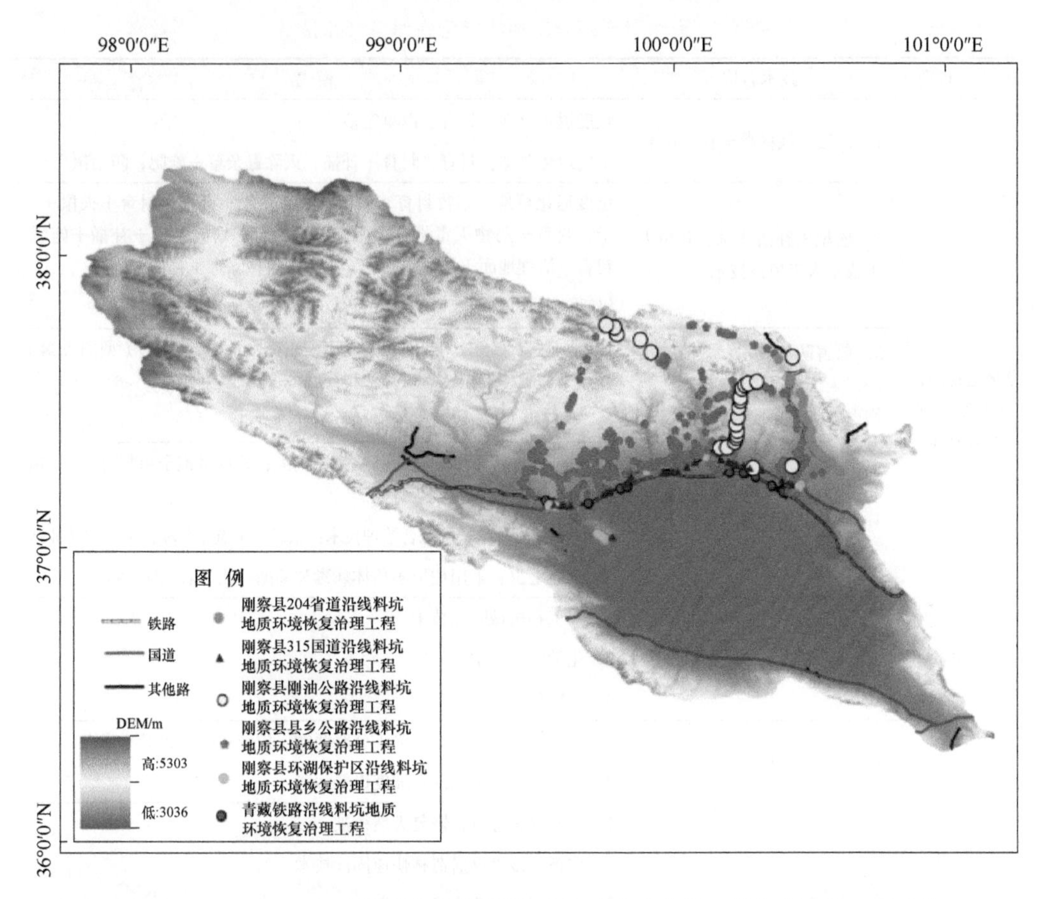

图3.1 2006～2020年青海省生态功能区已实施的生态保护、修复和建设工程清单

3.3.2 生态修复技术清单及效果评价

1. 生态修复技术清单

基于Web of Science（WOS）和中国知网（CNKI）两个核心数据库，对2000～2020年在青海湖地区有关生态保护技术的文章进行了检索和统计分析。WOS的检索式是（TS＝Qinghai lake*）AND（TS＝restoration*），共检索到SCI论文18篇。CNKI的检索式是（TS＝青海湖*修复）OR（TS＝青海湖*恢复）OR（TS＝青海湖*建设）OR（TS＝青海湖*保护），共检索到公开发表的中文论文914篇（包括博士和硕士学位论文）。

对检索到的论文进行进一步筛选，以包含具体的生态保护、建设及修复措施，恢复结果或者相关结论等原则选出有效文献213篇，其中11篇为SCI文献，202篇为中文文献。从论文和项目报告中提取涉及的生态修复技术包括草地退化防治五大类16项28种技术；沙化土地治理六大类11项22种技术；湿地修复三大类3项10种技术（表3.3）。

表3.3 青海湖流域生态功能区生态修复技术清单

生态工程类	技术名称	模式
草地退化防治五大类16项28种技术	1. 松耙+浅耕翻+补播技术	轻度退化草地：封育、以草定蓄
		中度退化草地：封育、封育+补播、灭除毒杂草+施肥，防治鼠虫
	2. 松耙+补播技术、建植人工或半人工植被技术	重度退化草地：禁牧封育，灭鼠治虫，松耙+补播，封育+灭鼠+灭杂，封育+药物灭毒+补播+施肥，封育+划破草皮+补播+施肥，封育+清理地面+补播+施肥，封育+机械除毒+补播+施肥
		极重度退化草地：翻耕，种植牧草，人工草地
	3. 鼠害防治技术：人工捕捉法；人工投饵防控技术；生物毒素防治草地鼠害技术	1. 地上鼠：C（D）型肉毒素+鹰架+天敌放养，C（D）型肉毒素+补播+施肥+围栏，C（D）型肉毒素+高原鼠兔夹
		2. 地下鼠：弓箭灭鼠+围栏禁牧+补播改良
	4. 草原虫害治理技术	1. 草地蝗虫：阿维菌素+高效氯氰菊酯；蝗虫微孢子虫复合制剂和菊酯类化学农药灭治技术
		2. 明亮长脚金龟子的综合治理技术：杀确爽+氯氰菊酯；阻隔式诱捕器
		3. 草原毛虫：采用梭形多角体病毒和菊酯类化学农药防治技术
	5. 毒杂草退化草地治理技术	1. 人工和机械防除技术
		2. 化学防除技术
		3. 生物防治技术
沙化土地治理六大类11项22种技术	1. 工程治沙技术	1. 高大沙山：草方格沙障+公路两侧保护带+高立式阻沙栅栏
		2. 流动沙丘：根据沙丘坡度设置沙障
	2. 植物治沙技术	1. 封沙育林育草，恢复天然植被
		2. 柠条、沙蒿直播造林快速固沙技术
		3. 杨树高杆深栽抗旱造林固沙技术
		4. 乌柳、柽柳高杆深栽抗旱造林快速固沙技术
		5. 沙棘造林固沙
	3. 工程植物结合技术	沙障间直播沙蒿，沙障+草、灌相结合的防风固沙林
	4. 小型水保工程	支沟严重的侵蚀沟道：兴修谷坊、涝池、铅丝笼石坝等工程
	5. 水利渠系配套工程	风沙干旱区域：电灌站，渠系配套，建设生态绿洲
	6. 水保生物措施	水力、风力侵蚀严重流域：生物固坡、植物固沙，配套水利渠系工程
湿地修复三大类3项10种技术	1. 人工增雨修复技术	飞机人工增雨
	2. 围栏封育地修复技术	重度退化湿地：恢复为草地，通过增加植被覆盖度，土壤层根系增加，土壤理化性质改变，土壤含水量增加
	3. 引水灌溉恢复技术	利用河流、湖泊来水，通过灌溉，增加土壤含水量，修复湿地

2. 效果评价

数据来源与研究方法。对上文中提及的213篇有效的中英文文献进行了进一步的筛选，从论文中包含野外实验，具体的生态保护、建设及修复措施，恢复结果或者相关结论等原则筛选出可做定性分析或定量分析的有效文献21篇，其中3篇为SCI文献，18篇为中文文献。根据每篇文献中的统计结果分析或结论描述，将其运用的生态保护、建设及修复措施效果分为好、中和差三个等级。本节评价结果即基于以上文献和评价方法完成的。

青海湖区主要技术恢复效果评价。根据运用的不同生态保护技术手段，将本研究中的21篇文献进一步分类为防沙、放牧、种植、施肥、扦插、退耕还草和工程类7个修复类型。如表3.4所示，不同修复类型可进一步细分为多种具体的技术措施，且每种技术措施在草地、湿地和沙地三个植被类型下实施的效果不同。具体来说，防沙可细分为沙障固沙、植物固沙和化学固沙3种技术措施（技术措施进一步的分类请见表3.4中防沙部分），这些技术措施在草地和沙地两个植被类型下实施，实施效果等级中好最多，中次之，差最少。放牧有短期休牧、中度放牧和牧草返青前或种子成熟脱落后再放牧3种技术措施，且在草地和湿地两种植被类型下的恢复效果等级都为好。施肥的两种技术措施（施磷酸二铵肥120～240kg/hm^{2}和氮磷合施）在草地上实施的效果都为好。种植又可细分为临冬寄籽播种、矮生嵩草和荸荠等草本植物播种，具鳞水柏枝和金露梅等灌木种植等8种技术措施，在草地、湿地和沙地上恢复效果等级都为好。退耕还草和扦插两种修复类型在草地和湿地上实施效果也都为好。最后，将工程分为沟垄洗盐、覆膜保温和换土增湿3种技术措施，它们在湿地上恢复效果等级都为好。

表3.4　青海湖流域的修复类型、技术措施、所施用的植被类型和恢复效果

修复类型	技术措施	植被类型	效果		
			好	中	差
放牧	短期休牧（1年、2年）	草地	√		
		湿地	√		
	中度放牧（牧草利用率为40%；牧草利用率为55%）	草地	√		
		草地	√		
	牧草返青前或种子成熟脱落后再放牧	草地	√		
施肥	磷酸二铵施用量为120～240kg/hm^2	草地	√		
	N（70kg/hm^2）、P（52kg/hm^2）合施	草地	√		
种植	临冬寄籽播种	草地	√		
	矮生嵩草、荸荠、垂穗披碱草、大药碱茅、多枝黄芪	草地	√		
	具鳞水柏枝和金露梅	草地	√		
	沙棘、乌柳、樟子松、花棒和小叶杨	沙地	√		
	灌草优化配置	湿地	√		
	适生牧草配置种植	湿地	√		
	沟垄集雨结合砾石覆盖种植	湿地	√		
	乌柳深栽结合工程护岸	湿地	√		

续表

修复类型	技术措施	植被类型	效果		
			好	中	差
防沙	格状式柠条沙障	草地	√		
	行列式柠条沙障	草地		√	
	格状式沙蒿沙障	草地	√		
	行列式沙蒿沙障	草地		√	
	1.5m×2m格状式黏土沙障	草地	√		
	草方格沙障	沙地		√	
	沙棘沙障（1年、3年、5年、10年、15年）	沙地	√		
	乌柳固沙	沙地	√		
	沙蒿固沙	沙地		√	
	深栽造林	草地	√		
	深栽无灌溉造林	草地		√	
	植苗造林	草地			√
	干水剂	草地	√		
	保水剂	草地	√		
	1.5m×2m格状式黏土沙障	草地	√		
	美国干水剂	草地	√		
	保水剂	草地		√	
	W-OH固沙剂	沙地	√		
	XH固沙剂	沙地	√		
退耕还草	人工植被恢复20世纪耕地	草地	√		
扦插	乡土灌木扦插快繁	湿地	√		
工程	沟垄洗盐	湿地	√		
	覆膜保温	湿地	√		
	换土增湿	湿地	√		

3.4 生态工程实施的生态效益评估

3.4.1 青海湖流域植被覆盖度时空变化研究

1. 研究方法

MODIS的归一化植被指数NDVI能够精确反映植被的生长状况、代谢强度和植被的季节、年际变化，可用于植被的监测、分类和物候分析（于信芳和庄大方，2006）。

而植被盖度变化对评价陆地生态系统的环境质量、调节生态过程具有重要的理论和实际意义（穆少杰等，2012）。青海湖流域生态环境脆弱，因此运用MODIS的NDVI数据分析了2001～2019年青海湖流域植被覆盖度的动态变化及其驱动因素，用来评价青海湖流域生态环境状况。

（1）NDVI公式为

$$\mathrm{NDVI}=\frac{B_2-B_1}{B_2+B_1} \tag{3.1}$$

式中，B_1和B_2分别为红外波段和近红外波段的反射率值。MODIS的NDVI产品中，红光波段为波段1（620～670nm），近红外波段为波段2（841～876nm）和波段5（1230～1250nm），其中，波段2是计算NDVI常规的波段范围。

（2）基于NDVI的植被覆盖度估算方法：根据像元二分模型，一个像元的NDVI包含有植被覆盖和无植被覆盖两部分。将DNVI代入像元二分模型，可得到基于NDVI植被覆盖度的模型（王宁等，2013），公式如下：

$$\mathrm{FVC}=\frac{\mathrm{NDVI}-\mathrm{NDVI}_{\mathrm{min}}}{\mathrm{NDVI}_{\mathrm{max}}-\mathrm{NDVI}_{\mathrm{min}}} \tag{3.2}$$

式中，FVC（fractional vegetation cover）为植被覆盖度；NDVI为归一化植被指数；$\mathrm{NDVI}_{\mathrm{min}}$为无植被覆盖的像元的NDVI值，$\mathrm{NDVI}_{\mathrm{max}}$为完全植被覆盖像元的NDVI值，提取置信度为2%对应的NDVI值为$\mathrm{NDVI}_{\mathrm{min}}$，提取置信度为98%对应的NDVI值为$\mathrm{NDVI}_{\mathrm{max}}$。

（3）植被覆盖度变化趋势分析：NDVI变化趋势分析采用一元线性回归方法，其优势是可以模拟每个像元的植被覆盖度变化趋势。线性斜率用K表示，公式如下：

$$K=\frac{n\times\sum_{i=1}^{n}i\times F_i-\left(\sum_{i=1}^{n}i\right)\times\left(\sum_{i=1}^{n}F_i\right)}{n\times\sum_{i=1}^{n}i^2-\left(\sum_{i=1}^{n}i\right)^2} \tag{3.3}$$

式中，K为变化趋势（斜率）；n为植被覆盖度数据研究时间段（年），本章为19，如2001年时$i=1$；F_i为年份i的植被覆盖度。K用于分析植被覆盖度的整体变化趋势，$K>0$表示植被覆盖度增加，$K<0$则表示植被覆盖度减小。

（4）植被覆盖度变化百分率F的计算公式如下：

$$F=(\mathrm{FVC}_{\mathrm{year2}}-\mathrm{FVC}_{\mathrm{year1}})/\mathrm{FVC}_{\mathrm{year1}} \tag{3.4}$$

式中，$\mathrm{FVC}_{\mathrm{year1}}$和$\mathrm{FVC}_{\mathrm{year2}}$为两个不同年份的植被覆盖度；$F$用来衡量植被退化状况，参照中华人民共和国国家标准（《天然草地退化、沙化、盐渍化的分级指标》）把植被变化程度相应的植被覆盖度降低程度分成5个级别（表3.5）：显著改善、基本不变、轻度退化、中度退化和重度退化，相对应植被覆盖度变化百分率范围分别为>10%、（−10%，10%]、（−20%，−10%]、[−30%，−20%]和<−30%。

表3.5 青海湖流域4个时期植被覆盖度变化统计

植被变化程度	2001～2007年		2007～2013年		2013～2019年		2001～2019年	
	面积/km^2	比例/%	面积/km^2	比例/%	面积/km^2	比例/%	面积/km^2	比例/%
重度退化	431.94	1.73	864.31	3.46	380.94	1.53	386.81	1.56
中度退化	451.81	1.82	1199.63	4.80	360.38	1.45	371.38	1.49
轻度退化	1826.50	7.34	2942.19	11.78	1791.94	7.18	1689.75	6.78
基本不变	12221	49.06	14144.94	56.62	13861.25	55.54	10314.75	41.4
显著改善	9976.88	40.05	5831.13	23.34	8560.88	34.30	12149.81	48.77

（5）青海湖流域植被覆盖度（FVC）与气温、降水因子的相关分析。为了探究FVC与气温和降水的相关关系，选择偏相关系数作为定量化指标（陈云浩等，2002）。在多要素地理中，一般用偏相关来表示两要素之间的相关程度，此时可以忽略其他要素的影响。用ArcGIS中的栅格计算器求出各年的FVC数据和栅格气象数据平均值，然后进行相关分析。分析基于像元的2001～2017年平均气温和降水量与植被覆盖度之间的相关性（高黎明和张乐乐，2019），相关系数计算公式如下：

$$R_{xy}=\frac{\sum_{i=1}^{n}[(x_i-\bar{X})(y_i-\bar{Y})]}{\sqrt{\sum_{i-1}^{n}(x_i-\bar{X})^2}\sqrt{\sum_{i=1}^{n}(y_i-\bar{Y})^2}} \tag{3.5}$$

式中，R_{xy}为x和y两个要素的相关系数，其值介于[−1，1]，$R_{xy}<0$表示负相关，$R_{xy}>0$表示正相关；相关系数绝对值越大，该像元处两要素之间的相关性越强；n为研究的总年数；x_i与y_i分别表示x、y两变量第i年的值；$\bar{X}$和$\bar{Y}$分别代表两个要素n年平均值。

偏相关系数：

$$R_{xy,z}=\frac{R_{xy}-R_{xz}R_{yz}}{\sqrt{(1-R_{xz}^2)}\sqrt{(1-R_{yz}^2)}} \tag{3.6}$$

式中，$R_{xy,z}$为自变量z固定后因变量x与自变量y的偏相关系数，其中，R_{xy}、R_{xz}、R_{yz}分别表示变量x与变量y、变量x与变量z和变量y与变量z的相关系数。

2. 数据来源与处理

本章数据来源与预处理主要有：①2001～2019年的NDVI植被指数产品为美国国家航空航天局（NASA）（https://ladsweb.modaps.eosdis.nasa.gov/）发射的Terra卫星搭载的中分辨率成像光谱MODIS所产生的数据——MOD13Q1，该数据为正弦投影中的网格化3级产品，空间分辨率为250m×250m，时间分辨率为16天。研究区域青海湖流域所对应的为影像编号h25V05和h26V05的两个轨道数据。该产品通过历史MODIS时间序列气候学记录替换云来实现无云的全球覆盖。利用MODIS Reprojection Tool对研究区两轨数据进行重投影和拼接镶嵌处理，转换投影为WGS84。为了消除太阳高度角、大气效应等因素的影响，利用最大值合成法（MVC）对MODIS数据产品进行月最大值合成，获得年最大NDVI用于计算年植被覆盖度。②2001～2017年的降水量与气温数据，数据来源于“国家科技资源共享服务平台”（http://data.tpdc.ac.cn）。用ArcGIS对数据进行重采样获得250m×250m分辨率的研究区每年的降水和气温栅格数据。

3. 研究过程及结果分析

1）植被覆盖时空变化

将每年的$NDVI_{max}$和$NDVI_{min}$代入基于NDVI的像元二分模型，得到2001～2019年青海湖流域植被覆盖度，然后将植被覆盖度代入式（3.3）计算了逐像元的植被覆盖度变化率。从统计结果来看，2001～2019年青海湖流域植被覆盖度变化率的平均值为2.1%/10a。总体来说，近19年流域植被覆盖度整体表现为增加趋势。从空间分布变化情况可以看出，流域西南部呈现增大趋势，流域的北部和东部地区呈减小趋势。

结果表明：①近19年青海湖流域植被覆盖度整体表现为增加趋势；②研究期内流域局部地区仍存在植被退化现象，植被退化面积表现为先增加后减小的变化趋势；③2007～2013年重度退化区集中在青海湖东岸，2013～2019年重度退化区集中在流域的西北部，这些区域是青海湖流域荒漠分布区，植被覆盖度较低，是今后生态恢复需重点关注的区域；④气候变化是流域植被覆盖度变化的主导因素，气候变化对青海湖流域主要植被类型覆盖度变化以及植被恢复有促进效应，在青海湖流域北部部分地区人类活动的破坏力度仍大于建设力度。

2）植被退化时空格局

本章选用2001年、2007年、2013年和2019年这4年的植被覆盖度数据，计算了植被覆盖度变化百分率来揭示青海湖流域近19年植被覆盖度动态变化过程，并结合《天然草地退化、沙化、盐渍化的分级指标》（表3.5）分析了植被退化时空格局。2001～2007年青海湖流域植被改善明显，改善区域集中在青海湖流域西南部，改善面积达到9976.88km^2，占植被覆盖区总面积的40.05%；约49.06%的区域植被基本不变，主要分布在青海湖北部和南岸；轻度退化和中度退化主要分布在流域北部和青海湖南部沿岸，重度退化区零星分布在流域北部，主要分布在青海湖东北沿岸，其中轻度、中度、重度退化区分别占到流域植被覆盖区总面积的7.34%、1.82%、1.73%（表3.5）。2007～2013年，改善区域主要分布在流域的西北部和中南部，大部分区域植被覆盖变化不明显。但是，相比于2001～2007年，2007～2013年流域退化区面积增加了2295.88km^2，退化严重区域主要集中于青海湖湖东岸沙地，其中重度退化、中度退化、轻度退化区面积分别增长了432.37km^2、747.82km^2、1115.69km^2。2013～2019年相较于2007～2013年，流域植被覆盖改善区增加了2729.75km^2，植被退化区面积减少了2472.87km^2（图3.2），这个时期重度退化、中度退化、轻度退化区面积相对于2007～2013年都有明显的减小，分别为483.37km^2、839.25km^2、1150.25km^2。

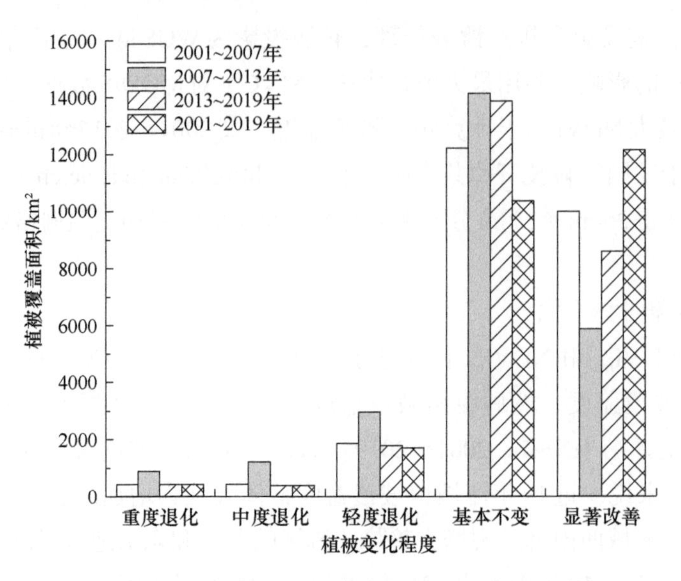

图3.2 青海湖流域4个时期植被覆盖度变化柱状图

2001～2019年，青海湖流域植被有明显改善，总体改善面积达到12149.81km²，约占植被覆盖区总面积的48.77%。其中，流域的西部和青海湖北岸改善明显。退化区域集中在整个流域的北部及青海湖西北部和东北部的沿岸地区，重度退化、中度退化和轻度退化分别占到流域植被覆盖区面积的1.56%、1.49%和6.78%。

综上所述，2001～2019年青海湖流域植被覆盖变化呈现出整体大幅改善、局地退化加剧和改善3个阶段。2001～2007年流域植被有明显的改善；2007～2013年流域退化区面积有明显增加，2013～2019年植被盖度明显改善，退化区面积明显减小。

4. 植被覆盖时空变化的影响因素分析

为了分析青海湖流域不同区域植被覆盖度与气温、降水的关系，计算了基于像元的相关系数，并计算了年平均降水和气温的空间分布。从年平均降水量和年平均气温图可以看出，青海湖流域北部降水量较多、气温较低，东南部地区降水较少、气温较高。从FVC和降水相关系数的空间分布图可以看出，流域的偏南部降水与植被覆盖度主要呈正相关关系，南部地区海拔较低，气温较高，降水增加有利于植被生长，流域的北部和西北部地区降水与植被覆盖度呈负相关，主要原因是流域的北部和西部海拔较高，气温较低，降水增加导致温度继续降低，限制植被增长；从FVC和气温的相关系数空间分布图可以看出，青海湖流域植被覆盖时空变化受温度和降水共同影响，流域东部和北部地区植被覆盖与气温主要呈负相关，由于海拔不同，气温升高降低对植被生长的影响也不同，该地区海拔较高，与降水相比，气温是影响该研究区植被覆盖变化的主要因素，气温升高有利于植被生长。

青海湖流域近十几年植被恢复效果较明显，植被覆盖度有明显增加趋势。从空间分布来看，青海湖东岸为荒漠植被分布区，且分布有沙岛等，植被较为稀疏，退化明显，未来生态恢复工程和生态保护政策应重点关注该区域；流域西北部生态比较敏感，易退化，但相关研究对人类活动、海拔、冻土、水文等对植被覆盖的影响的探讨还不够（高黎明和张乐乐，2019），今后要重点注重这些方面。

3.4.2　青海湖裸鲤生态恢复工程及效果评估

1. 研究方法

青海湖裸鲤（*Gymnocypris przewalskii przewalskii*）（又称湟鱼）属于硬骨鱼纲鲤形目（Cypriniformes）鲤科（Cyprinidae）裂腹鱼亚科（Schizothoracinae）裸鲤属。鱼体长，稍侧扁，头锥形，吻钝圆，口裂大，亚下位，呈马蹄形。青海湖裸鲤为冷水性鱼类。喜栖息于滩边、大石堆间流水缓慢处、深潭或岩缝中，适应性强，在半咸水（青海湖水盐度为12‰～13‰）或淡水中均可生活。青海湖裸鲤平时多在湖的浅水区活动觅食，冬季在深水处越冬，度过4～5个月的冰冻期。青海湖裸鲤是一种广谱杂食性鱼类，主要摄食藻类和浮游动物，成鱼也常吞食腐烂的植物碎屑、水生昆虫和鱼类。青海湖裸鲤分布于青海湖及其附属河流布哈河、泉吉河、沙柳河、哈尔盖河、黑马河、甘子河、倒淌河等（图3.3）。

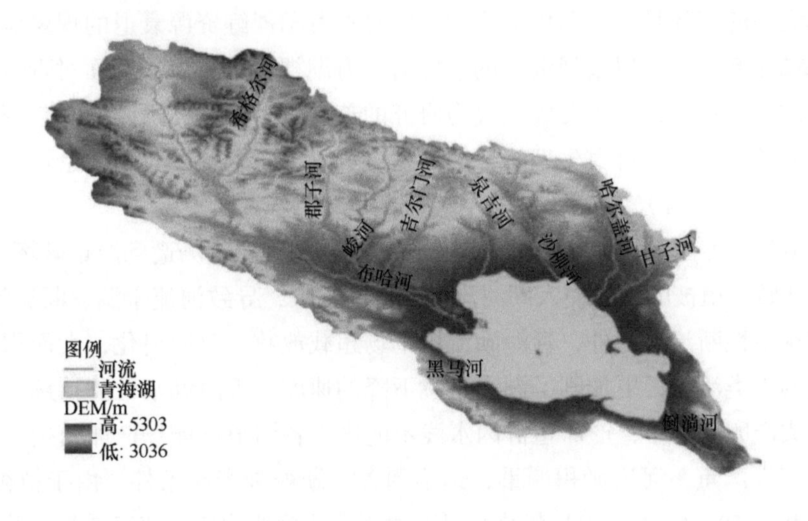

图3.3　青海湖裸鲤分布河流图

根据青海湖裸鲤救护中心主任史建全回忆：“20世纪六七十年代，整个青海面临饥荒，粮食作物严重不足，除了藏民不吃鱼以外，湟鱼几乎养活了大半青海人。”在那个“以鱼代粮”的年代，人们依靠湟鱼填饱肚子、补充营养，可以说湟鱼做出了巨大贡献。且由于其种群数量庞大，肉质鲜美，成为青海省重要的渔业资源。但受自然环境条件变化和人类活动的综合影响，青海湖裸鲤数量锐减，严重影响着青海湖流域生态系统的稳定性。如今，青海湖裸鲤资源保护与恢复是青海湖生态环境综合治理的关键，是青海湖生态功能区生态工程实施的重要组分。

因此，经过查阅大量有关青海湖裸鲤的文献资料，综合分析了青海湖裸鲤资源的发展状况。采用卫星定位、水下声呐探测对青海湖裸鲤现有的资源进行了探测。采用水生生物调查规范对青海湖裸鲤生存的水文环境进行检测和分析，提出了青海湖裸鲤生存面临的主要问题。基于鱼类生态学原理和青海湖裸鲤生存面临的主要问题，结合青海湖裸鲤生境状况和现有的技术手段及保护措施，评估了青海湖裸鲤保护与修复工程的生态价值。

2. 数据来源与处理

主要通过查阅文献资料获取有关青海湖裸鲤资源发展状况和生境状况数据。

3. 研究过程及结果

青海湖裸鲤资源的历史发展状况。据统计，青海湖鱼类资源的原始蕴藏量约32万t。1958年开始渔业开发，由于管理不善，捕捞强度过大，导致资源量急剧下降，破坏了青海湖裸鲤群体的自身平衡能力。研究人员于1973年通过对1958年青海湖裸鲤开发之初到1970年的捕捞量以及渔获物组成的分析发现，产量从1960年最高的28523t，下降到1970年的4957t，平均尾重由1962年的0.625kg下降到1971年的0.325kg，青海湖裸鲤的生殖群体已遭到很大破坏，他们还提出了限制捕捞规格、捕捞数量和捕捞季节等恢复性措施。而1980年对青海湖裸鲤种群数量变动进行统计分析后，研究人员认为渔获物个体大小的下降是开发利用造成的，针对青海湖裸鲤资源衰退的现象应加强保护工作，1982年起省政府以禁捕限产的措施对青海湖裸鲤进行保护。面对青海湖裸鲤资源量锐减的严峻现象，其主要成因成为研究的首要思考点。经过查阅文献资料，从青海湖裸鲤的整个生境和自身生理特征来考虑，可以将青海湖裸鲤资源量锐减的成因总结为以下几点（图3.4）。

从生境状况方面来考虑：①青海湖水位下降，裸鲤产卵场遭到严重破坏。近年来，气候干旱变暖、植被的破坏使入湖河流流量不断减少，导致河流干涸、断流频繁发生，经常出现季节性断流。此外，青海湖流域草场超载放牧，草原退化，大面积开垦耕地等不合理的人类活动，更加剧了湖水水位下降的速度。青海湖水位的持续下降，水面萎缩，造成产卵场缩小，产卵鱼群因水浅不能进入各河道产卵场产卵繁殖。②河道侵蚀，水土流失严重，河道淤积严重，达不到青海湖裸鲤产卵条件。由于植被的破坏，尤其是20世纪50～60年代的开荒及对河道两侧灌丛草地砍挖，使河道侵蚀及湖区水土流失现象十分严重。由于河口泥沙的堆积，抬高入口，水流呈扇形分流。同时，在洪水冲击下河岸坍塌、泥沙下泻造成河道淤积严重，当河道来水量减少时，达不到影响青海湖裸鲤的产卵洄游。③20世纪50年代至2004年湖区沼泽面积减少，直接影响青海湖裸鲤幼鱼的生长和成活率。全球干旱、高温、大风或极端低温冻害等异常天气明显增多，致使青藏高原气候变暖的速度也逐年加快，降水量也比正常年份偏少，干旱程度日益加剧，环湖地区的沼泽面积不断缩小，沙漠面积日益扩大。沼泽地水生动植物种类繁多，水生植物生长茂密，有大量的浮游生物和底栖生物，为青海湖裸鲤提供丰

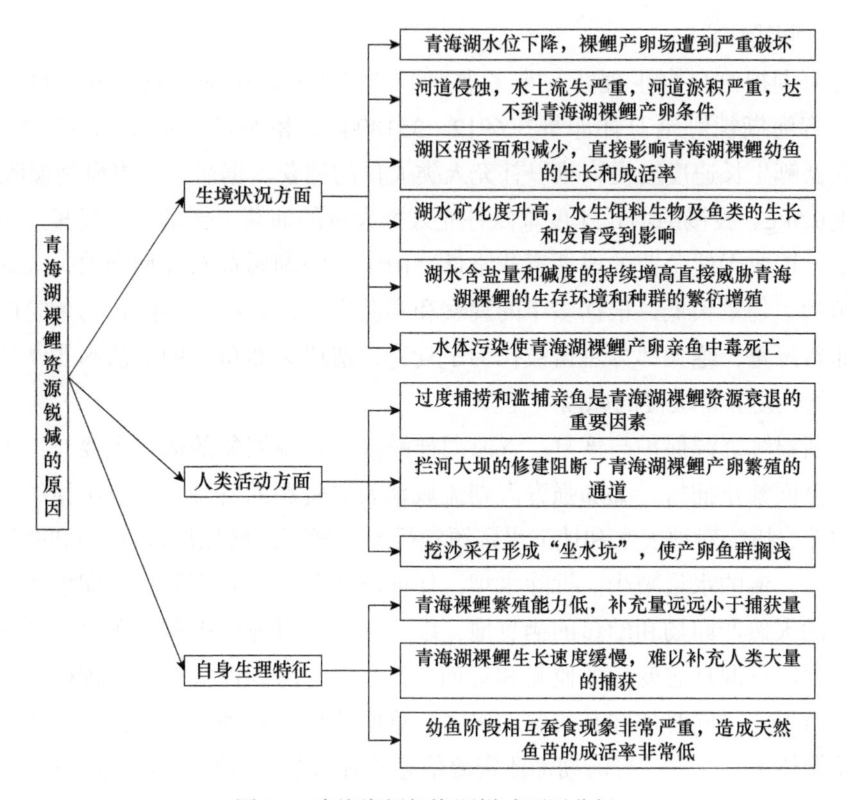

图3.4 青海湖裸鲤资源锐减原因分析

富的食物，尤其沼泽水域是青海湖裸鲤幼鱼的主要生活栖息地，沼泽水域减少直接影响青海湖裸鲤幼鱼的生长和成活率，是导致青海湖裸鲤资源量下降、难以恢复的重要原因。④湖水矿化度升高，水生饵料生物及鱼类的生长和发育受到影响。自1950年来，青海湖水位逐年下降，河流水量的减少使水体萎缩，湖水矿化度升高，严重影响水生饵料生物及鱼类的生长和发育，由此导致饵料生物种类减少，青海湖裸鲤个体小型化、繁殖力下降、幼鱼成活率降低。⑤湖水含盐量和碱度的持续增高直接威胁青海湖裸鲤的生存环境和种群的繁衍增殖。⑥水体污染使青海湖裸鲤产卵亲鱼中毒死亡。

从人类活动方面来考虑：①过度捕捞和滥捕亲鱼是青海湖裸鲤资源衰退的重要因素。从20世纪80年代开始，过度捕捞和偷捕滥捞现象趋于严重，使青海湖裸鲤资源量锐减。资源监测数据表明，青海湖裸鲤目前的鱼体变小，可捕量下降，尤其是在产卵期间，大量的亲鱼聚集在河口地区被偷捕人员抢捕一空，使后备群体急剧减少，对资源增殖恢复造成了极大的影响，使青海湖裸鲤资源遭受“灭顶之灾”。②拦河大坝的修建阻断了青海湖裸鲤产卵繁殖的通道。拦河大坝致使大量亲鱼不能上溯产卵，阻断了青海湖裸鲤产卵繁殖的通道，使天然产卵场遭到毁灭性的破坏。③挖沙采石形成“坐水坑”，使产卵鱼群搁浅。人为在河床挖沙采石现象十分严重，形成许多“坐水坑”。突遇洪水骤涨骤落，使大量产卵鱼群被困河湾、浅水沟汊和“坐水坑”，因缺氧窒息大量产卵亲鱼搁浅死亡。

从青海湖裸鲤自身生理特征来考虑：①青海裸鲤繁殖能力低，补充量远远小于捕获量。青海湖裸鲤绝对怀卵量在6912～35189粒，相对怀卵量在24～38粒/g体重。②青海湖裸鲤生长速度缓慢，难以补充人类大量的捕获。据研究，青海湖裸鲤每10年大约增重0.5kg。缓慢的增长速度难以补充人类大量的捕获。③幼鱼阶段相互蚕食现象非常严重，造成天然鱼苗的成活率非常低。由于青海湖属贫营养型湖泊，入湖河流的水生动植物生物量很低，根据多年的观察和实验发现，青海湖裸鲤在幼鱼阶段相互蚕食现象非常严重，绝大部分鱼苗被作为了食物，造成天然鱼苗的成活率非常低，这也是资源自然恢复非常缓慢的原因所在。

青海湖裸鲤资源保护与恢复。青海湖裸鲤渔业资源恢复的途径主要有：①加强宣传保护，全面禁止捕捞。②加强青海湖流域地表水资源的管理，采取法律的、行政的和经济的综合措施对地表水和地下水资源实行统一管理，增加注入青海湖的淡水水量，防止沼泽和溪流的水量减少。拆除水坝，保证产卵鱼群进入产卵场产卵繁殖，扩大青海湖裸鲤的天然产卵场和幼鱼的栖息地，以自然恢复青海湖裸鲤资源为主。③认真做好青海湖裸鲤资源动态变化的监测和管理工作，对青海湖裸鲤的自然种群实行定期的监测和分析研究，同时加强与气象、水文、草原监理等管理机构合作，形成青海湖渔业生态监管体系，建立“青海湖渔业资源信息管理系统”，便于及时获取各类信息，为渔业资源生态环境保护和政府决策部门提供科学依据。④做好青海湖裸鲤人工增殖放流效益评价，对放流的规格、地点、时间做进一步的研究，防止造成人为种质和资源破坏，同时造成不必要的资金浪费。

青海湖裸鲤作为青海湖唯一的鱼种，1994年被列入鱼类优先保护物种二级名录，2003年纳入《青海省重点保护水生野生动物名录》，2004年被中国环境与发展国际合作委员会在《中国物种红色名录》中列为濒危物种。

对青海湖裸鲤具体实施的保护措施如下：1982年青海省人民政府第一次对青海湖采取封湖育鱼两年的措施，限产4000t。1986年11月20日到1989年10月31日第二次对青海湖实行封湖育鱼，在此期间限产2000t。1990年对封湖前后裸鲤种群结构变化进行研究，发现经过封湖青海湖裸鲤的种群数量得到明显的提高，其平均绝对繁殖力和相对繁殖力仍明显高于1980年，据此认为封湖育鱼有明显成效，对促进资源的恢复起到一定的作用，但个体小型化说明青海湖裸鲤资源已遭到极为严重的破坏，虽经3年的封湖育鱼，但青海湖裸鲤群体数量仍未达到青海湖生态平衡的自然结构，封湖育鱼的力度还须加大。1994～2000年青海省人民政府第三次对青海湖实行封湖育鱼，限产700t。1995年中国水产学会海洋渔业资源专业委员会考察青海湖渔业资源，估算青海湖裸鲤资源量约为7500t，平均只有1.74t/km^2。2000年，据相关部门评估，青海湖裸鲤资源量不足2000t。裸鲤资源继续衰退，种群结构发生变异，这种危机引起了社会各界的关注。从2001年1月1日起，青海省人民政府第四次实施封湖育鱼计划，封湖期为10年，实行零捕捞政策，禁止任何单位、集体和个人到青海湖及湖区主要河流及支流捕捞裸鲤，禁止销售裸鲤及其制品。2001年以来，青海湖裸鲤救护中心运用水下声呐探测系统探测了青海湖裸鲤年可捕资源量，2020年青海湖裸鲤资源蕴藏量达到了10.04万t，表明资源恢复良好。从2008年起，研究人员设计科学合理的“过鱼通道”，保证裸鲤的“生命通道”畅通。截至2015年，在青海湖裸鲤洄游河道沙柳河、泉吉河和哈尔盖河设计建设了“敞开式阶梯形过鱼通道”七座，保证了各个河道鱼类的正常上溯。2020年6～8月，青海湖裸鲤救护中心先后在沙柳河畔和布哈河畔增殖放流青海湖裸鲤1龄鱼种1630万尾。

除了以上项目举措外，青海湖裸鲤救治中心还专门成立了“青海湖裸鲤原种场”，以青海湖湖东洱海作为青海湖裸鲤原种保种基地，主要开展青海湖裸鲤亲本保存、种质检测、营养病害、水化生物、淡水全人工增养殖、青藏高原土著鱼类驯化繁育、档案资料和数据库建设；建设了“青海湖裸鲤人工增殖放流站”，其地处海北州刚察县沙柳河畔，占地30亩，建设有工厂化鱼苗孵化车间、微循环流水培育池以及其他附属配套设施，承担青海湖裸鲤资源救护、裸鲤早期资源量监测评估、各产卵河流水情信息预测预报、人工增殖放流工艺流程的完善和实施；成立了“青海湖裸鲤重点实验室”，主要负责完成裸鲤繁殖生物学、原种保存、淡水人工养殖、种质检测、原种扩繁、增殖放流、资源动态监测、青海湖水域和生态环境理化因子、人工增殖放流效果评价等方面的调查研究工作（表3.6）。

表3.6　青海湖裸鲤保护工作开展状况

时间	保护青海湖裸鲤项目/措施
1982年11月至1984年11月	省政府第一次对青海湖采取封湖育鱼两年的措施，限产4000t
1986年11月20日至1989年10月31日	第二次对青海湖实行封湖育鱼，在此期间限产2000t
1994年12月至2000年12月	省政府第三次对青海湖实行封湖育鱼，限产700t
2001年1月至2010年12月	省政府第四次实施封湖育鱼计划，封湖期为10年，实行零捕捞政策
2011年1月至2020年12月	省政府第五次实施封湖育鱼计划，封湖期为10年，实行零捕捞政策
2021年1月至2030年12月	省政府第六次实施封湖育鱼计划，封湖期为10年，实行零捕捞政策
2002～2020年	1.56亿尾青海湖裸鲤1龄鱼种被投放入青海湖中

青海湖裸鲤资源保护与恢复成效评估。在对青海湖裸鲤资源保护与恢复的措施中，“封湖育鱼”是最直接、成本最低、效益最好的措施。从20世纪80年代开始，省政府先后对青海湖实施了六次“封湖育鱼”措施。其中，于2001年开始的第四次“封湖育鱼”，连续10年实行零捕捞政策。“封湖育鱼”动态监测显示，青海湖裸鲤蕴藏量由2001年的2592t增加到2020年的10.04万t，增长了约38倍。为了巩固青海湖第五次“封湖育鱼”效果，青海省人民政府决定继续对青海湖实行第六次“封湖育鱼”，封湖育鱼期为2021年1月1日至2030年12月31日。

青海湖裸鲤“人工增殖放流”效果显著，贡献率达23%。自1997年起保存青海湖裸鲤原种亲本6000组进行内塘培育，并在青海湖洱海保存青海湖裸鲤原种亲本4万组；2002～2020年，已增殖放流入青海湖裸鲤原种种苗1.56亿尾，人工增殖放流的贡献率达23%；青海湖裸鲤资源蕴藏量由2002年的0.26万t恢复到2020年的10.04万t。此外，该项目组先后科学指导建设青海湖沙柳河过鱼通道和人工增殖放流站，生态和社会效益彰显。

"青海湖裸鲤原种场"的建设为青海湖裸鲤亲本保存、种质检测、营养病害、水化生物、淡水全人工增养殖做出了重要贡献。青海湖裸鲤救护中心保种基础设施状态良好，工厂化循环水培育车间设施设备先进，保种技术路线科学合理，苗种培育工艺领先，年繁育苗种能力达2000多万尾。

综上可以看出，青海湖裸鲤资源保护和利用举措不仅对恢复青海湖渔业生态环境、增加裸鲤资源蕴藏量成效显著，还增强了人们保护环境、保护水域生态和野生动物的意识，促进了环湖地区民族团结，推动了青海湖生态旅游业和经济可持续发展，也有利于稳定水质及提高环湖农牧业生产，防止草地退化，遏制土地沙化，改善青海湖周围生态环境。

3.4.3 青海湖生态功能区生态工程实施的生态价值评估

1. *研究方法*

1）支持服务

生境质量测量方法。生物多样性是生态系统稳定和维持生态系统功能的基础，是生态系统向外界提供其他各类生态系统服务的基本支撑和必要条件。生态系统服务是由生态系统的格局和过程相互作用产生的，生物因素是其中的重要环节。

InVEST模型生境质量模块可以通过评估某一地区各种生境类型或植被类型的范围及其退化程度来反映生物多样性。该模型以土地覆被和生物多样性威胁因素相互作用生成的生境质量地图作为评价依据，使用威胁源图层来评估不同土地利用类型的退化程度。将研究区的土地利用类型分为生境和非生境，再选择对生境有影响的威胁源，如道路、农田和城市等，确定每种威胁对生境影响的程度，最后在模型中进行模拟，得到生境质量地图。

NPP测量方法。NPP是单位时间、单位面积内植物将光能转换成化学能所积累的有机物数量。NPP是生物圈碳循环的重要组成部分，直接反映着植被在自然环境下的生产能力，表征陆地生态系统的质量，是生态系统生态过程的调节因子，也是自然生态系统向外界提供各类生态系统服务的基础，因此衡量自然生态系统NPP十分重要。本章采用CASA模型（Potter et al.，1993）测量青海湖流域的NPP。

2）供给服务

农林牧渔业产品价值测量方法。自然生态系统向外界提供各类经济产品，满足人们的日常需求。本章选择农业产品、林业产品、牧业产品和渔业产品四类作为青海湖流域经济产品供给服务的研究内容，通过查阅青海省统计局（2016）出版的《青海统计年鉴2016》中的相关数据对经济产品价值进行核算。

水资源量与价值测量方法。通用陆面模型（community land model，CLM）陆面过程模式是美国国家大气研究中心（National Center of Atmpspheric Research，NCAR）发展推广的陆面过程模式。该模式改进了一些物理过程参数化方案，并且加入了水文、生物地球化学以及动态植被等过程，是目前世界上发展最为完善而且最具发展潜力的陆面过程模式之一。

CLM5.0中尺度自适应河流运输模型（MOSART）代替了原有的河流运输模型（RTM），通过运动波方法而非线性储层法进行河道汇流，使得除了模拟径流外，还可以模拟随时间变化的河道径流速度、水深以及河道地表水储量。CLM模式发布官网提供了不同分辨率的全球水文数据集用于支持新的河道模块，通过比较模拟的河道径流量和水文站的径流观测值，能够有效评估和诊断CLM模式中土壤水文模拟的准确性。

利用CLM模式核算水资源量主要涉及生物地球物理过程、水文循环过程、生物地球化学循环过程、人文过程等。其中，生物地球物理过程描述了大气中的能量、物质和动量的即时交换，充分考虑了土壤物理过程、地表和冠层的物质交换过程，微气象过程以及辐射传输等方面。陆地表面的水文循环过程包括冠层截留、林内雨、地表径流、地表水存储和入渗、土壤水、冻土、冰川和积雪表面的径流等。水文循环过程直接与地球物理和生物化学过程相关，同时影响着气温、径流和降水。地下径流、地表径流通过河道模块汇流到干流后再注入海洋。

（1）水资源量及价值计算。

A. 青海湖流域水资源总量、青海湖流域域内水资源量、域外溢出水资源量计算。青海湖流域域内水资源量，即

域内储水量＝土壤水＋土壤冰＋地表水＋积雪＋植被截留＋非承压含水层的水

青海湖流域域外溢出水资源量＝地表径流量＋地下径流量

青海湖流域水资源总量＝域内水资源量＋域外溢出水资源量

B. 水资源价值化方法：

$$
\begin{gathered}
V=V_{\text{域内}}+V_{\text{域外}} \\
V_{\text{域内}}=Q_{\text{生活}}\times P_{\text{生活}}+Q_{\text{工业}}\times P_{\text{工业}} \\
V_{\text{域外}}=Q_{\text{域外}}\times P_{\text{水价}}
\end{gathered}
\tag{3.7}
$$

式中，V为水资源价值（元/a）；$V_{\text{域内}}$与$V_{\text{域外}}$分别为青海湖流域域内水资源价值与域外溢出水资源价值（元/a），其中，域内水资源价值$V_{\text{域内}}$是青海省内生活用水水资源价值与工业用水资源价值之和；$Q_{\text{生活}}$与$Q_{\text{工业}}$分别为生活用水量与工业用水量；$P_{\text{生活}}$与$P_{\text{工业}}$分别为青海省内生活用水价格与工业用水价格。域外水资源价值$V_{\text{域外}}$是青海湖流域溢出青海省外的水资源量$Q_{\text{域外}}$与全国平均水价（$P_{\text{水价}}$）乘积。

（2）电能潜力及价值测量。

A．水电势能服务量及价值测量方法。

a．水电势能服务量测量方法。由水的势能产生的最大水电能作为水电服务。本章采用水资源量和水位差（高程）核算水力资源理论蕴藏量，核算公式为

$$N=Q\times H\times g \tag{3.8}$$

式中，N为水力资源理论蕴藏量（kW）；Q为水资源量（m^3）；H为上下断面水位差（m）；g为重力加速度，取值为$9.81m/s^2$。

此外，由于当代可开发水电技术条件限制以及水能不能完全转变为电能，因此真正能够被利用的水能资源为可开发水能资源，按照一定比例核算水力资源发电服务及价值。

b．水电势能服务价值测量方法：

$$V=N\times P \tag{3.9}$$

式中，V为水力资源理论发电价值（元/a）；N为水力资源理论发电量（kW·h）；P为全国上网电价［元/（kW·h）］。

B．太阳能发电服务量及价值测量方法。

太阳能发电潜力的分析以对青海湖流域的太阳能资源模拟为基础，采用空间分析和空间统计方法，通过核算年等效利用小时数、理论装机量、理论发电量，量化光伏发电潜力。

a．太阳能发电服务量测量方法。太阳能发电潜力，即理论发电量，表示在单位面积下，考虑太阳能开发的地形地貌约束条件，基于年等效利用小时数和理论装机量得到的一年总发电量。

b．太阳能发电服务价值测量方法。根据国家能源局发布的《2018年度全国电力价格情况监管通报》，2018年光伏发电平均上网电价为859.79元/（10^3kW·h），得到2000～2019年青海湖流域太阳能发电潜力价值。

C．风能发电服务量及价值测量方法。

a．风能发电潜力测量方法。本章采用2000～2019年青海湖流域气象站累年年平均气压、累年年平均气温，根据空气密度核算公式得到平均空气密度，进一步核算风能密度。通常也可以用某一段时间内的平均风能密度来度量该地的风能资源潜力，即风能发电潜力。

b．风能发电服务价值测量方法。根据国家能源局发布的《2018年度全国电力价格情况监管通报》，2018年风电机组平均上网电价为529.01元/（10^3kW·h），根据2000～2019年青海湖流域风能发电潜力，可以得到2000～2019年青海湖流域风能发电潜力价值。

3）调节服务

大气质量调节服务量及价值测量方法如下。

（1）生态系统碳汇及价值测量方法。

本章采用最新的CLM5.0（Lawrence et al.，2019）陆面模式核算青海湖流域生物地球化学过程，该过程描述了近地表大气化学成分的即时循环和交换过程，包括土壤中碳、氮元素与植物的交换和储存，植物物候，植物死亡，甲烷的产生与排放，生物挥发性有机化合物，沙尘等。

根据国家在北京市、天津市、重庆市、上海市、湖北省和广东省等地区开展的地方碳排放权交易试点工作中的碳排放权交易价格核算青海湖流域每年的碳汇价值。

（2）空气净化服务量及价值测量方法。本章采用CITYgreen模型核算自然生态系统对NO_2、SO_2、O_3、CO、PM_{10}等典型空气污染物的清除能力，清除大气污染物的经济价值按照大气污染物净化收费标准进行折算。

（3）清洁能源发电潜力减排价值。青海湖流域清洁能源，如水电势能、太阳能、风能、地热能丰富，清洁能源发电一方面具有巨大经济效益，另一方面相对火力发电具有重要的二氧化碳减排价值，因此具有重要的环境效益。根据2000～2019年青海湖流域风能、太阳能、水电热能、地热能等清洁能源的发电潜力核算碳减排潜力价值。

（4）水文调节服务量及价值测量方法。①水文调节服务核算方法。水文调节服务核算方法为蒸散发量、土壤液态水量、土壤固态水量三者之和。蒸散发量、土壤液态水量、土壤固态水量均由CLM陆面模式直接输出。②水文调节服务价值化方法，如下：

$$V=Q\times P \tag{3.10}$$

式中，V为水文调节服务价值（元/a）；Q为水文调节服务量（m^3）；P为防洪成本（元/m^3）。

（5）洪峰调节服务量及价值测量方法。①洪峰调节服务量核算方法。洪峰调节服务采用CLM模式输出的地下径流来表征，其含义为瞬时渗入地下的降水量形成的径流。②洪峰调节服务价值化方法，如下：

$$V=Q\times P \tag{3.11}$$

本章采用防洪成本核算洪峰调节服务。式中，V为洪峰调节服务价值（元/a）；Q为洪峰调节服务量（m^3）；P为防洪成本（元/m^3）。

（6）水质净化服务量及价值测量方法。本章采用InVEST模型（Sharp et al.，2016）核算水质净化服务量。InVEST模型以径流中养分污染物的清除能力来估算植被和土壤对水质净化的贡献，除了陆地植被过滤（如产流过程）外，模型不涉及化学或生物交互作用。该评估模型使用水处理成本和折现率等数据，以确定由自然系统的水质净化贡献的价值。

$$V=V_N+V_P=Q_N\times a_N+Q_P\times a_P \tag{3.12}$$

式中，Q_N和Q_P分别为持留的氮和磷的量（t）；a_N和a_P分别为氮和磷的去除单价。

（7）土壤水蚀控制服务量及价值测量方法。①土壤水蚀控制服务量核算方法。本章采用CSLE模型核算土壤水蚀控制服务。CSLE模型是以通用土壤流失方程USLE和修正土壤流失方程RUSLE为基础，由国内学者在我国各地开展相关研究，最后由刘宝元（2006）利用黄土丘陵沟壑区径流小区的实测资料提出的更加适合中国本土的土壤流失方程。②土壤水蚀控制服务价值化方法。土壤水蚀控制服务价值包括固土价值（V_g）、保肥价值（V_b）和减淤价值（V_j）三部分。

$$V=V_g+V_b+V_j \tag{3.13}$$

固土价值采用土地机会成本价值核算。土壤水蚀控制服务限制了土壤流失，使得各个土地利用类型能产生相应的效益，固土价值就是核算保持的土壤产生的效益。

$$V_g=B\times P$$

式中，V_g为土壤水蚀控制服务的固土价值（元/hm^2）；B为固土面积（m^2），通过土壤保持量、土壤容重和土壤厚度核算得到；P为固土成本（元/hm^2）。

保肥价值采用市场价格核算。氮、磷、钾和有机质是土壤中主要的营养物质，保肥价值就是核算土壤水蚀控制服务下土壤保持量中营养物质的价值。

$$\begin{gathered}V_b=V_N+V_P+V_K+V_{OM}\\V_N=Q_N\times P_N\\V_P=Q_P\times P_P\\V_K=O_K\times P_K\\V_{OM}=Q_{OM}\times P_{OM}\end{gathered} \tag{3.14}$$

式中，V_b为土壤水蚀控制服务的保肥价值（元/hm^2）；V_N、V_P、V_K和V_{OM}分别为氮、磷、钾和有机质价值（元/hm^2）；Q_N、Q_P、Q_K和Q_{OM}分别为土壤保持量中氮、磷、钾和有机质的含量（t/hm^2）；P_N、P_P、P_K和P_{OM}分别为氮、磷、钾和有机质的价格（元/t）。

减淤价值采用替代成本法核算。当没有水蚀控制服务时，泥沙将进入江河、湖泊和水库，泥沙沉积就会影响江河、湖泊和水库的蓄水能力，需要建造水库来保证水的蓄积，因此减淤价值的单价按水库建造成本进行核算。

$$V_j=Q\times P \tag{3.15}$$

式中，V_j为土壤水蚀控制服务的减淤价值（元/hm^2）；Q为减量核算方法；P为水库建造成本（元）。

（8）土壤风蚀控制服务量及价值测量方法。土壤风蚀控制服务价值核算包括水质净化的总价值、氮持留价值和磷持留价值三部分。

本章采用RWEQ模型核算土壤风蚀控制服务。①RWEQ模型以牛顿第一定律为基本前提，当风力大于阻力时，地表的土壤颗粒就会发生位移，其中阻力受到土壤糙度、土壤可蚀系数、湿度、地表残茬、地表植被覆盖等因素影响。本章在像元水平上将没有植被覆盖时的风蚀量、真实植被覆盖下的风蚀量差值作为土壤风蚀控制服务量。②土壤风蚀控制服务价值量核算方法。土壤风蚀控制服务价值核算与土壤水蚀控制服务价值核算方法类似，包括固土价值和保肥价值。固土价值采用土地机会成本价值核算。保肥价值采用氮、磷、钾和有机质市场价格核算。

4）文化服务

根据青海湖流域现状，结合地理学模型、经济学模型等对青海湖流域文化服务价值进行评估，以量化青海湖流域文化服务价值。首先，通过线上问卷形式获取研究所需的有效样本问卷，运用样本数据及SoIVES模型评估文化服务相对价值。其次，通过统计年鉴及问卷获得的数据，根据经济学模型进行核算分析，量化文化服务价值。最后，得到青海湖流域文化服务价值。

2. 数据来源与处理

本研究数据来源于“青海生态价值评估及大生态产业发展综合研究”（2019-SF-A12）课题一相关成果。

3. 研究结果

将相关数据代入公式和模型，利用上述方法得到青海湖流域生态系统服务价值。

1）供给服务

（1）域内水资源价值。从空间分布来看，青海湖流域域内水资源价值量呈现从南向北递增的趋势，2000～2010年，南部及青海湖北部地区增加较多；2010～2018年，总体呈现增加趋势，北部及青海湖西北部地区增加显著；2000～2018年，总体呈现增加趋势。2000～2018年域内水资源价值变化率呈增加趋势，其中，青海湖周边增加较为明显。

（2）域外水资源价值。从空间分布来看，青海湖流域域外水资源价值量呈现从南向北逐年递增的趋势，2000～2010年，整体呈现增加趋势；2010～2018年，整体呈现增加趋势，北部增加更为显著；2000～2018年整体呈现增加趋势，西北部增加更为显著。2000～2018年域外水资源价值变化率整体呈增加趋势，其中青海湖东北部地区增加较为明显。

（3）水资源总价值。从空间分布来看，青海湖流域水资源总价值量呈现从南部向北部逐渐递增的趋势。2000～2010年，整体呈现增加趋势；2010～2018年，整体呈现增加趋势，北部及青海湖周边增加较为明显；2000～2018年，整体呈现增加趋势，哈拉湖周边地区增加较为明显。2000～02018年水资源总价值变化率，整体呈现增加趋势，其中青海湖周边西部和北部增加较为明显。

根据本章研究方法，青海湖流域供给服务由水供给、太阳能供给、风能供给和水电势能供给四部分构成，由于农林牧渔供给产权明晰，且可通过市场手段转化为具体产权人的经济价值，因此其不在本次计算范围之内。青海湖流域生态系统服务供给价值在2000～2018年呈显著增长状态，由2001年的1021.12亿元稳步增长到2018年的1189.36亿元，净增加168.24亿元，增加16.48%。在青海湖流域生态系统服务供给价值占比中，水资源占绝对优势，水电势能次之，风能和太阳能占比则非常小，从2000年和2018年对比来看，水电势能增加显著，由2000年的19.21亿元增加到2018年的44.61亿元，所占比重由2%增加到4%；水资源供给由2000年的999.22亿元增加到2018年的1140.33亿元，水资源供给所占比重却相应下降，由98%下降到96%；风能和太阳能变化不大，其中风能由2000年的0.69亿元增加到2018年的0.72亿元，太阳能由2000年的3.94亿元降低到2018年的3.71亿元。

2）调节服务

风蚀控制价值。从空间分布来看，2000～2010年，呈现整体增加趋势，青海湖周边及区域西部增加明显；2010～2018年呈减少趋势，青海湖周边及区域西部减少明显；2000～2018年现整体增加趋势，海晏地区和青海湖西部地区增加明显，西部和东部减少。

水蚀控制价值。从空间分布来看，2000～2010年，东部地区增加，西部地区和中部地区减少；2010～2018年，总体微弱减少；2000～2018年，东部地区增加，西部地区和中部地区减少，整体呈现微弱减少趋势。

水质净化总价值。从时间分布来看，2000～2010年整体呈减少趋势；2010～2018年西部呈现增加趋势，东部呈现减少趋势；2000～2018年整体呈现减少趋势。

碳汇价值。从时间分布来看，青海湖流域碳汇价值量西部较低，中部及青海湖西北部较高。2000～2018年，增加量自西向东逐年增加，中部地区和东部地区最明显。

根据研究方法，调节服务包括碳汇、水质净化、水文调节、水蚀、水电碳减排、空气净化、洪峰调节、风蚀、风能太阳能碳减排等部分，通过计算，青海湖流域生态系统调节功能处于波动增长状态，2001年最低，为368.51亿元，2012年最高，为912.04亿元。

从图3.5可以看出，风能太阳能碳减排价值由2000年的0.14亿元略微下降到2018年的0.13亿元，所占比例很小，且变化不大；风蚀调节功能由2000年的73.74亿元快速增加到2018年的203.85亿元，所占比例也由19%快速增加到34%；洪峰调节功能增长显著，由2000年的0.55亿元快速增加到2018年的11.11亿元，所占比例由0%增加到2%；空气净化功能也出现了增加，由2000年的1.70亿元增加到2018年的3.31亿元，所占比例也略有增加；释放氧气功能价值由2000年的59.10亿元增加到2018年的70.22亿元，但所占比例却出现了下降，由16%下降到12%；水电碳减排功能价值由2000年的1.28亿元增加到2018年的2.98亿元，但所占比例不大；水蚀功能价值由2000年的18.60亿元下降到2018年的14.65亿元，所占比例也由5%下降到2%；水文调节价值由2000年的136.41亿元增加到2018年的186.96亿元，但所占比例却由36%下降到32%；水质净化功能价值由2000年的29.31亿元下降到2018年的27.61亿元，所占比例由8%下降到5%；碳汇功能价值由2000年的59.10亿元增加到2018年的70.22亿元，但所占比例却由16%下降到12%。

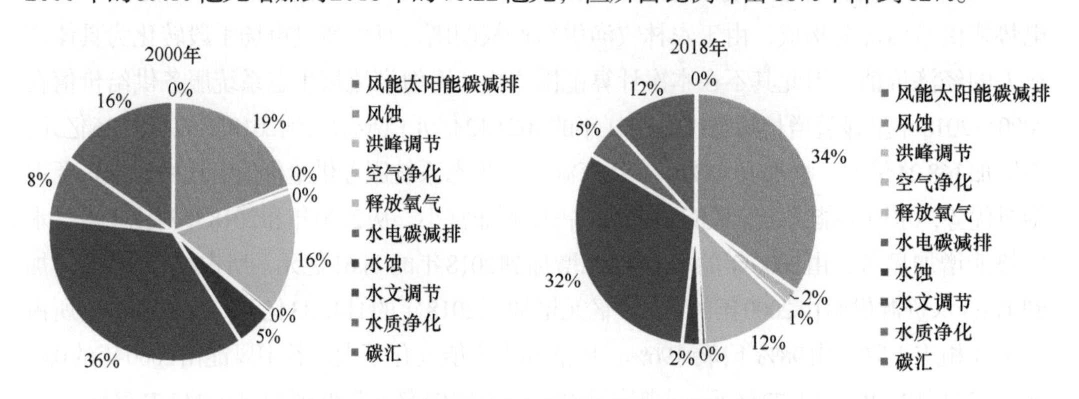

图3.5 青海湖流域生态系统调节价值构成

3）文化服务

文化服务总体呈快速增长状态，尤其是2010年以后，增长迅速且稳定。文化服务价值由2000年的1.12亿元增长到2018年的21.98亿元。

4）总价值

从空间分布来看，青海湖流域生态系统服务总价值量呈现从南部向北部逐年递增的趋势。2000～2010年，总体呈现增加趋势，青海湖周边增加明显；2010～2018年，南部和北部边缘呈增加趋势，西部及青海湖北部呈减少趋势；2000～2018年，总体呈现增加趋势，海晏地区增长幅度较大。2000～2018年生态系统服务总价值变化率呈增加趋势，海晏地区和青海湖西部增加较明显。

青海湖流域生态系统服务总价值总体呈增长状态，但存在一定的波动。其中，最大值出现在2012年，达2159亿元；最低值出现在2001年，仅有1390.96亿元。从图3.6可以看出，青海湖流域生态系统服务总价值中文化服务价值所占比例最低，但有快速的增长，由2000年的1.12亿元增长到2018年的21.98亿元，占比由几乎0%增长到1%，调节服务增长也比较明显，由471.55亿元增加到696.62亿元，占比由32%增长到37%，供给服务由1023.05亿元增加到1189.36亿元，占比出现较大的下降，由68%下降到62%。

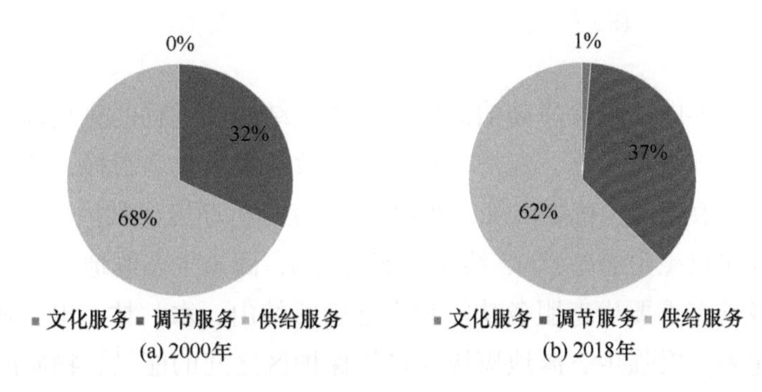

图3.6　青海湖流域生态系统服务总价值占比

3.4.4　青海湖流域生态源地识别

1. 研究方法

青海湖流域是一个复合生态系统，生态类型多样，如何将冰雪、湖泊、荒漠、草地、农田和城市生态系统与生态用地有机联系起来，以形成便于管理的山水林田湖草生命共同体，保障水文与生态过程通畅，更好地发挥生物多样性维护、水土保持等生态服务功能，遏制与逆转草地退化，缓解土地沙化、水土流失等生态环境问题，增强民生福祉，促进流域社会经济可持续发展是当前青海湖流域生态环境保护的主要问题（图3.7）。

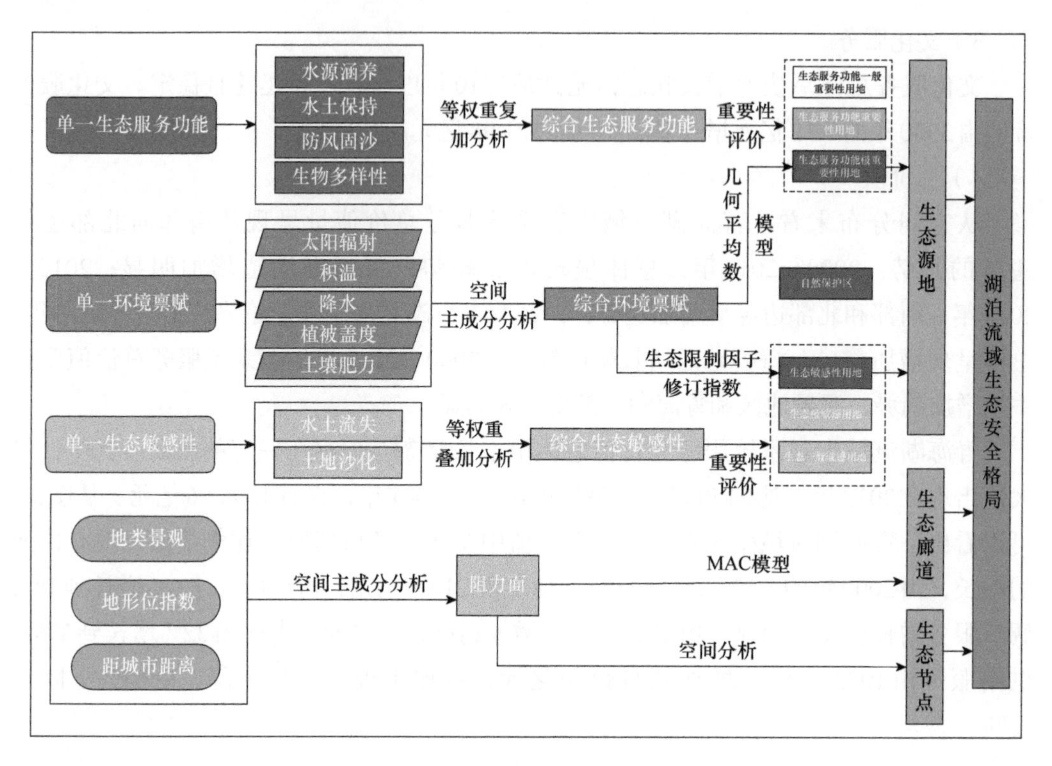

图3.7 青海湖流域生态源地识别技术路径

因此以问题为导向，以保障湖泊流域生态系统结构和过程的完整性，可持续发挥生态服务功能，实现流域生态、经济、社会综合效益最大化为目标，评价其生态服务功能重要性、生态敏感性（曹生奎等，2014），研究分析环境禀赋特征，考虑流域生态限制性因子，构建点（生态节点）、线（生态廊道）、面（生态源地）相结合的流域生态安全格局，将具有重要生态服务功能和生态敏感的山、水、林、田、湖、草等生态系统有机连接起来，增强生态源地斑块和自然保护区之间的能量、物质的流动性及信息传递，建设便于统一管理的山水林田湖草生命共同体，为生物多样性维护、水土保持等生态服务功能发挥提供基础，以便在流域生态安全格局背景下进行产业发展布局，为高原湖泊流域生态安全格局的构建提供借鉴（陈桂琛等，2008）。

本节以景观生态学、生态学、地理学为理论基础，运用格局-过程模型、遥感技术、地理信息技术、空间主成分分析法、最小累积阻力模型（MCR）、CASA模型、几何平均数模型等方法开展分析。

2. 数据来源与处理

1）实测数据

实测数据为土壤有机质含量数据，于2013年9月底、2016年9月27日至10月4日两个时间段采集，用环刀法取地表0～30cm的土壤样品，并测得41个样点数据。用于遥感反演土壤有机质。

2）遥感数据

遥感数据主要从NASA网站获取，共获取MODIS各类遥感影像及产品944景。

3）气象数据

气象数据来源于中国气象科学数据共享服务网及青海省气象科学研究所，内容包括2000年、2005年、2010年和2015年期间的日资料和月资料。其中，日资料为青海省境内的上述4年期间连续不间断的34个气象站数据，月资料为青海省及其周边四川省、甘肃省、西藏自治区的连续不间断的97个气象站数据。

4）植被数据

采用1∶400万中国植被类型图，其来源于国家自然科学基金委员会“中国西部环境与生态科学数据中心”，主要用于辅助分析。

5）土壤数据

土壤数据来源于联合国粮食及农业组织和维也纳国际应用系统分析研究所构建的世界和谐土壤数据库（harmonized world soil database，HWSD）、中国科学院南京土壤研究所提供的1∶100万土壤数据及黑河计划数据管理中心，主要用于提取土壤质地等及辅助分析。

6）其他数据

数字高程模型（DEM），分辨率为90m，用于计算地形位指数等参数以及辅助分析；青海省水利厅修编的《青海省水文手册》，用于辅助确定生态系统径流系数。

3. 研究过程及结果

1）综合环境禀赋

以太阳总辐射、大于0℃积温、大于0℃期间降水量、植被覆盖度和土壤肥力5个因子评价青海湖流域生态系统的综合环境禀赋。再采用空间主成分分析法（Rahman et al.，2015）取第一主成分，得到综合环境禀赋空间分布图（图3.8）。

2）生态服务功能评价

从水源涵养、水土保持、防风固沙、生物多样性维护四个方面评价生态服务功能。将水源涵养、水土保持、防风固沙和生物多样性维护4个单一生态功能重要性进行等权重叠加，形成综合生态功能重要性评价。三角城种羊场、吉尔孟乡等7个乡镇，生态服务功能极重要性占比超过80%（图3.9）。

3）生态敏感性评价

从水土流失敏感性、土地沙化敏感性两方面评价生态敏感性。快尔玛乡、织合玛乡和生格乡的极敏感土地所占比例最大，极敏感等级占比超过了50%。综合生态极敏感区面积为26.35万hm^2，占所有生态敏感性等级面积的24.67%，占流域总面积的8.89%。该区海拔3255～4880m，地势起伏大，地形起伏度105～795m，均值为348.29m（图3.10）。

4）生态源地识别结果修正

生态服务功能极重要生态用地、生态极敏感生态用地、青海湖国家级自然保护区

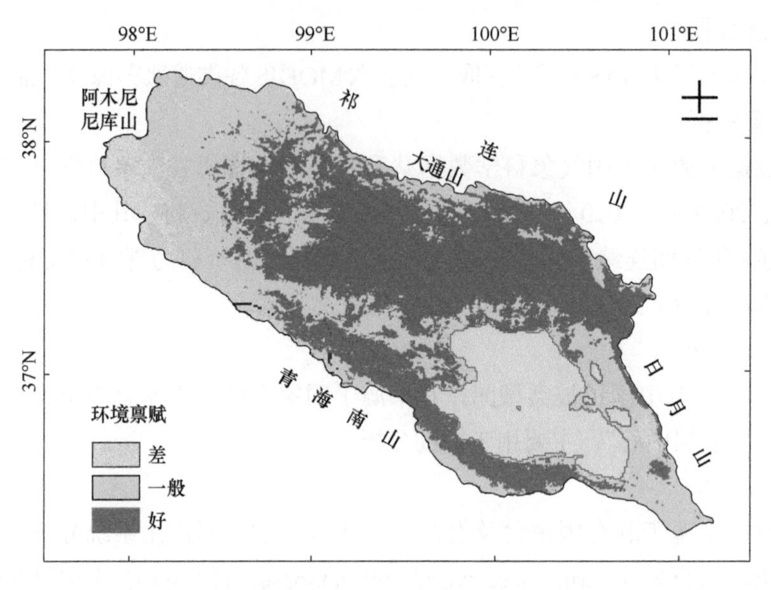

图3.8 青海湖流域综合环境禀赋空间分布图

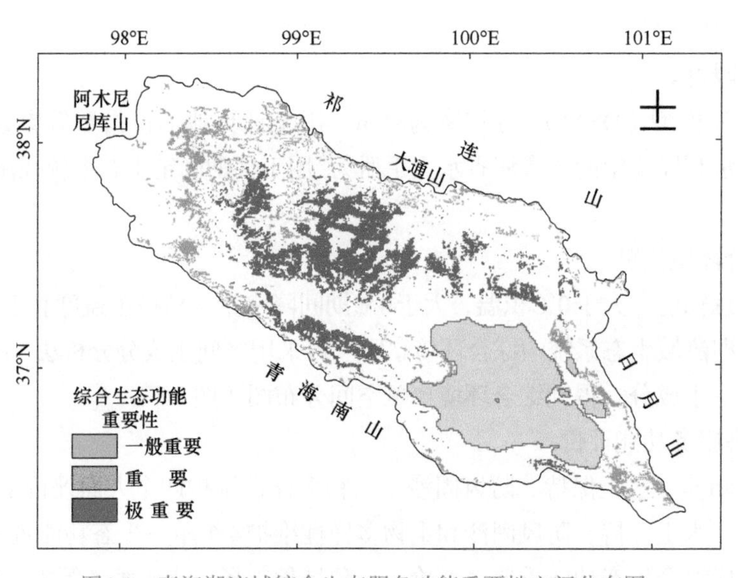

图3.9 青海湖流域综合生态服务功能重要性空间分布图

等3类生态用地，共占全流域面积的37.17%。因此，若直接将上述3类生态用地作为生态源地，并实施严格保护，其面积占比过大（国务院批准的北京等15省市的生态保护红线划定方案，生态保护红线面积约占土地总面积的25%），影响农牧业用地、产业用地的规模，进而影响农牧业发展和社会经济发展。另外，生态系统的生态服务功能，实质上是指生态系统对环境稳定的调节功能，生态敏感性实质上是指生态系统对外界干扰的适应能力及其遭到破坏后生态系统恢复能力的强弱（曾泽南和沈守云，2018）。因此，评价生态系统服务功能是否重要，应考虑生态系统的环境禀赋，评价生态是否

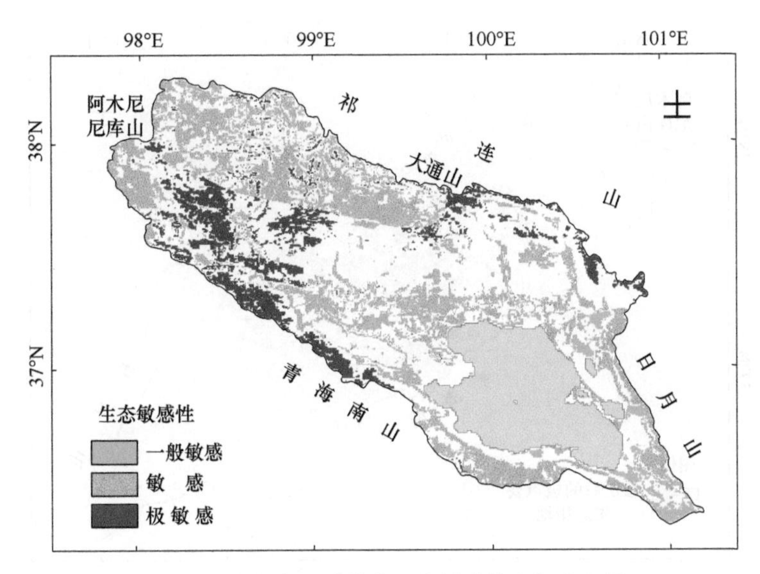

图3.10　青海湖流域综合生态敏感性空间分布图

敏感，应考虑区域生态敏感限制性因子。

基于上述生态源地面积过大的实际现实与学术认知，本节对潜在生态源地（生态服务功能极重要用地和生态极敏感用地）进行修正，识别出生态服务功能最重要、生态最敏感的生态用地，并作为生态保护源地。

环境禀赋修正。一定程度上，生态系统环境的属性、状态和变化影响生态系统的功能、结构和演替。可以认为，生态系统服务功能是否重要，一是取决于本身的水源涵养、防风固沙、保持水土、维护生物多样性等生态服务功能；二是依赖于生态系统环境禀赋，即环境质量的优良程度。

综合环境禀赋SEE后，运用几何平均数模型，得到环境禀赋修正后的极重要生态用地。修正后的极重要生态用地面积为34.03万hm^2，占流域总面积的11.48%，比未修正前面积减少了0.1%（图3.11）。

极敏感生态用地修正。青海湖流域生态敏感的本质是高寒的气候及其较少土壤水分共同作用的结果，即水热组合条件是生态限制性因素。水热组合差的地区，生态敏感性高。借鉴干燥度原理与计算方法，提出了生态限制因子修正指数——Modified，修正后的极敏感生态用地面积为14.98万hm^2，占流域总面积的5.05%，比未修正前面积减少了3.84个百分点（图3.12）。

5）生态廊道和生态节点

生态廊道。借助水文分析模块，识别累积阻力最小，且以连续不间断的生态阻力面像元作为生态廊道（图3.13）。按照一级廊道要确保主要生态源地连通，二级廊道要基本连通主要生态源地，三级廊道要连通所有生态源地的原则，规划和优化了3个级别的生态廊道128条，并进行了编号。一级生态廊道共27条，总长度314.46km，

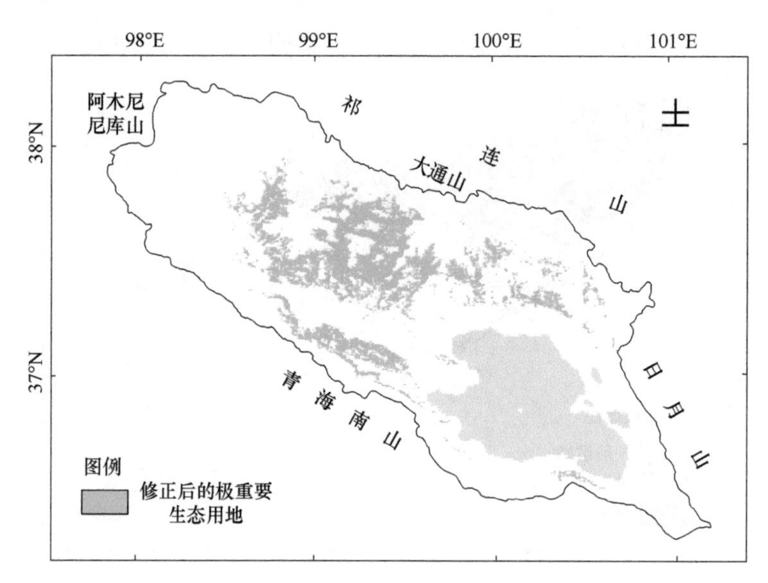

图3.11 环境禀赋修正后的极重要生态用地空间分布图

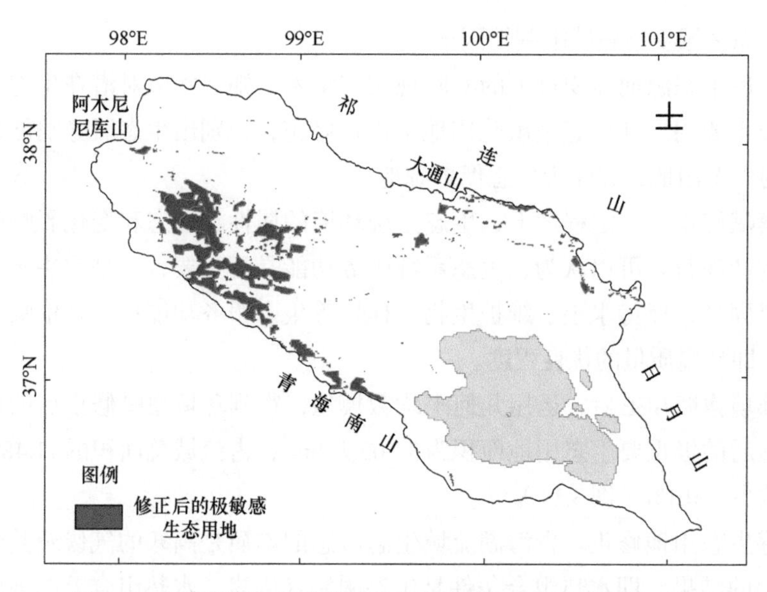

图3.12 生态限制性因子修正后的极敏感生态用地空间分布图

分布于吉尔孟乡等9个乡镇；二级生态廊道共27条，总长度145.65km，分布于快尔玛乡等10个乡镇；三级生态廊道共74条，总长度568.04km，分布于倒淌河镇等21个行政区。

生态节点。生态节点（ecological nodes，EN）是生态廊道上到两生态源地间阻力相等点，对控制生态源地间联系具有重要意义。借鉴水文分析方法提取阻力表面的“山脊线”和“山谷线”，即阻力面阻碍生态流运行的最大耗费路径和最小耗费路径，然后，提取最大和最小耗费路径的交集，获取了84个潜在生态节点。但是，这些潜

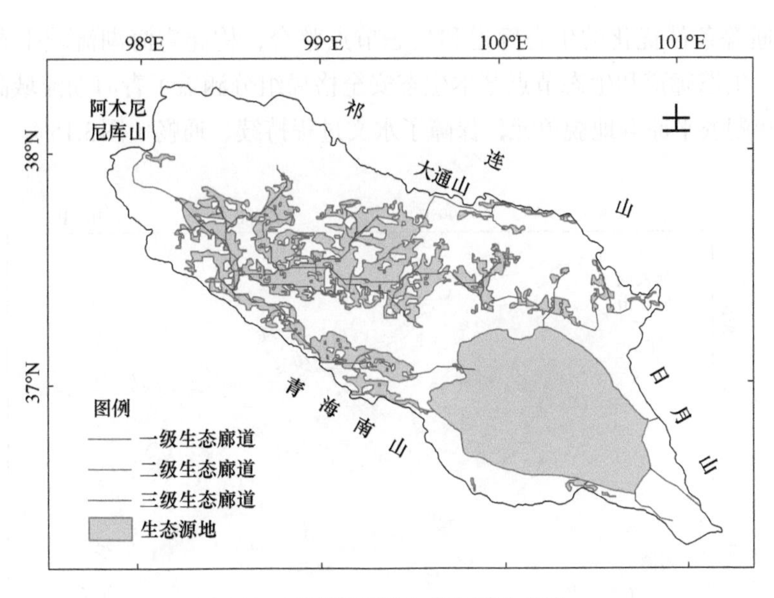

图3.13 青海湖流域生态廊道分布图

在生态节点在局部地区集聚，节点之间的距离太近、密度太大，因此需要优化。通过ArcGIS10.2优化热点分析（Optimized Hot Spot Analysis）工具，得到优化后的生态节点数32个，它们分布于倒淌河镇等15个乡镇（图3.14）。

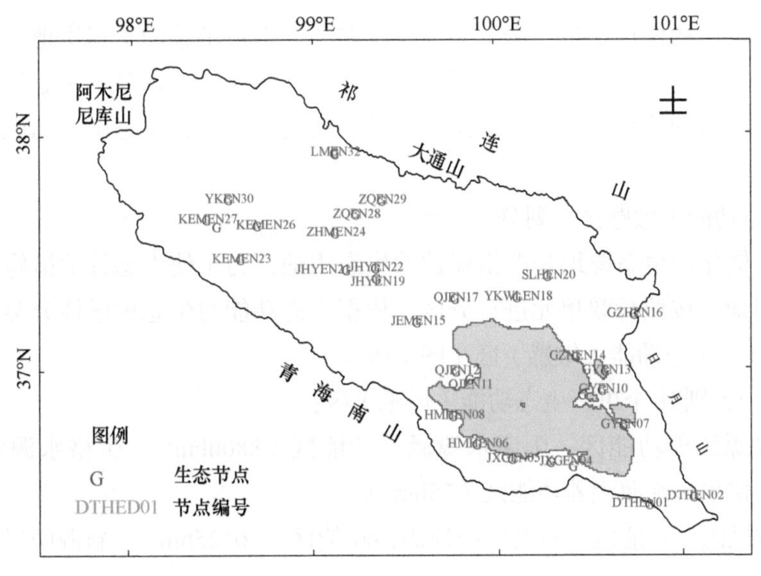

图3.14 青海湖流域生态节点空间分布图

6）生态安全格局

将基于环境禀赋修正的生态服务功能极重要区、生态限制性因子修正的生态极敏感区，以及青海湖国家级自然保护区三者组成的生态源地，以最小阻力模型识别并结合区域交通等条件优化的生态廊道和生态节点整合，构建青海湖流域生态安全格局。生态源地、生态廊道和生态节点基本生态安全格局组分涵盖了青海湖流域高山、中山、山间盆地和湖滨平原等地貌单元，保障了水文过程持续、通畅（图3.15）。

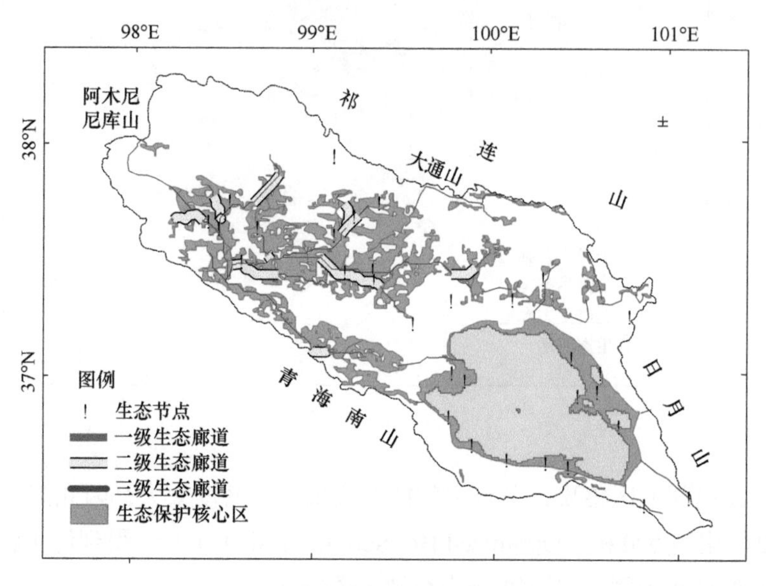

图3.15 青海湖流域生态安全格局

生态安全格局保护了生态服务功能最重要、生态最敏感的生态用地以及青海湖国家级自然保护区，并将山水林田湖草和城市有机连接起来，保障了生态过程通畅，确保了能量、物质的流动和基因等信息的传递，能更好地发挥生态服务功能、降低生态敏感性。

7）生态功能（敏感区）划分

识别、优化的生态源地是严格保护的生态用地，为了使生态管护措施具有针对性并落实到属地，按照行政单元进行分区，依据生态功能与生态敏感性分类，共规划了19个类别65个生态功能（敏感）区（图3.16）。

（1）5个类别16个单一生态功能（敏感）区：

Ⅰ 水源涵养功能区：阳康水源涵养功能区（8800hm²）、生格水源涵养功能区（275hm²）、快尔玛水源涵养功能区（25hm²）。

Ⅱ 防风固沙功能区：石乃亥防风固沙功能区（10125hm²）、新源防风固沙功能区（7950hm²）。

Ⅲ 生物多样性维护功能区：快尔玛生物多样性维护功能区（76100hm²）、生格生物多样性维护功能区（150hm²）、织合玛生物多样性维护功能区（125hm²）、阳康生物多样性维护功能区（50hm²）。

Ⅳ 水土流失敏感区：江河水土流失敏感区（650hm²）、哈尔盖水土流失敏感区

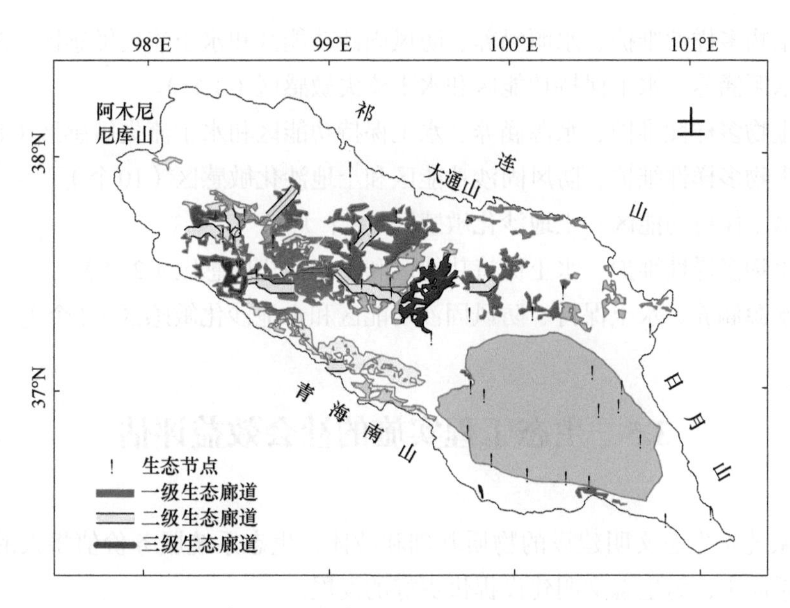

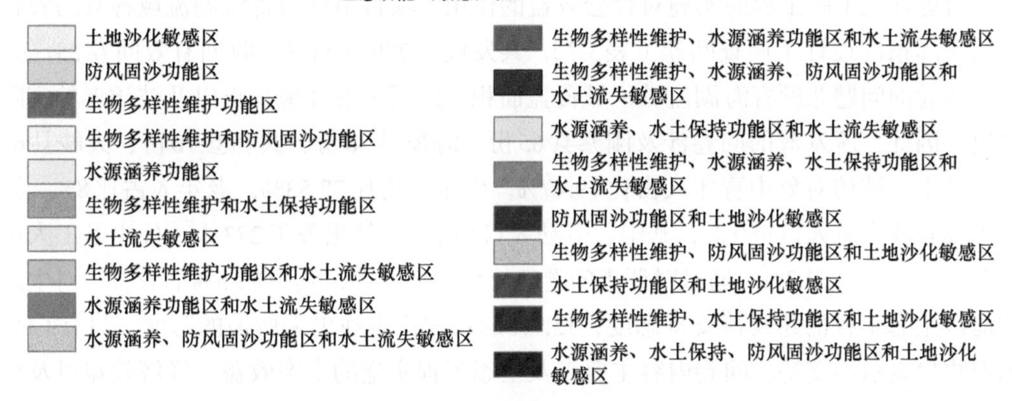

图3.16　青海湖流域生态安全格局管控规划图

（2650hm²）。

Ⅴ　土地沙化敏感区：快尔玛土地沙化敏感区（20475hm²）、生格土地沙化敏感区（425hm²）、新源土地沙化敏感区（200hm²）、织合玛土地沙化敏感区（50hm²）、阳康土地沙化敏感区（25hm²）。

（2）13个类别56个复合生态功能（敏感）区：

Ⅰ　生物多样性维护和防风固沙功能区（2个）。

Ⅱ　生物多样性维护和水土保持功能区（6个）。

Ⅲ　生物多样性维护功能区和水土流失敏感区（5个）。

Ⅳ　水源涵养功能区和水土流失敏感区（5个）。

Ⅴ　水源涵养、防风固沙功能区和水土流失敏感区（1个）。

Ⅵ　生物多样性维护、水源涵养功能区和水土流失敏感区（13个）。

Ⅶ 生物多样性维护、水源涵养、防风固沙功能区和水土流失敏感区（5个）。

Ⅷ 水源涵养、水土保持功能区和水土流失敏感区（3个）。

Ⅸ 生物多样性维护、水源涵养、水土保持功能区和水土流失敏感区（1个）。

Ⅹ 生物多样性维护、防风固沙功能区和土地沙化敏感区（10个）。

Ⅺ 水土保持功能区和土地沙化敏感区（2个）。

Ⅻ 生物多样性维护、水土保持功能区和土地沙化敏感区（2个）。

ⅩⅢ 水源涵养、水土保持、防风固沙功能区和土地沙化敏感区（1个）。

3.5 生态工程实施的社会效益评估

生态系统是生态文明建设的物质基础和载体，生态系统服务价值将人的价值与自然生态联系起来，为生态文明建设提供更好的发展。

为更好地了解工程的实施对社会效益的作用，项目组针对青海湖流域各县的农牧户的实际情况设计了调查问卷（表3.7），共发放了270份问卷，收回有效问卷251份。调查问卷的问题兼顾青海湖流域区域覆盖面积、区域生态环境特点以及被访者的实际情况，因此，所发放的问卷涉及刚察县65份、海晏县70份、共和县70份、天峻县65份。其中，被访对象中青年人占比19.47%，中年人占比72.53%，老年人占比8%，样本涉及农牧户总人口950人，其中，劳动人口512人，外出务工273人，外出务工人员占总劳动人口的53.3%。通过对调查问卷的统计研究发现，其中82.5%的农牧户对生态功能区生态工程的建设持支持态度，15.9%的农牧户表现出无所谓的态度，只有1.6%的农牧户表示不支持。问卷内容主要涉及生态工程实施的生态效益、经济效益以及社会效益等方面。其中，经济效益，59.6%的农牧户认为生活水平有所提升，55.6%的农牧户认为收入明显增加；社会效益，63.6%的农牧户认为收入渠道增加，有88.1%的农牧户支持生态工程，农牧户的生态保护意识增加；环境效益，57.1%的农牧户认为环境质量得到改善，风沙和地质灾害减少。同时，超半数的农牧户表示参与了生态工程的建设实施，并愿意持续参与到工程建设中。

表3.7 生态工程社会效益评估调查问卷

专栏一：青海湖流域生态工程社会效益评估调查问卷
1．对于青海湖周边生态环境的现状您了解多少？
A．非常了解 B．只知道一点点 C．没听说过
2．您了解湿地的重要性吗？
A．了解 B．知之甚少 C．不知道
3．您认为青海湖周边的生态问题严重吗？
A．很严重 B．一般 C．不严重
4．您认为从我们身边的小事做起能益于青海湖的保护吗？
A．离我们很远不能 B．能

续表

专栏一：青海湖流域生态工程社会效益评估调查问卷
5．您觉得水环境对生活和工作重要吗？ A．重要　B．一般　C．不重要 6．您认为保护青海湖是我们每个人的责任吗？ A．是　B．不是 7．您的收入来自（　　） A．农产品生产　B．渔业养殖　C．经营服务业（如餐厅、旅馆等）　D．客货运　E．企事业单位工资　F．其他 8．您的收入渠道有无增加？ A．有明显增加　B．无明显变化　C．没有增加 9．青海湖及周边地区是否拥有以下环保设施？ A．风能/太阳能发电　B．污水处理　C．垃圾分类回收　D．公共交通工具　E．其他 10．您认为最有可能造成该区域生态破坏的主要原因是（　　） A．建设人文景观　B．居民生产生活区域迅速扩张　C．自然灾害　D．发展高污染行业　E．其他 11．青海湖水体及岸边发现有哪些垃圾或漂浮物？ A．塑料袋　B．饮料瓶　C．剩余食物　D．藻类　E．死鱼动物　F．废旧电池　G．建筑垃圾　F．其他 12．您的青海湖环境保护知识主要来源于哪里？ A．电视广播　B．网络课堂　C．报道杂志　D．公益广告　E．志愿活动　F．其他 13．您知道政府部门对青海湖生态环境采取了哪些保护措施？ A．退圩还湖　B．打击非法捕猎野生珍禽行为　C．科研监测，综合治理　D．退渔还湖　E．联手高校，开展科学调研与宣传教育活动　F．不清楚 14．您对青海湖的保护有何建议？ 15．您认为湿地的存在对我们有什么影响？

整体来看，青海湖流域生态工程建设实施的社会效益主要有以下几个方面。

3.5.1　促进区域社会发展

生态工程的实施建设提升了群众的生态保护意识，转变了农牧民群众的生产、生活方式，调整了农牧民的发展思路。自然生态环境面临的压力降低了，发展水平提高了。项目的资金投入可激活省内生产力要素市场，带动区域经济社会的可持续发展，从而促进全省经济的发展和繁荣。同时，工程的实施有利于实施区周边群众的就业渠道进一步拓宽，使其生产生活条件得到改善。

3.5.2　牧户移民搬迁比例逐年上升

草原生态补奖政策实施后，牧区牧户移民搬迁比例增多。政策性搬迁以政府为主导，在政府住房援建、补贴补助下牧户搬离草原生态保护项目实施区。这对城市化率提升具有推动作用，城镇化率由2014年的49.8%提升到2019年的55%左右。生态工程的实施促进了经济发展，改善了环境，加速了当地城市化进程。得益于城市化水平的提高，交通条件得到改善，外出务工人数逐步增多，就业渠道增加。同时，更多孩子得到更好的学习机会，义务教育巩固率达到96.85%，青少年到高中乃至高等院校读书的机会大大增加。

3.5.3 促进民族团结和社会进步

青海湖流域的各县居住着汉族、蒙古族、藏族、土族、撒拉族等12个民族。因此，工程实施对促进当地民族团结、社会安定具有良好的作用。通过转变农牧民的传统耕牧观念，提高了农牧民科学文化素养；一系列惠民工程政策落实，使青海湖流域广大农牧民生活得到明显改善，农牧民群众普遍对党和政府心存感恩，增强了群众凝聚力，工程区民族关系更加和谐，社会更加稳定。

自草原奖补政策实施以来，牧民群众从绿色生态中得到了利益。草地也多集中在少数民族聚集的地方，草地资源的发展状况对区域经济文化的发展有着重要影响。奖补政策的实施鼓励农牧民自主就业创业，加大了各民族之间的联系与交流，提高了农牧民的生活水平，对加强整个民族之间的团结和社会稳定做出了突出的贡献。

3.5.4 农牧民生态保护意识普遍提高

通过生态工程建设的实践和培训、宣传等工作，项目区广大干部和农牧民加深了对青海湖流域生态保护和建设的重大意义的认识，自觉参与意识普遍增强，思想观念和生产生活方式有所转变，保护和建设生态环境的积极性明显提高。同时，生态工程进一步密切了党群、干群和民族关系，促进了青海湖流域藏区的社会稳定和民族团结，成为青海湖藏区的民心工程、德政工程，并且生态保护工程的实施，为创建全国生态文明建设先行区以及示范区创造了条件。

3.5.5 发展能力增强

在保护生态的同时，青海省政府还着力改善民生，推进绿色发展。通过生态保护和民生改善等政策的制定和落实，青海湖流域各区域的经济社会等各项事业全面发展，农牧民的生产生活条件得到极大改善，民族团结、社会和谐稳定的局面进一步加强。同时，区域各个方面的发展能力得到加强，农牧民的收入增加。

3.6 生态工程实施的经济效益评估

青海湖流域生态保护工程带来的经济效益是明显的，首先工程的补偿机制可以直接促进农牧民纯收入的提高，使得农牧民有了基本的经济保障，生态环境的改善也为农牧民带来了巨大的潜在经济收益。生态保护工程实施之后，从土地上解放出来的劳动力流向县城、周边城市以及兰州、西安等大城市，在促进第三产业发展的同时也为家庭带来了一份可观的收入。调查数据显示，生态环境保护工程实施之后，很多退耕户的主要经济来源是外出务工，占比超过50%；其次是农林牧渔业或者手工等副产业。生态工程的实施还促进了区域经济的发展，2012～2016年，青海湖流域各县的地区生产总值每年均以中高速度在增长，农民的纯收入大幅度提高。

3.6.1　补奖政策直接经济效益

青海湖流域共包括海北州刚察县、海晏县，海南州共和县，海西州天峻县等三州四县。2020年青海湖流域农牧民补助奖励资金34019.06万元。按照2019年末2020年初青海湖流域人口统计数据236435人计，青海湖流域人均获得生态补奖资金1438.8元/（a·人）。生态补奖带来的直接和间接收入增幅显著，成为青海湖流域农牧户重要的收入组成部分。

由表3.8可以看出，刚察县落实政策草原面积956.7万亩，资金安排计划7659.2万元，包括实施禁牧面积460万亩，补助资金6417.0万元；实施草畜平衡面积496.7万亩，奖励资金1242.2万元，人均获得奖补资金1697.9元/（a·人）。海晏县落实政策草原面积448.3万亩，资金安排计划3163.5万元，包括实施禁牧面积208.6万亩，补助资金2564.2万元；实施草畜平衡面积239.7万亩，奖励资金599.3万元，人均获得奖补资金883.8元/（a·人）。共和县落实政策草原面积1828.0万亩，资金安排计划14072.3万元，包括实施禁牧面积995.0万亩，补助资金11989.8万元；实施草畜平衡面积833.0万亩，奖励资金2082.5万元，人均获得奖补资金1062.2元/（a·人）。天峻县落实政策草原面积2280.5万亩，资金安排计划9124.2万元，包括实施禁牧面积873.0万亩，补助资金5028.5万元；实施草畜平衡面积1407.5万亩，奖励资金4095.7万元，人均获得奖补资金3959.1元/（a·人）（表3.8）。

表3.8　奖补政策直接经济效益

项目 地区	资金安排计划/万元	落实政策草原面积/万亩	实施禁牧		实施草畜平衡		人均获得奖补资金/[元/(a·人)]
			面积/万亩	补助资金/万元	面积/万亩	奖励资金/万元	
刚察县	7659.2	956.7	460.0	6417.0	496.7	1242.2	1697.9
海晏县	3163.5	448.3	208.6	2564.2	239.7	599.3	883.8
共和县	14072.3	1828.0	995.0	11989.8	833.0	2082.5	1062.2
天峻县	9124.2	2280.5	873.0	5028.5	1407.5	4095.7	3959.1

总体而言，在生态补助奖励政策下，青海湖流域各地区农牧民实现了较高程度的增收，由此激发了广大农牧民参与生态保护的积极性，同时，也加快了该区域经济社会的全面协调发展步伐。

3.6.2 产业经济效益

奖补政策的实施既有效减轻了湖区周边的承载力，又促进了富余劳动力的转移，缓解了人地之间的矛盾，推进农牧民向旅游业、城镇服务业、畜产品加工业等第二、三产业转移，拓宽了现代农牧业发展空间和农牧民转产就业增收的渠道。青海湖流域利用青海湖丰富的旅游资源，大力发展自然景观观光、餐饮、住宿等旅游业，秉承了“绿水青山就是金山银山”的发展理念，正确处理生态保护和产业发展的关系，走绿色发展的道路，不仅保护了生态环境、延伸了旅游产业链，而且带来了经济效益。

3.6.3 生态保护红利持续释放

通过青海湖生态保护和建设工程实施，青海湖地区生态环境明显改善，生态涵养更加丰富，生态活力不断好转，生态优势逐步转化为发展优势，生态保护触发的生态红利日益明显。绿色生态推动民生改善：实施生态保护工程，落实各类生态保护补偿资金，设立草原生态公益管护岗位等，改善了青海湖流域农牧民生产生活条件，拓宽了农牧民就业渠道，增加了其收入，人均可支配收入逐年增加。其中，海晏县和刚察县2019年人均收入增幅达到9.1%和8.9%，人均收入分别达到24098元和22608元。

3.6.4 农牧户生产经济效益

通过对农牧民进行问卷调查和访谈可知，在生态保护补助奖励政策下，当地生产方式逐渐由四季放牧转变为“人工草地＋牧区舍饲半舍饲”的草地生态畜牧业生产方式，即通过建立人工饲草基地、畜群周转、提高出栏率等方式进行农牧生产。此外，青海湖周边地区逐步把土地集中起来发展特色农业。同时，青海湖流域不断加强农牧业基础设施建设，提高农牧业综合生产能力，保证从事农牧业生产的农牧民收入水平稳步提高。

3.6.5 旅游业产业经济效益

青海湖本就是著名旅游胜地，吸引着海内外众多游客。但在工程实施之前存在着诸如环境破坏、当地服务人员态度较差等问题。青海湖流域生态保护工程的实施使生态环境和野生动植物栖息地环境不断得到有效改善，对湖区及周边的旅游业发展起到了明显的促进作用。同时，工程的实施使得从土地中解放出来的劳动力转投到旅游业中来，从事旅游业的人数增多。青海湖景区旅游人数也日益增多，旅游收入明显增加。2018年青海湖地区接待游客396.5万人次，旅游收入达到5.5亿元。随着互联网短视频的兴起和发展，青海旅游成为热门，为区域发展提供了新的契机。

3.7　生态保护、修复与建设集成模式及案例

3.7.1　生态保护、修复与建设集成模式

基于生态保护修复工程清单、生态保护修复技术清单、生态保护修复效果清单的梳理总结，作者认为青海湖流域生态保护修复工作推荐采用政府-企业-牧民全参与的生态保护修复集成模式，具体来说：

制度层面，首先要着力以青海湖国家公园为主，联合共和、海晏、天峻、刚察4个县级人民政府建立青海湖流域生态保护修复工作联席会议，搭建和创造政府、企业、牧民都能够参与的生态保护修复平台，实现政府-生态-社会共赢的良性循环。

空间层面，应在青海湖流域编制统一的国土空间规划及生态保护修复专项规划，明确城镇开发边界、永久基本农田、生态保护红线三条空间底线，构建以青海湖国家公园为主体的生态空间、以高原美丽城镇为支点的城镇空间、以载畜平衡为主要手段的农牧空间，统一实施以湿地、草地生态系统为保护修复对象的山水林田湖草沙生态保护修复工程，提升流域内水源涵养、防风固沙、固碳释氧等核心生态服务功能。

科学研究层面，应加强对青海湖为主要水体的湿地观测力度，构建空天地一体化的生态监测网络，搭建监测评价体系，定期开展对青海湖流域的生态健康体检。同时，应加大对青海湖流域生态保护修复的投入力度，重点研发湿地、草地、沙地生态修复技术，加大科研资金投入，设立专项科技基金，建立国家级科学工作站或重点实验室。

3.7.2　青海湖流域湿地修复典型案例

科技部于2008年正式启动“十一五”国家科技支撑计划重点项目“青海湖流域生态和环境治理技术集成与实验示范”。经过五年的实验示范研究，课题组研发了天然灌草封育保护、乡土灌木扦插快繁、沟垄集雨结合砾石覆盖种植等技术，提高了青海湖流域河谷湿地和湖滨湿地的生态系统功能，生态保护和恢复工作效果明显，并于2013年1月顺利通过课题验收（表3.9）。

表3.9 青海湖河谷湿地和湖滨湿地生态修复的主要技术和模式

类型	技术	模式
河谷湿地	乡土灌木扦插快繁技术	乌柳扦插、水柏枝扦插、柽柳扦插、生根粉处理、覆盖地膜处理
	灌草优化配置种植技术	乌柳栽植、金露梅栽植、沙棘栽植、有机肥施加、生根粉浸根
	天然灌草封育保护技术	铁丝网围栏封育保护
	沟垄集雨结合砾石覆盖种植技术	沟作覆膜、覆膜、覆砾石
	乌柳深栽结合工程护岸技术	—
湖滨湿地	适生牧草配置种植修复技术	单播种植早熟禾、中华羊茅、碱茅、披碱草、老芒麦和混播种植碱茅＋早熟禾＋披碱草、碱茅＋早熟禾＋老芒麦、碱茅＋中华羊茅＋老芒麦、碱茅＋中华羊茅＋披碱草
	封育修复技术	草地封育区和小湖泊封育区
	盐碱秃斑修复技术	覆膜、换土、覆膜换土
	灌木换土增湿修复技术	平植换土、平植换土覆膜、综合技术（沟垄洗盐＋换土覆膜）
	灌木沟垄洗盐修复技术	沟垄、沟垄洗盐
	灌木覆膜保温修复技术	换土覆膜、平植覆膜

工程实施过程中，对青海湖流域河谷湿地研发了乡土灌木扦插快繁、灌草优化配置种植、天然灌草封育保护等技术。对青海湖流域湖滨湿地研发了盐碱秃斑修复、灌木沟垄洗盐修复、灌木覆膜保温修复等技术。

湿地修复与生物多样性保护涉及许多学科与研究领域，该研究通过实验示范，提出了多种湿地修复技术，但未对不同湿地类型退化的内在机理和各种修复技术的作用机制进行研究，对于各种修复技术的长期效果还需进行持续观测和评估。

河床与河岸是河谷湿地的基础，因此，需要通过工程措施和生物措施维持河床与河岸的稳定。河谷湿地生态系统结构复杂，扰动后恢复力较强，对于轻度退化的河谷湿地可以通过控制放牧强度、实行轮牧、封育保护等措施减少人类活动干扰，促进原生植被的自然恢复。对于自然恢复时间较长的退化湿地，应当通过对乡土灌木的扦插快繁加速恢复进程，这样不仅经济投入少，而且见效快、恢复效果明显。对于严重退化已经无法自然恢复的湿地，可以通过沟垄集雨改善局地生境，在此基础上进行乡土植物的栽种。为了有效改善河谷湿地美学景观，可以适当引进观赏性较强的植物种类，但引种之前需要对其生境适应性和生态安全性进行全面评估。

受水位波动、放牧、道路施工等影响，青海湖流域湖滨湿地退化严重，而其自身脆弱的生态系统进一步加剧了修复难度。通过多年实验示范，筛选了适生牧草配置种植、封育、灌木换土增湿、沟垄洗盐、覆膜保温等修复技术。总体而言，对于轻度退化能够自然恢复的湖滨湿地，应当首先通过封育保护等措施减少人类扰动，促进原生植被自然恢复。对于受盐碱、干旱、低温制约的区域，可以通过沟垄集雨结合覆膜措施，逐步改善局地生境，在此基础上进行人工栽种，加速退化湖滨湿地恢复进度。换土措施虽然短时间内效果明显，但耗费大量的人力、物力和财力，而且气候、水文条件都未明显改善，一段时间后新换土壤的生长环境是否会恶化尚不明确，并将直接影响恢复植被的可持续维持，因此，实际应用中需要谨慎使用换土措施。关于湖滨湿地换土和洗盐技术的可行性还需要深入研究。

3.7.3 青海湖流域沙化土地治理及生态修复典型案例

青海湖是我国最大的内陆咸水湖，是维系青藏高原东北部生态安全的重要水体，是阻止西部荒漠化向东蔓延的天然屏障，在筑牢国家生态安全屏障的“生态链”中占据着十分重要的地位。

青海湖阻挡住了荒漠化向东蔓延，而湟鱼作为青海湖“生态链”中的重要一环，对维系青海湖流域“水-鸟-鱼”生态链和生物多样性发挥着至关重要的作用。通过多年努力，现今青海湖生态环境逐渐改善，人类享受保护生态惠泽的幸福时，保护湟鱼、保护青海湖、保护生态环境也成了全民共识。

国家和青海省积极支持防沙治沙科研项目，先后立项12项有关防沙治沙重点项目等，取得了一系列成果、防沙治沙技术模式，并得到推广应用。这些项目对青海省高原防沙治沙工程起到了科技支撑作用，取得了重大的生态效益、社会效益和经济效益（表3.10）。

表3.10 青海湖沙化土地治理技术和生态修复模式

类型	技术	模式
流动沙丘（地）	麦草方格沙障＋栽植实生苗沙棘＋直播沙蒿/柠条	主要筛选出1.5m×1.5m方格沙障，在沙障内栽植实生苗沙棘
	麦草方格沙障＋高杆深栽乌柳＋直播沙蒿/柠条	主要筛选出1.5m×1.5m方格沙障，在沙障内高杆深栽乌柳
	麦草方格沙障＋高杆深栽乌柳＋栽植沙棘实生苗＋直播沙蒿/柠条/花棒	主要筛选出1.5m×1.5m方格沙障，在沙障内直播沙蒿/柠条/花棒
	种植植物活沙障＋种植菊芋	种植燕麦、青稞和小麦方格活沙障，在沙障内种植菊芋固沙
半固定沙丘（地）	设置麦草行列式沙障＋种植沙棘	半固定沙丘（地）行列式沙障结合种植沙棘固沙
	设置麦草行列式沙障＋直播沙蒿/柠条	半固定沙丘（地）行列式沙障结合直播沙蒿/柠条固沙
	设置麦草行列式沙障＋高杆深栽乌柳	半固定沙丘（地）行列式沙障结合高杆深栽乌柳
	种植植物活沙障＋直播花棒	种植植物活沙障替代设置麦草沙障结合种植花棒
固定沙丘（地）	补播柠条	封育结合补播柠条固沙
	补播沙蒿	封育结合补播沙蒿固沙

青海省科学技术厅2016年下达了青海湖流域沙化土地综合治理技术集成示范项目（项目编号：2016-HZ-822）。通过该项目实施，在高寒沙区第一次建立了生物沙障＋乔木＋灌木＋草本＋中草药植物综合防沙治沙实验示范区，示范区内的流沙得到了控制，植被盖度增加，由12.18%增加到77.5%。流动、半固定沙丘区域面积缩小，固定沙地得到了快速、有效的恢复，生物多样性指数提高。实验筛选出适宜本沙区的设置麦草沙障技术，种植燕麦沙障技术，种植药材菊芋、大黄技术，种植燕麦和多年生草本混播技术及综合防沙治沙技术（张登山等，2016）。

该项研究为沙化土地治理、合理利用沙地资源提供了示范模式和理论依据，对高原沙化土地治理、生态保护和建设具有重要意义，可在青海湖流域沙区、共和盆地沙区以及三江源沙区推广应用。技术原理是通过设置、种植植物沙障，防止风沙移动，为栽植固沙树种、种植固沙植物创造良好生长条件，即采用工程和生物综合治沙技术，达到治理流动沙地的效果。同时，可以合理利用治沙植物资源，发展沙产业（张登山等，2014）。与国内外同类技术比较，以前治沙主要是以固沙为目的的，该项技术不仅可以固沙产生生态效益，同时可以兼顾经济效益，实现显著的生态效益、社会效益和经济效益。

青海湖流域等重点工程的人工治理措施也是沙化土地逆转的重要原因，主要实施了青海湖流域生态环境保护与综合治理工程、青海湖流域周边地区生态环境综合治理项目、“三北”防护林等重点工程。生态建设不仅改善了以往局限于环湖地区的状况，而且扩大到源头地区乃至整个青海湖流域，在更大的保护范围内使原有植被得到保护，植被覆盖度逐年增加。土地退化趋势明显好转，有效地遏制了水土流失，减少了风沙危害，提高了水源涵养功能，为青海湖湟鱼的生存发展提供了优良条件。总体来看，在自然因素有利的情况下，人为因素才是影响沙化土地动态变化的关键因素。因此，对青海湖及其周边地区沙化土地的治理必须采取综合治理措施，进一步巩固生态建设成果，这样才能保持沙化土地向好的变化趋势。

3.8 结　　论

本章梳理了2000年以来青海省各级政府在青海湖生态功能区实施的一系列生态保护修复工程，即七大类148项子工程，累计投资33.31亿元，形成了生态保护修复工程清单。

在工程清单的基础上提取了已知文献和政策、工程中所采用的生态保护修复技术，提炼总结出生态保护修复技术清单，即草地退化防治五大类16项28种；沙化土地治理六大类11项22种技术；湿地修复三大类3项10种。

同时，基于两个清单开展了青海湖流域植被覆盖度时空变化、青海湖裸鲤生态恢复工程及效果评估、生态工程实施的生态价值评估等研究。与此同时，结合实地调查问卷分析评价出生态工程实施前后的社会效益和经济效益，最终得出在全球变化和青藏高原暖湿化背景下，通过实施生态保护修复工程，青海湖流域生态环境得到大幅度改善，湿地面积持续增加，植被覆盖率不断提升，青海湖整体生态功能持续增强（水域面积持续扩大、水体水质状况良好、水生态环境总体保持稳定），沙地、裸地、盐碱化土地面积持续减少，流域内裸鲤等关键物种数量得到持续明显恢复的结论。

通过对实施的生态保护修复政策和工程的观察和评价，认为青海湖流域还应坚持自然恢复为主、人工修复为辅的生态环境保护理念，运用大数据、云计算等新一代计算机技术，加大对自然环境变化的监测力度，同时对保护修复的技术措施进行优化，在青海湖流域实施统一的"山水林田湖草沙"生态保护修复工程，合理划定流域内的"三生空间"（生产、生活、生态空间），实施全流域用途管制政策。

本章给出了青海湖流域生态安全格局管控规划，即共规划了18个类别65个生态功能（敏感）区。

在政策层面，应加强青海湖流域管理局与天峻、海晏、刚察、共和县政府的合作，形成"政府＋市场＋农牧民"的生态保护修复模式，同时建议在青海湖流域构建以青海湖国家公园为主体的自然保护地体系，探索国家公园和地方政府协同管理的治理模式，形成青海湖生态保护修复样板，为青海省建设国家公园示范省添砖加瓦。

第4章 柴达木生态功能区生态保护、修复与建设集成模式

4.1 引　　言

4.1.1 研究背景和意义

柴达木盆地地处青海省西北部，是青藏高原北部边缘一个巨大的山间盆地，南临昆仑山，北倚祁连山，西北是阿尔金山脉，东为日月山，为封闭的内陆盆地。地理位置为90°16′E～99°16′E、35°00′N～39°20′N，东西长约850km，南北宽350～450km，行政区划隶属于海西州，拥有国内面积最大、唯一一个布局在青藏高原地区的区域性循环经济试点园区，是国家西部大开发、循环经济特色工业产业发展的核心地区，是青海省经济社会发展最具活力的区域，承担着支撑全省经济与社会跨越发展、支援西藏建设、稳定西北边疆的重任，对青海省经济社会发展起着举足轻重的作用。

近年来，随着西部大开发战略的实施，由于自然因素与不合理人类活动的影响，柴达木盆地的生态环境恶化问题日益突出，严重制约了该区社会-生态-经济的协调发展。主要表现为：

1. *天然沙生植被破坏严重*

长期以来天然乔木林和沙生灌木林不断遭到破坏。1954年以来共砍伐林木20多万立方米，破坏了50%以上的森林资源，森林面积减少20%。随着盆地的陆续开发，人口激增，但生活能源问题并未得到妥善的解决，人们大量采挖柽柳、白刺等沙生植被作为燃料，致使20世纪50年代以前生长旺盛、茂密的沙生植被破坏，面积达133多万公顷。在青藏公路以格尔木为中心的东西沿线200～300km、南北宽25～35km的范围内，沙生灌木基本上被采挖光。在人口密集地段，纵横几十千米的沙生植被已被破坏殆尽。都兰县从夏日哈至诺木洪公路两侧的沙生植被被破坏了一半，乌兰县从尕旺秀到怀头他拉植被破坏也很严重。虽然90年代以来地方政府通过各种方式加强对沙生植被的保护，但由于生活燃料问题并未根本解决，加之新迁、采金人员的增加，缺柴户达60%～70%，沙生植被的破坏并未得到有效遏制，砍挖速率仍达2万t/a，沙生植被正以每年6.66万hm^2左右的速度继续被破坏。如不采取有效措施，按此破坏速

度发展，盆地的全部沙生植被将在25年左右的时间内被破坏殆尽。

2. 草场大面积退化

新中国成立以来，盆地的人口增长了近20倍，牲畜总头数增长了近3倍，20世纪70年代曾一度增长到4.5倍。柴达木虽然草场面积大（630多万公顷），但由于降水稀少，气候干旱，植物种类少，覆盖度低（一般为25%左右，低者不足10%），初级生产力低，加之尚有186多万公顷的草场缺水，难以充分利用，天然草场的实际负载能力很低。1950年每只羊单位占有草场11.7hm^2，1965年降为2.2hm^2，1982年降到1.9hm^2，1990年降至1.3hm^2，草场放牧强度增加9倍多。过度强化利用天然草场，引起天然草场大面积退化，退化草场面积约占草场总面积的1/3。退化草场杂草、毒草急剧增多，植被更加稀疏、低矮，形成了适于高原鼠兔、高原鼢鼠等小型啮齿动物的栖息生境和丰富的食物条件，鼠类数量剧增。害鼠不仅采食牧草及其根茎，还掘土打洞，破坏植被，增加了土壤的风蚀和水蚀风险，引起土壤退化，进一步减少了草场的可利用面积和优良牧草的生产力，从而进一步降低了草场的负载能力，加速了草场的退化，草地生态系统处于恶性循环之中。如不采取措施，鼠害严重的草场将演化为寸草不生的次生裸地，土壤逐渐旱化、沙化。目前，盆地的鼠害面积约占可利用草场总面积的1/6，还有逐步扩大和加重的趋势。

3. 土地沙漠化继续加剧

古近纪-新近纪中新世开始的喜马拉雅运动，使柴达木盆地气候逐渐干旱，山体干燥剥蚀，在风力和水的作用下出现了沙漠和戈壁。第四纪青藏高原剧烈抬升，阻断了西南季风北上，西风强化，盆地的干旱进一步增强，盆地的持续沙漠化进程更加强盛，沙漠面积不断扩大。风是盆地地貌形成的主要外营力，风蚀和风积地貌随处可见。盆地风成沙的沙源来源于盆地本身，由于沙源有一定的局限性，不够丰富，因而盆地沙漠分布比较零散，面积不大，沙丘规模也较小。由此可见，由沙漠化气候决定的盆地自然沙化速度并不快。但大规模地破坏森林和沙生植被，一方面使强劲的西北风失去阻挡而风力加强，另一方面固定和半固定沙丘活化，沙粒重新被风吹扬，增加了沙源，增大了沙漠化速度。此外，大面积撂荒地的土壤风蚀显著加剧，也加速了沙化。柴达木盆地几百万年来积累的沙漠化面积并不大，截至1959年包括戈壁、风蚀残丘和各类沙丘在内的总面积是580万hm^2，只占盆地总面积的22%。但自1960年盆地大规模开荒和修筑公路、铁路及矿产资源开发以来，因没有注意生态环境的保护，植被被大量破坏，沙漠化面积迅速扩大，1994年剧增到1025.4万hm^2，增长了0.77倍，沙化面积以每年2.2%、12.73万hm^{2}的速度增加。因此，脆弱的生态环境严重制约了柴达木盆地丰富矿产资源开发与社会经济的发展。

4. 水源减少，河湖萎缩

由于植被大面积破坏，土壤涵养水分能力降低，香日德河1995年出现了90年来未有过的断流，香日德至科尔一带的沟系过去水流不息，现多成为干沟。乌兰县都兰河流量只相当于20世纪50年代的60%左右。湖泊萎缩，1958年达布逊湖的湖面积为334.7km^2，水深1.02m，到1988年湖面积只有200km^2，水深还不足0.5m。希里沟地区民用土井水位下降约1.5m，不少水井已经干涸。因许多山泉干枯，靠泉水补给的河流流量减少或干涸。目前，盆地的水源不足，许多耕地只能浇1～2次水，草原灌溉更困难。若要提高当前的灌溉水利用率，则需要大量投资兴修水利设施。水源的减少，对于极度干旱的柴达木盆地来说是十分严重的问题。

4.1.2 研究内容

针对水资源短缺、生态系统脆弱、生态环境的敏感性和不稳定性等问题开展柴达木盆地生态环境与社会经济发展评价，确定生态保护目标、社会经济发展目标，筛选柴达木盆地绿色发展的主要关键技术，依据绿色产业发展的需求，对相关技术进行集成，形成盐湖化工、石油化工、新能源产业、特色生物产业的配套技术模式，实现盆地社会-生态-经济的协调发展和“一优两高”战略的实施。

4.1.3 技术路线

针对柴达木盆地荒漠生态功能区生态环境保护建设与社会经济发展现状，总结生态保护技术和措施，分析建设成效并梳理存在的问题。依据功能区的主要生态功能，确定评价指标体系，系统评估已开展的保护、修复、建设措施的成效，提出生态保护和建设的集成优化模式，明确生态价值和应承担的生态保护责任，为全面履行青海省生态责任提供决策依据和科技支撑。

4.2 研究区概况

4.2.1 自然概况

1. 地理位置

柴达木生态功能区行政区域为海西州，其下辖格尔木、德令哈两市，乌兰、都兰、天峻3县，大柴旦、冷湖、茫崖三个行政委员会（简称行委），总面积30.09万km^2。因格尔木市唐古拉山镇的全部行政区域和德令哈市、天峻县、大柴旦行委部分区域已分别纳入《青海三江源生态保护和建设二期工程规划》《青海湖流域生态环境保护与综合治理规划》《祁连山生态保护与建设综合治理规划》等重大区域性生态保护和建设规划实施范围，本研究范围仅含格尔木市、天峻县、德令哈市、大柴旦行委部分区域，乌兰、都兰、茫崖、冷湖等两县两行委全部区域，地理坐标为35°00′N～39°20′N，90°16′E～99°16′E，面积22.92万km^2。

2. 地形地貌

柴达木生态功能区位于柴达木盆地内，该盆地是一闭合的高原内陆盆地，四周高，中间低，外缘海拔一般在4000～5000m，底部海拔一般在2700～3200m。在平面上呈现北西西—南东东走向，地貌复杂多样，垂直分异明显。盆地内部北侧连续分布着赛什腾山、绿梁山、锡铁山和沙克利山，将盆地北部分割成一连串小型山间盆地。从盆地四周边缘到盆地中心依次为高山、戈壁、固定半固定沙丘和风蚀丘陵、细土平原带、盐沼、湖泊等地貌类型。盆地南部为山前洪积平原，有一条东西漫长的戈壁带，有大面积沙丘分布。盆地西部风力强劲，形成以剥蚀作用占优势的丘陵区，“雅丹”地貌分布很广。盆地中部和南部为湖积冲积平原，多盐湖和盐水沼泽。

3. 气候

柴达木盆地在区域上分为干旱荒漠区和盆地四周高寒区。干旱荒漠区深居大陆腹地，海拔较低，四周高山环绕，降水稀少，气候干燥，太阳辐射强，日温差较大，无霜期较短。盆地四周高寒区地势高峻、气候寒冷，海拔在3500～6860m，年均气温在0℃以下的时间长达6个月以上，空气干燥稀薄，日照时间较长，太阳辐射较强。除山谷地带外，年日照数均在2700小时以上，年太阳辐射量达600kJ/cm^2以上。

就整个盆地而言，降水量稀少，属干旱带，降水量自东南向西北递减，东南部降水多在100～300mm，西北部降水量仅25mm左右；降水年际变化也较大，年降水量变差系数CV大多在0.3～0.5。盆地多年平均蒸发能力界于1300～2300mm（E601蒸发器观测数据），全盆地平均值为1581.8mm。

受地形和纬度的影响，盆地中间气温高，四周低，南部高，北部低。气温最低的1月，盆地内最低气温为－9.8～－16.1℃，山区为－14.7～－17.2℃。气温最高的7月盆地内平均为13.5～19.2℃，山区为5.6～10.4℃。盆地日照时间长，太阳辐射强，年日照数普遍在3100小时以上。盆地全年8级以上大风18～137天，平均风速一般在3～4m/s。

4. 水文

盆地河流具有数目多而分散、流程短而水量小的特点。四周山区降水量大，高山终年积雪，冰川广布，河流均源于此，流向盆地中部。在山区，河网密度大，支流多且长，干支流呈格子状水系。河流出山口后，水量一般逐渐减少或变为季节性河段或中途消失。因地势平坦，水流之间汇入、分出，甚至跨水系汇入、分出，很难确定主河槽，河道多呈扇状或辫状分流。

柴达木盆地受新构造运动的影响，被分割成多个次一级盆地，进而形成多个辐合向心水系。河网在地区分布上很不均匀，多雨的东南部和东北部水系发育，河网较密集、径流相对丰沛；干旱少雨的西北部，则河流稀疏；中部为大面积的无径流区。

5. 土壤

根据国家土地分类的原则、规定及分类依据，柴达木盆地土壤划分为15个土类。其中，分布于山区的主要有灰褐土、石质土、粗骨土、山地草甸土、高山草甸土、高山草原土、高山漠土和高山寒漠土。

棕钙土分布于柴达木盆地东部，即脱土山到怀头他拉一线以东的山间盆地洪积扇河流两岸阶地。灰棕漠土分布于柴达木盆地西部，在怀头他拉-脱土山一线以西的山前洪积扇、山前坡积裙、风蚀残丘和洪积扇中上部，直至盆地西缘，海拔3600m以下的广大地区均有分布。新积土分布于柴达木盆地那棱格勒河、巴音河、香日德河等河流的下游或出山口地段河漫滩。草甸土主要分布于柴达木盆地各河沿岸低洼地段、河漫滩、泉水溢出地段及湖滨洼地、低平积水地等，呈斑块状、条带状零星分布。沼泽土是隐域性水成土壤，高山盆地均有分布。盐土广泛分布于柴达木盆地。

6. 植被

由于特殊的地理位置和干旱气候的影响，柴达木盆地植被稀疏，覆盖度低，土壤风蚀、盐渍化严重，为典型脆弱生态系统。

柴达木盆地的植被属荒漠半荒漠植被，旱生和盐生是盆地植物突出的生态特性。植物叶面缩小或退化，根系发达且具深根性，植株矮小，多呈丛生状，并且多具有泌盐功能，以适应极度干旱和土壤盐渍化生态环境。植物群落结构简单，组成种类少，植物稀疏，常由单种或3～4种植物构成单层空间结构的群落。

植被覆盖度很低，一般在25%左右，低者不足10%，流动沙丘的植被盖度常在1%以下。在德令哈和宗加以东，几乎无裸露荒漠；但在其以西，出现局部裸露戈壁、裸露石山和裸露盐碱地；而在格尔木与大柴旦以西，则出现绵延数百千米的各类裸露荒漠，如裸露戈壁、裸露沙地、裸露石山、裸露盐漠和裸露风蚀地等；盆地中心为裸露盐碱地、盐壳和盐湖，这些无植被的裸露地约占盆地总面积的65%。

在有植被的地区，荒漠植被占植被总面积的63%左右。主要为沙生和盐生矮灌木，有梭梭、盐爪爪、沙拐枣、骆驼刺、白刺、柽柳和麻黄等，分布于洪积砾石戈壁、洪积平原沙漠带。草本植物主要分布在地下水位较浅的洪积平原下缘细土带及湖积平原，靠近盆地中心。由于水分矿化度较高，柴达木盆地均为耐盐湿生草类，如芦苇、赖草、海乳草和盐角草等。

4.2.2 经济社会

在新中国成立以前，柴达木盆地主要是游牧区，1949年人口仅1.95万人，耕地面积只有3万亩，工业生产几乎没有。新中国成立后，随着国有农场的建立，种植业得到发展。开垦面积在50年代末曾达到129万亩。柴达木盆地矿产资源非常丰富，从50年代开始，国家组织科研力量对盆地的资源进行勘探，并陆续开发。改革开放以来，特别是西部大开发以来，柴达木盆地的工业得到迅速发展，建成一大批具有地方特色的工业项目，形成了以石油天然气、电力、有色金属、盐化工和煤炭开采加工为主的支柱产业，工业已成为国民经济增长的主导产业。2005年国务院批准将青海省柴达木循环经济试验区列为国家首批13个循环经济产业试点园区之一，成为柴达木经济发展新的契机。

2018年末柴达木地区常住人口51.86万人，比上年末增长0.7%。按城乡分，城镇人口37.4万人，占总人口的比例（常住人口城镇化率）为72.12%，比上年末提高0.12个百分点；乡村人口14.46万人，下降0.3%。户籍人口40.49万人，下降0.2%。户籍人口中，城镇人口27.97万人，占总人口的比例（户籍人口城镇化率）为69.08%，比上年末提高0.07个百分点；乡村人口12.52万人，下降0.4%。男性人口20.57万人，下降0.1%；女性人口19.92万人，下降0.3%。户籍人口出生率11.78‰，下降1.57个千分点；死亡率5.34‰，下降1.51个千分点；人口自然增长率6.44‰，下降0.03个千分点。

2018年，柴达木生态功能区完成地区生产总值625.27亿元，同比增长8.3%，高出全省平均水平1.1个百分点。其中，第一产业完成33.36亿元，增长7.6%，高出全省平均水平3.1个百分点；第二产业428.4亿元，增长8%，高出全省平均水平0.2个百分点；第三产业163.51亿元，增长9.1%，高出全省平均水平2.2个百分点。

规模以上工业增加值增长7.8%，低于全省平均水平0.8个百分点。固定资产投资增长9.1%，高出全省平均水平1.8个百分点。社会消费品零售总额完成81.04亿元，增长7%，高出全省平均水平0.3个百分点。地方一般公共财政预算收入完成54.48亿元，增长8.7%，低于全省平均水平2.1个百分点。公共财政预算支出完成138.18亿元，增长9.8%，高出全省平均水平2.2个百分点。全体居民人均可支配收入27772元，增长9%，低于全省平均水平0.2个百分点。其中，城镇常住居民人均可支配收入32718元，增长8.2%，高出全省平均水平0.2个百分点；农村常住居民人均可支配收入13755元，增长9.1%，低于全省平均水平0.7个百分点。

4.3　生态保护工程清单

4.3.1　数据搜集

搜集了《青海省柴达木循环经济试验区总体规划》、《海西州特色农牧业“十二五”发展规划》、《海西州国民经济和社会发展第十三个五年规划纲要》、《海西州林业“十三五”发展规划》（简称《林业发展规划》）、《海西州水土保持生态建设“十三五”规划（2016～2020年）》（简称《水土保持规划》）、《青海省柴达木循环经济试验区水资源综合规划报告》、《海西州环境保护“十三五”规划》（简称《环境保护规划》）、《海西州“十三五”农牧业发展规划》、《海西州特色农牧业“十三五”发展规划》（简称

《特色农牧业发展规划》）等资料作为数据来源。

4.3.2 生态工程清单

根据《海西州特色农牧业“十二五”发展规划》《林业发展规划》《水土保持规划》《环境保护规划》《特色农牧业发展规划》等，“十二五”“十三五”期间，在柴达木盆地开展的生态保护、修复、建设等工程和项目有70余项，累计投入资金（包括中央和地方专项及自筹等资金）约273亿元，其中，“十二五”投入34亿元，占比12%，“十三五”投入239亿元，占比88%。“十三五”期间，《林业发展规划》中有关生态环境保护和建设的投资最多，约为145亿元，占到60.6%；其次是《特色农牧业发展规划》和《环境保护规划》，有关生态环境保护和建设的投资分别约为51亿元和42亿元，占比21.4%和17.6%；《水土保持规划》中最少，约为1.0亿元，占比0.4%（图4.1）。

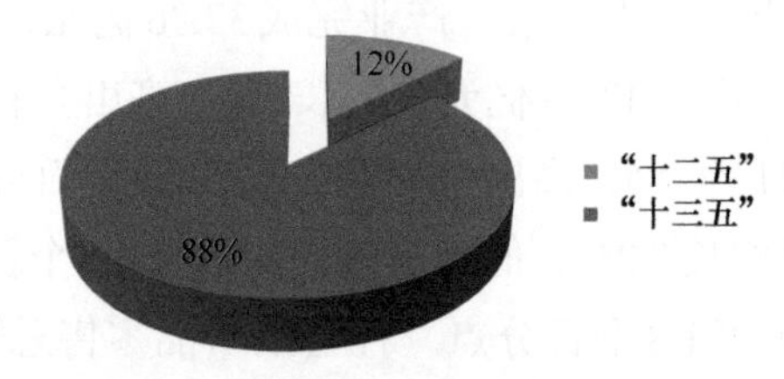

(a) “十二五”“十三五”资金投入情况

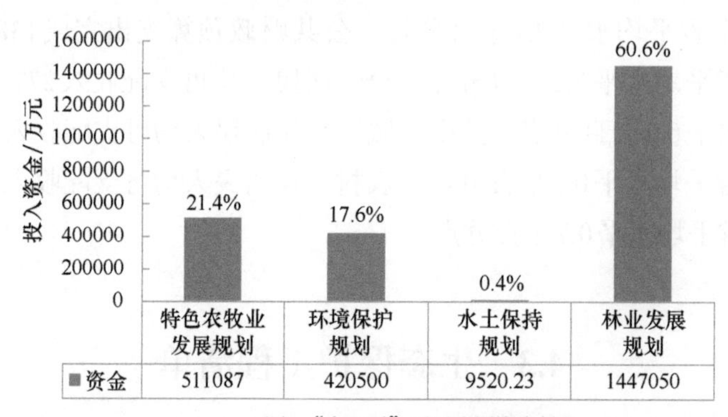

	特色农牧业发展规划	环境保护规划	水土保持规划	林业发展规划
■资金	511087	420500	9520.23	1447050

(b) “十三五”不同来源资金投入

图4.1 柴达木生态功能区生态工程投资

柴达木地区：涉及森林资源保护工程、湿地保护与恢复工程、重点生物物种保护工程、“三北”等重点生态区域生态修复工程、防沙治沙工程、身边增绿工程、林业基础设施建设工程、特色林产业基地建设工程、水土保持生态建设工程、环境保护工程、三江源生态保护和建设二期农牧工程、祁连山生态保护与建设综合治理农牧工程、原生态治理农牧工程、退牧还草工程、草原生态补助奖励政策、已退垦草原植被恢复工程、草原节水灌溉示范工程、防灾减灾工程等70余项，保护和治理面积共计20440万亩，投资金额达273亿元（表4.1）。

表 4.1　柴达木生态功能区生态保护、修复、建设工程清单

序号	生态工程名称	主要措施	实施年份	实施地点	完成情况和实施面积/万亩	总投资/万元
					20440.3	**2732560**
1	海西州草地退化治理项目	黑土滩治理、沙化草地治理、灭鼠、灭虫	2011～2015年	大柴旦、冷湖、茫崖、都兰、乌兰、天峻、格尔木、德令哈	2030	63885
2	草地建设标准化示范基地	草地标准化示范基地建设	2011～2015年	大柴旦、冷湖、茫崖、都兰、乌兰、天峻、格尔木、德令哈	50	25000
3	柴达木荒漠草地产业开发项目	建灌溉草地、围栏草地、人工草地	2011～2015年	都兰、格尔木、德令哈、乌兰	224	10000
4	饲草料基地建设项目	种植各类牧草及水利工程配套设施建设	2011～2015年	大柴旦、冷湖、茫崖、都兰、乌兰、天峻、格尔木、德令哈	10	15000
5	退牧还草工程项目	禁牧，包括围栏、草地改良、管护等	2011～2015年	大柴旦、冷湖、茫崖、都兰、乌兰、天峻、格尔木、德令哈	1000	50000
6	草原生态保护补助与奖励项目	全面实施禁牧补助、草畜平衡奖励等相关政策	2011～2015年	大柴旦、冷湖、茫崖、都兰、乌兰、天峻、格尔木、德令哈		180000
7	湿地保护奖励试点项目	湿地保护	2014年	格尔木		500
8	可鲁克湖-托素湖自然保护区湿地保护二期建设工程	自然保护区	2014年、2015年	德令哈		1218
9	湿地保护奖励试点项目	湿地保护与恢复	2015年	都兰		300
10	湿地保护奖励试点项目	湿地保护奖励	2015年	德令哈、乌兰		1000
11	国家重点公益林生态效益补偿基金	公益林管护	2016～2020年	大柴旦、冷湖、茫崖、都兰、乌兰、天峻、格尔木、德令哈	1834.0	55020
12	中央预算内湿地保护工程	湿地保护和恢复	2016～2020年	格尔木、德令哈、都兰、乌兰、天峻、大柴旦、茫崖、冷湖	200	10000
13	国家湿地公园建设项目	保护管理、湿地恢复、科普宣教、科研监测等	2016～2020年	乌兰、德令哈、都兰、天峻	52	48000

续表

序号	生态工程名称	主要措施	实施年份	实施地点	完成情况和实施面积/万亩	总投资/万元
14	青海柴达木梭梭林国家级自然保护区建设项目	保护管理、科研监测、宣传教育、社区发展、基础设施等	2016～2020年	乌兰、德令哈、都兰	465.8	7800
15	青海格尔木胡杨林省级自然保护区建设项目	保护管理、科研监测、宣传教育、社区发展、基础设施等	2016～2020年	格尔木	6.3	6070
16	野生枸杞保护点和种质资源保护地建设项目	建设保护点、保护地，设置保护标志、界桩、宣传牌，拉设网围栏	2016～2020年	乌兰、德令哈、都兰、格尔木		3000
17	胡杨、黑果枸杞种资保护繁育建设项目	就地、迁地保护、繁育和造林	2016～2020年	乌兰、德令哈、都兰、格尔木		1000
18	“三北”防护林五期工程建设项目	人工造林，封山育林，退化林分改造	2016～2020年	大柴旦、冷湖、茫崖、都兰、乌兰、天峻、格尔木、德令哈	175	18350
19	森林经营建设项目	森林抚育，低效林改造	2016～2020年	大柴旦、冷湖、茫崖、都兰、乌兰、天峻、格尔木、德令哈	15	5000
20	干旱半干旱地区节水造林建设项目	节水造林	2016～2020年	大柴旦、冷湖、茫崖、都兰、乌兰、天峻、格尔木、德令哈	5	25000
21	农田防护林建设项目	新建、更新、改造农田防护林	2016～2020年	大柴旦、冷湖、茫崖、都兰、乌兰、天峻、格尔木、德令哈	4	24000
22	防沙治沙综合示范区建设项目	防风固沙林	2016～2020年	都兰、格尔木	5	3570
23	国家级沙漠化土地封禁保护区建设项目	沙漠化土地封禁保护区	2016～2020年	乌兰、冷湖、茫崖	619.4	15000
24	国家沙漠公园建设项目	新建国家沙漠公园8处	2016～2020年	乌兰、冷湖、茫崖、格尔木、都兰、德令哈		38300
25	机场绿化建设项目	绿化人工造林，配套灌溉及管护设施	2016～2020年	格尔木、德令哈、茫崖	1.0	17800
26	铁路绿化建设项目	沿线绿化、工程治沙	2016～2020年	乌兰、德令哈、格尔木	1.4	18120
27	国道绿化建设项目	绿化及工程治沙	2016～2020年	格尔木、德令哈、都兰、乌兰、茫崖	6.2	128370

续表

序号	生态工程名称	主要措施	实施年份	实施地点	完成情况和实施面积/万亩	总投资/万元
28	库区绿化建设项目	绿化	2016～2020年	德令哈、都兰和乌兰	0.7	8800
29	园区绿化建设项目	林草绿化	2016～2020年	格尔木和德令哈	1.0	60000
30	新农村村庄绿化项目	村庄绿化	2016～2020年	格尔木、德令哈、都兰、乌兰		1250
31	美丽校园绿化项目	校园绿化	2016～2020年	大柴旦、冷湖、茫崖、都兰、乌兰、天峻、格尔木、德令哈		1500
32	森林资源利用监管体系建设项目	林地年度变更调查、互联网＋等森林资源利用监管体系建设	2016～2020年	大柴旦、冷湖、茫崖、都兰、乌兰、天峻、格尔木、德令哈		2000
33	林业有害生物防控建设项目	有害生物无公害防治	2016～2020年	大柴旦、冷湖、茫崖、都兰、乌兰、天峻、格尔木、德令哈	80	4000
34	森林公安、防火基础设施建设项目	森林消防专业队伍能力建设	2016～2020年	大柴旦、冷湖、茫崖、都兰、乌兰、天峻、格尔木、德令哈		19000
35	国有林场基础设施建设项目	林场林区道路、供电、通信等基础设施建设	2016～2020年	德令哈、格尔木		18000
36	野生动物救护及疫源疫病监测建设项目	救护及疫源疫病监测中心建设	2016～2020年	大柴旦、冷湖、茫崖、都兰、乌兰、天峻、格尔木、德令哈		9000
37	林业科技推广体系建设项目	林业科技推广基础设施和能力建设	2016～2020年	大柴旦、冷湖、茫崖、都兰、乌兰、天峻、格尔木、德令哈		2500
38	林木种苗基地建设项目	建设林木野生种质资源库、保障性苗圃及育苗基地	2016～2020年	大柴旦、冷湖、茫崖、都兰、乌兰、天峻、格尔木、德令哈	0.7	20000
39	枸杞基地建设项目	枸杞基地建设	2016～2020年	大柴旦、冷湖、茫崖、都兰、乌兰、天峻、格尔木、德令哈	42	160500
40	肉苁蓉种植示范基地项目	肉苁蓉种植示范基地建立	2016～2020年	德令哈、乌兰	1.6	4800
41	林下经济发展项目	建成森林景观利用景点、林区农家乐	2016～2020年	大柴旦、冷湖、茫崖、都兰、乌兰、天峻、格尔木、德令哈		12250

续表

序号	生态工程名称	主要措施	实施年份	实施地点	完成情况和实施面积/万亩	总投资/万元
42	国家农业综合开发林业项目	经济林建设	2016～2020年	大柴旦、冷湖、茫崖、都兰、乌兰、天峻、格尔木、德令哈		5000
43	油牡丹产业化项目	油用牡丹基地建设	2016～2020年	大柴旦、冷湖、茫崖、都兰、乌兰、天峻、格尔木、德令哈	5	100000
44	城乡绿化项目	城乡防护林建设	2016～2020年	大柴旦、冷湖、茫崖、都兰、乌兰、天峻、格尔木、德令哈	1.8	116750
45	枸杞产业园区建设项目	枸杞产业园区建设	2016～2020年	德令哈、都兰、格尔木、乌兰		360000
46	祁连山生态环境保护与综合治理工程	生态林建设、沙漠化土地治理，特色经济林、湿地保护	2016～2020年	德令哈、天峻、大柴旦	139.7	4500
47	柴达木盆地百万亩防沙治沙林基地建设项目	人工造林、封（沙）山育林工程治沙	2016～2020年	大柴旦、冷湖、茫崖、都兰、乌兰、天峻、格尔木、德令哈	100	24300
48	柴达木盆地内陆河流域生态环境保护和综合治理建设工程	人工造林种草、水源涵养林恢复改造	2016～2020年	大柴旦、冷湖、茫崖、都兰、乌兰、天峻、格尔木、德令哈	240	36000
49	昆仑山国家公园建设项目	国家公园体制建设	2016～2020年	格尔木		50000
50	西大滩生态防治工程	防风固沙林、天然林封育、人工种草、草场改良、天然草封禁、网围栏建设、谷坊、拦沙堤坝	2016～2020年	格尔木	10.7	2314.63
51	野牛沟生态防治工程	防风固沙林、天然林封育、人工种草、草场改良、天然草封禁、网围栏建设、谷坊、拦沙堤坝	2016～2020年	格尔木	10.7	2314.63
52	渔水河生态防治工程	防风固沙林、天然林封育、人工种草、草场改良、天然草封禁、网围栏建设、谷坊、拦沙堤坝	2016～2020年	格尔木	14.2	3086.19

续表

序号	生态工程名称	主要措施	实施年份	实施地点	完成情况和实施面积/万亩	总投资/万元
53	乌图美仁河生态防治工程	防风固沙林、天然林封育、人工种草、草场改良、天然草封禁、网围栏建设、谷坊、拦沙堤坝	2016～2020年	格尔木	16.6	1804.78
54	水生态保护	生态流量保障	2016～2020年	乌兰		99500
55	重点地区生态保护	生态保护与综合治理工程、沙化土地封禁保护区建设、自然保护区建设	2016～2020年	大柴旦、冷湖、茫崖、都兰、乌兰、天峻、格尔木、德令哈		122000
56	矿区生态恢复治理	生态综合治理	2016～2020年	大柴旦、冷湖、茫崖、都兰、乌兰、天峻、格尔木、德令哈		199000
57	黑土滩治理工程项目	黑土滩治理	2016～2020年	格尔木	25	3750
58	草原有害生物防控工程项目	防治草原鼠虫害、毒草治理	2016～2020年	格尔木	350	4100
59	退化草地治理工程项目	沙化草地治理、退化草地补播	2016～2020年	德令哈、乌兰、天峻、大柴旦	398.5	36767
60	草原有害生物防控工程项目	草原鼠虫害、毒草防治	2016～2020年	德令哈、乌兰、天峻、大柴旦	1991	9959
61	草地生态保护支撑项目	人工饲草料基地建设	2016～2020年	德令哈、乌兰、天峻、大柴旦	10	4800
62	草原防火项目	防火库及配套设备设施	2016～2020年	德令哈、乌兰、天峻、大柴旦		1260
63	黑土型退化草地综合治理项目	黑土型退化草地综合治理	2016～2020年	大柴旦、冷湖、茫崖、都兰、乌兰、天峻、格尔木、德令哈	50	10000
64	沙化型退化草地治理项目	沙化型退化草地治理	2016～2020年	大柴旦、冷湖、茫崖、都兰、乌兰、天峻、格尔木、德令哈	34	5100
65	柴达木荒漠化沙化土地治理，种草、药、树建设项目	种草、药、枸杞	2016～2020年	德令哈、乌兰、都兰、格尔木、大柴旦	10	40000
66	退牧还草工程	休牧、轮牧、草原补播改良、人工饲草地、舍棚和护草棚建设	2016～2020年	大柴旦、冷湖、茫崖、都兰、乌兰、天峻、格尔木、德令哈	510	157400

续表

序号	生态工程名称	主要措施	实施年份	实施地点	完成情况和实施面积/万亩	总投资/万元
67	草原生态补助奖励政策	天然草原禁牧补助、草原平衡奖励	2016～2020年	大柴旦、冷湖、茫崖、都兰、乌兰、天峻、格尔木、德令哈	9680	224981
68	已退垦草原植被恢复工程	种植优质牧草	2016～2020年	大柴旦、冷湖、茫崖、都兰、乌兰、天峻、格尔木、德令哈	10	1500
69	草原节水灌溉示范工程	草原水利设施建设	2016～2020年	大柴旦、冷湖、茫崖、都兰、乌兰、天峻、格尔木、德令哈	3	4500
70	草原生物灾害防治站和监测点建设项目	设立防治站、监测点	2016～2020年	德令哈、格尔木、都兰、乌兰、天峻、大柴旦		2000
71	草原火情监控站和监测点建设项目	设立火情监测点	2016～2020年	大柴旦、冷湖、茫崖、都兰、乌兰、天峻、格尔木、德令哈		660
72	草原雪灾防灾设施建设项目	建设防灾抗灾基础设施	2016～2020年	德令哈、格尔木、都兰、乌兰、天峻		3500
73	国家草原固定监测点建设项目	建设国家级固定监测点、配套生态系统定位监测设备和室内试验器材	2016～2020年	德令哈、格尔木、都兰、乌兰、天峻、茫崖		660
74	防灾减灾饲草料储备体系建设项目	建设防灾储备库	2016～2020年	天峻		150

大柴旦、冷湖、茫崖、都兰县、乌兰县、天峻县、格尔木市、德令哈市：2011～2020年，海西州各县全面实施草畜平衡奖励等相关政策，开展草原生态保护补助与奖励项目40.5亿元、矿区生态恢复治理19.9亿元、枸杞基地建设项目16.05亿元、退牧还草项目15.74亿元、重点地区生态保护12.2亿元、城乡绿化项目11.68亿元、油牡丹产业化项目10亿元等，累计投入170亿元，保护治理面积1.59亿亩。

冷湖行委：主要工程有中央预算内湿地保护（湿地保护面积10万亩）、国家级沙漠化土地封禁保护区建设、国家沙漠公园建设，主要生态保护技术为湿地保护、封禁，建设国家公园。

茫崖行委：主要工程有国家级沙漠化土地封禁保护区建设、国家沙漠公园建设、机场绿化建设、国道绿化建设，生态保护技术采用沙漠化土地封禁、建设国家沙漠公园、机场绿化、人工造林、配套灌溉及管护设施等。

格尔木市：昆仑山地质公园位于格尔木市，是一个集科学研究、科学普及、登山探险、观光游览和休闲度假于一体，科学内涵丰富、地方特色浓郁、文化气息浓厚、极具观赏价值的综合性自然公园。格尔木市在枸杞产业园区建设、国道绿化、种草、种药等方面实施了许多生态保护工程，生态保护技术主要为生物和工程治沙。

德令哈市：德令哈市尕海国家湿地公园占地16.8万亩，主要开展保护管理、湿地恢复、科普宣教、科研监测等活动，其是德令哈市重要的国家湿地公园建设工程，其他还实施了枸杞产业基地建设。草地治理，国道园区绿化，荒漠化沙化土地治理，种草、药、树等工程，采用的生态保护修复技术主要包括林草绿化，工程治沙，退化草地补播，发展枸杞、牧草、药材产业等。

都兰县：主要实施的生态工程包括湿地保护工程、柴达木梭梭林国家级自然保护区工程建设、防沙治沙综合示范区建设、国家沙漠公园建设等。主要生态保护技术方式为防护林工程、枸杞及特色农牧业发展。

乌兰县：主要生态工程包括国家级沙漠化土地封禁保护区建设、枸杞产业园区建设、水生态保护、退化草地治理、草原防火等，主要技术包括建设防护林，绿化，草原鼠虫害、毒草防治，人工饲草料基地建设，防火库及配套设备设施建设等。

4.4　生态保护技术清单

4.4.1　生态保护技术现状

柴达木盆地是中国三大内陆盆地之一，主要分布在青海省海西州。除湖泊外，柴达木盆地更多的是风蚀丘陵和戈壁沙漠。也正因为如此，这里是青海省沙化最多、治理难度最大、保护任务最艰巨的地区。盆地内气候干旱、寒冷、多风，沙漠化土地总面积94666.7km^2，是我国沙化土地分布海拔最高的地区。

为缓解土地沙漠化带来的生态危机，2001年以来，海西州争取到国家多项投资，在保护好原有林草植被的基础上，采取保、治、退、管等有效措施，全面实施了“三北”防护林四期、退耕还林还草、野生动植物保护和森林生态效益补偿四大项目，完成造林种草、封沙育林272万亩。国家重点公益林生态效益补偿面积达到1435660hm^2。海西州荒漠化土地面积较2009年减少28200hm^2，国家重点公益林面积较2009年增加296420hm^2，盆地内森林覆盖率由2000年初的0.8%增长到现在的2.1%，实现了林地面积增长、荒漠化和沙化土地面积减少。

4.4.2 柴达木盆地生态保护、恢复和建设技术清单

根据调查资料和近几年在柴达木盆地开展的荒漠化治理、修复技术研究项目，针对不同生态系统，本节总结了2000年以来在柴达木盆地采取的生态保护、恢复和建设的主要技术，见表4.2。

表4.2 柴达木盆地生态保护、恢复和建设的主要技术和模式

类型	技术	模式
沙漠/沙化地	生物固沙	梭梭、白刺、柽柳、合头草、金露梅、圆柏等
	石方格固沙、草方格固沙	面积1m×1m
	沙方格固沙技术模式	沙方格面积1.5m×1.5m，垄高15～30cm，垄顶宽5cm，然后在上面喷上化学固沙剂
	化学固沙机能复合新材料	W-OH-1A＋抗紫外线降解稳定剂＋保水剂＋泥炭
	化学固沙植生技术模式	1. 撒播3kg/亩和混合草种；2. 撒播10kg/亩磷酸二铵作为底肥；3. 进行耙抹、振压保墒；4. 喷洒3%～7%W-OH-1A
	卤水固沙技术模式	用卤水、老卤喷洒3遍
	综合技术模式	国家沙漠公园
盐碱地	耐盐耐旱植物	柽柳、白刺、梭梭、金露梅等
	灌溉排水技术	建立完善的灌排系统，包括井、沟、渠等配套设施，可通过钻灌水井、修筑台田、埋设暗管、开挖排碱沟等
	地下暗管排盐技术	平地→放线→管沟开挖→安装管道（集水管）→安装检查井、检查孔→添加外包滤料→管沟回填→镇压→淋洗。集水管为波纹管暗管，间距60cm。灌溉定额280～440m^3/亩，灌水4次
绿洲/农田	沙化农地外缘生态修复技术	从绿洲沙化边缘起依次为快速化学固化区、灌木骨干林带、生态经济林、农田
草地	光伏提水灌溉技术	包括利用地表水、集雨水、浅井水、中深井水四种光伏提水灌溉技术模式

4.5 生态工程实施的生态效益评估

随着生态保护和重建工作力度不断加大，柴达木盆地荒漠化治理取得显著成效，重点生态功能区得到恢复，主要湖泊和湿地面积明显扩大，荒漠化趋势有效遏制，海西州荒漠化土地面积较2009年减少28200hm^2，国家重点公益林面积较2009年增加296420hm^2，盆地内森林覆盖率由2009年初的2.06%增长到现在的3.5%。

4.5.1 基于NDVI的植被覆盖演变分析

本章选用的NDVI基础数据为MODIS遥感归一化植被指数产品（MOD13A3.A.1_km_monthly_NDVI.HDF），该遥感产品来源于NASA官方网站（http://modis.gsfc.nasa.gov/），其时间分辨率为月尺度，空间分辨率为1km×1km。柴达木盆地在空间尺度上同一时段覆盖的MODIS产品NDVI包含3个tile数据（h26v05、h25v05、h24v05），采用MRT（MODIS Reprojection Tool）软件对下载数据进行批量拼接、格式转换等处理输出TIF格式文件，再结合ArcGIS技术和Matlab软件对TIF格式文件进行边界裁剪和信息数据提取等操作，最终得到柴达木盆地2001～2016年月尺度NDVI数据图层。根据研究需要进行不同时间尺度、空间分辨率上的转换和重采样。NDVI值的阈值区间为[－1，1]，负值表示地面覆盖为云、水、雪等，对可见光高反射；0表示有岩石或裸土等；正值则表示有植被覆盖，且随覆盖度增大而增大。

1. NDVI空间分布情况

受地理位置和海拔等相关因素的影响，柴达木盆地植被覆盖度整体偏低，绝大部分区域的NDVI值在0～0.2。其中，图中NDVI值小于0的区域为高山积雪区、高山湖泊区或河流尾闾湖泊区等。柴达木盆地NDVI大于0.2的区域主要集中在盆地东南部，这里是盆地降水量相对较多的高山区。同时，在盆地内部地下水溢出带的局部地区，NDVI也表现出相对较高值（NDVI＞0.2）。而整个柴达木盆地中多年年均NDVI值大于0.3的区域非常稀少。

从NDVI空间分布上看，柴达木盆地东北、东南、南部边缘区和内部局地条带区为相对高值区，盆地的西北部和内部的大部分区域为相对低值区。NDVI空间分布整体上呈现为东南高、西北低，从东南向西北递减的变化趋势。

2. NDVI时间变化趋势

2001～2016年柴达木盆地NDVI在生长季（4～10月）、春季、夏季、秋季、冬季和年尺度上的均值序列变化如图4.2（a）所示，柴达木盆地部分年内月尺度上的均值变化如图4.2（b）所示。

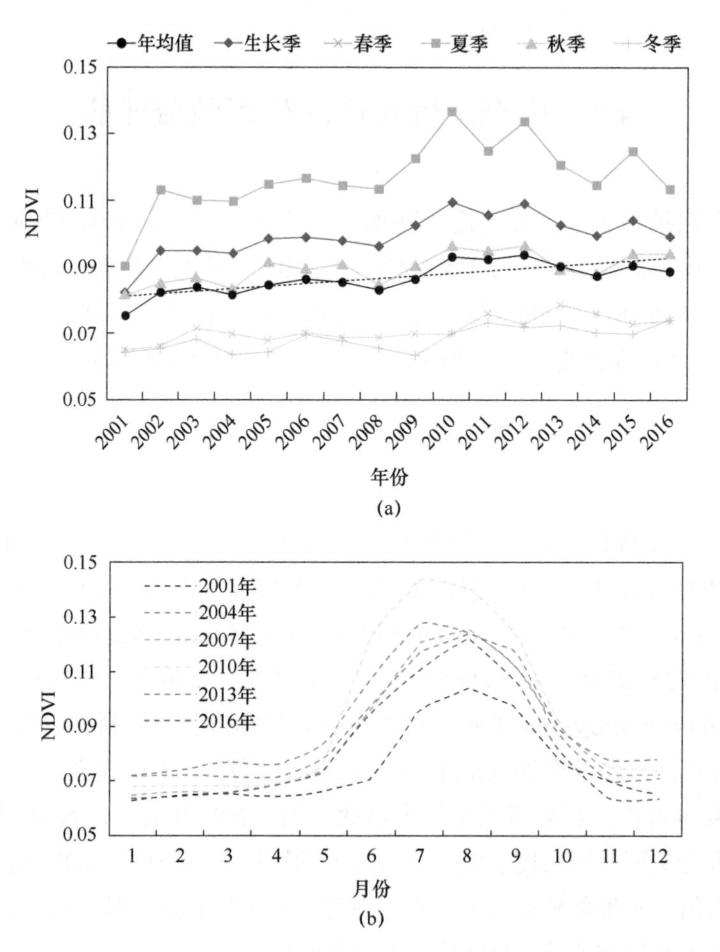

图4.2 2001～2016年柴达木盆地NDVI均值在不同时间尺度上的序列变化趋势

从图4.2（a）可以看出，柴达木盆地NDVI均值在各时间尺度上的排序大致为：夏季＞生长季＞秋季＞年均值＞春季＞冬季，其中，NDVI均值在秋季和年尺度上相当，年均值略高，同样NDVI均值在春季和冬季尺度上相当，春季均值略高。柴达木盆地NDVI均值夏季明显高于其他时间尺度。从变化趋势上看，柴达木盆地NDVI均值在不同时间尺度上均呈现出增加的变化趋势。其中，春季、秋季、冬季、年尺度具有较高的一致性，保持波动性稳定增长的状态；而在夏季时间尺度上，NDVI均值表现出了先上升后下降的变化趋势，2010年夏季柴达木盆地NDVI均值最大（0.1）。NDVI均值在生长季的变化趋势与夏季相似，但变化幅度上有所减小。

由图4.2（b）可知，柴达木盆地NDVI均值在年内6～10月较大，为NDVI高值时段；11月至次年5月维持在相对较低状态，为NDVI低值时段；其中，6月和10月分别是NDVI快速增大和快速减小的时段。同时可以看出，柴达木盆地NDVI均值在高值时段的年际间变化幅度明显高于低值时段年际间的变化幅度。其中，在NDVI高值时段，2001年NDVI均值为下包线，而2010年NDVI均值为上包线，说明柴达木盆地NDVI

在2001～2016年表现出了先上升后下降的变化趋势。在NDVI低值时段，柴达木盆地NDVI均值年际间变化幅度较小，但有很明显的相对稳定的上升趋势。

3. NDVI时空演变特征

由上述柴达木盆地NDVI的空间分布及变化趋势可知，柴达木盆地植被覆盖度偏小，为了研究其在空间上的演化特征及响应关系，后续研究均基于NDVI年中最大值。在分辨率为1km×1km的栅格尺度上，采用M-K检验方法对柴达木盆地2001～2016年NDVI的变化趋势及显著性进行计算和检验。

研究期内柴达木盆地大部分区域NDVI均呈现出不同程度的增加趋势，其中在盆地东南部、祁连山区和西南昆仑山区NDVI增加的变化趋势比较明显。而盆地中心河流尾间湖泊等区域表现出明显的减小趋势，其主要原因是近年来柴达木盆地部分河流尾间湖泊水面增大，植被被淹没，NDVI值由正值变为负值，在变化趋势上就表现为减小趋势。

柴达木盆地NDVI变化趋势显著性检验共分为六个等级，分别为极显著减小（$z \leqslant -2.58$）、显著减小（$-2.58 < z \leqslant -1.96$）、非显著减小（$-1.96 < z \leqslant 0$）、非显著增加（$0 < z < 1.96$）、显著增加（$1.96 \leqslant z < 2.58$）和极显著增加（$z \geqslant 2.58$）。从图4.2（b）可以看出，柴达木盆地NDVI表现为明显增加趋势的区域基本都通过了极显著增加检验，除此之外，在盆地的北部边缘和内部局地也有部分区域通过了极显著增加检验。而柴达木盆地大部分区域NDVI变化趋势为显著或非显著增加，只有在盆地中心尾间湖泊附近和西北区域NDVI通过极显著或显著减小检验。

4.5.2　生态系统服务价值分析

本章研究数据和方法来源于“青海生态价值评估及大生态产业发展综合研究”（2019-SF-A12）课题一相关成果。2000年柴达木生态系统服务总价值为8434.9亿元，单位面积生态系统服务价值为368.0万元/km^2，2018年生态服务总价值为10370.1亿元，单位面积生态系统服务价值为452.4万元/km^2。与2000年相比，2018年生态系统服务总价值增加了1935.2亿元，单位面积增加了84.4万元/km^2。2000～2018年，柴达木生态保护和建设工程的投入总资金为273亿元，服务总价值增加为投资的7倍。从空间分布来看，柴达木盆地生态系统服务总价值整体呈现由东至西逐年增加的趋势，其中，中部地区和东部地区增加较多，西部地区减少较为明显。就2000～2018年变化率而言，除西南地区外，个别地区呈现增加趋势，且增加趋势逐年缓慢上升。

4.6　生态工程实施的经济效益评估

随着柴达木盆地生态工程的实施，特别是近年来，海西州依托独特的地域和丰富的自然资源优势，坚持把枸杞产业作为农业产业结构调整、改善生态环境和打造绿色生物资源的优势产业进行重点培育，枸杞产业发展呈现出区域化、规模化、一体化、品牌化的良好态势。目前，全州枸杞种植面积接近50万亩，是全国第二大枸杞产区。干果总产量达8万t以上，预计产值可达24.2亿元，占农牧业总产值的46%。与2008年比较，2018年面积增长了55倍，产量增长了171倍，产值增长了73倍。经过十几年发展，柴达木盆地的许多戈壁荒漠被逐年增加的枸杞林地取代，变成了成片的“绿洲”，经济效益十分明显。

4.7 生态工程实施的社会效益评估

4.7.1 发展枸杞产业，促进产业结构调整

“东部沙棘，西部枸杞”是青海省确定的生态立省战略。根据《青海省枸杞产业发展规划（2011—2020年）》，“十二五”和“十三五”期间青海省突出“柴达木枸杞”的区域品质特色，全力打造国际化的“柴达木枸杞”品牌产业。海西州作为青海省枸杞的主要种植区，经过多年发展，在种植面积、产值规模、品牌影响力等方面已位居全省首位，枸杞产业也成为海西州农牧业经济中的支柱产业，为推动全州农牧业产业结构调整、农牧民增收做出了积极贡献。

4.7.2 发展光伏产业，减少环境污染，促进当地就业

光伏产业属于资金密集型行业，可以带动光伏项目所在地的GDP增长，还可通过产业间的相互关联拉动其他行业增长。其中，输配电、金融保险服务、电力热力等行业为光伏发电拉动最大的行业。光伏发电行业的发展创造了一批技术要求高和服务水平高的岗位，涵盖设计材料、设备制造、电力和自动控制等多个领域，可以增加当地就业，促进人民生活水平提高。

4.8 生态保护、恢复与建设集成模式

4.8.1 生态保护目标及区域的确定

柴达木盆地生态保护目标包括：一是维护广大的天然绿洲和干盐湖区，以不发生沙化为目标；二是考虑柴达木盆地独特的地理环境孕育了独特的生物区系，保护重点

河段、重点淡水湖、咸水湖和重点盐湖，维护该区域的生物多样性；三是维护盐湖矿产资源开发所需的盐度，保障其可采性。

1. 维护绿洲带天然绿洲植被的现状规模

该区域是柴达木地区主要的人居环境区，生态系统本身的脆弱性，加上新中国成立以来大规模土地开发和近年来城市工业的发展，植被生态有所退化。因此，未来新的开发一定不能使该区域继续退化，维护该区域的生态现状是基本需求。

2. 维护低平原细土带盐沼-盐生荒漠现状生态不发生沙漠化

柴达木盆地盐化沼泽区大面积的植被以芦苇或白刺为优势种，地下水埋深的范围在2～3m。正常情况下植被的水位波动范围为0.3～0.8m，因此大部分植物处于胁迫状态时，最大水位下降幅度不超过1m。考虑水位的自然波动幅度，以芦苇和白刺为优势种的盐化沼泽区，长期处于胁迫状态的水位下降幅度取0.3m比较适中，其平均蒸发差值为138m，减少蒸发51%。

3. 维护格尔木河与巴音河的生态流量过程

从河流生态特征上看格尔木河相对于其他河流，形成了较为稳定和较丰富的生物群落，如格尔木河中有鱼类分布，这在其他河流中还没有相关报告。从本次研究实地调查中发现，巴音河的底栖动物无论从物种多样性，还是从生物量上看相较其他河流都有较大优势。从河流的生态水文特征综合来看，巴音河与格尔木河分别代表着南北发源的河流，分别代表这两个区域河流水系，具有一定的保护意义。

4. 保护克鲁克湖的淡水特性

柴达木盆地内部唯一较大的淡水湖——克鲁克湖是盆地内重要的湿地，孕育了较高的生物多样性，国家一级保护动物有7种，国家二级保护动物有22种，国家保护的有益的或者有重要经济、科学研究价值的陆生野生动物有95种，是高寒地区湿地类型及其生物资源的天然博物馆，上游的用水已经引起湖水面萎缩，因此未来开发要控制规模，保护该湖的淡水特性。

5. 维护大苏干湖和托素湖的咸水湖特点

柴达木盆地较大的咸水湖为托素湖和大苏干湖，它们也是内陆盆地比较独特的两个湖，两湖的盐度接近，而且分别为青、甘两省的自然保护区。根据以往研究和本次调查，大苏干湖的各类生物比托素湖丰富得多，包括微生物、底栖生物、藻类，而且大苏干湖还有一种鱼，这可能是由于大苏干湖水系处于原始状态没有被开发，盐度相对稳定，而托素湖由于水资源的开发，盐度从14‰跳跃式地增长到30‰，盐度的突变导致了生物损失。从微生物和鱼类来看，咸水湖中的物种种类都属于独特的种类，应该加以保护。

6. 维护盐湖生态

盐湖中不仅生长着卤虫，其中的微生物类群也非常丰富，而且其基因组中包含多种极端酶和普通环境中没有的未知酶。近年研究表明，盐湖中已发现的可培养微生物不到微生物总数的10%，其中存在大量未知微生物，其潜在应用价值不可估量。本次研究根据各湖泊微生物及其盐度的关系，分析盐湖中大部分微生物生存的极限盐度为350g/L，而且从盐湖资源开发的角度来看，避免脱钾状态的理论盐度也是350g/L。因此，对盐湖的保护要保证其供水量，以350g/L作为盐湖生态变化控制的矿化度临界值，分析盐湖生态需水，以完整保持天然盐湖生态和特有微生物种属以及盐湖矿产资源的可开采状态。

4.8.2 适宜生态恢复区域研究

1. 柴达木盆地荒漠化时空动态分析

1）柴达木盆地荒漠化空间分布及演变趋势

利用2000～2012年MODIS EVI动态监测数据，对每年的荒漠化程度和空间分布进行分析，对应我国4次荒漠化调查时间，选取2000年、2004年、2009年的监测结果分析荒漠化土地的空间分布和演变规律，以2012年分析研究区荒漠化现状。

柴达木盆地荒漠化面积较广，存在荒漠化现象的土地占全区面积的98%左右，西北部受风沙和沙漠的影响，荒漠化现象非常严重，仅在山麓洪积扇和冲积-洪积平原、盐性沼泽及盐湖、河流沿岸上分布植被，为中度荒漠化。东南部降水增多，风力减少，荒漠化现象减轻，以中度荒漠化和轻度荒漠化为主。

2000～2012年，柴达木盆地重度及极重度荒漠化土地的空间分布没有明显变化。相比2000年，2004年柴达木盆地的极重度荒漠化面积、重度荒漠化面积和中度荒漠化面积均增加。2009年柴达木盆地极重度荒漠化面积显著增加，重度荒漠化面积变化不明显。东南部中度荒漠化面积明显增加，盆地腹地荒漠化的空间变化不明显。到2012年，极重度和重度荒漠化面积减少，而中度荒漠化面积增加，变化主要出现在柴达木盆地东南部。纵观2000～2012年荒漠化演变趋势发现，柴达木盆地荒漠化趋势明显的区域主要位于东南部，极重度和中度荒漠化面积增加，可能受气候变化的影响，盆地腹地荒漠化加重。同时轻度荒漠化和无荒漠化的区域增加，植被覆盖度有所改善，荒漠化趋势出现极重度和荒漠化好转两个方向分化的趋势。

通过计算2012年和2000年荒漠化空间分布的差值模型分析柴达木盆地荒漠化在空间上的发展变化，以差值大小为依据划分变化的程度，环境改善和趋于荒漠化各划分5个等级。可见，2000～2012年柴达木盆地多个地区出现地表覆盖度降低、轻度荒漠化现象，主要为盆地边缘、盆地东南部和南部。局部地区荒漠化现象好转，呈零星分布，如盆地腹地的山麓洪积扇和冲积-洪积平原及盐湖与沼泽外围荒漠化现象有所改善。

2004～2012年呈现相同的变化趋势，盆地地区的南部和东南部荒漠化现象明显，盆地腹地的山麓洪积扇和冲积-洪积平原及盐湖与沼泽外围荒漠化现象有所改善。

2）柴达木盆地土地荒漠化面积和动态变化

2000～2012年柴达木盆地不同程度荒漠化面积变化趋势如图4.3所示。13年间柴达

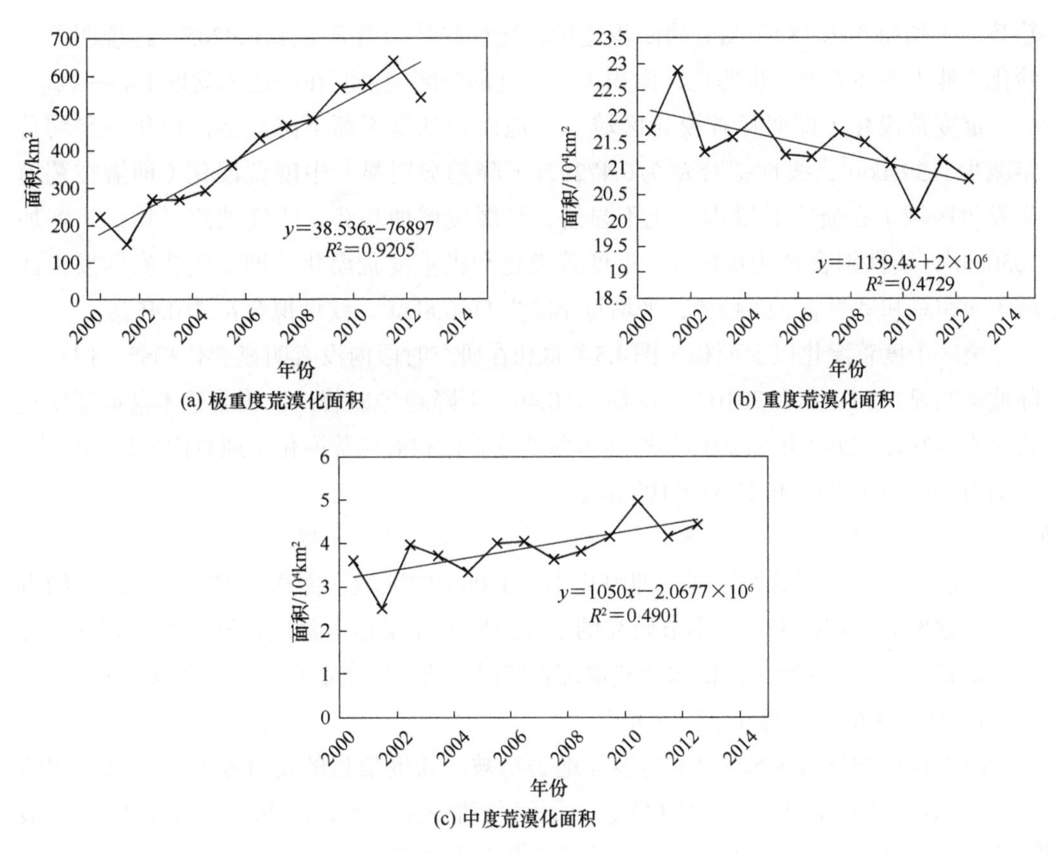

(a) 极重度荒漠化面积　(b) 重度荒漠化面积

(c) 中度荒漠化面积

图4.3　柴达木盆地不同程度荒漠化面积变化趋势

木盆地重度荒漠化面积在不同的年份有所波动，但整体上呈下降趋势，说明柴达木盆地沙化和荒漠化土地面积有所减少。2000年重度荒漠化面积为$21.7\times10^4km^2$，2004年增加为$22.01\times10^4km^2$，到2009年降低到$21.12\times10^4km^2$，2012年荒漠化进一步减少到$20.79\times10^4km^2$。沙化和荒漠化土地总面积（重度、极重度荒漠化面积和）也呈现相同的变化趋势，2012年柴达木盆地沙化和荒漠化土地总面积为$20.84\times10^4km^2$。而中度荒漠化土地面积呈缓慢上升的趋势，2000年中度荒漠化区域为$3.61\times10^4km^2$，2004年为$3.37\times10^4km^2$，2009年 为$4.17\times10^4km^2$，2012年达到$4.44\times10^4km^2$。

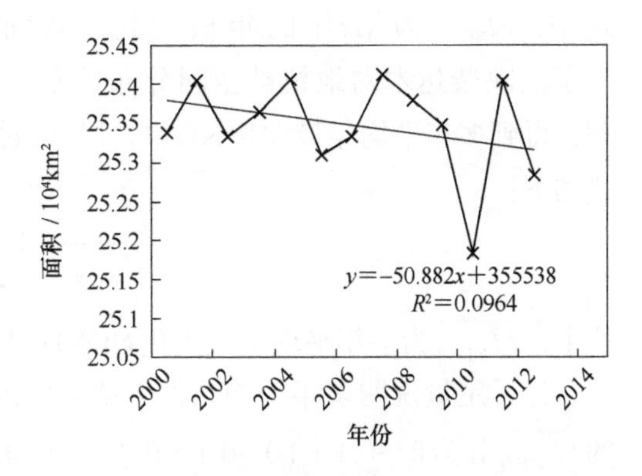

图4.4　柴达木盆地2000～2012年中度荒漠化以上面积总和

研究时段内中度荒漠化以上面积总和如图4.4所示。

极重度荒漠化（严重沙化土地，基本无植被覆盖）土地面积在研究时段（2000～2012年）内出现明显的线性增加趋势，平均每年以38.536km^{2}的面积递增，线性趋势拟合R^2达到0.9205。这说明严重沙化土地生态环境进一步恶化，面积扩大，这部分区域主要在柴达木盆地中心一线。

重度荒漠化（即明显荒漠化区域）土地面积则呈不断下降趋势，13年间平均每年减少1139.4km^2，线性拟合R^2为0.4729，下降趋势明显。中度荒漠化（即潜在荒漠化发生区域）在研究时段内变化不显著，呈缓慢增加趋势，线性预测平均每年增加1050km^2，线性拟合R^2为0.4901。重度荒漠化和极重度荒漠化（即荒漠化实际发生区域）面积总和呈明显下降趋势，平均每年减少1100.8km^2，线性拟合R^2为0.4576。

全区中度荒漠化以上面积（图4.5）总和在研究时段内没有明显变化趋势，但是年际波动明显。2005年和2010年预测R^2为0.46，下降趋势显著，说明柴达木盆地荒漠化状况明显好转。2005年和2010年柴达木盆地荒漠化和潜在荒漠化土地总面积达到最小，分别为25.31×10^{4}km^{2}和25.35×10^{4}km^2。

2. 柴达木盆地内部平原区适宜开展生态恢复土地潜力分析

柴达木盆地内部的平原区，即海拔小于3500m的区域，面积为12.99万km^2，约占柴达木盆地总面积的57%。本节研究的主体思路是在柴达木盆地植被空间分布现状分析的基础上，结合研究区内的水土资源配置状况，研究确定适宜开展生态恢复的潜力。

1）研究区植被空间分布现状分析

归一化植被指数（NDVI）是表征地表植被覆盖度信息的良好参数。本节采用的是SPOT VEGETATION的NDVI数据，空间分辨率是1km，时间分辨率为10天。最大值合成（MVC）法是目前国际上通用的最大化合成法，将一个月每10天的数据取最大值，进一步消除云、大气和太阳高度角的部分干扰。由于研究区内植被盖度年内变化较大，为了进一步突出各个区域的植被信息，对MVC方法进行了延伸，用它获得每一年的年最大化NDVI，以用来表征一年中植被覆盖度最高时期的植被空间分布。公式如下：

$$M_{\mathrm{NDVI},i}=\max_{j=1}^{36}\mathrm{NDVI}_{i,j}$$

式中，$M_{\mathrm{NDVI},i}$为第i年的年最大化NDVI值；$\mathrm{NDVI}_{i,j}$为第i年第j个10天的NDVI值。为了反映柴达木盆地植被空间分布的常态，对1998～2009年的$M_{\mathrm{NDVI},i}$进行平均化处理，得到多年平均年最大化NDVI，以该数据作为柴达木盆地植被空间分布的依据。公式如下：

$$\overline{M_{\mathrm{NDVI}}}=\frac{1}{n}\sum_{i=1}^{n}M_{\mathrm{NDVI},i}$$

式中，$\overline{M_{\mathrm{NDVI}}}$为多年平均年最大化NDVI；$M_{\mathrm{NDVI},i}$为第$i$年的年最大化NDVI值；$n$=12。

为了定量说明多年平均条件下研究区内植被覆盖度的空间分布特征，将研究区内的$\overline{M_{\mathrm{NDVI}}}$分为0～0.1（1）、0.1～0.2（2）、0.2～0.3（3）、0.3～0.4（4）、0.4～0.5（5）、和0.5～0.8（6）六个等级，并分别统计各个等级的面积和百分比，详见表4.3。

表4.3　研究区NDVI分级统计信息

等级	面积/万km²	面积比例/%	植被类型
1（0～0.1）	10.50	80.83	盐壳、风蚀残丘、流动沙丘
2（0.1～0.2）	1.49	11.47	垫状植被、流石坡稀疏植被、各种荒漠植被
3（0.2～0.3）	0.55	4.23	草原植被、灌丛植被
4（0.3～0.4）	0.25	1.93	
5（0.4～0.5）	0.12	0.92	
6（0.5～0.8）	0.08	0.62	
合计	12.99	100	

2）研究区适宜开展生态恢复土地资源潜力分析

研究区面积广阔，存在大量的未开发土地，因此在土地资源的绝对量上不存在对生态恢复的面积限制。本节的土地资源分析主要是从土壤类型的角度出发，根据现有植被所占有的土壤类型，筛选出可作为研究区未来生态恢复的土壤类型，以其总面积作为生态恢复的土地资源潜力。将该土壤类型图和NDVI分级图进行叠加分析，即可得到现有植被所占有的土壤类型信息，结果详见表4.4。

表4.4　研究区现有植被占有的土壤类型信息

土壤类型	面积/万km²	百分比/%
盐土	1.08	43.37
棕钙土	0.65	26.10
荒漠风沙土	0.33	13.25
棕漠土	0.15	6.02
冷钙土	0.11	4.42
沼泽土	0.03	1.21
寒钙土	0.03	1.21
其他类型	0.11	4.42
合计	2.49	100

注：表中百分比为四舍五入结果。

通过植被分布图和土壤类型图的叠加分析可知，研究区内的植被主要集中在以下七种土壤类型：盐土、棕钙土、荒漠风沙土、棕漠土、冷钙土、沼泽土和寒钙土。高达95.58%的植被分布在这七种土壤类型中，而且这七种土壤类型的土壤属性也适合植被发育，因此本节主要采用这七种土壤类型作为研究区内生态恢复的潜在土地资源。需要注意的是，研究区内的盐土包括草甸盐土、沼泽盐土和残余盐土三种，现有植被主要位于草甸盐土地带，沼泽盐土和残余盐土虽然也可以通过改良作为生态恢复的潜在土地资源，但难度较大，需要区别对待。对包含沼泽盐土和残余盐土、不包含沼泽盐土和残余盐土两种情形下的生态恢复潜在土地分布进行了面积统计，结果详见表4.5。

表4.5 研究区生态恢复的潜在土地资源统计信息

土壤类型	面积/万 km^2	百分比/%
棕漠土	3.11	38.54
荒漠风沙土	2.85	35.32
盐土	1.46	18.09
冷钙土	0.49	6.07
棕钙土	0.06	0.74
沼泽土	0.05	0.62
寒钙土	0.03	0.37
其他类型	0.02	0.25
合计	8.07	100

研究区内潜在可作为生态恢复的土地总面积为8.07万 km^2（不包括现有植被覆盖区域），约占研究区总面积的62%；扣除沼泽盐土和残余盐土这两种土壤类型后，得到的土地面积为6.88万 km^2，约占研究区总面积的53%。从面积来看，棕漠土、荒漠风沙土和盐土为最具生态恢复潜力的三种土壤类型。

3. 水资源约束下的适宜开展生态恢复的潜力分析

1）研究区生态恢复可用水资源量分析

柴达木盆地内共有大小河流70余条，年平均流量大于0.5m^3/s的河流有37条，主要有那棱格勒河、格尔木河、香日德河、察汗乌苏河、巴音河等。柴达木盆地总水资源量为50.2亿m^3，其中多年平均地表径流量为47.2亿m^3（1956～2000年径流资料），地表水与地下水的不重复量为3.0亿m^3。从行政区来看，青海境内为44.3亿m^3，甘肃境内为2.8亿m^3，新疆境内为3.1亿m^3。柴达木盆地属于典型的干旱半干旱地区，在盆地资源开发、经济与社会发展的大背景下，水资源成为该地区生态恢复的关键制约因素。

根据《全国水资源分区》对水资源进行分区，柴达木盆地区域划分为柴达木盆地东和柴达木盆地西两个水资源三级区。按照水资源三级区套县划分水资源单元，对研究区进行分区。根据分区结果，研究区共涉及9125、9126、9127、9129、9211、9213、9214、9215、9216、9217、9218、9219和91210等13个水资源调算单元。依据单元间的水流联系，建立柴达木盆地水资源系统网络图，采取自上而下、先支流后干流的顺序对水资源供需进行配置计算。

根据供水调度规则，在满足城镇最小生态环境需水的前提下，优先供给生活用水，然后是工业用水，最后是农业用水。经过配置计算，预计2030年柴达木盆地多年平均总用水量为18.1亿m^3，其中生活用水量为0.5亿m^3，约占总用水量的2.76%；工业用水量为7.9亿m^3，约占总用水量的43.65%；农业用水量为9.1亿m^3，占总水量的50.28%；城镇生态环境用水量（不包括自然条件下的生态环境用水）为0.6亿m^3，约占总用水量的3.31%。

考虑生活、工业、农业、生态环境等用水部门所产生的退水量，多年平均条件下，用水量减去退水量，得柴达木盆地耗水量为8.5亿m^3，耗水率为46.96%，扣除生活、工业、农业以及生态环境的耗水后，柴达木盆地东部和西部可用于林草地灌溉的水资源总量分别为3.7亿m^3和5.2亿m^3（表4.6）。

表4.6　柴达木盆地水资源统计信息

水资源三级区	水资源总量/亿m^3	耗水量/亿m^3	自然生态需水量/亿m^3	剩余水资源量/亿m^3
柴达木盆地东部	27.9	6.8	17.4	3.7
柴达木盆地西部	22.3	1.7	15.4	5.2
合计	50.2	8.5	32.8	8.9

2）林草地灌溉定额的确定

现状年，柴达木盆地林果地面积为29万亩，林果地综合毛灌溉定额为910m^3/亩。目前，林果区主要集中于地下水资源较充沛的大型绿洲地区，形成了斑块聚集状分布的绿洲。对于盆地牧区未来新增林果地灌溉需水，可从以下几方面来分析满足其需水的可行性和合理性。

降水量的增加使盆地内天然林果地工程灌溉需水量减少，有利于降低柴达木盆地林果地灌溉定额。柴达木盆地气候干燥，降水量较少，多年平均降水量为115.9mm，由东南向西北、由四周山区向盆地中心呈递减趋势。但从多年水资源变化趋势分析来看，据相关研究成果，近50年来，柴达木盆地的降水略有上升趋势，变化幅度为6.2mm/10a左右。

盆地实施的灌区续建配套与节水改造工程的建设，将有利于提高柴达木盆地牧区草料地灌溉用水效率，降低灌溉定额。根据《青海省节水型社会建设“十二五”规划》，“十二五”期间规划对柴达木盆地13个万亩灌区进行续建配套与节水改造，总改善灌溉面积75.1万亩，其中包含11万亩旱作节水核心示范区、10万亩经济林节水灌溉。而根据《青海省牧区饲草料地节水灌溉发展规划》，柴达木盆地新增节水灌溉饲草料面积60万亩。例如，在都兰县英德尔种羊场牧区饲草料地进行续建配套与节水改造，规划改造干、支渠48km，新建各类渠系建筑物80座，建设灌溉饲草料地0.7万亩，其中，改善现有灌溉饲草料地0.6万亩。此外，雨水蓄积利用可以提高林果地对天然降水的利用率，减少人工灌溉水量。“十二五”期间在柴达木盆地规划建设水窖1500眼，涝池10座，蓄水容积35.3万m^3，输水渠道16.1km，可补偿灌溉面积0.5万亩。

基于上述各方面的分析，未来柴达木盆地新增林果地需水的灌溉定额将大幅缩小，可以实现300m^3/亩林草灌溉定额。

4. 荒漠化地区生态恢复潜力分析

根据可用于生态恢复的水资源数量的限制，按照亩均300m^3的灌溉定额，柴达木盆地东部和西部总的林草地可灌溉面积分别为123万亩和173万亩。扣除现有的29万亩林草地，柴达木盆地未来可治理的荒漠化面积为267万亩。

4.8.3 生态保护、修复与建设的集成模式及保障措施

1. 集成模式

（1）以流域为单元，坚持山水林田湖草生命共同体理念，实行流域综合治理技术模式。

水源地保护工程：重点对水源地进行饮用水水源地综合治理，对饮用水水源地开展水土保持生态修复，按照科学发展观的要求和当地经济发展的需求，把保护水源地放在首位，采用人工种草等措施，封禁管护、网围栏等形式完成生态修复。

河道治理工程：通过生态修复与恢复，使流域相关区域生态环境实现良性循环；进一步完善城市滨水区景观体系，加强湿地保护，并通过保护性开发形成独具特色的湿地公园。通过一系列滨水景观体系的完善与开发，提升人居环境并促进该市旅游观光业的发展。

因地制宜，在基础条件较好的区域建设湿地公园，使其成为集自然观光、人文旅游于一体的富有西部特色的城市综合公园。

对防洪河段进行治理，营造护堤林带，用植物群落形成带状景观，改善河道的景观及生态环境。对老河道进行整治，改造滨河带状公园，形成城市周边具有生态游憩功能的带状廊道。

对大面积生态较为脆弱的地区进行恢复和保育，通过水系的整合与再造形成生物生长较为良好的基础条件，逐步形成植物群落稳定、生物活动丰富的生态区域，进一步改善格尔木河流域的生态环境。

湿地生态保护与修复工程：坚持“保护优先、科学修复、合理利用、持续发展”的原则，根据盆地内主要流域自然条件、资源状况、人文景观的特点，以维护湿地生物多样性和保护鸟类资源为出发点，采用自然恢复和人工修复相结合的湿地生态系统恢复模式，构建多样化动植物栖息生境，维持湿地生态系统平衡。积极开展湿地科研监测和环境教育等工作，合理利用湿地资源，充分发挥湿地的生态、社会和经济效益。

水土保持工程：坚持因地制宜、量力而行、分类治理的原则。坚持面上封育、点线治理方式，运用生物、工程措施，以城镇、道路、河道、渠道等为重点进行综合治理，提高水利安全保障能力。实施保护性造林，林种选择上以生态林和水土保持林为主；树种选择上以青杨、新疆杨、柠条、旱柳、沙枣、柽柳、梭梭、沙棘等乡土树种为主，构建以防护林、绿色通道、天然林和草地、湖泊、湿地点块状分布的圈形生态格局。促进生态保护和循环经济耦合发展，实现人与自然和谐相处，区域生态、经济、社会协调发展。

（2）坚持生态优先，兼顾生产，大力发展绿色产业，促进人与自然和谐发展模式。

发展生态畜牧业：通过对天然草原的改良，提高优质牧草产量，为草原畜牧业的健康稳定发展提供丰沃的饲草料资源。同时，采取科学的休牧轮牧制度，有效提高草原的自然生长恢复能力，维持草原的生态多功能性。

发展生态旅游业：遵循生态优先、环境友好的原则，充分利用柴达木地区独特的自然景观、独具特色的生态环境、丰富的人文积淀，打造本土特色的沙漠、湿地自然公园，为广大人民群众提供全方位的生态旅游、休闲、康养的优质服务，使其成为最直接、最普惠的民生福利资源。

发展绿色特色产业：充分利用柴达木盆地特有的资源、文化和环境优势，大力发展具有本土特色和市场竞争力的特色农牧业，着力引导培育一批具有广阔发展前景的绿色发展新业态。

2. 典型案例

国家"十五"重点科技攻关重大项目"防沙治沙关键技术研究与开发"示范区课题"柴达木盆地农田与草地退化植被恢复技术示范区（都兰）"，投资总额1620万元，主要包括退化农田、草地节水示范区建设；退化农田、草地生态防护林体系建设；沙产业技术示范区的建设，退化农田、草地植被恢复技术示范区建设；优良种质资源繁育苗圃的建设；优良牧草栽培示范区建设；牧业定居圈养催肥技术示范区的建设等，在北方沙区生态重建、沙产业技术开发、集成防沙治沙工程实用技术等方面取得了一定的成果，为全面提高防沙治沙技术创新能力提供了可靠的技术支撑。

该课题在实施的过程中，对已经小试的主要畦灌、管灌、机压喷灌、滴灌、微喷灌等进行试验示范；运用青海省退耕还林还草现有组装配套技术和农牧交错区治沙、还林还草技术，实现沙区退耕、弃耕农田植被恢复和能源林建设，遏制农田退化、沙化，重建沙区人工生态系统；推广先进的风能、太阳能设施，为当地农牧民找到一种科学的替代品，结束了柴草做饭、取暖的原始方式，改变了当地能源结构，实现了沙区生态环境的改善和群众生活质量的提高。应用已有成果和群众经验，对柴达木地区种质资源进行筛选和评价，确定该地区高产优质牧草及优良畜种种类等，实现了对已有成果的转化和推广。

在产业化方面，实现了沙产业和优良牧草产业化。沙产业是防沙治沙关键技术的内容之一，其立足于防沙治沙，在注重生态效益的同时，兼顾经济效益。鉴于此，2002～2004年分别引种了板蓝根、党参、甘草、黄芪、红芪、草红花、王不留行等中药材和治沙植物菊芋。通过两年的时间和大量的试验研究，总结出一套适合高寒、干旱地区经济实用的人工栽培技术。这标志着柴达木地区沙产业中草药材种植技术日趋成熟，可以大面积推广应用。苜蓿，堪称"牧草之王"，是世界上栽培最早、分布面积最大的优质豆科牧草之一，因其蛋白质含量丰富、组成比例合理、畜禽喜食、具有开发保健品的潜力等特点，在国内外的栽培面积不断加大。不仅如此，多年生苜蓿还是防沙治沙的前卫植物，它的固沙性和经济性一样表现明显。因此，开展苜蓿产业化的生产，是柴达木地区调整农业结构、防沙治沙较好的出路之一。柴达木盆地在产业化方面取得了较好的经济效益、社会效益和环境效益：退化农田草场植被恢复建设、林草封育项目在巴隆、诺木洪推广15.5万亩，生态效益明显；在巴隆滩项目区建设的防护林网，截至2007年12月，保存率100%，新疆杨生长量从2003年胸径2cm的小树苗生长成了胸径8cm的成材树，有效拦截了风沙，起到了防风固沙的作用；集成防沙固沙技术使都兰县香日德农场小峡滩的一座小流动沙丘完全消失；新型化学固沙植生剂固沙植生技术研究在“三江源区沙漠化防治技术研究与示范”“青藏铁路防沙治沙关键技术研究”等课题中得到进一步完善、应用和推广；苜蓿草阿尔岗金和北极星在英德尔羊场得到产业化发展，本课题试验种植苜蓿草阿尔岗金和北极星成功，到2007年，在英德尔羊场已经推广种植1600hm^2，每公顷收割青草12000～16000kg，风干草4300～5600kg，自产自销，得到了很好的经济效益。

1）草场灌溉工程

工程投资：项目设计总投资947.6万元。其中，永久工程投资649.7万元。

经济效益：项目区采用节水灌溉方式后，不但使灌溉草场成为可能，而且改良了土壤，使原有的荒漠化土地成为优良的人工灌溉草场。经济草种种植区紫花苜蓿和饲草料种植比例分别为60%和40%（为3000亩和2000亩），增产幅度为600余千克。牧草干草价与饲料价按0.4元/kg计，将新增效益264万元。

社会效益：节水灌溉工程的实施，有利于充分利用资源优势，实现畜牧业可持续发展目标；有利于合理利用资源，保护生态环境；对促进民族区域经济繁荣，也将起到良好的示范带动作用。

生态效益：项目区面积12750亩，建成后有利于抵御自然灾害；随着草场的改良，地表裸露面积有效减少，起到了防风固沙作用；建成的5000亩优质牧草场向附近牧民提供了轮牧、圈养的可能性，从而杜绝了乱垦滥牧对草场造成的破坏，防止生态环境再次恶化。

2）防护林工程

工程投资：小夏滩防风固沙林工程总投资为133.92万元。其中，防风固沙林工程投资为110.6万元，网围栏投资为11.7万元。

经济效益：木材（青杨），生长量1.8%，成材率60%，10年平均间伐量每亩15.6m^3，20年平均立木蓄积量每亩32.1m^3，原木售价300.0元/m^3。薪材：薪炭林5～6年平茬1次，薪炭林每亩生产薪材300kg，售价0.2元/kg。香日德绿洲30年生河北杨单株材积平均值0.5028m^3，25年生为0.40m^3。依据香日德绿洲防护林完整程度（70%），树龄平均按20年计算，香日德绿洲木材总蓄积量97197.5m^3，木材价格以300元/m^{3}计，香日德绿洲防护林立木蓄积总货币价值为2.9×10^7元。

生态效益：从绿洲外围到绿洲内部风速平均降低60.44%，防护林工程有效地降低了风速，减少了风沙对农作物的危害，起到了良好的防风固沙效果。

社会效益：防风固沙林体系的逐步形成和完善，使项目区的生态环境得到改善，风沙危害逐步减轻；可为项目区提供燃料、饲料、木材、枸杞果等林产品，为农民脱贫致富创造良好的条件。同时项目建设提供了38.2万个工日的劳动，增加了农民的收入，为移民安置初期解决温饱和自愿安置起到了推动作用。

3）畜牧业工程

工程投资：育肥牛羊122头（只），折合150个羊单位情况下的成本支出总数为21134.5元，畜均173.2元，羊单位均140.9元。

经济效益：舍饲育肥122头（只）牛羊，总增重2667.5kg牛羊肉，总收入为32248.8元，扣除成本，纯收益为11114.3元。在收入构成中，成年畜育肥收入7452元，占23.1%；犊牛育肥收入11750.4元，占36.4%；成年羊育肥收入5349.6元，占16.6%；羔羊育肥收入7696.8元，占23.9%。

社会效益：一是可以进一步促进农牧业结构的调整。本区内种植一般为粮、油二元结构，通过舍饲育肥生产，可以向粮、油、草（料）三元结构转化；促进区内畜牧业生产由传统的放牧型向舍饲半舍饲方式转变，农牧民的传统生产观念可逐步向现代型转变，实现农牧区畜牧业生产的科技进步。二是可以实现畜牧业生产的可持续发展。柴达木盆地区草地生态系统十分脆弱，若仅靠天然草地的饲草来发展畜牧业，势必不具可持续性，会造成盆地内生态环境的进一步恶化。引入舍饲育肥生产方式，降低天然草地的放牧压力，才会使畜牧业长久发展。三是可以进一步增加农牧民收入。通过舍饲育肥实验发现，育肥成年牛可获收入244.25元/头，犊牛317.82元/头，成羊64.85元/只，若以每个羊单位计，即74.10元/羊单位。以此计算，若将舍饲育肥推广到3000户，每户育肥50个羊单位，盆地区内可育肥牛羊15万个羊单位以上，户均纯收入达3705元，人均（户均人口以6人计）增加纯收入可达617.50元，对农牧民收入的贡献还是较大的。四是可以充分利用作物秸资源。盆地内小麦秸、油菜秸、青稞秸等资源较为丰富，但目前的利用率还较低，浪费现象十分严重。若将上述作物秸秆氨化和粉碎加工后作为舍饲育肥畜的粗饲料，可大大提高作物秸的利用率。

生态效益：在柴达木盆地区内大力推广牛羊舍饲育肥生产对改善本区域内的生态环境十分有利，主要表现在：一是可以大大减少天然草地载畜量，降低天然草地放牧压力。仍以推广3000户进行舍饲育肥计，可以降低天然草地载畜量15万个羊单位，天然草地放牧压力可减少20%以上，为天然草地植被恢复、增加草地植被盖度和改善草地生态环境起到了重要作用。二是减少了盆地内冬春季地表裸露面积。农户的舍饲育肥生产势必会减少粮油种植面积，而增加饲草（料）的种植面积，由于多年生牧草的种植将会大大改善土壤结构和减少冬春季地表裸露面积，可进一步阻止土地荒漠化和减小风速，这对改善盆地内的生态环境有一定的作用。三是可以进一步节约水资源。盆地气候十分干旱，水资源量少，在有水才有农业的盆地区，水资源十分宝贵。若在盆地内大力推广舍饲育肥和退耕种植饲草（料），相对于种植粮油来说，其浇灌用水量会减少，从而节约了水资源。

3. 管理措施

1）强化林草湿地荒漠保护制度

积极推进区域生态保护红线划定工作，完善基本保护制度，严格开展林草湿地荒漠征用占用审核审批，全面推进林草湿地荒漠等生态补偿机制落实工作，加强管护员队伍建设。

2）健全林草湿地荒漠产权制度

严格落实国家政策，稳定和完善林草湿地荒漠承包经营制度，按照国家《自然资源统一确权登记暂行办法》，依法赋予广大农民长期稳定的承包经营权。严格根据国家要求界定资源有偿使用范围。

3）建立林草湿地荒漠监测预警制度

全面摸清“权属权责、面积分布、类型等级、利用现状、生态状况”等基础信息，加大对林草湿地荒漠等基本情况、生态状况、植被生长状况、灾害发生情况等动态监测预警力度。

4）完善林草湿地荒漠科学利用制度

严格落实草原禁牧休牧轮牧和草畜平衡制度，实现草畜平衡和草原资源的永续利用。以水定产，以水定地，因地制宜发展沙产业、光伏产业、特色农牧业；合理开发盐湖资源，坚持矿山开采与修复并举，加强对林草湿地荒漠制度落实情况的监督检查，确保本地资源的开发利用有序合理。

5）细化林草湿地荒漠考核监管制度

将林草湿地荒漠等生态保护修复工作纳入各级政府工作的年度考核指标体系。加大对非法开垦草原林地荒漠、非法征占用草原林地湿地荒漠等违法案件的查处力度，不断完善行政执法与刑事司法的衔接机制。

4. 保障措施

1）加强组织领导，明确目标责任

成立生态工程建设工作领导小组，由市政府主要领导任组长，分管领导任副组长，相关各区（镇）人民政府和市发改委、财政局、水利局、生态环境局、自然资源局、住房和城乡建设局、林业和草原局、文化和旅游局等相关部门的负责人为领导小组成员。领导小组负责统筹协调生态工程建设各项工作，充分发挥决策、指导、协调、推动作用，建立工作推动机制，细化分解各部门职责。出台落实工作制度与实施方案，明确工作进度安排，建立生态文明建设主要部门间信息共享机制。

2）完善融资机制，保障资金投入

把生态工程作为基础设施建设的优先领域，建立政府引导、市场运作、社会参与的多元化筹资机制，优先保障生态建设工程的资金投入。积极争取中央及省级资金支持，有效整合地方财政资金，切实落实地方公共财政投入，用足用好国家、省级支持政策，拓宽投融资渠道，积极吸引国家政策性银行、国际金融组织、商业银行和社会资金参与，创造良好的投资环境。

3）加强基础研究，完善技术保障

坚持科技引领，加强高新技术研发和实用生态保护、修复、恢复技术推广，加强相应领域有关生态重大问题研究以及重大问题关键技术的研发与推广工作。加大与省内外科研机构、技术单位的沟通交流，联合国内外先进机构进行重大战略问题研究，创新生态文明建设的理论、技术和方法，提升区域科学技术发展水平，引进国外先进、适用的生态保护与修复、污染防治等先进技术，进行消化吸收和技术创新，为生态文明建设工作提供强大的科技支撑。

4）鼓励公众参与，培育生态文明理念

依托电视、报纸、网络、公益广告牌、主题活动等主流媒体，多层次、多形式、全方位开展生态保护宣传教育活动，引导社会各界献计出力、广泛参与生态保护建设，培育公民在生产生活中的生态文明理念。

4.9　结　　论

“十二五”“十三五”期间，柴达木盆地生态功能区实施了森林资源保护工程、湿地保护与恢复工程、重点生物物种保护工程、“三北”等重点生态区域生态修复工程、防沙治沙工程、身边增绿工程、林业基础设施建设工程、特色林产业基地建设工程、水土保持生态建设工程、环境保护工程、三江源生态保护和建设二期农牧工程、祁连山生态保护与建设综合治理农牧工程、原生态治理农牧工程、退牧还草工程、草原生态补助奖励政策、退垦草原植被恢复工程、草原节水灌溉示范工程、防灾减灾工程等18类，70余项工程，保护和治理面积共计20440万亩，投资金额达273亿元。针对草地、盐碱地、荒漠、绿洲等不同生态系统，总结了13种柴达木生态保护、恢复和建设技术。

2000～2018年，柴达木地区绝大部分区域的NDVI值在0～0.2，空间分布上呈现为从东南向西北递减的变化趋势。年际间，盆地大部分区域NDVI均呈现出不同程度的增加趋势，其中盆地东南部、祁连山区和西南昆仑山区域NDVI增加的变化趋势比较明显。2000年生态服务总价值为8434.9亿元，单位面积生态系统服务价值为368.0万元/km^2，2018年生态服务总价值为10370.1亿元，单位面积生态系统服务价值为452.4万元/km^2。2018年柴达木区供给服务价值最高，达到6545.1亿元，占柴达木总价值的63.12%；其次是调节价值，为3822.0亿元，占比36.86%；最后是文化价值，为3亿元，占比为0.03%。2000～2018年，柴达木生态保护和建设工程的投入总资金为273亿元，生态系统服务总价值增加了1935.2亿元，单位面积增加了84.4万元/km^2，价值增加为投资的6倍。从空间分布来看，柴达木单位面积整体呈现由东至西逐年增加的趋势，中部地区和东部地区增加较多，西部地区减少较为明显。

随着柴达木盆地生态工程的实施，特别是近年来，海西州依托独特的地域和丰富的自然资源优势大力发展枸杞产业，全州枸杞种植面积接近50万亩，干果总产量达8万t以上，预计产值可达24.2亿元，占农牧业总产值的46%。经过十几年发展，柴达木盆地的许多戈壁荒漠被逐年增加的枸杞林地变成了成片的“绿洲”，加之柴达木盆地光伏能源、特色旅游业等绿色产业的发展，这些对于促进农业产业结构调整、增加农民收入、稳定当地社会经济安全具有重要意义。

因此，根据以上分析与柴达木地区水土资源承载能力，提出了柴达木地区适宜生态保护的区域和生态恢复区域，总结了两种生态保护、修复与建设集成模式：一是以流域为单元，坚持山水林田湖草生命共同体理念，实行流域综合治理技术模式；二是坚持生态优先，兼顾生产，大力发展绿色产业，促进人与自然和谐发展模式。

第5章　河湟谷地生态功能区生态保护、修复与建设集成模式

5.1　引　言

5.1.1　研究背景和意义

自唐朝以来，人们将甘肃省中部西南和青海省东南部统称为“河湟地区”，这是黄河流域人类活动最早的地区之一。河湟谷地生态功能区是青海省境内的“河湟地区”，东临甘肃省兰州市红古区，东北以达坂山为界与祁连山地区相连，南部隔黄河与三江源地区相望，西部及西北部毗邻青海湖地区，是连接祁连山水源涵养区、三江源国家生态保护综合试验区和青海湖国家级自然保护区等重点生态功能区的重点地带。既有自然条件严酷、生态环境先天脆弱、容易受损和极难修复的青藏高原典型特征，又有黄土高原和青藏高原过渡带生态系统类型复杂、生态环境的敏感性和不稳定性十分突出的特点，对气候变化和人为干扰的抗逆性、承受能力相对较差。行政区域涉及西宁市5区2县、海东市2区4县和海北州海晏县，该区域农牧业开发历史悠久，在仅占全省面积4%的土地上承载着全省2/3以上的人口，创造了全省60%以上的地区生产总值。由此可见，河湟谷地生态功能区不仅是黄河流域重要的生态功能区，而且是全省政治、经济、社会、文化最发达的地区，其生态环境对全省经济发展态势和社会和谐稳定有着举足轻重的作用。

5.1.2　研究内容

针对河湟谷地生态功能区水土流失、土壤退化、水资源供给矛盾、农业灾害频发、耕地减少、生态环境污染等问题，调查和梳理河湟谷地生态功能区生态保护措施和工程，评价其保护成效和存在的问题；从河湟谷地生态功能区供给服务定位出发，以生态增效、农业增收、供给有效为目标，通过集成分析，提出适于河湟谷地生态功能区的生态农业发展模式。

5.1.3 技术路线

本章技术路线如图5.1所示。为了更加准确和深入了解该地区国家级、省级、县级等推行的一系列生态保护措施及工程实施的效果，从公职人员和农户的层面分别设计了不同的调查问卷以及访谈提纲（图5.2和图5.3），并通过管理者、基层居民的访谈和问卷调查，总结了生态工程实施的成效。公职人员的调查问卷倾向于被调查人员所在任职部门已完成、正在执行及其所在地区或县自主推进的国家级/省级/县级的生态保护、修复、建设工程，以及公职人员个人对于目前正在实施的国家级/省级/县级的生态保护、修复、建设工程的看法及应对态度等。而农户层面的调查问卷倾向于政府实行生态保护、修复、建设工程之后对农户个人生活的影响以及农户对生态工程的看法等方面。项目组按照一定的原则对本地区设置了调查样点（图5.4）。共选择调查样点39个，访谈人数30人，完成调查问卷241份。

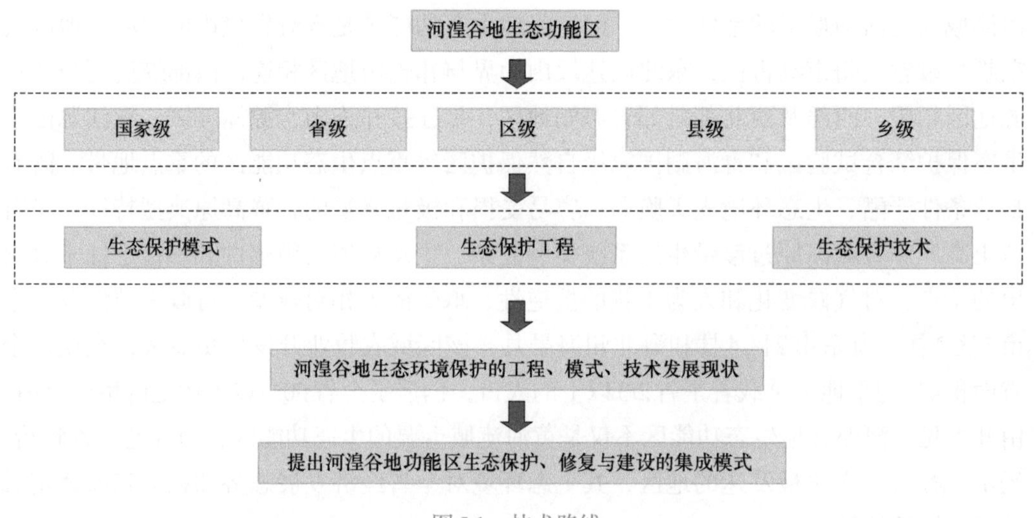

图5.1 技术路线

调查问卷的分布兼顾区域覆盖面积、区域生态环境的特点以及与城镇的距离、家庭经济来源结构等，其中涉及川水地区45份，浅山地区99份，脑山地区68份，被访问对象青年人（18～40岁）占9.14%，中年人（41～65岁）占63.44%，老年人（≥66岁）占27.42%。样本涉及农户总人口1075人，其中，劳动人口568人，外出务工310人，户均劳动人口约2.65人，人口抚养系数为89.26%，劳动人口中，外出务工人数占劳动人口总数的54.58%（图5.4）。

川水地区样本农户总人口247人，其中，劳动人口120人，外出务工70人，户均劳动人口约2.67人，人口抚养系数为105.83%。劳动人口中，外出务工人数占劳动人口总

河湟谷地生态保护、修复与建设调查问卷

（N类）

尊敬的女士/先生：您好！

自 2000 年以来，我国在全国实施了退耕还林（草）、三北防护林建设、小流域土壤侵蚀治理等一系列生态保护、修复和建设工程。

河湟谷地是青海省重要

为了更好地做好生态环

生态、最大的潜力在生

了青海省科技厅重大科

发展综合研究"任务，其

区以及县乡实施的各类

从中集成、提炼筛选出

范基地建设的生态农业

为了使地区和家

有科学性，我们占用您

问卷、真实、完整、有

注意事项：①选

空题：请在"______"处

河湟谷地生态保护、修复与建设调查问卷

（G类）

尊敬的女士/先生：您好！

自 2000 年以来，我国在全国实施了退耕还林（草）、三北防护林建设、小流域土壤侵蚀治理等一系列生态保护、修复和建设工程。河湟谷地是青海省重要的农业区，也是生态环境问题突出的地区之一，为了更好地做好生态环境保护，践行习近平总书记"青海最大的价值在生态、最大的潜力在生态、最大的责任在生态"的指示精神，我们承担了青海省科技厅重大科技专项"青海生态环境价值评估及大生态产业发展综合研究"任务，其中需要对河湟谷地地区实施的国家、省级、地区以及县乡实施的各类生态保护、修复、建设等工程进行调查和梳理，从中集成、提炼筛选出成效突出，效果好的适于绿色有机农畜产品示范基地建设的生态农业发展模式。

为了使地区和家乡发展更加美好，也为了让我们的研究更加具有科学性，我们占用您 20-30 分钟时间，请您耐心、仔细、认真阅读问卷，真实、完整、有效地完成问卷，再次表示衷心感谢！

注意事项：①选择题：请在您选择的选项前划"√"或"○"；②填空题：请在"______"处书写文字。

二、基本情况

1、您所在地区和部门：县（乡），

2、您的性别和年龄：A男　B女；

3、您的文化程度：A没上过学 B

D高中（技校

4、您在本地区生活了：年，从事

二、生态保护工程实施情况

1、您任职的部门正在执行的国家，

A．退耕还林（草）B三北防

D．天然林保护工程 E小流域

G．生态环境保护与综合治理

这些项目：A 涉及全县所有

项目执行：A直接针对个人 B

项目方式：A投资建设硬件 B

2、您任职的部门已经结束的国家，

A.B.

C.D.

3、您任职的部门正在执行的省级，

A．湟水流域百万亩造林工程

这些项目：A 涉及全县所有

项目执行：A直接针对个人 B

项目方式：A投资建设硬件 B

二、基本情况

1、您所在地区：县/区乡/镇村

2、您的性别和年龄：A男　B女；

年龄：岁；从事农业工作年限：年

3、您的文化程度：A没上过学　B小学　C初中

D高中（技校、中专）E大专及以上

4、家庭人口人；劳动力人；

在家务农人；外出打工人

5、家庭年收入______

A 5000 以下　B 5000-20000　C 20000-40000　D 40000 以上

6、您家是否有耕地？______（是/否）如果有，有亩；

川水地亩；浅山地亩；脑山地亩

7、您家是否有退耕还林？______（是/否）；退耕亩

从哪一年开始？______；补助元/亩

8、您家的收入主要来源于？

A 种地 B 养殖 C 经商　D 务工

E其他农业补助　F 政府补助 G其他

10、您家是否参与了公益林项目？______（是/否）；参与亩

从哪一年开始？______；补助元/亩

11、您家是否有生态管护员的岗位？______（是/否）；

从哪一年开始？______；补助元

12、您家是否享受粮食直补？______（是/否）如果是，补助元/亩

图5.2　干部和农户的调查问卷及访谈提纲

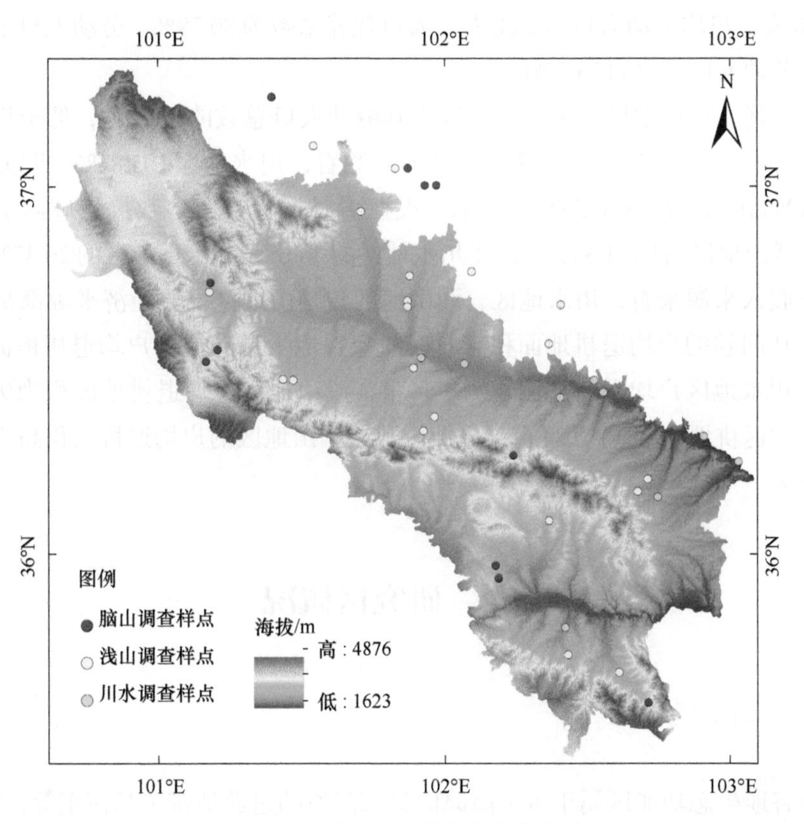

图5.3　选取的调查样点村落分布图

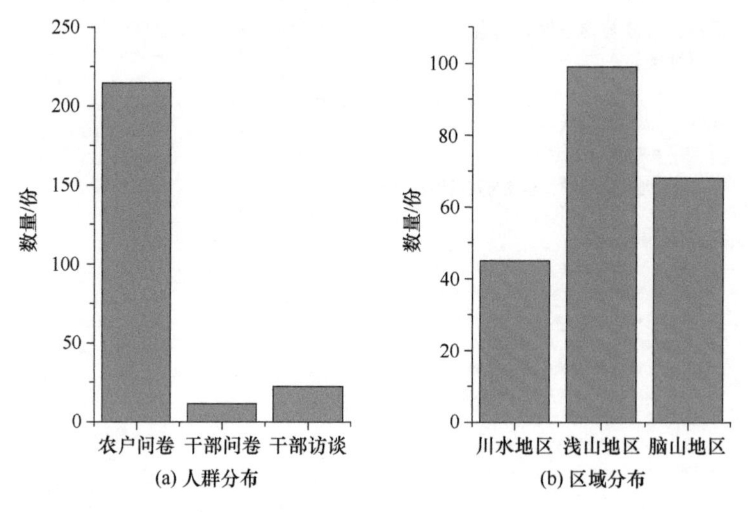

图5.4 调查问卷人群分布及区域分布状况

数的58.33%；浅山地区样本农户总人口494人，其中，劳动人口265人，外出务工141人，户均劳动人口约2.68人，人口抚养系数为86.42%。劳动人口中，外出务工人数占劳动人口总数的53.21%。脑山地区样本农户总人口320人，其中，劳动人口177人，外出务工98人，户均劳动人口约2.60人，人口抚养系数为80.79%。劳动人口中，外出务工人数占劳动人口总数的55.37%。

综上所述，浅山地区外出务工人数占其劳动人口总数的53.21%，低于川水地区的58.33%和脑山地区的55.37%。从人口抚养系数看，川水地区105.83%，明显高于浅山地区86.42%和脑山地区80.79%。从农户受教育情况看，大多数接受过初中及以上教育，其中浅山地区占比31.31%，高于川水地区的26.67%和脑山地区的26.47%。从农户家庭经济收入来源来看，川水地区、浅山地区和脑山地区主要经济来源都是务农和务工收入。从问卷的户均退耕地面积来看，河湟谷地生态功能区户均退耕地面积为8.55亩，其中川水地区户均退耕地面积为4.54亩，浅山地区户均退耕地面积为9.17亩，脑山地区户均退耕地面积为10.84亩。由此可得，脑山地区的户均退耕面积高于浅山地区和川水地区。

5.2 研究区概况

5.2.1 自然地理

河湟谷地生态功能区属于黄土高原向青藏高原的过渡地带（马伟东等，2017），地形较为复杂，由一系列西北至东南走向的山脉和谷地组成，自北向南有湟水河、拉脊山、日月山、黄河等山脉和河流，山系之间形成了湟水谷地、黄河谷地，呈现岭谷相间的地貌格局。地势西高东低，且高低悬殊，海拔1641～5232m，是青海省地势较低的地区（朱杰等，2020），最低点位于湟水在民和下川口出省处，海拔1650m，高差达3000m。由于黄河、湟水河及诸多支流的不断侵蚀和切割，区内山体陡峭、山谷高深、沟壑纵横。由于地质构造和河谷发育的关系，形成了黄土、丹霞、岩溶等丰富多彩的地貌类型；因外营力的不同，地貌类型具有明显的地域差异，有叠加和交织的现象，造成全区自然环境的复杂多样。

河湟谷地气候属高原内陆大陆性气候，表现为平均气温较低、地域差异显著、夏季温凉、冬季较寒冷，日较差大而年较差小，降水量少且随海拔变化差异很大，日照时数多，太阳辐射强的特点。东部干旱山区为青海省相对高温区，年平均气温在0℃以上，较暖的谷地年平均气温为6～9℃；一年内，夏季气温最高，最暖月（7月）平均气温5～20℃，极端最高气温为40.3℃，极端最低气温为−24℃，年均日较差一般在14～16℃，气候温和，雨热同期，对农作物生长发育极为有利，是黄河流域人类活动最早的地区之一。由于属季风气候区，降水量不但在地域分布上很不平衡，而且季节分配上极不均匀，一般夏季最多，冬季最少，且春秋两季秋雨多于春雨，年降水量258.8～533.4mm，其中循化县仅为260mm左右，是青海省东部降水量最少的地区（吴致蕾等，2017）。年日照时数2600～3000小时，年太阳辐射量5500～6200MJ/m^2，全年大风日数4～25天，春季常有沙尘暴发生。干旱、冰雹、霜冻、大风和暴雨洪灾等气象灾害发生频繁、危害严重（李润杰等，2006）。

河湟谷地生态功能区土地总面积约为15338.7km^2，其中，耕地（含园地）3005.76km^2，林地4307.57km^2，草地6349.53km^2，其他土地1675.84km^2。根据《青海土壤》（青海省农业资源区划办公室，1997）、《青海土种志》（青海省农业资源区划办公室，1995）及1∶50万青海省土壤类型图，河湟谷地的土壤共7个土纲，8个土类，15个亚类。从海拔分布看，土壤类型由低到高依次为灌淤土、灰钙土、淡栗钙土、耕作栗钙土、栗钙土、暗栗钙土、耕作黑钙土、石灰性灰褐土、山地灌丛草甸土、山地草甸土、亚高山灌丛草甸土、石质土。自然土壤主要是栗钙土、淡栗钙土和灰钙土，耕作土壤为耕作栗钙土和耕作灰钙土，局部有少量灌淤土。这些土壤一般比较瘠薄，有机质含量较低，缺氮、少磷、富钾。

河湟谷地生态功能区区域内地形破碎，地貌类型为高山或极高山、洪积-冲积平原、丘陵和台地，分别占区域总面积的72.4%、19.5%、6.3%和1.8%，其中，高海拔大起伏山地占区域总面积的34%。高山和极高山地区随海拔的变化，水热状况也发生相应的变化。当海拔达到3500m的高度上限时，农作物的生长发育会受到影响，此时海拔成为农业发展的最主要限制因素。

5.2.2 人文地理

奔流不息的黄河是中华民族的母亲河，而湟水河这条黄河一级支流孕育了湟水谷地的文明，所以人们说湟水河乃青海的命脉所系，其是青海各族人民的母亲河。河湟谷地面积仅占全省总面积的6%，但是根据2015年统计数据，湟水谷地集聚了青海省60%的耕地，有72.77%的青海人口生活在湟水谷地。早在青铜时代，以牧业活动为主的族群（古代羌族）游荡于河湟谷地，以此为界分割了生活于黄土高原从事农业活动的汉族群和生活于高原地区的藏族群。随着各种族群的不断交流、融合，在元明清时代（1271～1911年）前后逐渐形成包括汉族、藏族、蒙古族、回族、撒拉族和土族等的族群。

河湟谷地地处黄土高原向青藏高原的过渡地带，人类从旧石器时代就开始由此攀登青藏高原（Dong et al.，2013；Jia et al.，2016）。在人类不断向高海拔地区的迁徙过程中，人类通过选择适宜于青藏高原不同地理环境的生产方式（Dong et al.，2016）和定居模式（崔一付等，2018），逐渐在青藏高原上生存下来。在低海拔的河湟谷地地区，人类多种植粟、黍等农作物，并饲养猪、狗等家畜。起源于西亚的大麦、羊的传入为人类在高海拔地区生存提供了生产资料保障（Chen et al.，2015）。青稞、牦牛、犏牛、藏绵羊和藏山羊等动植物能够适应青藏高原严酷的地理环境条件，逐渐被青藏高原的人类选择和培育。

河湟谷地粮食作物的种植结构主要有小麦、薯类、青稞，油菜和蚕豆等经济作物，熟制为一年一熟。以农为主耕地占全省的81%，由于温度条件的限制，河湟谷地农业生产熟制为一年一熟，单位产量较低，耕地面积有限，随着近20年来气候变化和生产技术进步，部分地区由原来的一年一熟逐渐演变为两年三熟，且这种种植区域有扩大的趋势，尤其是气候变化使河湟谷地农业种植结构发生显著变化。河湟谷地生态功能区村落点如图5.5所示。

河湟谷地的工农业总产值占全省的80%以上。省会西宁市位于湟水河中游，是河湟谷地的中心地带，这里不但是青海省政治、经济和文化中心，而且全省的民俗、宗教、农业、工矿业等也集中在这里。这样的地区在国内其他省区也不多见，有中国的“乌拉尔”之称。所以对青海而言，河湟谷地在青海省经济社会发展中具有举足轻重的作用。

5.2.3 区域差异

青海东部农业区按习惯被划分为脑山区、浅山区和川水区（表5.1）。

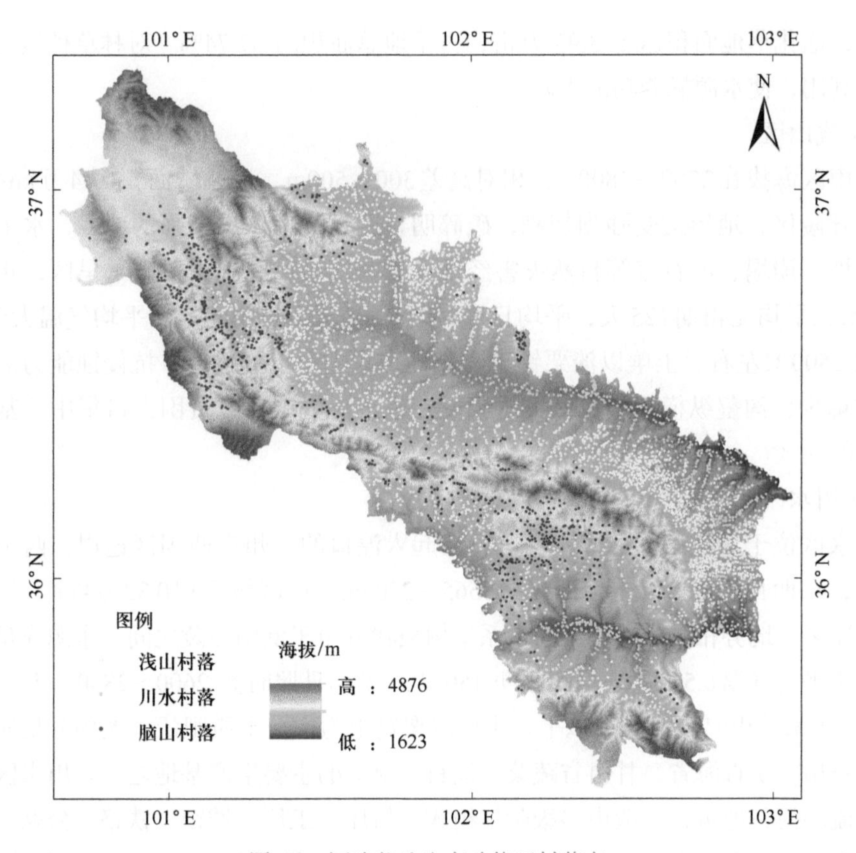

图5.5 河湟谷地生态功能区村落点

表5.1 青海东部农业区分区气候特征表

项目	川水区	浅山区	脑山区
平均气温/℃	6.5	4.5	0.5
平均无霜期/天	150	125	80
平均日照时数/小时	2600～2800	2500～2600	2500
平均积温/℃	>3100	≈2500	<2150

1）脑山区

脑山区是指海拔2800m以上的地区，该区域面积为0.77万km^2，地势较高，地形冲刷切割不深，沟底较平坦。气候属凉湿半干旱半湿润区，年平均气温0.5℃，平均无霜期80天，平均日照时数2500小时，日平均气温大于0℃的积温在2150℃以下。土壤以暗栗钙土和黑钙土为主，土壤肥力较好，适宜发展农牧业。该区域植被较好，局部山坡生长次生林，放牧草场占很大的比例，人口稀少，降水丰富，是主要支流的发源地和水源涵养区。近百年来由于人为活动的影响，天然林资源遭到严重破坏，天然林向次生林发展。此外，山区能源贫乏，对森林的乱砍滥伐，使植被遭到严重破坏。由于气候变化、超载过牧、鼠类危害、乱挖滥垦、开矿修路等，区域内草地植被遭到严重破坏，退化草地面积达 533.95 万亩，占草地总面积的 57.74%。对林草植被的破坏和不合理利用，使水源涵养功能下降。

2）浅山区

浅山区海拔在2200～2800m，相对高差300～500m，该区域面积0.44万km^2，主要为低山丘陵区，地形遭受强烈切割，破碎明显，是侵蚀作用最强的地段，水土流失严重，滑坡、崩塌、泥石流等自然灾害经常发生。气候属暖温干旱半干旱区，年平均气温 4.5℃，平均无霜期125天，平均日照时数 2500～2600小时，日平均气温大于0℃的积温在 2500℃左右。土壤以淡栗钙土和灰钙土为主，土壤瘠薄，抗侵蚀能力弱。该区域植被稀少，沟壑纵横，是自然灾害频发、水土流失严重、贫困人口集中、基础设施较薄弱的地区。

3）川水区

川水区位于盆地中部的湟水河谷，东起入湟口的兰州市西固区达川，西至湟源县巴彦乡，东西长200km以上，海拔在1565～2200m，该区域面积0.32万km^2。该区域是河谷平原区，地势相对低平，依附水系呈树枝状分布于低山丘陵之间，水源充足。气候温和，年平均气温6.5℃，平均无霜期 150 天，平均日照时数 2600～2800小时，日平均气温大于0℃的积温在3100℃以上。土壤以栗钙土为主，土质肥沃，大部分是能够自流灌溉的农田，是青海省、甘肃省蔬菜、油料、果类的主要生产基地之一。川水区为湟水干、支流的河谷地带，一般由多级阶地组成，村庄、工厂、城镇、铁路、公路、农田等都坐落于Ⅱ级和Ⅲ级阶面上，土壤以栗钙土为主，气候温和，人多地少，劳动力丰富，灌溉设施完善，灌溉保证率高，基础设施和工业最为集中。生产生活用水量大，加之流域水资源时空分布不均，造成水资源严重短缺，供需矛盾突出，严重制约着湟水流域的经济和社会发展。同时，该区域也是青海省主要的农业区和工业集中地区，废水、废弃物的排放量和污染也是全省最大，工农业用水量和水体污染程度与人口、工农业发展水平成正比，一般人口较少和工农业用水量需求较少的地区，水质相对较好。

西宁市以下河段也是水污染最严重的地区，其中湟水干流西宁—民和段水质已属于Ⅳ类水质，并有 36%的河段劣于Ⅳ类水质，这些地区由于水污染，周围的植被退化，生态环境严重恶化。

5.3 生态保护工程清单

5.3.1 生态保护和建设规划

1.《青海省东部干旱山区国家生态安全屏障建设规划》

在《青海省东部干旱山区国家生态安全屏障建设规划》(简称《规划》) 中东部干

旱山区的范围（表5.2）确定为西宁市5区2县［城东、城中、城西、城北、湟中五区和湟源全部、大通县部分乡镇］、海东市2区4县［乐都区、互助县、民和县的部分乡镇，平安区、化隆县、循化县的全部区域］、海北州海晏县（部分乡镇），共6区8县121个乡镇，总面积为1.53万km^2）。《规划》建设内容包括水资源保护和建设、耕地资源保护和建设、林地资源保护和建设、草地资源保护和建设、湿地资源保护和建设、沙化土地综合治理、城乡环境综合整治、生态保护支撑8大类25项工程。其中，水资源保护和建设包括水土流失综合治理、人饮水源地保护、河道整治3项工程；耕地资源保护和建设包括坡耕地综合治理、灌区节水改造、农田防护林更新改造3项工程；林地资源保护和建设包括生态林建设、特色林果业、森林草原防火、森林有害生物防治4项工程；草地资源保护和建设包括退化草地治理、草地有害生物防治、草食畜牧业3项工程；城乡环境综合整治包括废弃矿山环境恢复与治理、交通沿线环境恢复与治理、城镇绿化隔离带建设、城镇污水处理、农村面源污染防治5项工程；生态保护支撑包括生态监测、人工增雨、农村能源、科研与技术推广、宣传培训5项建设内容；湿地资源保护和建设、沙化土地综合治理各1项。

表5.2 青海省东部干旱山区行政区划范围

州市	县名	乡（镇）数/个	行政区域面积/万亩	所辖乡（镇、办事处）名称	备注
总计		121	2300.805		
西宁市	小计	50	738.357		
	城东区	2	16.929	清真巷、八一路、东关大街、火车站、大众街、林家崖、周家泉共7个办事处。乐家湾、韵家口2镇	乡（镇）全部
	城中区	1	3.5295	人民街、礼让街、仓门街、南滩、饮马街、南川东路、南川西路共7个办事处，总寨镇	乡（镇）全部
	城西区	1	10.2705	虎台、西关大街、兴海路、古城台、胜利路共5个办事处，彭家寨镇	乡（镇）全部
	城北区	2	20.715	小桥、朝阳、马坊3个办事处，大堡子、二十里铺2个镇	乡（镇）全部
	大通县	11	71.295	桥头、黄家寨、塔尔、长宁、景阳5个镇，斜沟、石山、良教、逊让、极乐5个乡，朔北1个藏族乡	乡（镇）全部
	湟中区	15	383.796	鲁沙尔、多巴、上新庄、田家寨、甘河滩、李家山、共和、拦隆口、上五庄、西堡10个镇，海子沟、土门关2个乡，汉东、大才2个回族乡，群加藏族乡	乡（镇）全部
	湟源县	9	231.822	城关、大华2个镇，东峡、申中、和平、寺寨、巴燕、波航6个乡，日月藏族乡	乡（镇）全部
海东市	小计	94	1222.683		
	乐都区	11	64.9965	碾伯、雨润、高庙、洪水、高店、瞿昙6个镇，蒲台、峰堆、城台3个乡，中坝、下营2个藏族乡	乡（镇）全部
	平安区	8	110.1885	平安、小峡、三合共3个镇，洪水泉、石灰窑、古城、沙沟、巴藏共5个回族乡	乡（镇）全部

续表

州市	县名	乡（镇）数/个	行政区域面积/万亩	所辖乡（镇、办事处）名称	备注
海东市	民和县	21	274.998	川口、古鄯、官亭、满坪、巴州、峡门、李二堡、马营8个镇，新民、隆治、总堡、转导、大庄、甘沟、前沿、核桃庄、马场垣、西沟、中川、松树12个乡，杏儿藏族乡	乡（镇）全部
	互助县	8	94.2	威远、高寨、塘川3个镇，西山、蔡家堡、东山、红崖子沟、哈拉直沟5个乡	乡（镇）全部
	化隆县	17	406.0155	巴燕、甘都、群科、牙什尕、扎巴、昂思多6个镇，二塘、谢家滩、阿什努、德恒隆、沙连堡、初麻6个乡，塔加、雄先、金源、查甫4个藏族乡，李家峡北岸行委、公伯峡行委	乡（镇）全部
	循化县	9	272.2815	积石镇，白庄、查汗都斯、街子、清水4个乡，道帏、杂楞、文都、岗察4个藏族乡	乡（镇）全部
海北州	小计	6	339.765		
	海晏县	6	339.765	三角城、西海2个镇，金滩、青海湖、甘子河3个乡，哈勒景蒙古族乡	乡（镇）部分

《规划》估算总投资473800万元，按工程建设内容分，水资源保护和建设工程投资86400万元，占总投资的18.24%；耕地资源保护和建设工程投资78000万元，占总投资的16.46%；林地资源保护和建设工程投资50700万元，占总投资的10.70%；草地资源保护和建设工程投资61700万元，占总投资的13.02%；湿地资源保护和建设工程投资348.60万元，占总投资的0.07%；沙化土地综合治理工程投资886.00万元，占总投资的0.19%；城乡环境综合整治工程投资148800万元，占总投资的31.41%；生态保护支撑工程投资47000万元，占总投资的9.92%。

2.《湟水流域水土保持综合规划》

《湟水流域水土保持综合规划》范围为湟水流域（含湟水干流和支流大通河），包括青海、甘肃两省17个县（区），流域面积4929.45万亩。以2011年为现状水平年，近期水平年为2020年，远期水平年为2030年。

根据流域自然资源特点、战略地位、国家和区域经济社会发展要求，湟水流域治理开发与保护的主要任务是：加大节水力度，提高水资源利用效率，缓解水资源供需矛盾；加强水资源保护，遏制水环境恶化趋势，改善水环境质量；严格水能资源开发的管理，改善水生态环境；进一步提高流域防洪能力，确保干支流防洪安全；加强水土流失区综合治理，改善生态环境和群众的生活生产条件；完善非工程措施，提高流域综合管理能力；维护河流健康，支持流域经济社会可持续发展。综合考虑各河段资源环境特点、经济社会发展要求、治理开发与保护的总体部署，明确湟水干流和主要支流各河段的治理开发与保护主要任务。

《湟水流域水土保持综合规划》主要包括水资源配置与保护、水资源保护、水土保持生态建设、防洪工程建设等方面，扣除已有专项投资来源部分投资，规划共需投资1831700万元。其中，水资源配置投资需求为596900万元，水资源保护规划投资需求为220900万元，水生态保护规划投资需求67400万元，水土保持生态建设规划投资需求为420900万元，防洪工程规划投资需求为429600万元，综合管理投资需求为96000万元。

3. 文献分析

根据课题研究内容，河湟谷地生态功能区水土流失、土壤退化、水资源供给矛盾、农业灾害频发、耕地减少、生态环境污染等问题，调查和梳理河湟谷地生态功能区生态保护措施和工程，评价其保护成效和存在的问题；从河湟谷地生态功能区供给服务定位出发，以生态增效、农业增收、供给有效为目标，通过集成分析，提出适于河湟谷地生态功能区的生态农业发展模式。

借助CNKI平台中的高级检索，以主题＝“河湟谷地”、词频＝“农业发展”或者关键词＝“河湟谷地”、词频＝“生态环境”或者关键词＝“河湟谷地”、词频＝“水土流失”或者关键词＝“河湟谷地”、词频＝“水自然灾害”或者关键词＝“河湟谷地”、词频＝“耕地”进行检索，得到1990～2020年涉及河湟谷地相关内容的各类文献共579篇。对河湟谷地的文献进行综合分析，分析结果如图5.6～图5.8所示。

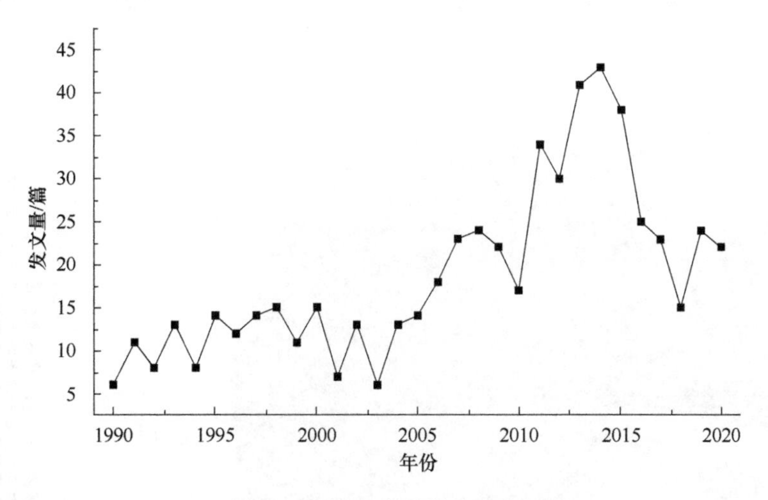

图5.6　研究文献总体趋势分析图

河湟谷地区域的研究主要集中在农学、农业经济、地理学、气象学、环境科学与资源利用等方面。通过Citespace软件进行关键词共现，可以看出区域内研究偏重自然环境条件、生态环境保护以及社会人文等方面。由于河湟谷地是青海省主要的农业区，其研究的热点也主要集中在农业发展研究上，占579篇相关文献的19.94%，包括旱作农业技术、种植业结构调整、栽培技术、集水农业、耕地保护等内容。同时，该区地处青藏高原的东北部，海拔较高，并且起伏幅度较大，使得该区的气候环境复杂多变，

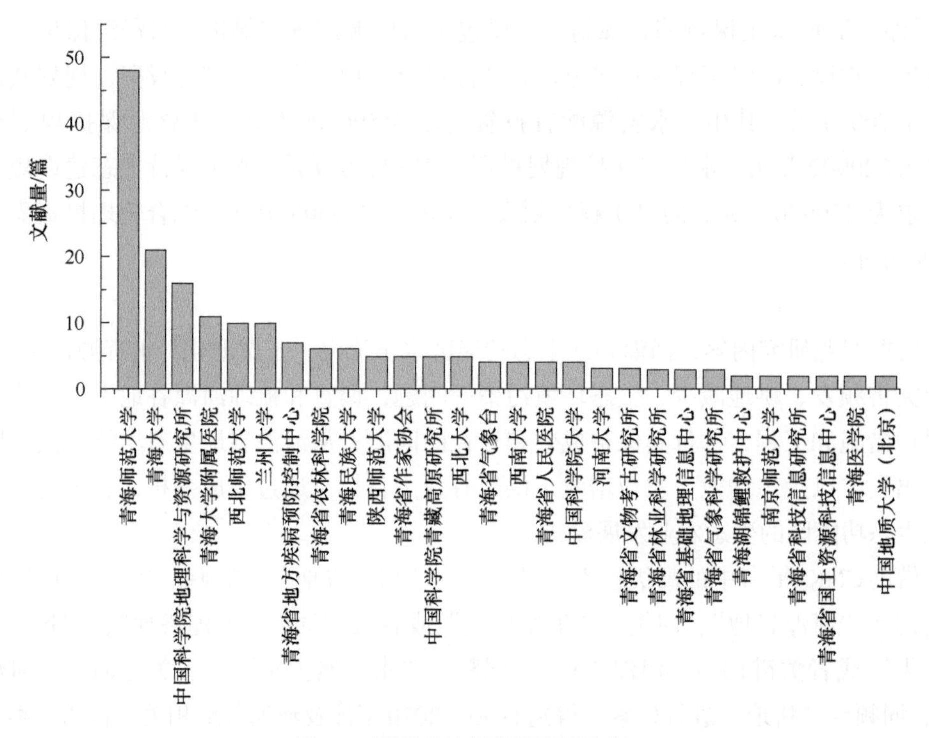

图5.7 河湟谷地相关研究机构图

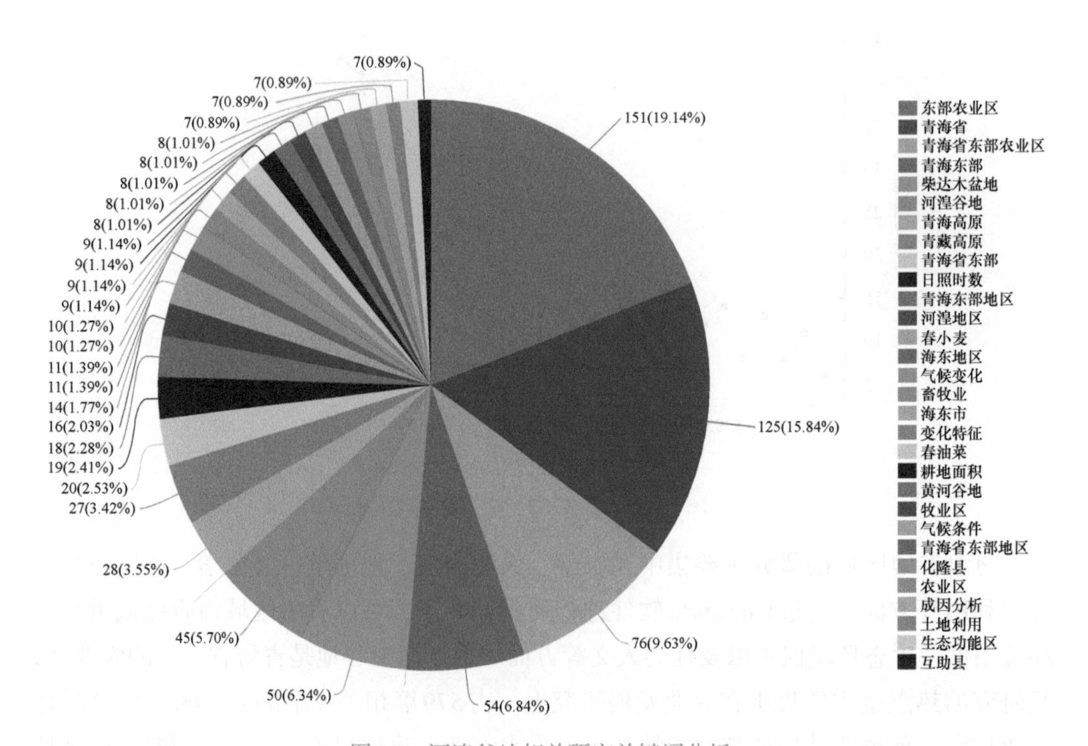

图5.8 河湟谷地相关研究关键词分析

夏季大气对流运动活跃，易出现冰雹和雷暴，并且具有突发性，常伴有洪灾等的发生，因此，灾害防治、水土保持治理、生态环境、生态保护内容也是重要的研究内容，占相关文献的8%。

从相关研究时区图上可以看出，河湟谷地的相关研究随时间变动呈现出从基础研究向应用研究转变的趋势。目前，河湟谷地的研究领域主要偏向于生态风险评价、气候变化和劳动力分析及农牧民的耕地利用决策、耕地优化利用等方面。

5.3.2 河湟谷地生态功能区实施的生态保护工程

河湟谷地生态功能区生态建设工程清单见表5.3。

表5.3 河湟谷地生态功能区生态建设工程清单

序号	工程名称	主要措施	实施年份	实施地点	实施面积/万亩	总投资/万元
		生态保护与建设项目			3135.4933	932548.4
1	舍饲棚圈建设	建设舍饲棚圈	2017～2018年	互助	0.741	60
2	祁连山生态保护综合治理草食畜牧业发展项目		2015年	互助	0.0075	1016
3	人工饲草基地建设项目（种植燕麦饲草）	人工饲草基地建设	2018年	互助	3.15	756
4	建设贮草棚	贮草棚建设	2018年	互助	1.56	312
5	退牧还草	减畜禁牧、围栏封育	2017～2018年	互助、乐都、湟中、湟源、大通	77.115	
6	退耕还林（草）	植树种草，建设分水岭防护林带，大力建设护坡林草	2011～2018年	化隆、互助、大通、循化、平安、民和、乐都、湟中、湟源	272.145	194222.4
7	“三北”防护林	人工林地种植	2011～2018年	化隆、互助、大通、循化、平安、民和、乐都、湟中、湟源	163.35	51968
8	公益林建设	人工林地种植	2011～2018年	大通、湟源、湟中、西宁、乐都、化隆、循化	147.555	
9	天然林保护	保护现有林地资源，加大天然草地资源保护力度	2011～2018年	化隆、互助、大通、循化、平安、民和、乐都、湟中、湟源	3.27	193011.7
10	南北山绿化工程	人工林地种植	2018年	化隆、互助、大通、循化、平安、民和、乐都、湟中、湟源	19.995	

续表

序号	工程名称	主要措施	实施年份	实施地点	实施面积/万亩	总投资/万元
11	规模化林场建设	人工林地种植	2018年	西宁、湟中、湟源、平安、民和、乐都、互助	66.9	10000
12	水土保持造林	人工林地种植		化隆、互助、大通、循化、平安、民和、乐都、湟中、湟源	66.9	
13	水土保持种草	人工草地建植		化隆、循化、平安、民和、乐都、湟中、湟源	0.702	
14	防沙治沙综合示范区项目	营造水土保持林、坡耕地综合治理、封禁治理、小型水利水保、工程治沙、生物治沙、封沙育林			2295	
15	《青海省东部干旱山区国家生态安全屏障建设规划》	结合农业、林业和水保生态工程，加强对林草植被的保护和建设，提高植被盖度，增强水源涵养功能；通过加强区域内工业污染的监管、农村面源污染的防治和城镇污水处理等工程措施，减轻水体污染	2016～2020年	西宁市4区3县、海东市2区4县	2.2308	473800
16	南川河生态环境综合整治	人工造林、封山育林、退化草地治理、森林草地有害生物防治、人工增雨等	2019年	湟中	14.872	3852.3
17	湿地生态效益补偿试点项目	设立湿地生态效益补偿试点项目	2015年	大通		1500
18	湿地保护与恢复项目	实施人工影响天气，可以增加地区局部降水量，扩张水域和湿地生态系统面积，增加径流量	2014～2018年	西宁、互助		1750
19	湿地生态效益补助	实施湿地生态效益补助	2017年	互助		300

1. 河湟谷地生态功能区国家级生态保护工程

河湟谷地生态功能区内国家级的生态工程包括退耕还林（草）、“三北”防护林工程、公益林建设、天然林保护、小流域侵蚀治理、退牧还草、坡耕地治理、水土保持治理工程等8项（表5.4）。从国家级生态工程类型看，退耕还林还草、“三北”防护林、天然林保护、公益林建设及小流域侵蚀治理工程普遍较多，在各县、区的绝大多数乡镇都有分布。从县域来看，大通县、互助县、乐都区、湟源县、循化县生态工程数量最多，为6～7个工程，且类型丰富，包含大多数国家级生态工程。从调查的村落及收集的资料来看，其国家级生态工程的分布与这些地区的自然地理环境和人类活动有着密切的关系（图5.9）。

表5.4 河湟谷地生态功能区实施的国家级生态工程项目类型状况

工程类型	工程名称	工程类型	工程名称
环境类	退耕还林还草	环境类	小流域侵蚀治理
环境类	“三北”防护林工程	环境类	退牧还草
环境类	公益林建设	农业类	坡耕地治理
环境类	天然林保护	环境类	水土保持治理工程

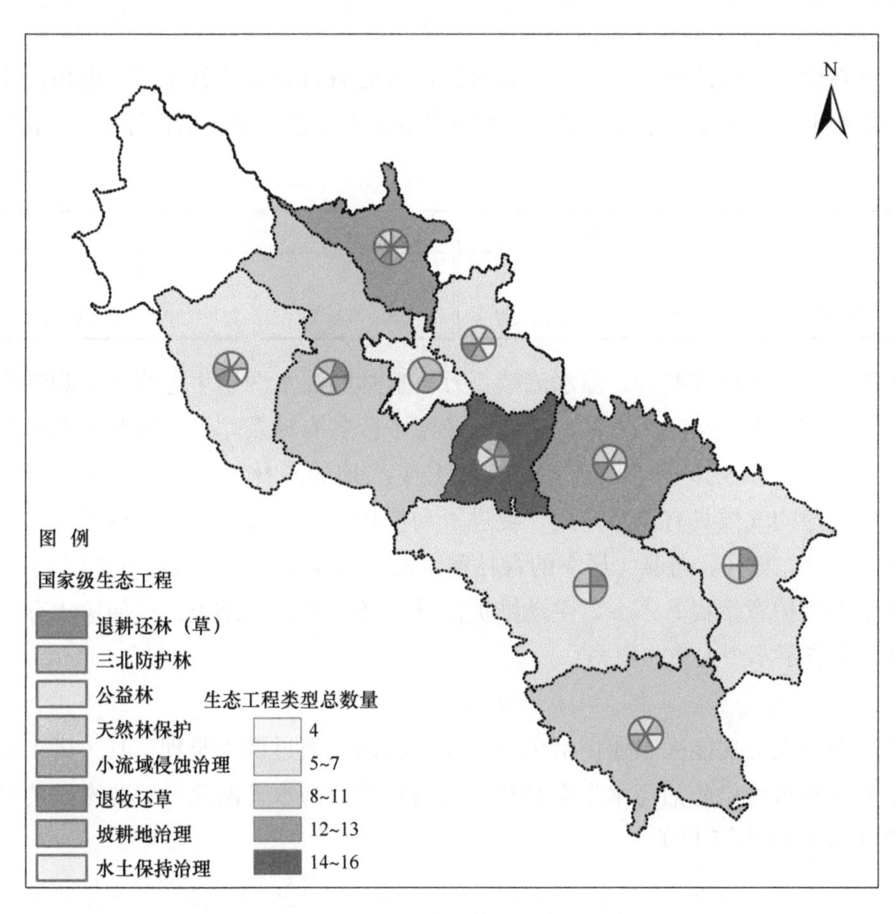

图5.9 河湟谷地生态功能区国家级生态工程

实施工程的这些地区内自然地理环境复杂多样，海拔较高，地形地貌复杂，生态环境脆弱，人为耕种较为吃力，撂荒现象也较严重，长此以往的撂荒下众多农户最终会选择退耕还林还草或进行公益林建设等。例如，湟源县西部的大部分地区海拔较高，坡耕地遍布，这些耕地耕种困难，使得此地区的人们撂荒现象严重，而在湟源县实施的国家级生态工程也会在一定程度上减缓撂荒。乐都区、循化县海拔虽然较低，但这些地方人类活动较强烈，对生态环境有着很大的压力，水土流失、自然灾害频发且严重，所以对于这一地区，国家级生态工程普及。从国家级生态工程的类型看，退耕还林还草是河湟谷地生态功能区分布最多的生态工程，这是因为退耕还林还草提出的时间久，到目前已经实行了不同批次的工程，且政府对退耕还林还草的宣传力度大，民众对该项政策的知晓度较高，能认识到该项政策带来的生态、经济的利处，加之一些地方种植农作物的难度高，即对该项政策的支持度高，所以其分布广泛。而水土保持治理工程的分布是最少的，这是因为该项工程的宣传力度不及退耕还林还草，此外一些地区的水土保持治理可能包含在一些其他的生态建设工程中，人们对其认识较少，致使这一工程在调查和资料中的实施情况不乐观。

2. 河湟谷地生态功能区省级生态保护工程

河湟谷地生态功能区省级生态工程包括湟水流域百万亩造林工程、南川河生态环境综合整治工程、南北山绿化工程、湟水两岸生态修复景观绿化项目等4项（表5.5）。

表5.5 河湟谷地生态功能区实施的省级等生态工程项目类型状况

工程类型	工程名称	工程类型	工程名称
环境类	湟水流域百万亩造林工程	环境类	南北山绿化工程
生态、环境类	南川河生态环境综合整治工程	生态、环境类	湟水两岸生态修复景观绿化项目

从省级生态工程类型看，湟水流域百万亩造林和湟水两岸生态修复景观绿化两项工程施行较多，循化县、平安区、乐都区及湟中区各有涉及。平安区和乐都区的省级生态工程最多（图5.10），生态工程大大提升了当地的森林覆盖率，其除了美化环境外，还对当地的气候具有调节作用，促进了动植物多样性保持，给当地群众带来了实实在在的好处。如今，各县（区）的森林覆盖面积迅速增加，经过政府部门大力宣传，人们的生态保护意识提升不少，主动维护造林和环境整治的结果，致使树木存活率大大提升，节省了不少人力、财力。

3. 湟谷地生态功能区县（区）级生态保护工程

河湟谷地生态功能区农业供给生态功能区域内，通过调查整理，县（区）级生态工程主要包括水污染防治与水生态修复、河道管制、污水管网建设、苗木及药材种植等10类（表5.6和图5.11）。

表5.6 河湟谷地生态功能区实施的县（区）级等生态工程项目类型状况

工程类型	工程名称	工程类型	工程名称
环境、生态类	水污染防治与水生态修复	农业类	药材种植
环境类	河道管制	生态类	依赖林草的休闲娱乐
环境类	污水管网建设	生态类	旅游景区建设
环境类	南北干渠	生态类	生态农牧业建设
农业类	苗木种植		

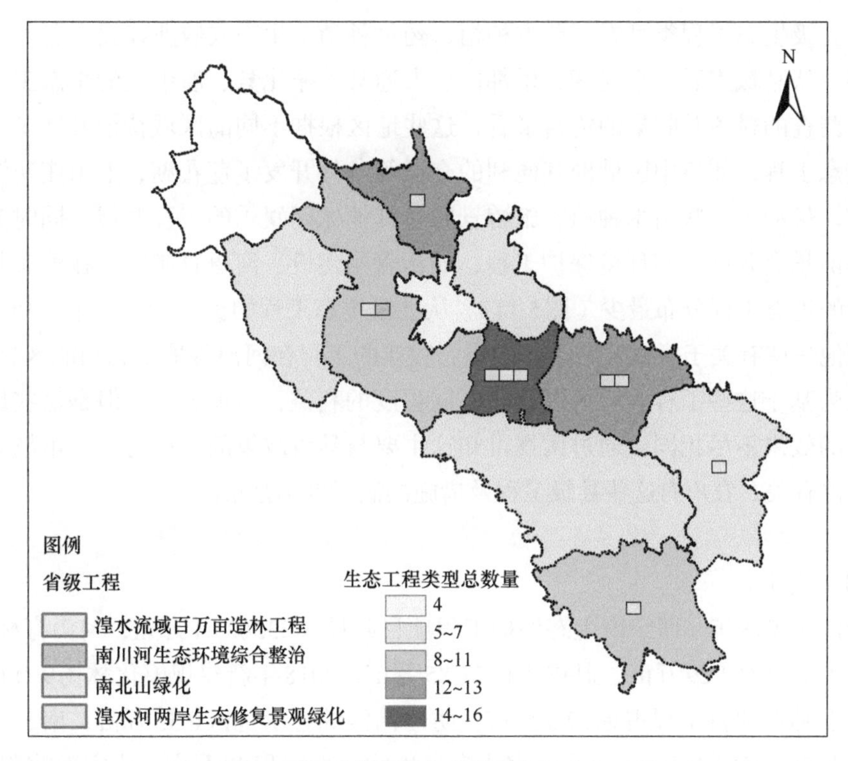

图5.10　河湟谷地生态功能区省级生态工程

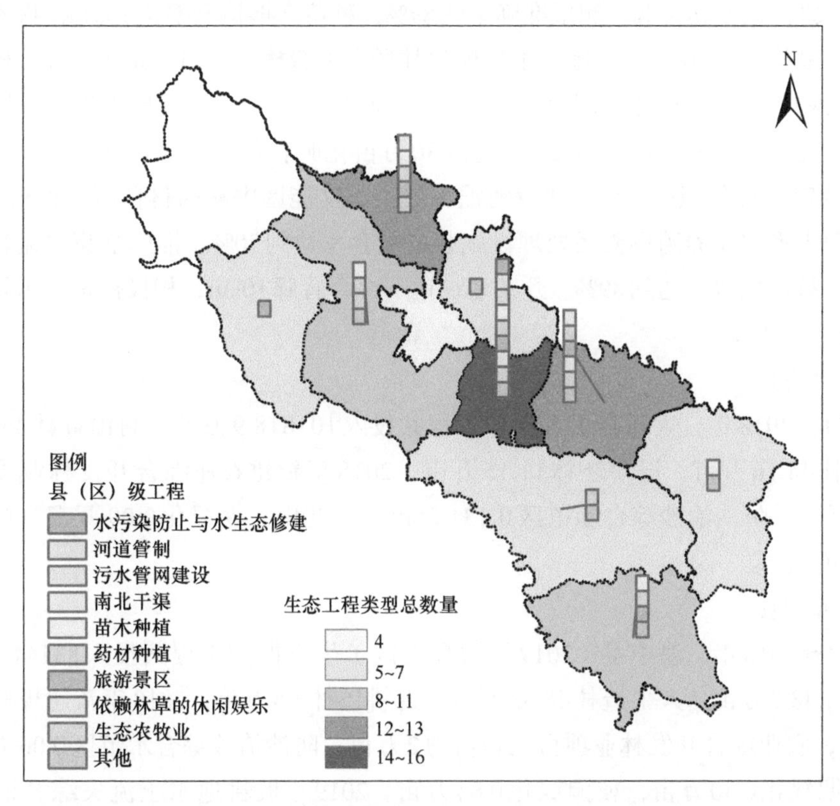

图5.11　河湟谷地生态功能区县（区）级生态工程

从县级生态工程类型看，苗木种植、药材种植、生态农牧业建设在各县（区）分布较多。从县域来看，平安区、乐都区、大通县、循化县、湟中区的生态工程类型较多。从调查的村落及收集的资料来看，这些地区根据不同的区域特征开展了一些地方性的生态工程，如湟中区借助其便利的交通等条件开发了莲花湖、上山庄花海等小型旅游区，带动了一些苗木种植、旅游景区及其他休闲娱乐的工程开展，同时为了更好的发展前景会开展一些环境保护工程，如污管网建设、河道管制等。在湟源县和互助县县级的生态工程分布最少（图5.11）。从县级生态工程的类型看，苗木、药材的种植以及其他一些有关于病虫害防治的生态农牧业的工程在河湟谷地生态功能区分布最多，这是因为基于这些工程农户可以收获不同程度的利益，增加收入。但是这些地方性工程实施的效果不尽相同，通过调查可知这主要与县级政策的支持力度、市场及地区的自然条件有关，农户对这些县级工程及措施的满意度不是很高。

4. 河湟谷地生态功能区生态功能县域尺度生态保护工程清单

1）西宁市

2011～2018年，西宁市生态保护工程项目共投入335637.1万元，封山育林93.64万亩，人工造林164.29万亩，退耕还林21.85万亩，2018年新建规模化林场9万亩，农业综合开发林业项目工程占地37.5万亩，防沙治沙综合示范区0.35万亩，南北山三期绿化0.86万亩，校园绿化2.5万亩。完成有害生物防控面积80万亩，成灾率控制在7%以下，无公害防治率达93%，测报准确率达87%，种苗产地检疫率达100%，松木及其制品调入及复检率达100%。实施湟水规模化林场人工造林，运用“先建后补”模式，完成造林7.5万亩。完成灌区农业水价综合改革面积13.52万亩。开展小流域和坡耕地综合治理，完成水土流失治理80km^2。完成30万亩化肥农药减量增效试点任务，化肥农药使用量较2018年减少20%。建设河湟谷地生态功能区中藏药材育苗、种植基地3万亩。推动大型规模养殖场粪污处理设施装备配套率达到70%。推广全膜覆盖栽培技术19万亩，残膜回收率达到89%。开工建设地下综合管廊10km，积极探索半干旱缺水型“海绵城市”建设。

2）大通县

2011～2018年，大通县生态保护工程共投入101818.9万元，封山育林43.4万亩，人工造林44.16万亩，退耕还林11.15万亩，2018年新建农业综合开发林业项目工程占地2万亩，防沙治沙综合示范区0.131万亩，南北山三期绿化0.09万亩，校园绿化0.27万亩。

3）湟中县

2011～2018年，湟中县（2019年撤县设区）生态保护工程共投入83144.24万元，封山育林38.2万亩，人工造林48.58万亩，退耕还林6.8万亩，2018年新建规模化林场2.5万亩，农业综合开发林业项目工程占地2万亩，防沙治沙综合示范区0.06万亩，南北山三期绿化0.40万亩，校园绿化0.64万亩。2019年坡耕地水土流失综合治理面积

17.87km²。增加粮改饲加工环节，激发了种草大户的积极性，推进了养殖场规模的扩大和发展。2016年实施森林生态效益补偿，每年1600多万元，其中补贴农户800万元，正常管护占35%，改善基础设施条件占15%，2019年精准扶贫方面雇用贫困户1225名，利于扶贫增收。2018年实施湟水规模化林场造林。

4）湟源县

2011～2018年，湟源县生态保护工程共投入48721.01万元，封山育林12.04万亩，人工造林26.17万亩，退耕还林1.9万亩，2018年新建规模化林场5万亩，农业综合开发林业项目工程占地1万亩，防沙治沙综合示范区0.16万亩，南北山三期绿化0.37万亩，校园绿化0.74万亩。

5）海东市

2011～2018年，海东市生态保护工程共投入363147.4万元，封山育林113.7万亩，人工造林235.43万亩，退耕还林35.41万亩，2018年新建规模化林场11万亩，农业综合开发林业项目工程占地11.1万亩，防沙治沙综合示范区0.4万亩，南北山三期绿化1.55万亩。

6）平安县

2011～2018年，平安县（2015年撤县设区）生态保护工程共投入35637.38万元，封山育林4.9万亩，人工造林26.43万亩，退耕还林2.25万亩，2018年新建规模化林场2万亩，南北山三期绿化0.25万亩。

7）民和县

2011～2018年，民和县生态保护工程共投入65775.46万元，封山育林12.4万亩，人工造林40.51万亩，退耕还林4.61万亩，2018年新建规模化林场2万亩，农业综合开发林业项目工程占地1万亩，南北山三期绿化0.14万亩。建设日光温室5811栋，面积1833亩。建筑设施全部拆除134处，占地256.06亩；部分拆除整改合规13处，占地33.84亩；完善手续8处，占地93.98亩（完善建设用地4处，占地16.34亩；完善设施用地4处，占地77.64亩）。拆除彩钢房68000m²、砖混结构房28000m²，清除硬化地面90000m²，恢复耕地253.8亩。大力推广配方肥，科学施肥。2006年引进全膜双垄栽培技术，2008年推广，每年投入40万元，覆盖123亩，是所有项目中收益最好的项目，推广之后，民和县成为全国产粮大县。病虫害治理每年投入40万元。天然林资源保护工程二期2017～2018年，森林管护面积达50.25万亩，安排事业岗位123个，聘用社会护林员260人（包括生态公益性扶贫岗位122个）；有害生物防控2.0万亩。

8）乐都县

2011～2018年，乐都县（2013年撤县设区）生态保护工程共投入78223.28万元，封山育林26.5万亩，人工造林58.89万亩，退耕还林4.6万亩，2018年新建规模化林场3万亩，农业综合开发林业项目工程占地2万亩，林业产业项目占地0.099万亩，南北山三期绿化0.14万亩。

9）互助县

2011～2018年，互助县生态保护工程共投入92691.2万元，封山育林26.4万亩，人工造林57.3万亩，退耕还林10.15万亩，2018年新建规模化林场4万亩，农业综合开发林业项目工程占地2.3万亩，青海六盘山片区扶贫项目林业工程占地0.2万亩，林业产业项目占地0.161万亩，南北山三期绿化0.12万亩。

10）化隆县

2011～2018年，化隆县生态保护工程共投入44106.86万元，封山育林19.4万亩，人工造林28.38万亩，退耕还林12.9万亩，2018年新建农业综合开发林业项目工程占地0.5万亩，林业产业项目占地0.018万亩，南北山三期绿化0.225万亩。

11）循化县

2011～2018年，循化县生态保护工程共投入26839.3万元，封山育林24.1万亩，人工造林17.23万亩，退耕还林0.9万亩，2018年新建农业综合开发林业项目工程占地2万亩，南北山三期绿化0.18万亩。

5.4 生态保护技术清单

根据调查，河湟谷地生态功能区实施的生态技术主要包括水资源保护与建设、耕地资源保护与建设、林地资源保护与建设、草地资源保护与建设、湿地资源保护与建设等。

河湟谷地生态功能区生态建设技术清单见表5.7。

表5.7 河湟谷地生态功能区生态建设技术清单（地方标准）

植被类型	技术	标准号
耕地	**坡耕地综合治理技术**	
	梯田修复技术	
	田间道路修复技术	
	渠系配套工程修复技术	
	覆坑平整修复技术	
	灌区节水改造技术	
	节水改造工程（干支渠、斗农渠）修复建设技术	
	田间灌溉工程（干管、支管、窖井）修复建设技术	
	节水高效作物种植建设技术	
	覆膜技术	
	测土配方施肥技术	

续表

植被类型	技术	标准号
耕地	**水肥一体化技术**	
	水肥一体化技术	
	农田防护林更新改造技术	
	农田防护林更新改造技术	
	设施农业建设技术	
	设施农业建设技术	
水资源	**水土流失综合治理技术**	
	淤地坝（骨干坝、中型坝）修理整治技术	
	拦沙坝更新改造	
	谷坊建设技术	
	沟头防护建设技术	
	护岸技术	
	小型蓄引技术	
	排水技术	
	封禁治理技术	
	水土保持造林技术	
	水保种草技术	
	河道整治技术	
	堤防技术（加固、新建）	
	护岸技术（生态护岸、工程护岸）	
	护坡技术（生态护坡、工程护坡）	
	河道清淤疏浚	
	人饮重点水源地保护技术	
林地	**生态林建设技术**	
	中幼林抚育技术	DB63/T1303—2014
	节水抗旱造林技术	
	林木良种选育技术	
	退化人工林改造技术	DB63/T 1770—2020
	封山育林	
	人工造林	
	特色林果业种植技术	
	特色林果业种植技术	
	森林有害生物防控	
	天敌昆虫繁殖技术	
	化学农药使用技术	
	生物药剂使用技术	
	植物源不育剂使用技术	
	微生物类农药使用技术	

续表

植被类型	技术	标准号
草地	天然草地改良技术	DB63/T390—2018
	天然草地补播技术	DB63/T819—2009
	高寒草地施肥技术规范	DB63/T662—2007
	人工草地建植技术	DB63/T391—2018
	高寒人工草地施肥技术	DB63/T493—2005
	高寒草甸中、轻度退化草地植被恢复技术	DB63/T608—2006
	高寒地区退化人工草地复壮技术	DB63/T 1443—2015
	“黑土型”退化草地等级划分及综合治理技术	DB63/T674—2007
	“黑土型”退化草地人工植被建植及其利用管理技术	DB63/T603—2006
	刈用型黑土滩人工草地建植及管理技术	DB63/T1009—2011
	生态型黑土滩人工草地建植及管理技术	DB63/T1007—2011
	61.6%盖灌能EC防除草地瑞香狼毒技术	DB63/T842—2009
	草地恶性毒草——狼毒防治技术	DB63/T659—2007
	鹰架招鹰控制草地鼠害技术	DB63/T790—2009
	草原地面鼠害防治技术	DB63/T1371—2015
	草地鼠害生物防治技术	DB63/T787—2009
	草地毛虫生物防治技术	DB63/T789—2009
	灭治草地土蝗技术	DB63/T165—1993
	草地地面鼠害防治技术	DB63/T164—2021
	灭治草地毒草技术	DB63/T241—1996
	草地鼠虫害、毒草调查技术	DB63/T393—2002
	草地毛虫预测预报技术	DB63/T333—1999
	草地蝗虫预测预报技术	DB63/T332—1999
	草地鼠害预测预报技术	DB63/T331—1999
	青海省草地资源调查技术	DB63/T209—1994
	青贮饲料加工贮草棚建设技术	
	青干草调制技术	
	粮改饲技术	
湿地	**湿地保护技术**	
	湿地监测技术	DB63/T1359—2015
	高寒沼泽湿地保护技术	DB63/T1354—2015
	高寒沼泽湿地退化等级划分	DB63/T 1794—2020
	退化高寒湿地冻土保育型修复技术	DB63/T 1797—2020
	湿地修复技术	
	重度退化高寒沼泽湿地修复技术	DB63/T1365—2015
	退化高寒湿地人工增雨型修复技术	DB63/T 1798—2020
	围栏封育型高寒湿地修复技术	
	引水灌溉型高寒湿地恢复技术	

5.4.1　水资源保护与建设技术

水资源保护与建设主要包括水土流失综合治理、人饮重点水源地保护、河道整治三大类15项，包含14种技术。其中，有3个新建技术，其余均为新建、修复或者修复、恢复技术。其中，水土流失综合治理包括淤地坝（骨干坝、中型坝）修理整治、拦沙坝更新改造、谷坊建设、沟头防护建设、护岸、小型蓄引、排水、封禁治理、水土保持造林和水保种草10项技术，主要在黄土丘陵沟谷区、山地沟谷区、河流沿岸区、山地沟道以及林草退化区开展；河道整治包括堤防技术（加固、新建）、护岸技术（生态护岸、工程护岸）、护坡技术（生态护坡、工程护坡）和河道清淤疏浚4项技术，主要在河道沿岸，山地、河道边坡以及城乡聚落地河道开展（表5.8）。

表5.8　水资源保护与建设类技术及其基本评价

生态建设技术分类/名称	工程技术性质（恢复、修复、新建）	主要实施区域	基本评价
水土流失综合治理技术			
淤地坝（骨干坝、中型坝）修理整治技术	新建	黄土丘陵沟谷区	投资少、见效快、坝地利用时间长、效益高
拦沙坝更新改造	新建	山地沟谷区	投资少、见效快、功能全、效益高
谷坊建设技术	新建	黄土丘陵沟谷区	投资中等、效果较好
沟头防护建设技术	新建、修复	山地沟谷区	投资少、防护作用好，易损毁
护岸技术	新建、修复	山地沟谷、河流沿岸区	就地取材、作用中等、技术性强
小型蓄引技术	新建、修复	山地沟谷区	投资少、效果显著，但各地区要求的技术参数差异大，易泥沙沉积
排水技术	新建、修复	山地沟道	投资少、效益较好，需要定期维护
封禁治理技术	恢复	林草轻度、中度退化区	围栏封禁，投资中等、效益显著，会引起部分负面影响
水土保持造林技术	修复、恢复	林地重度退化区	成本高、效益好，但周期长
水保种草技术	修复、恢复	草地重度退化区	成本低、周期短，但效益一般
河道整治技术			
堤防技术（加固、新建）	修复、新建	河道沿岸	投资大、效益好，限制因素较多
护岸技术（生态护岸、工程护岸）	修复、新建	河道沿岸	投资相对较小、效益较好、工程设计不周全
护坡技术（生态护坡、工程护坡）	新建、修复	山地、河道边坡	投资小、效益一般、维护难度大
河道清淤疏浚	修复	城乡聚落地河道	投资小、效益一般、维持时间短
人饮重点水源地保护技术			
人饮重点水源地保护技术	修复	重点水源地	效益显著，投资大

5.4.2 耕地资源保护与建设技术

耕地资源保护与建设主要包括坡耕地综合治理、灌区节水改造、农田防护林更新改造以及设施农业建设四大类12项，包含5种技术（表5.9）。其中有5个新建项目，其余均为新建、修复、恢复或者恢复、修复项目。坡耕地综合治理包括梯田、田间道路、渠系配套工程、覆坑平整4项修复技术，全部为修复项目，主要在小于25° 坡地以及耕地整治区开展；灌区节水改造技术包括节水改造工程（干支渠、斗农渠）修复建设技术、田间灌溉工程（干管、支管、窨井）修复建设技术、节水高效作物种植建设技术、水肥一体化技术、覆膜技术和测土配方施肥技术6项，主要在浅山、川水地区开展。除此之外，农田防护林更新改造主要在川水地区开展，设施农业建设技术主要在川水、浅山地区开展。

表5.9 耕地资源保护与建设类技术及其基本评价

生态建设技术分类/名称	工程技术性质（恢复、修复、新建）	主要实施区域	基本评价
坡耕地综合治理技术			
梯田修复技术	修复	小于25° 坡地	产量提高、水土流失减轻
田间道路修复技术	修复	耕地整治区	投资较小、社会效益好
渠系配套工程修复技术	修复	耕地整治区	节水效益较好、水资源调配效率高、易损坏
覆坑平整修复技术	修复	耕地整治区	投资中等、效益明显、易塌陷
灌区节水改造技术			
节水改造工程（干支渠、斗农渠）修复建设技术	新建、修复	浅山、川水地区	成本较低、渗漏严重、用水浪费
田间灌溉工程（干管、支管、窨井）修复建设技术	新建、修复	脑山、浅山地区	用水节约、成本较高
节水高效作物种植建设技术	新建	川水地区	效益显著、技术难度较大
覆膜技术	新建	川水、浅山地区	投资小、效益高、环境污染严重
测土配方施肥技术	新建	川水地区	投资较小、效益好、推广难度大
水肥一体化技术	新建	川水地区	效益显著、技术难度大
农田防护林更新改造			
农田防护林更新改造	恢复、修复	川水地区	投资较小、效益好、周期长
设施农业建设技术			
设施农业建设技术	新建	川水、浅山地区	投资大、效益好、土壤污染和病虫害严重

5.4.3 林地资源保护与建设技术

林地资源保护与建设技术主要包括生态林建设、特色林果业种植、森林有害生物防控三大类11项，包含11种技术，其中有7个新建项目，其余均为修复、新建或恢复项目（表5.10）。生态林建设包括封山育林、人工造林、中幼林抚育、节水抗旱造林技术和林木良种选育5项技术，主要在原始林地、林地退化区、山地低覆盖区以及干旱山地开展；森林有害生物防控包括天敌昆虫繁殖、化学农药使用、生物药剂使用、植物源不育剂使用和微生物类农药使用5项技术，且全为新建技术，主要在山地林区开展。除此之外，特色林果业主要在川水地区开展。

表5.10　林地资源保护与建设类技术及其基本评价

生态建设技术分类/名称	工程技术性质（恢复、修复、新建）	主要实施区域	基本评价	标准号
生态林建设技术				
中幼林抚育技术	修复	山地地区	效益好，投资一般，技术要求高	DB63/T1303—2014 DB63/T 299—2020
节水抗旱造林技术	新建	干旱山地地区	效益好，投资较高，技术要求高	
林木良种选育技术	修复、新建	林区	效益好，投资小，技术要求高	
封山育林	恢复	原始林地	成本低，效益显著，难度大	
人工造林	修复	林地退化区、山地低覆盖区	成本高，效益显著，维护成本高	
特色林果业种植				
特色林果业种植技术	新建	川水地区	经济效益好，投资较高，技术要求高，占用耕地面积大	
森林有害生物防控				
天敌昆虫繁殖技术	新建	山地林区	效益好，风险大	
化学农药使用技术	新建	山地林区	见效快，污染严重	
生物药剂使用技术	新建	山地林区	效益好，风险小，技术要求高	
植物源不育剂使用技术	新建	山地林区	效益好，风险高，技术要求高	
微生物类农药使用技术	新建	山地林区	效益好，风险低，技术要求高	

5.4.4　草地资源保护与建设技术

草地资源保护与建设包括退化草地治理、草原有害生物防治、草食畜牧业发展三大类13项，包含26种技术，其中有3个新建项目，其余均为修复，恢复、修复、治理，重建、恢复或者恢复、新建项目（表5.11）。退化草地治理包括沙化草地（生物、工程、复合）修复、黑土滩型草地（围栏封育、灭除毒杂草、草地施肥）修复治理、退化草地补播、人工增雨、毒杂草治理（人工和机械防除、除草剂、生态防治）5项技术，主要在温带草原、脑山地区、高寒草甸地区开展。其中，沙化草地修复技术包括天然草地改良技术、天然草地补播技术、草地资源调查技术，黑土滩型草地修复治理技术包括“黑土型”退化草地等级划分及综合治理技术、“黑土型”退化草地人工植被建植及其利用管理技术、刈用型黑土滩人工草地建植及管理技术、生态型黑土滩人工草地建植及管理技术，退化草地补播技术包括天然草地补播技术、人工草地建植技术，毒杂草治理技术包括草地恶性毒草——狼毒防治技术、61.6%盖灌能EC防除草地瑞香狼毒技术。草原有害生物防治包括生物防治（生物毒素、人工灭杀、植物源不育剂、人工投饵、天敌防控、生物药剂、微生物类农药防控）、药物喷洒、野火灭杀3项技术，全部为修复技术，主要在高寒草甸、温带草原区开展，其中，生物防治技术包括草地鼠害生物防治技术，草地毛虫生物防治技术，灭治草地土蝗技术，灭治草地毒草技术，草地鼠虫害、毒草调查技术，草地毛虫预测预报技术，草地蝗虫预测预报技术、草地鼠害预测预报技术。草食畜牧业发展包括人工草地重建、恢复，牲畜暖棚建设、青贮饲料加工、贮草棚建设，青干草调制、粮改饲5项技术，主要在脑山、浅山地区开展。

表5.11 草地资源保护与建设类技术及其基本评价

生态建设技术分类/名称	工程技术性质（恢复、修复、新建）	主要实施区域	基本评价	标准号
退化草地治理技术				
沙化草地（生物、工程、复合）修复技术	修复	温带草原、脑山地区	技术成熟，投资大，效益一般	DB63/T390—2018 DB63/T 1443—2015 DB63/T209—1994
黑土滩型草地（围栏封育、灭除毒杂草、草地施肥）修复治理技术	恢复、修复、治理	高寒草甸、脑山地区	治理难度大	DB63/T674—2007 DB63/T603—2006 DB63/T1009—2011 DB63/T1007—2011
退化草地补播	修复	高寒草甸、温带草原区	投资小，效益差	DB63/T819—2009 DB63/T391—2018
人工增雨技术	修复	脑山、浅山地区	投资较大，效益一般，覆盖面积小	
毒杂草治理（人工和机械防除、除草剂、生态防治）	修复	高寒草甸、温带草原区	效益一般，技术难度较大	DB63/T659—2007 DB63/T1371—2015 DB63/T790—2009
草原有害生物防治技术				
生物防治（生物毒素、人工灭杀、植物源不育剂、人工投饵、天敌防控、生物药剂、微生物类农药防控）	修复	高寒草甸、温带草原区	防治效果一般，成本较低，其他负面影响较大	DB63/T787—2009 DB63/T789—2009
药物喷洒	修复	高寒草甸、温带草原区	防治效果好，执行难度较大	
野火灭杀	修复	高寒草甸、温带草原区	效果好，但已禁止	
草食畜牧业发展技术				
人工草地重建、恢复技术	重建、恢复	脑山、浅山地区	成本低，见效快，周期短	DB63/T391—2018

续表

生态建设技术分类/名称	工程技术性质（恢复、修复、新建）	主要实施区域	基本评价	标准号
牲畜暖棚建设技术	新建	脑山、浅山地区	效益好，成本较高，污染程度高	
青贮饲料加工、贮草棚建设技术	新建	脑山、浅山地区	成本低，效益好	
青干草调制技术	新建	脑山、浅山地区	效益好，技术难度中等	
粮改饲	恢复、新建	脑山、浅山地区	技术难度低，效益好	

5.4.5　湿地资源保护与建设技术

湿地资源保护与建设主要包括湿地重点保护一大类，包括湿地保护技术、湿地修复技术等。其中，湿地保护技术主要包括高寒沼泽湿地保护技术；修复技术主要包括退化高寒湿地冻土保育型修复技术、重度退化高寒沼泽湿地修复技术、退化高寒湿地人工增雨型修复技术、围栏封育型高寒湿地修复技术、引水灌溉型高寒湿地恢复技术等。所有湿地保护、修复技术主要在小微湿地保护区开展（表5.12）。

表5.12　湿地资源保护与建设类技术及其基本评价

生态建设技术分类/名称	工程技术性质（恢复、修复、新建）	主要实施区域	基本评价	标准号
湿地保护技术				
湿地监测技术	恢复、新建	小微湿地保护区	成本低，效益一般，周期长	DB63/T1359—2015
高寒沼泽湿地保护技术	恢复	小微湿地保护区	成本低，效益一般，周期长	DB63/T1354—2015
高寒沼泽湿地退化等级划分	新建			DB63/T 1794—2020
湿地修复技术				
退化高寒湿地冻土保育型修复技术	新建	小微湿地保护区		DB63/T 1797—2020
重度退化高寒沼泽湿地修复技术	修复、新建	小微湿地保护区	效益显著，成本高	DB63/T1365—2015
退化高寒湿地人工增雨型修复技术	修复	小微湿地保护区	效益一般，成本一般	DB63/T 1798—2020
围栏封育型高寒湿地修复技术	修复、新建	小微湿地保护区	效益显著，成本高	
引水灌溉型高寒湿地恢复技术	修复	小微湿地保护区	效益一般，成本一般	

除此之外，河湟谷地生态功能区内还有生态管护岗位设置，分为社会管护员、生态护林员、社会公益性扶贫岗位、建档立卡贫困人口生态护林员4项技术，主要在脑

山、浅山地区开展（表5.13）。

表5.13 河湟谷地生态功能区其他技术及其基本评价

生态建设技术分类/名称	主要实施区域	基本评价
生态管护岗位		
社会管护员	脑山、浅山地区	社会效益好，机制不健全
生态护林员	脑山、浅山地区	社会效益好，机制不健全
社会公益性扶贫岗位	脑山、浅山地区	社会效益好，机制不健全
建档立卡贫困人口生态护林员	脑山、浅山地区	社会效益好，机制不健全

5.5 生态工程实施的生态效益评估

5.5.1 河湟谷地生态功能区的生态系统服务总价值评估

为评价河湟谷地生态功能区生态保护和建设工程的经济效益，通过核算2000～2018年河湟谷地生态功能区生态系统调节服务、供给服务、文化服务等主要服务物质量和价值量，在采用模型模拟变量控制法厘定生态工程与气候因子对生态成效贡献率的基础上，开展了河湟谷地生态功能区生态保护和建设工程的成本效益分析。其中，调节服务主要包括风能减排、风蚀控制、空气净化、水电减排、水蚀控制、水文调节、太阳能减排、碳汇等；供给服务主要包括风能发电、水电势能以及水资源总量价值。

结果表明，从2000年起，河湟谷地生态功能区生态服务总价值与河湟谷地单位面积生态系统服务总价值整体均呈现增加的趋势，年增幅分别为164800万元/a与11.33万元/（km^2・a），其中，2000年河湟谷地生态功能区生态系统产生的生态效益总价值为417.42亿元，单位面积生态系统服务价值为286.83万元/km^2。到2018年，河湟谷地生态功能区生态系统服务总价值为970.52亿元，单位面积生态系统服务价值为667.02万元/ km^2，与2000年相比增加了553.1亿元，单位面积增加380.06万元（图5.12和图5.13）。

从河湟谷地生态功能区不同类别所产生的生态价值占比上看（图5.14），整个河湟谷地生态功能区的文化服务价值呈现逐年增加的趋势，调节服务以及供给服务价值呈现逐年减小的趋势。但河湟谷地生态功能区的生态总价值在2000～2018年均以调节服务产生的价值为主，占比在40%以上。从空间分布来看，河湟谷地生态功能区生态系统服务总价值整体呈现由西至东、从北向南逐渐增加的趋势。2000～2010年，西北地区增加明显，南部地区增加缓慢；2010～2018年，东部和南部地区增加较快，北部地区明显增加；2000～2018年，除西北部地区之外整体呈现增加趋势且增加趋势显著。就2000～2018年变化率而言，北部地区有大量增加，其他地区逐年呈现增加趋势（图5.15）。

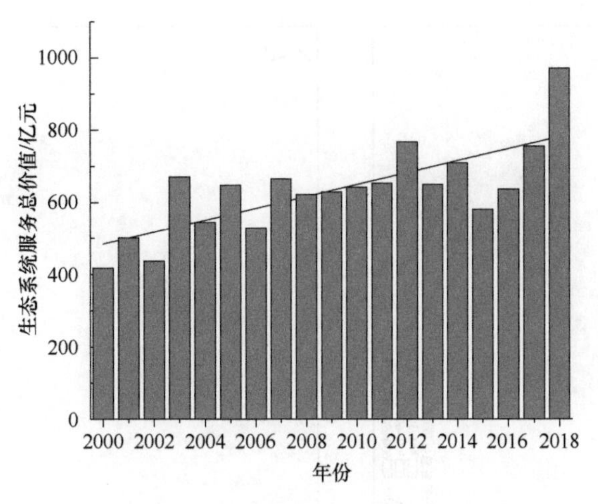

图5.12　2000～2018年河湟谷地生态功能区生态系统服务总价值

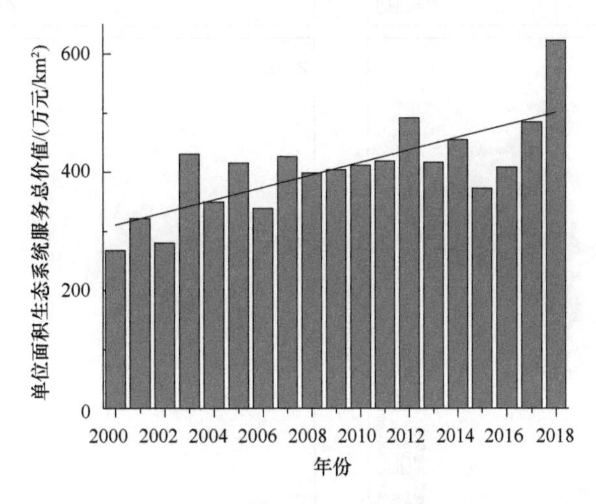

图5.13　2000～2018年河湟谷地生态功能区单位面积生态系统总价值

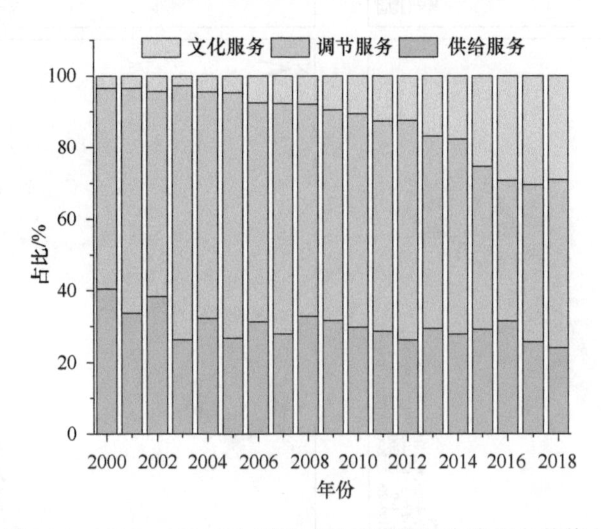

图5.14　2000～2018年河湟谷地生态功能区各类服务价值占比

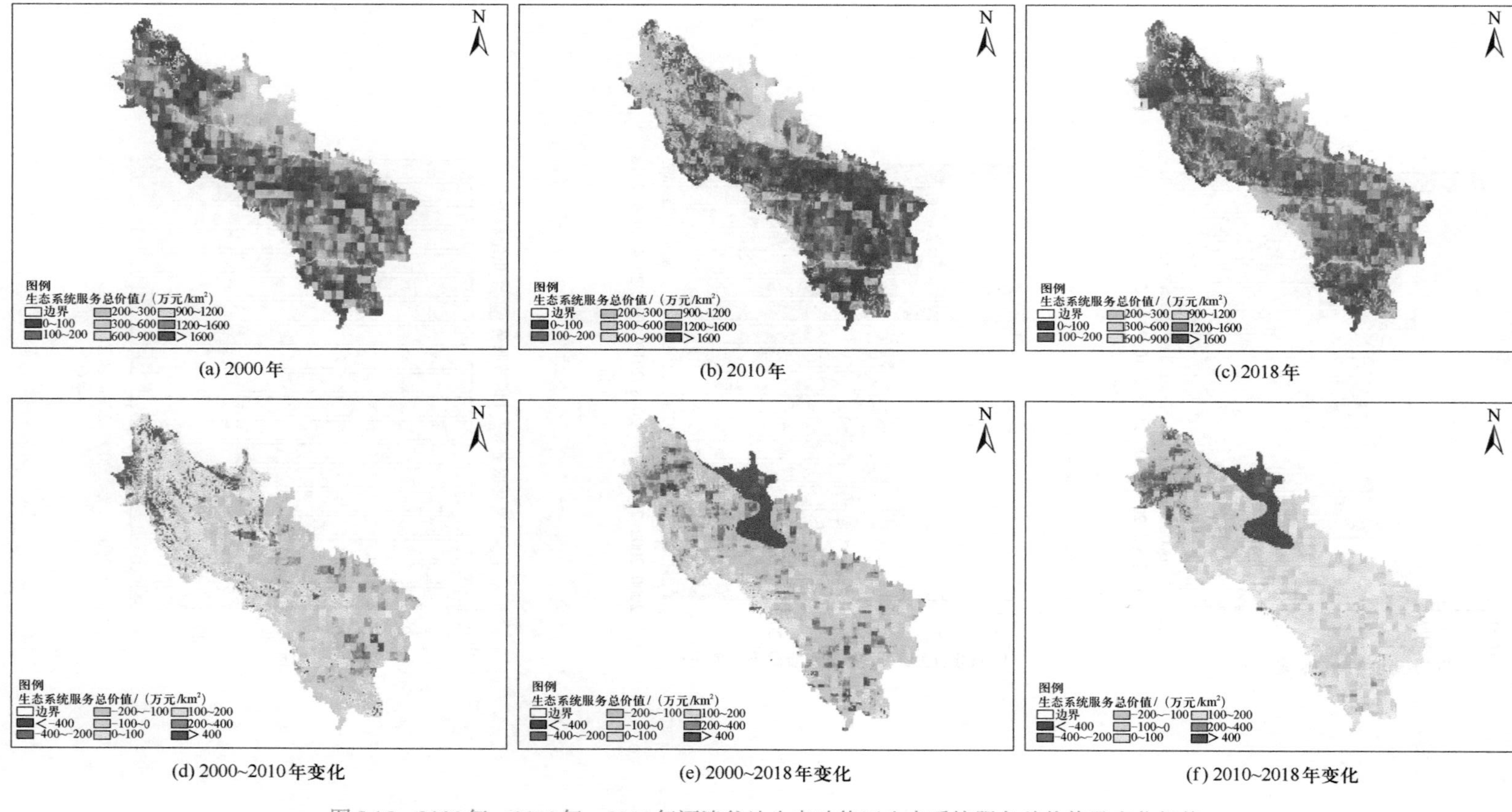

图5.15 2000年、2010年、2018年河湟谷地生态功能区生态系统服务总价值及变化规律

根据河湟谷地生态功能区生态服务总价值的变化结果，可知2000～2018年，河湟谷地生态功能区超过30%面积的服务总价值在300万～600万元；2000～2018年，其面积呈现逐步增长的趋势，到2018年其面积占比达45%；其次有20%的面积其服务总价值在200万～300万元，2000～2018年其面积占比呈现先增大后减小的趋势，到2018年减少至19%（图5.16和图5.17）。

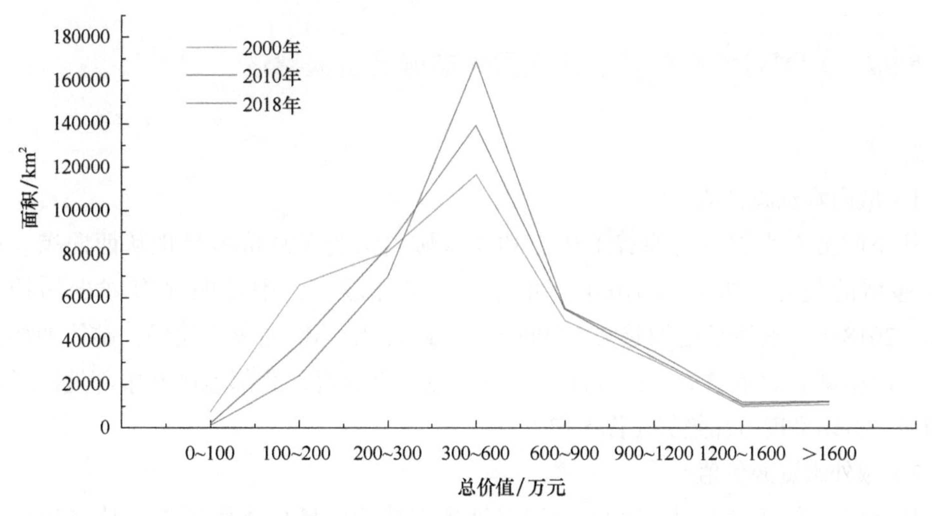

图5.16　2000～2018年河湟谷地生态功能区生态服务总价值

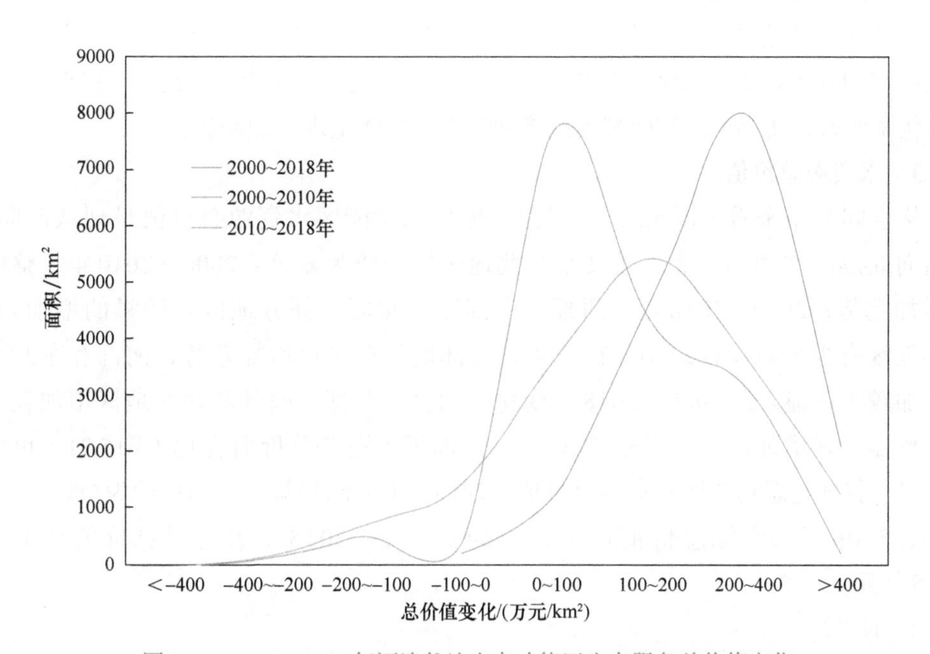

图5.17　2000～2018年河湟谷地生态功能区生态服务总价值变化

从总价值变化上看，2000～2018年，河湟谷地生态功能区98.9%的地区其服务价值呈现增长的趋势，其中，2000～2018年49%的地区其总价值变化为100万～200万元/（km^2·10a）。2000～2010年，河湟谷地生态功能区94.3%的地区其总价值呈现增长的趋势，有4%的地区其总价值呈现下降的趋势；2010～2018年，河湟谷地生态功能区总价值增长的面积减至86.4%，接近13.6%的地区服务总价值呈现下降的趋势，其中8%的地区服务总价值下降幅度为0～100万元/（km^2·10a）。

5.5.2 河湟谷地生态功能区主要生态服务价值评估

1. 水资源供给服务

1）域内水资源价值

从空间分布来看，河湟谷地生态功能区域内水资源总价值呈现从西向东、从南向北递增的趋势。2000～2010年，北部地区增加较多，中部明显有减少的趋势；2010～2018年，整体呈增加趋势；2000～2018年，中部增加较为缓慢，整体增加较为缓慢，西南部有少量增加。就2000～2018年变化率而言，北部地区和中部地区增加较为明显，整体呈现增加趋势（图5.18）。

2）域外水资源价值

从空间分布来看（图5.19），河湟谷地生态功能区域外水资源总价值呈现从北向南，从西向东逐渐增加的趋势，中部增加速度较快。2000～2010年，北部地区缓慢增加，中部和南部地区少量减少，整体呈现增加趋势；2010～2018年，东南部、西部以及北部增加较为显著；2000～2018年整体呈现增加趋势，且增加较多。就2000～2018年变化率而言，北部地区和南部地区增加显著，整体呈现增加趋势。

3）水资源总价值

从空间分布来看（图5.20），河湟谷地生态功能区水资源总价值呈现从西向东、从南向北逐渐增加的趋势，尤其是东北地区增加较为显著。2000～2010年，整体呈现增加趋势；2010～2018年，西部、南部以及北部大部分地区有明显的增加趋势，东部地区有少量减少；2000～2018年，北部地区有少量增加趋势，南部和东北部地区增加较为明显。就2000～2018年变化率而言，北部、南部和西北地区增加较为显著，整体呈现增加趋势，且较为显著。从逐年水资源总价值变化（图5.21）可以看出，河湟谷地生态功能区水资源总价值呈现逐年上升的趋势，增加率约为6800万元/a。其中，2006年水资源总价值最少，为64.5亿元，2018年水资源总价值最多，为87.78亿元。

2. 调节服务价值

1）风蚀控制价值

从空间分布来看（图5.22），河湟谷地生态功能区风蚀控制价值整体呈现从北向南

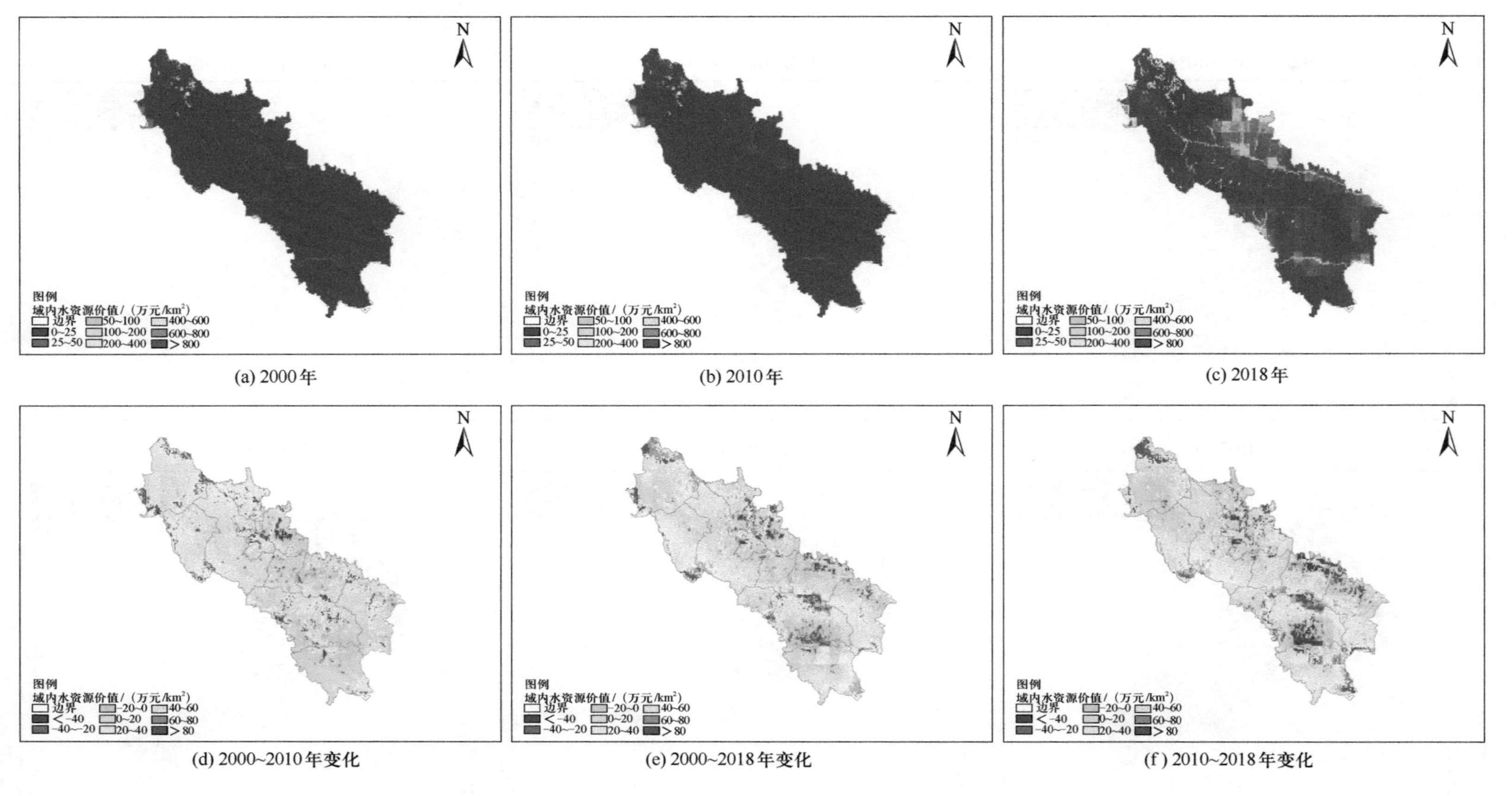

图5.18　2000年、2010年、2018年河湟谷地生态功能区域内水资源价值及变化规律

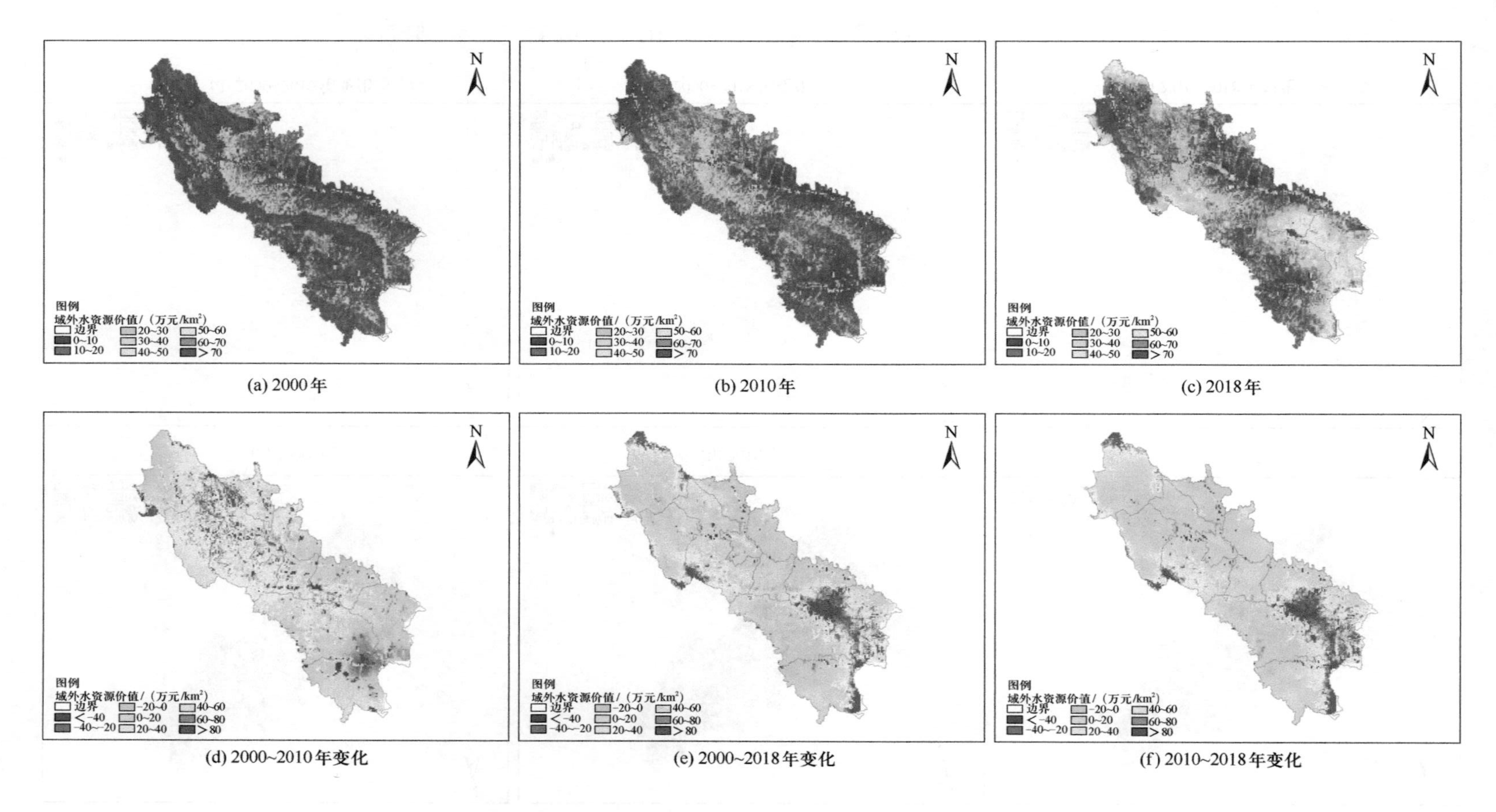

图 5.19 2000年、2010年、2018年河湟谷地生态功能区域外水资源价值及变化规律

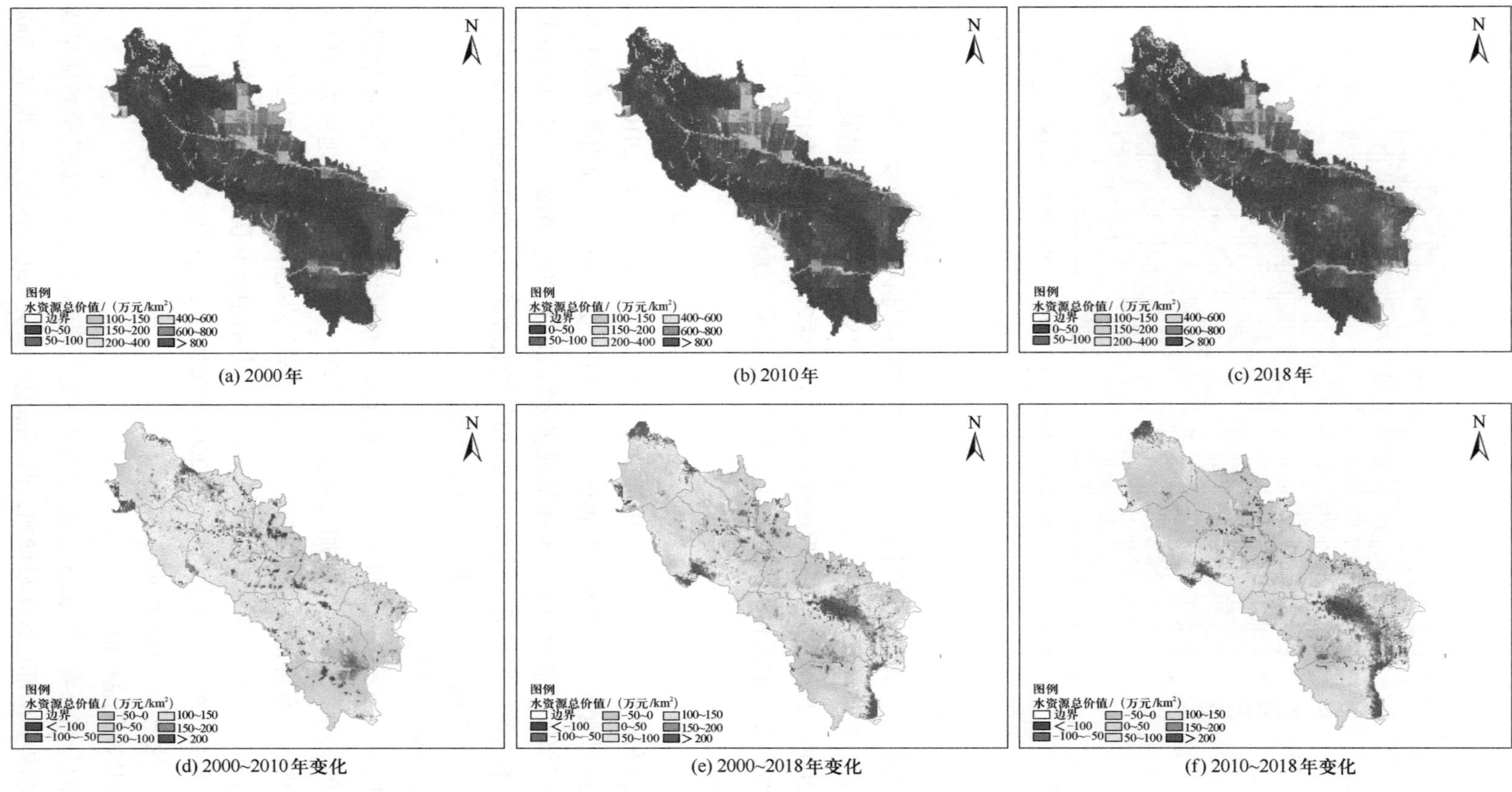

图5.20　2000年、2010年、2018年河湟谷地生态功能区水资源总价值及变化规律

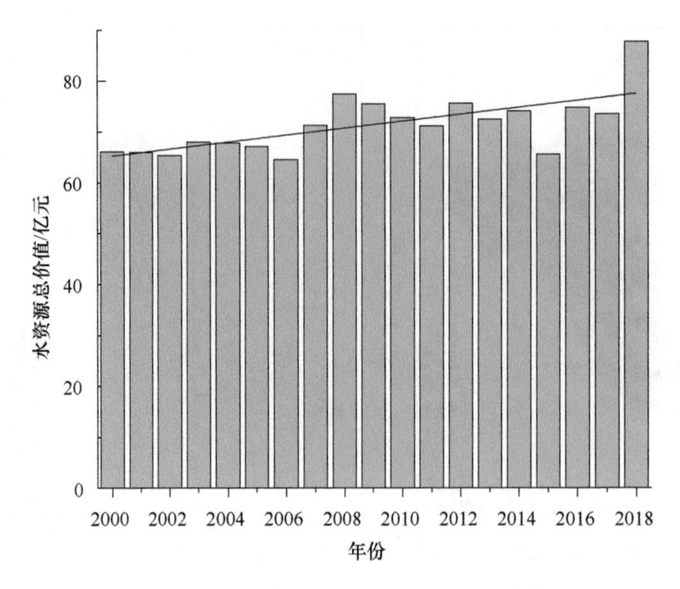

图5.21 2000～2018年河湟谷地生态功能区逐年水资源总价值变化

逐年减少的趋势，北部地区明显增加，南部和东部地区明显减少。2000～2010年，北部地区增加，整体呈现缓慢增加趋势；2010～2018年西部地区少量减少，其他地区缓慢增加；2000～2018年整体呈现缓慢增加趋势。就2000～2018年变化率而言，中部地区少量减少，北部地区和南部地区缓慢增加，整体呈现缓慢增加趋势。

2）水蚀控制价值

从空间分布来看（图5.23），河湟谷地生态功能区水蚀控制价值整体呈现从北向南、从西到东逐年增加的趋势，中部地区增加尤为显著。2000～2010年，中部地区增加较快，西部地区和北部地区大面积增加；2010～2018年，北部和东南部地区增加趋势较小，南部地区增加明显，整体呈现缓慢增加；2000～2018年，中部地区增加趋势明显，整体呈现增加趋势。就2000～2018年变化率而言，北部地区有少量减少趋势，中部地区、南部地区和西部地区大面积增加。

3）水文调节价值

从空间分布来看（图5.24），河湟谷地生态功能区水文调节价值整体呈现从西到东逐渐增加的趋势。中部地区增加尤为显著。2000～2010年，中部地区大面积增加，其次是西北地区，东部地区逐年增加，南部地区有减少趋势；2010～2018年，整体呈现减少趋势，中部地区最明显；2000～2018年，中部地区和南部地区小面积减少，北部地区少量增加，整体呈减少趋势。就2000～2018年变化率而言，北部地区逐年增加，中部地区少量增加，整体增加趋势较为缓慢。

4）水质净化总价值

从空间分布来看（图5.25），河湟谷地生态功能区水质净化总价值整体呈现从南到北增加的趋势。南部地区明显增加，西南部地区减少，北部地区逐年增加。2000～2010

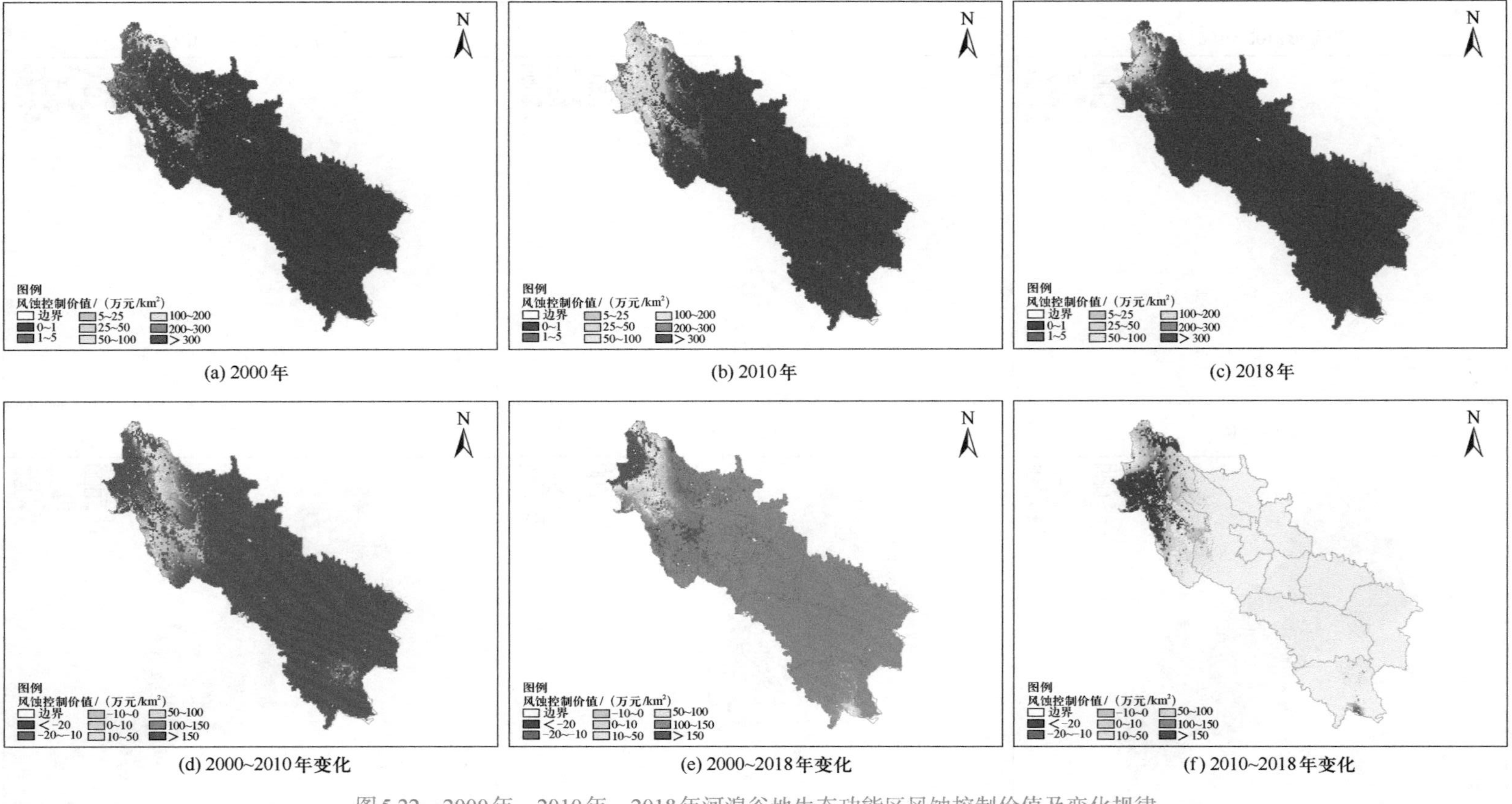

图5.22　2000年、2010年、2018年河湟谷地生态功能区风蚀控制价值及变化规律

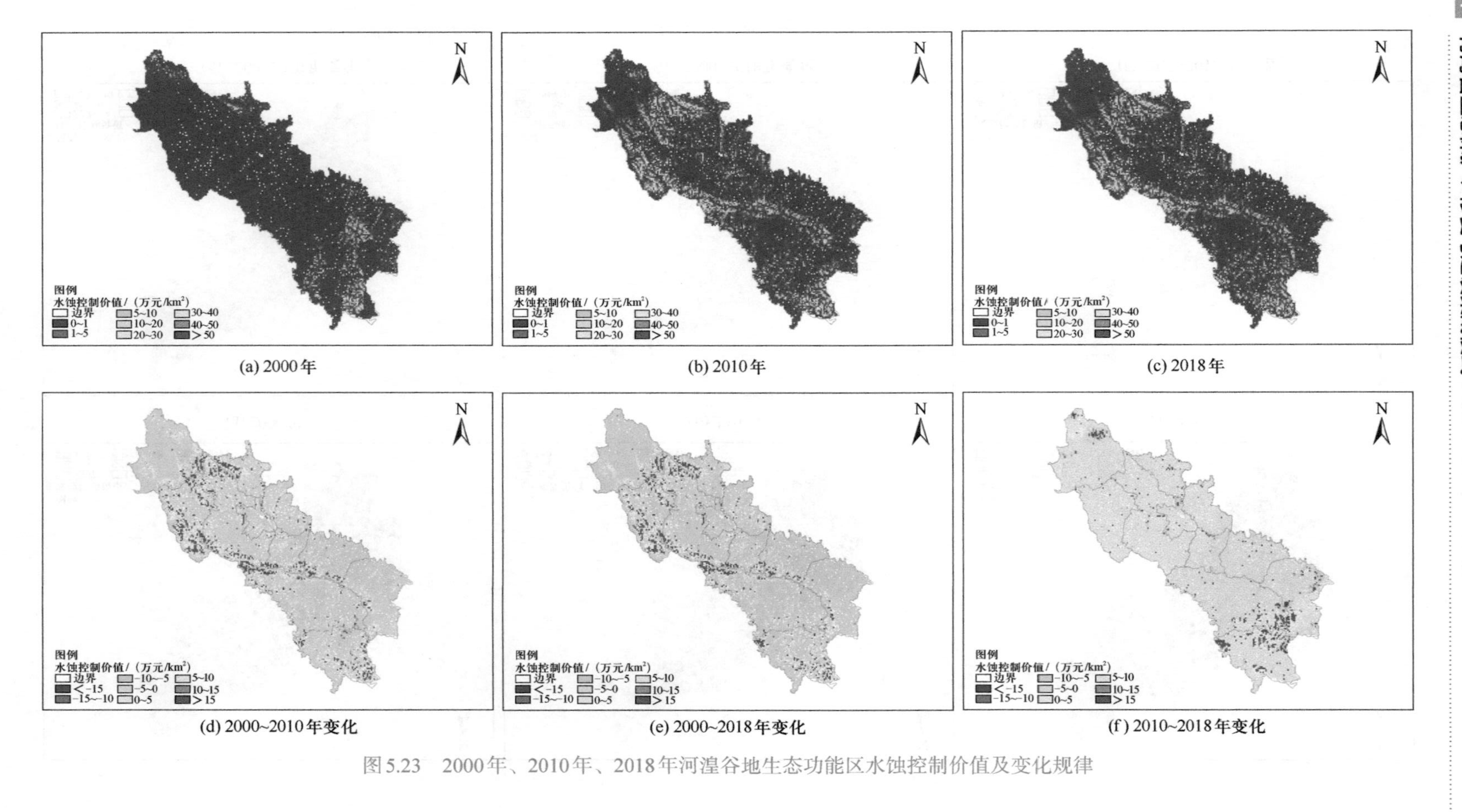

图5.23 2000年、2010年、2018年河湟谷地生态功能区水蚀控制价值及变化规律

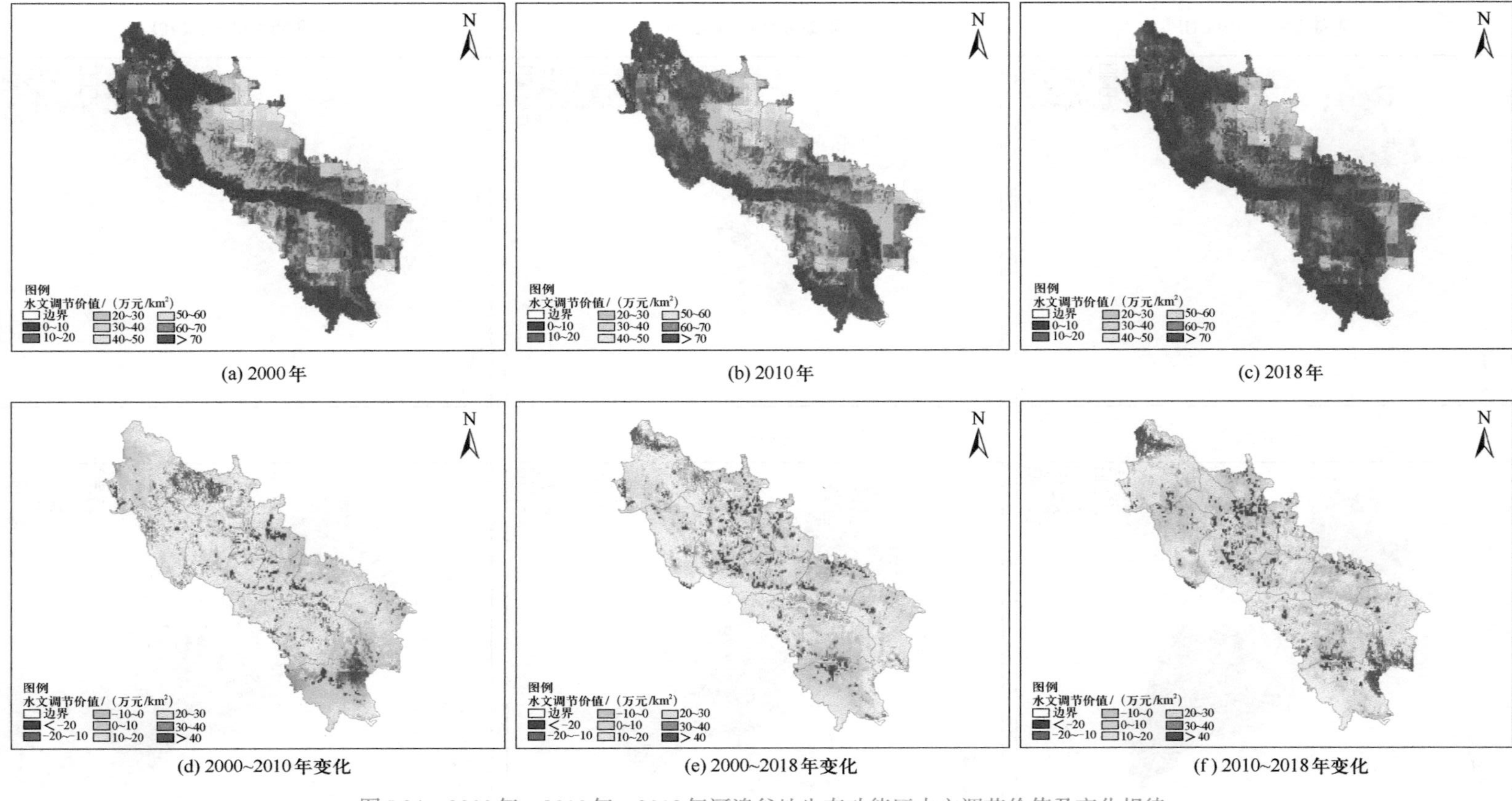

图5.24　2000年、2010年、2018年河湟谷地生态功能区水文调节价值及变化规律

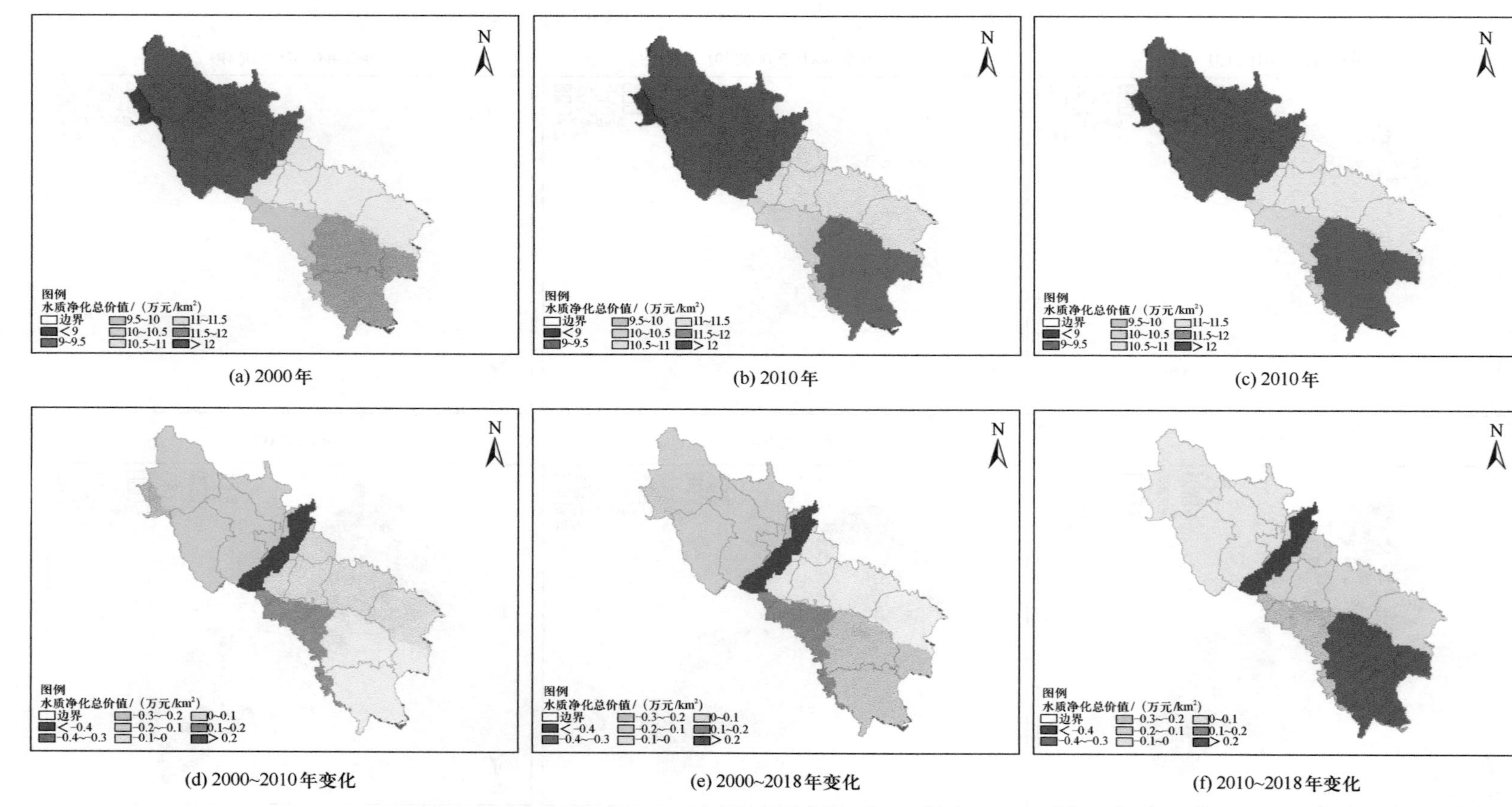

图5.25 2000年、2010年、2018年河湟谷地生态功能区水质净化总价值及变化规律

年，西南地区增加较明显，西部地区少量增加，中部地区减少；2010～2018年，除南部地区和东部地区有少量增加外，整体呈现减少趋势；2000～2018年，西南地区少量增加，东部地区缓慢增加，西部地区出现大面积减少趋势。就2000～2018年变化率而言，北部地区大面积减少，南部地区逐年增加。

3. 碳汇价值

从空间分布来看，河湟谷地生态功能区碳汇价值整体呈现逐年增加的趋势。2000～2010年，增加量逐年增加且较为均匀；2010～2018年，整体呈现减少趋势，东部地区有小面积增加；2000～2018年，整体等面积增加和减少。就2000～2018年变化率而言，西南地区逐年增加，其他地区逐年减少（图5.26）。

从逐年调节服务总价值变化图可以看出，河湟谷地生态功能区调节服务总价值呈现逐年上升的趋势（图5.27），增长率约为18000万元/a。其中，2000年调节服务总价值最少，为234.21亿元，2003年调节服务总价值最多，为476.35亿元。

5.5.3　土地利用格局变化分析

1. 资料与方法

利用1995年、2000年、2010年和2019年4期土地覆被/利用数据，提取1995～2000年、2000～2010年与2010～2019年土地利用变化图斑，制图、统计和分析1995～2019年河湟谷地生态功能区土地利用变化的总体特征和不同变化类型差异特征。其中，1995～2010年3期土地利用现状遥感监测数据来源于中国科学院资源环境科学与数据中心，空间分辨率为30m；2019年土地利用现状数据来源于青海省基础地理信息中心的国情普查监测成果。

1）绿度指数

用归一化植被指数（NDVI）来代表绿度指数。NDVI是反映植被生长情况和营养信息的重要参数之一，利用红外波段和近红外波段计算，公式如下：

$$\mathrm{NDVI}=\frac{B_4-B_3}{B_4+B_3}$$

式中，B_4为Landsat 5/TM影像和Landsat 8/OLI影像的近红外波段的反射率；B_3为Landsat 5/TM影像和Landsat 8/OLI影像的红外波段的反射率。

2）湿度指数

用穗帽变换中的湿度分量来代表湿度指数，本章选用了TM和OLI两种传感器的遥感影像，因此计算公式有所不同：

$$\mathrm{Wet(TM)}=0.0315B_1+0.0201B_2+0.3102B_3+0.1594B_4-0.6806B_5-0.6109B_6$$

$$\mathrm{Wet(OLI)}=0.1511B_1+0.1973B_2+0.3283B_3+0.3407B_4-0.7117B_5-0.4559B_6$$

式中，B_1、B_2、B_3、B_4、B_5、B_6分别为Landsat 5/TM影像和Landsat 8/OLI影像的蓝波段、绿波段、红波段、近红外波段、短波红外1、短波红外2的反射率。

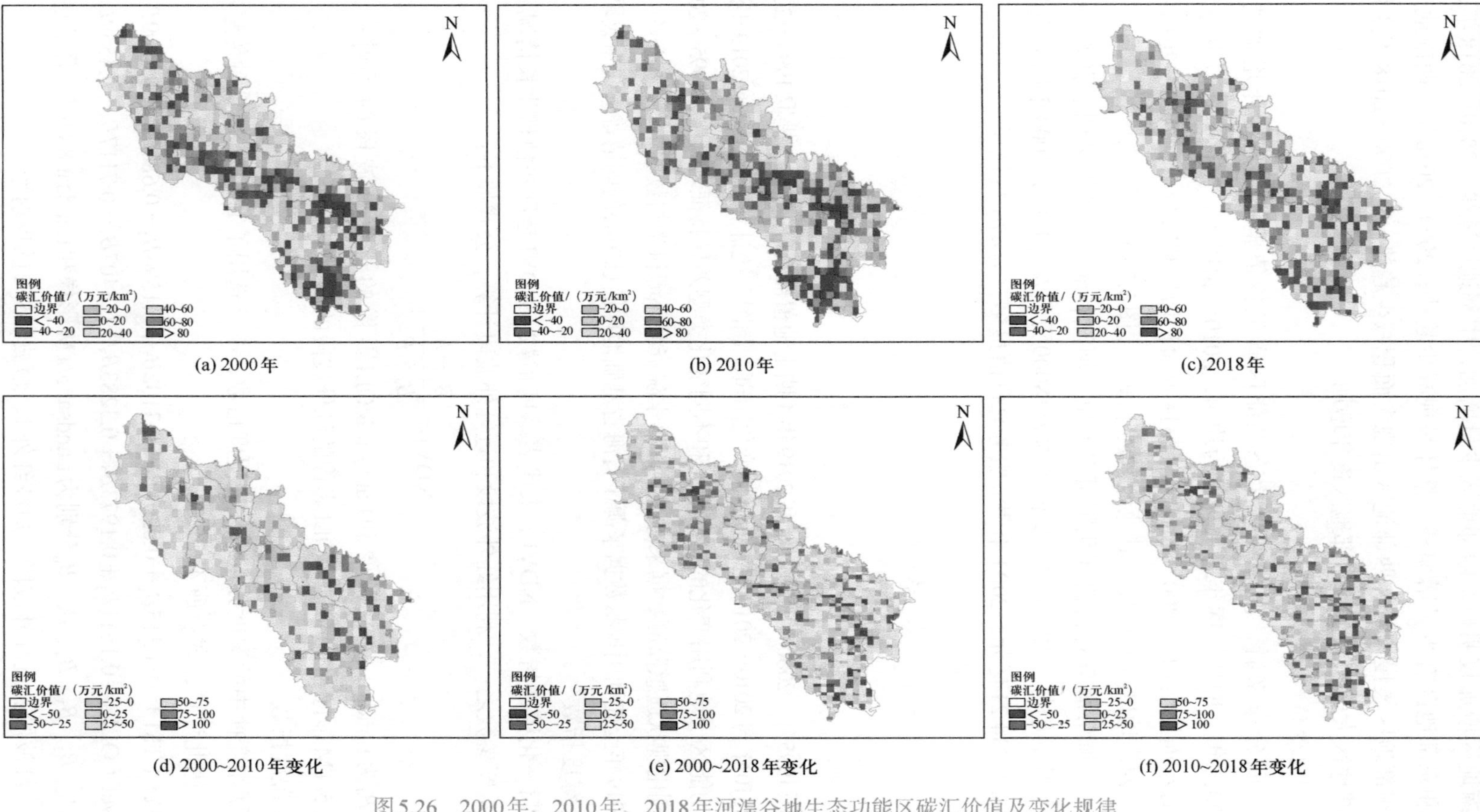

(a) 2000年 (b) 2010年 (c) 2018年

(d) 2000~2010年变化 (e) 2000~2018年变化 (f) 2010~2018年变化

图5.26 2000年、2010年、2018年河湟谷地生态功能区碳汇价值及变化规律

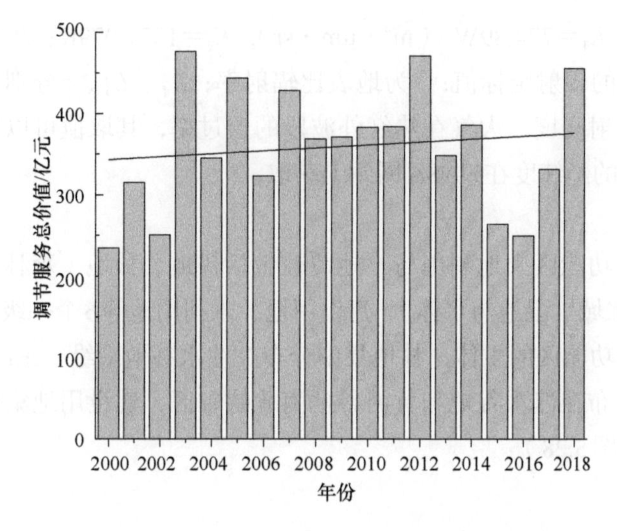

图5.27　2000～2018年河湟谷地生态功能区逐年调节服务总价值

3）干度指数

干度指数（NDSI）用裸土指数（SI）和建筑指数（IBI）取平均值得到：

$$\mathrm{NDSI}=\frac{\mathrm{SI}+\mathrm{IBI}}{2}$$

$$\mathrm{SI}=\frac{[(B_1+B_2)-(B_3+B_4)]}{[(B_1+B_2)+(B_3+B_4)]}$$

$$\mathrm{IBI}=\frac{2B_1/(B_1+B_4)-[B_4/(B_4+B_2)+B_5/(B_5+B_1)]}{2B_1/(B_1+B_4)+[B_4/(B_4+B_2)+B_5/(B_5+B_1)]}$$

式中，B_1、B_2、B_3、B_4、B_5分别为Landsat 5/TM影像和Landsat 8/OLI影像的短波红外1、红波段、蓝波段、近红外波段、绿波段的发射率。

4）热度指数

用地表温度（LST）来代表热度指数，用大气校正的方法来计算地表温度。首先估算出大气对地表热辐射的影响值，然后从传感器中记录的热辐射的总值中减去大气对地表热辐射的影响值，最后得到的就是实际地表的热辐射强度，经过转化就得到相应的地表温度，计算公式如下：

$$\mathrm{LST}=[\varepsilon B(T_S)+(1-\varepsilon)L_{\uparrow}]\tau+L_{\uparrow}$$

$$T_S=\frac{K_2}{\ln\left(\frac{K_1}{B(T_S)}+1\right)}$$

$$B(T_S)=\frac{[L_\lambda-L_{\uparrow}-\tau(1-\varepsilon)L_{\downarrow}]}{\tau\varepsilon}$$

式中，对于Landsat 5 Band6，K_1=607.76W·(m^2·μm·sr)，K_2=1260.56K；对于

Landsat 8 Band10，K_1=774.89W·（m^2·μm·sr），K_2=1321.079K；B（T_S）为黑体辐射亮度；L_λ为映像的辐射定标值；ε为地表比辐射率；$L_\uparrow$、$L_\downarrow$、τ分别为大气向上辐射亮度、大气向下辐射亮度、大气在热红外波段的透过率，其取值可以通过用影像的获取时间和影像中心的经纬度在NASA网站上获取。

2. 结论

河湟谷地生态功能区土地利用与土地覆被包括耕地、林地（森林、灌木林地、其他林地）、草地、水域（湿地与水体）、建设用地、未利用地等6个一级类型；草地和林地是河湟谷地生态功能区的主体，林地集中分布在湟水谷地南缘、东缘和北缘的山区，草地和耕地主要分布在湟水谷地和黄河谷地南北峡谷区，建设用地集中于峡谷谷底区域的人口密集区（图5.28）。

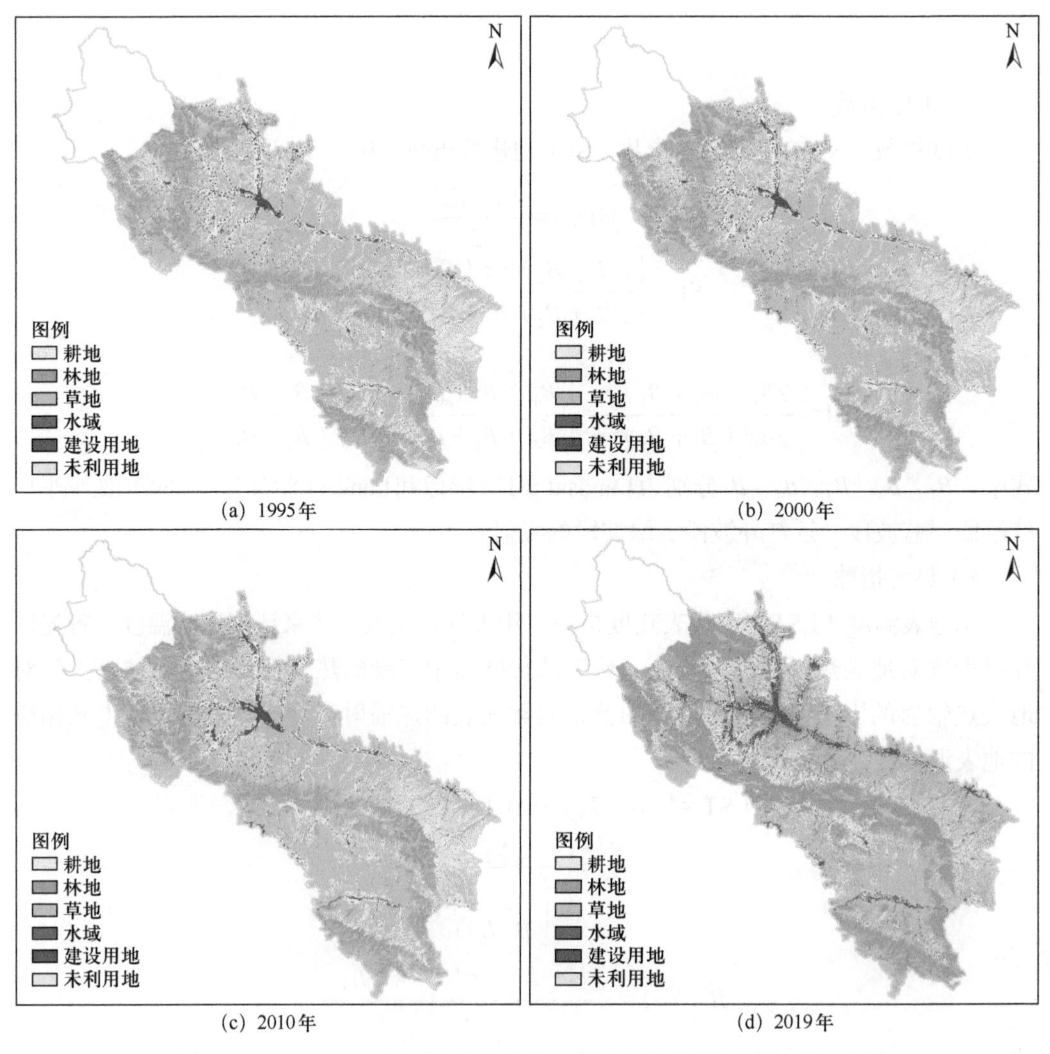

图5.28 1995～2019年河湟谷地生态功能区土地利用格局变化分布图

利用1995～2019年土地利用数据对河湟谷地生态功能区土地利用状况进行统计，分别得到河湟谷地生态功能区各土地利用类型的面积及其占比。然后，构建1995～2019年河湟谷地生态功能区土地利用转移矩阵，对1995～2019年河湟谷地生态功能区的土地利用类型的变化进行统计（图5.29和表5.14）。

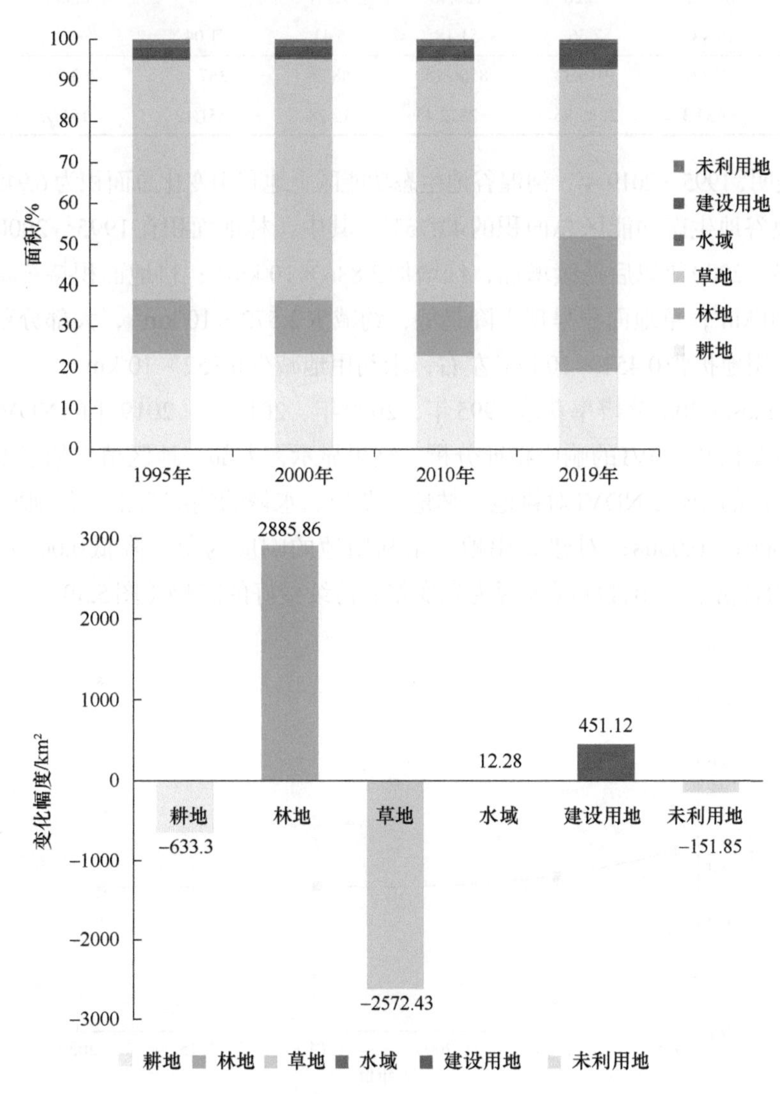

图5.29　1995～2019年河湟谷地生态功能区土地利用类型占比及变化

表5.14　1995～2019年河湟谷地生态功能区土地利用转移矩阵

2019年	1995年						
	耕地	林地	草地	水域	建设用地	未利用地	总计
耕地	—	35.6	1273.93	13.36	83.83	1.33	2774.3
林地	542.84	—	2564.13	10.28	42.5	87.34	4802.19
草地	976.86	293.49	—	17.06	53.62	145.73	5934.32

续表

2019年	1995年						
	耕地	林地	草地	水域	建设用地	未利用地	总计
水域	36.43	8.15	25.49	—	2.99	0.79	100.56
建设用地	465.02	16.28	138.46	15.01	—	0.35	818.86
未利用地	19.48	7.56	51.18	5.41	1.04	—	111.99
总计	3407.6	1916.33	8506.75	88.28	367.74	263.94	—
变化幅度	−633.3	2885.86	−2572.43	12.28	451.12	−151.95	—

结果表明，1995～2019年，河湟谷地生态功能区土地利用变化总面积为$6.949\times10^3km^2$，占整个河湟谷地生态功能区总面积的47.75%。其中，林地面积在1995～2000年表现为减少的趋势，2000年以后持续增加，约增加$2.886\times10^3km^2$；耕地面积持续减少，约减少$0.633\times10^3km^2$；草地面积呈现下降趋势，约减少$2.572\times10^3km^2$，大部分草地转化为林地；建设用地扩张$0.451\times10^3km^2$左右，未利用地减少$0.152\times10^3km^2$。

利用Landsat 30m分辨率获取1995年、2000年、2010年、2019年的NDVI，开展土地利用格局变化及NDVI的响应特征分析。结果显示，大部分地区植被趋于增加。随着土地利用格局的变化，NDVI对耕地、林地、草地、水域的响应为正，分别增加0.0058、0.0015、0.0001、0.0008；对建设用地、未利用地的响应为负，降低0.0029、0.0019；以2000年为转折点，植被状况表现为先变差后持续变好的趋势（图5.30）。

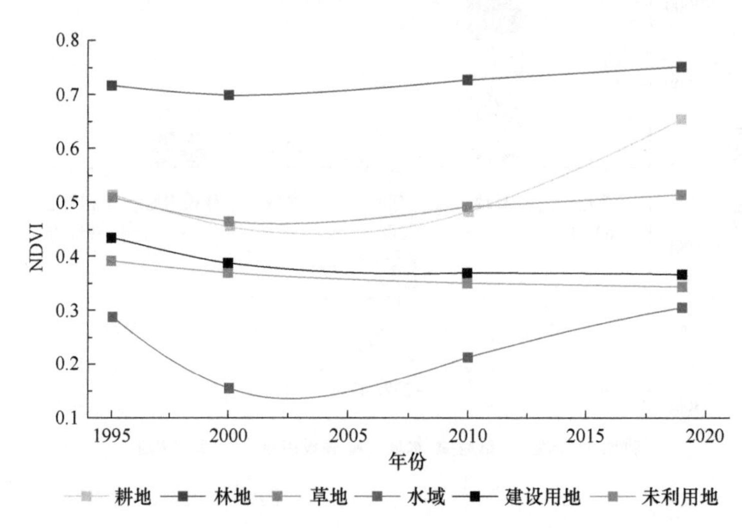

图5.30　1995～2019年河湟谷地生态功能区不同土地利用类型的NDVI变化图

5.5.4　1995～2019年生态指数动态变化分析

1. 资料与方法

选取研究区范围内1995年、2000年、2005年和2010年无云或少云的Landsat 5-TM

遥感影像数据和2015年、2019年无云或少云的Landsat 8-OLI遥感影像数据，遥感影像数据来源于中国科学院计算机网络信息中心地理空间数据云（http://www.gscloud.cn/）。研究区范围数据来源于青海省基础地理信息中心。对互助、西宁、湟中、平安、民和、化隆、循化7个气象站点的气象数据进行结果分析，数据来源于国家气象科学数据中心（http://data.cma.cn/）。由于遥感系统对于时间、空间、波谱和分辨率的限制作用，因此为提高数据的精度对原始数据进行辐射定标、大气校正等预处理。

目前，利用生态环境评价指数（EI）对生态环境的评价已经得到广泛的应用，但也存在着一些不足，研究表明徐涵秋创建的遥感生态指数（RSEI）可以弥补EI 指数评价的弊端。因此，本节利用RSEI，从遥感数据中提取绿度、湿度、干度和热度四个指标，来综合反映研究区的生态环境质量。计算见上节。

2. 1995～2019年NDVI动态变化分析

利用Landsat 30m分辨率数据获取1995年、2000年、2010年、2019年的植被指数NDVI，开展土地利用格局变化及NDVI的响应特征分析。结果显示，大部分地区植被趋于增加（图5.31）。随着土地利用格局的变化，NDVI对耕地、林地、草地、城市用地的响应为正，分别增加0.0051、0.0015、0.0014、0.0015；对建筑用地、未利用地的响应为负，降低0.0033、0.0037；以2000年为转折点，植被状况表现为先变差后持续变好的趋势。

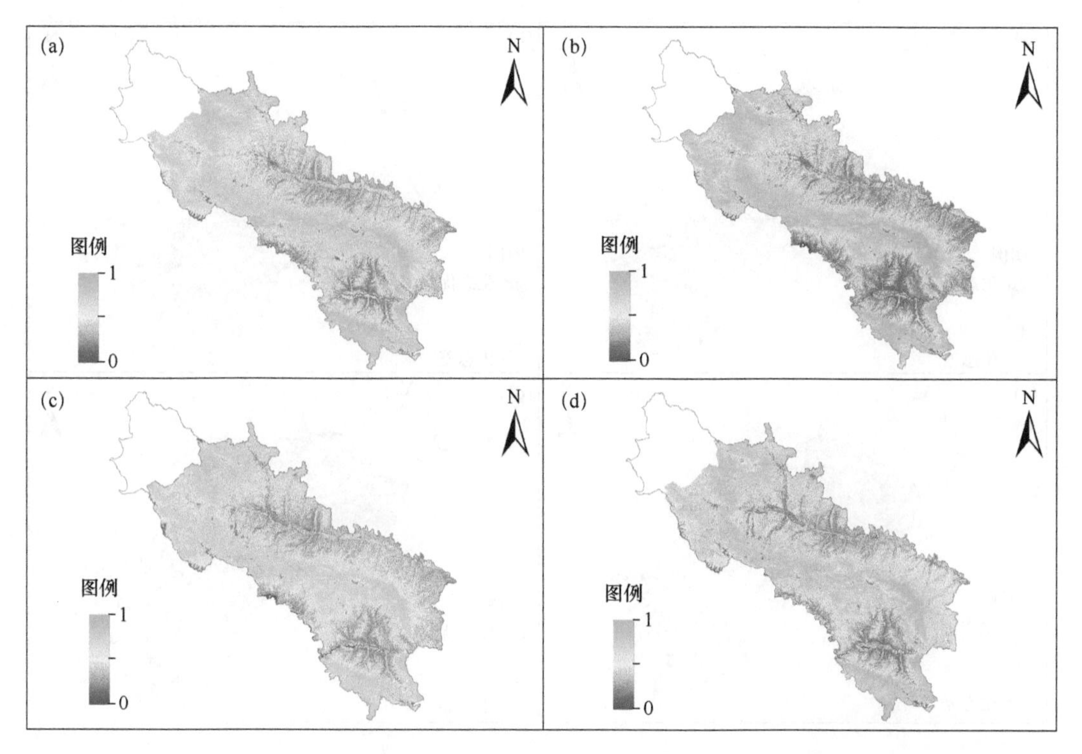

图5.31　1995～2019年河湟谷地生态功能区NDVI变化图

（a）1995年；（b）2005年；（c）2015年；（d）2019年

3. 遥感生态指数构建

利用Landsat数据对河湟谷地生态功能区进行遥感生态评价，主要方法为RSEI模型。RSEI 模型在指标的选择方面，选择对人们生活和生产活动影响最大的环境因素进行分析，包括绿度（NDVI）、湿度（Wet）、热度（LST）、干度（NDSI）。用植被指数、湿度指数、地表温度、建筑和裸土指数拟建的遥感生态指数（RSEI）就可以表示为这4个指标的函数，即

$$RSEI=f(NDVI, Wet, LST, NDSI)$$

将上述四个指数进行综合，搭建综合生态指数。拟建的生态指数应既能以单一指标的形式出现，又可以综合以上4 个指标的信息。多元统计方法中的主成分分析（PCA）是一种将多个变量通过线性变换来选出少数重要变量的多维数据压缩技术。它采取依次垂直旋转坐标轴的方法将多维的信息集中到少数几个特征分量，各指标对RSEI 的影响是根据其数据本身的性质来决定的，得到RSEI生态指数，反映整个区域的生态环境情况。

因为各指标项的量纲和值域不同，所以需要进行归一化处理，使各个指标的值域在0～1内，之后进行生态指数的计算（图5.32）。

将1995年、2000年、2010年及2019年的生态遥感指数以0.2为间隔分成5级，分

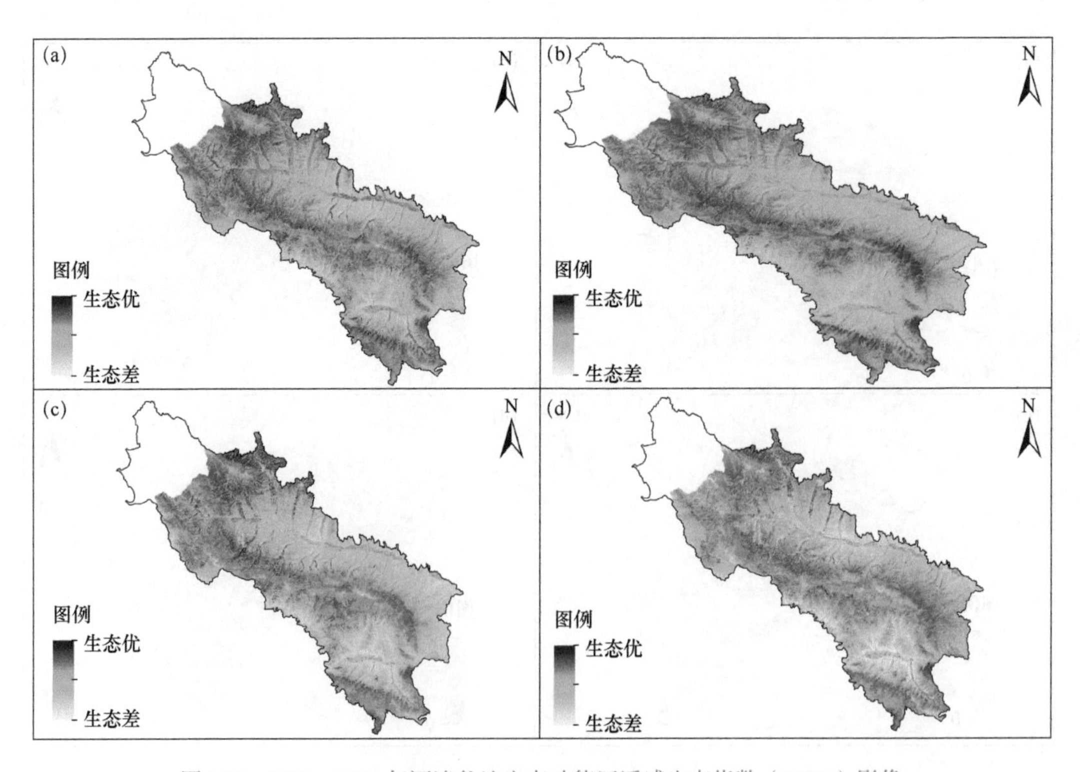

图5.32 1995～2019年河湟谷地生态功能区遥感生态指数（RSEI）影像

（a）1995年；（b）2000年；（c）2010年；（d）2019年

别代表差、较差、中、良、优5个等级，进行统计分析。结果表明，1995～2019年，河湟谷地生态功能区遥感生态指数RESI以2000年为节点呈先下降后逐年上升的趋势。改革开放以来城市化的快速推进对生态环境造成了一定的影响，2000年以后实施生态保护工程，生态较差的区域面积逐渐减小，而生态状况优的区域面积逐年递增，河湟谷地生态功能区生态状况明显好转（表5.15和图5.33）。

表5.15　1995～2019年河湟谷地生态功能区生态指数面积变化情况表　（单位：km^2）

RESI	1995年	2000年	2010年	2019年
差（0～0.2）	280.3572	130.4712	140.0054	209.6444
较差（0.2～0.4）	3430.458	3733.943	2885.067	2677.848
中（0.4～0.6）	4494.153	4625.079	4570.427	4910.384
良（0.6～0.8）	5522.619	5307.942	6129.432	5757.97
优（0.8～1）	829.2762	753.2568	829.0387	1000.642

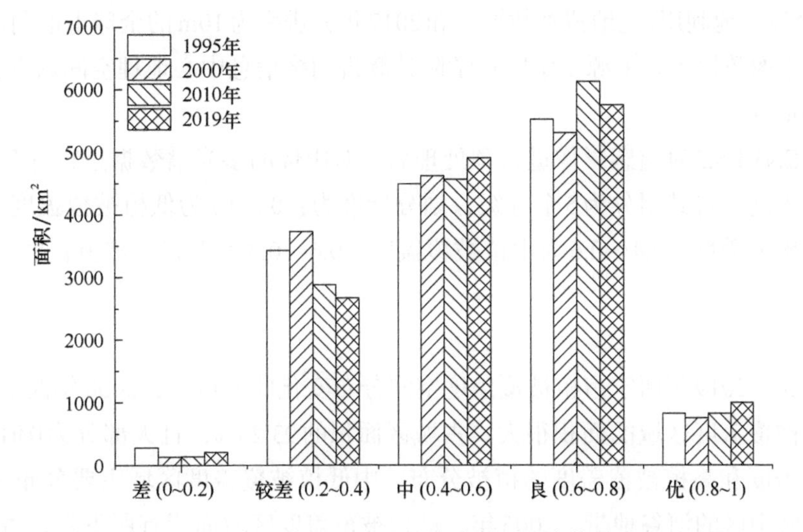

图5.33　1995～2019年河湟谷地生态功能区生态指数变化对比图

5.5.5　典型区生态工程效益评估

1. 资料与方法

西宁市位于青藏高原东北部湟水谷地，区域内黄土地貌发育，山地广布，自然地理基带为温凉中旱生型山地草原—山地针叶林—高山灌丛草甸，植被覆盖度相对于中东部城市较低，是山地草原和森林过渡地区，森林和湿地面积相对较小。西宁市城区和郊区的1月气温在1960～1990年增幅不同，城区增幅为2.7℃，郊区为1.5℃，城区的降水、空气绝对湿度和相对湿度均小于郊区，其差值呈现逐年增大的趋势，热岛效应显著。1989年以来，西宁市开始实施南北山绿化工程，1995年西宁市森林面积占城区的10.3%，2012年底南北山绿化总面积达$1.4\times10^4hm^2$，2013年西宁市区实施了湟水河河道综合治理、北川河生态治理、南川河生态治理以及湟水国家湿地公园建设等一系列工程，绿化覆盖率达到40%以上，湿地率达到15.03%，城市生态建设取得巨大成效。

西宁市是青藏高原发展最快的城市，也是青藏高原的区域现代化中心城市，城市海拔2200m，城市市域面积$476.49km^2$，建成区面积为$118km^2$，城市人口达235.5万，是河湟谷地生态功能区人类活动最为剧烈的地区，近些年来西宁市实施了一系列针对生态环境建设的工程项目。因此，本节以西宁市作为试验区，评价其一系列生态工程实施以来植被盖度的变化，以此反映该地区生态工程实施的成效。

本节选取高原城市植被覆盖情况最佳的6～8月数据，为避免云层遮挡而产生误差，尽量选取研究区范围内无云或少云的遥感数据影像，最终得到2000年7月26日、2005年6月6日、2010年7月22日的Landsat 5 TM影像和2015年8月21日、2019年6月13日的Landsat 8 OLI_TIRS影像数据，以及2000年、2010年分辨率为30m的Global Land Cover（全球土地利用/土地覆被数据）和2017年分辨率为10m的全球土地利用/土地覆被数据，影像数据主要来源于中国科学院计算机网络信息中心地理空间数据云（http://www.gscloud.cn）。

使用ENVI 5.3对遥感影像进行预处理后，对影像的多光谱数据进行计算得到相应的植被覆盖度，将其划分为5个等级，划分标准为：0～0.2为低植被覆盖度，0.2～0.4为中低植被覆盖度，0.4～0.6为中植被覆盖度，0.6～0.8为中高植被覆盖度，0.8～1为高植被覆盖度。

2. 西宁市植被覆盖度空间分布变化

由2000～2019年西宁市植被覆盖度空间分布变化状况可知，2000年西宁市城区范围内低植被覆盖度区域的面积很大，占城区面积的93.25%，且大部分为0值，没有中高植被覆盖度和高植被覆盖度的植被分布，中低植被覆盖度区域主要分布于城北区、城西区和城中区的河谷地带。2005年，低植被覆盖度区域面积有所下降，占城区面积的79.27%。

2000年的中低植被覆盖度区域转变为中高植被覆盖度和高植被覆盖度，城东区东部也有零星的中高覆盖度的植被分布，共占城区面积的9.11%，中植被覆盖度面积增长4.62%，2005年中低植被覆盖度区域面积与2000年持平，但分布区域向城区中心延伸。2010年，低植被覆盖度区域面积下降至2000年同类区域的50.91%，空间上由城区周边向中心萎缩，而中低、中和中高植被覆盖度区域向中心扩张，较2005年分别扩大了城区面积的21.06%、9.24%和4.05%，高植被覆盖度区域较2005年降至城区面积的1.51%。2015年，低植被覆盖度区域向城区边缘扩张，所占比例是城区面积的55.89%，其他四个等级植被覆盖度的面积均有不同程度的缩减，中高植被覆盖度区域面积缩减较大，较2010年同类覆盖度减少5.64%。2019年，低植被覆盖度区域缩减至城区面积的31.67%，中高植被覆盖度和高植被覆盖度的区域持续萎缩，中低植被覆盖度和中植被覆盖度面积分别扩大了城区面积的23.04%和2.8%，向城区中心扩张（图5.34）。

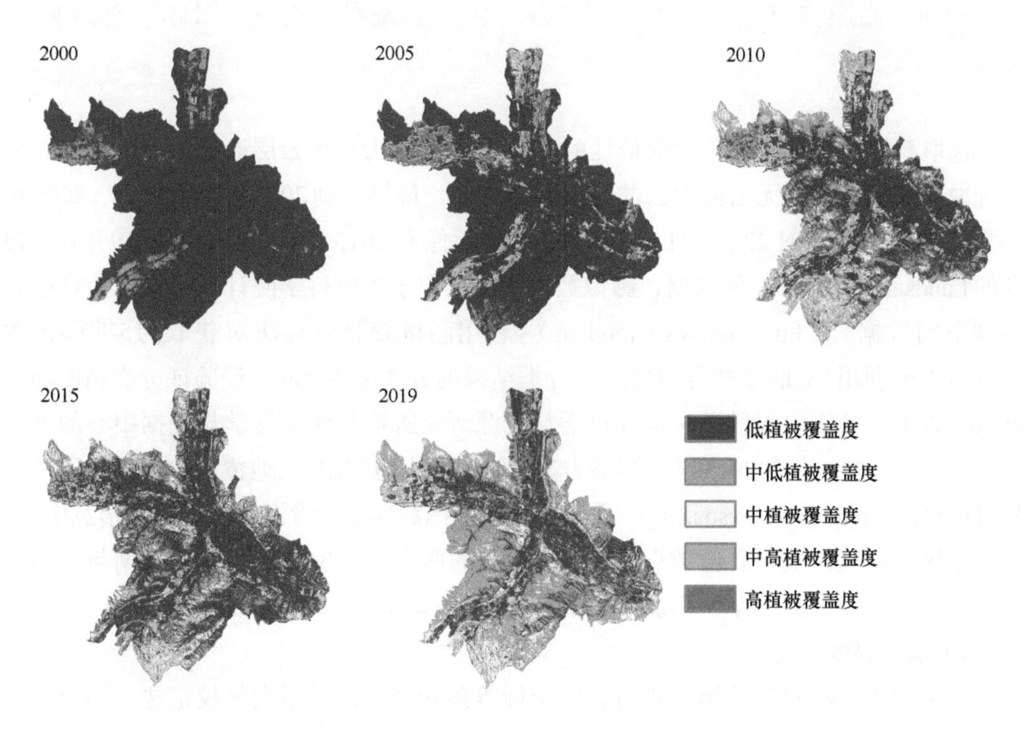

图5.34　2000～2019年西宁市植被覆盖度等级空间分布图

由图5.35可知，植被覆盖度由低植被覆盖度为主（93.25%）转变为以中低植被覆盖度为主（50.57%），低植被覆盖度面积在19年间波动下降，面积占比下降了61.58%，是5个覆盖度等级中变化幅度最大的；中低植被覆盖度面积占比持续上升且增长幅度最大，面积占比增长了43.90%；中植被覆盖度面积占比波动上升，在2010年后增长缓慢；中高植被覆盖度和高植被覆盖度面积占比均呈现出先增长后下降的趋势，中高植被覆盖度面积占比在2010年达到最高值（9.12%），高植被覆盖度面积占比在2005年达到最高值（4.05%）。整体来看，2000～2019年西宁市城区的整体植被状况趋于良好，但在2010年各等级植被覆盖度均有明显的波动，2010年之后，中高、高植被覆盖度面积逐渐萎缩，向中低、中植被覆盖度转变明显，城镇的扩张是

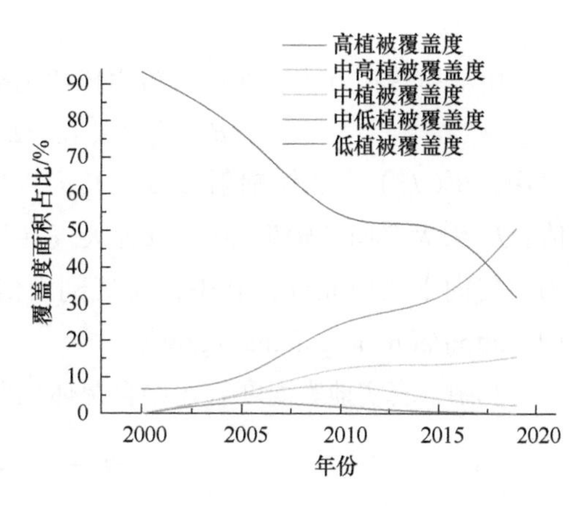

图5.35　2000～2019年西宁市各等级植被覆盖度面积占比变化

改变土地利用和植被覆盖度的主要因素，说明西宁市区生态工程措施成效显著。

5.5.6 高原城市生态建设对“热岛效应”的减缓作用——以西宁市为例

1. 资料与方法

选取高原城市植被覆盖情况最佳的6～8月数据，为避免云层遮挡而产生误差，尽量选取研究区范围内无云或少云的遥感数据影像，最终得到2000年7月26日、2005年6月6日、2010年7月22日的Landsat 5的TM影像和2015年8月21日、2019年6月13日的Landsat 8 的OLI影像数据，影像数据主要来源于中国科学院计算机网络信息中心地理空间数据云（http://www.gscloud.cn）。利用随机森林分类法对获取的5期影像数据进行土地利用/土地覆被类型提取，分类结果的分辨率为30m，经验证分类精度均在91.86%以上。使用中国科学院地理科学与资源研究所资源环境科学与数据中心的2000年、2005年、2010年和2015年分辨率为30m的中国土地利用/土地覆被数据做辅助计算和对比验证（http://www.resdc.cn/）。西宁市城区范围数据来自青海省基础地理信息中心。选取中国地面气候资料日值数据集（V3.0）中的西宁市气象站点日气温数据与地温反演的结果作对比验证，数据来源于国家气象科学数据中心（http://data.cma.cn/）。

1）地表温度的反演

使用ENVI 5.3对遥感影像进行辐射定标等预处理后，运用大气校正法（辐射传输方程法）对热红外数据进行地温反演，具体计算方法如下：

由卫星接收器接收到的热红外辐射亮度值，即辐射传输方程为

$$L_\lambda=[\varepsilon B(T_S)+(1-\varepsilon)L_\downarrow]\tau+L^\uparrow$$

由辐射传输方程转换后可得黑体辐射亮度，公式为

$$B(T_S)=[L_\lambda-L^\uparrow-\tau(1-\varepsilon)L_\downarrow]/\tau\varepsilon$$

式中，$B(T_S)$为黑体辐射亮度；T_S为真实的地表温度值（K）；L_λ为热红外辐射亮度值；$L^\uparrow$为大气向上辐射亮度；τ为大气在热红外波段的透过率；ε为地表比辐射率；$L_\downarrow$为大气向下辐射亮度，其中，大气剖面信息τ、$L^\uparrow$和$L_\downarrow$可由NASA公布的网站进行查询（http://atmcorr.gsfc.nasa.gov）。

其中，真实地表温度T_S可结合黑体辐射亮度通过普朗克公式的反函数求得，公式为

$$T_S=\frac{K_2}{\ln\left(\frac{K_1}{B(T_S)}+1\right)}$$

式中，T_S为真实的地表温度值（K）；$B(T_S)$为黑体辐射亮度；K_1和K_2为卫星发射前预设的常量，本节选取的卫星数据对应K_1和K_2值为：Landsat 5 TM中K_1=607.76W/（m^2·μm·sr），K_2=1260.56K；Landsat 8 OLI-TIRS10波段中K_1=774.89W/（m^2·μm·sr），K_2=1321.08K。

将反演的温度数据换算成摄氏度后，按自然断裂法划分类别，并利用ArcGIS 10.2计算相应面积。

2）植被覆盖度计算

利用经辐射定标等预处理后的影像的多光谱数据计算相应年份的植被覆盖度（FVC），计算过程如下。

利用近红外波段（NIR）和可见光红光波段（R）计算归一化植被指数（NDVI），公式如下：

$$NDVI=(NIR-R)/(NIR+R)$$

NDVI值介于［−1，1］，将区间之外的特异值转换为背景值（0）之后，使用NDVI计算FVC，公式为

$$FVC=(NDVI-NDVI_{soil})/(NDVI_{veg}-NDVI_{soil})$$

式中，$NDVI_{veg}$为纯植被覆盖像元的NDVI值；$NDVI_{soil}$为裸土覆盖像元的NDVI值。将植被覆盖度划分为5个等级，划分标准为：0～0.2为低植被覆盖度，0.2～0.4为中低植被覆盖度，0.4～0.6为中植被覆盖度，0.6～0.8为中高植被覆盖度，0.8～1为高植被覆盖度。

3）对减缓城市“热岛效应”相关关系的计算

建立30m×30m的渔网网格，利用网格中心点分别提取土地利用类型、温度值和植被覆盖度值，并导出至Origin 2018进行线性拟合，得到相应的降温效应模型。

2. 高原城市生态建设对“热岛效应”的减缓作用

将2000～2019年的地表温度变化与植被覆盖度变化对比分析发现，地表温度的变化受植被覆盖度变化的影响十分明显（图5.36）。为定量化研究其相关度，利用ArcGIS将30m×30m的渔网建立在土地利用/土地覆被图、地表温度图和植被覆盖度图上，从网格中心点提取图层数值，将提取结果剔除异常值后剩下有效数据点共500895个，用以林地、草地、水域和城市地面温度的相关性分析。

林地植被覆盖度与地表温度关系（图5.37）和回归模型如下：

$$y=27.03412-0.90918x^2-4.17736x$$

式中，y为温度（℃）；x为林地植被覆盖度，x取值为［0，1］，模型在0.05的置信水平上显著相关。

草地植被覆盖度与地表温度关系和回归模型：

$$y=30.57393+4.33818x^2-12.04674x$$

式中，y为温度（℃）；x为草地植被覆盖度，x取值为［0，1］，模型在0.05的置信水平上显著相关（图5.38）。

将林地和草地的植被覆盖度按等级分类，计算出林地和草地在不同植被覆盖度区域中的平均温度，由表5.16和表5.17可知，与低、中低植被覆盖等级区域均温相比较，中、高植被覆盖等级的林地和草地区域中，地表温度相对较低，可以形成区域性的降温效应，林地的降温幅度在0.76～4.62℃，林地区域平均降温为2.22℃，草地的降温幅

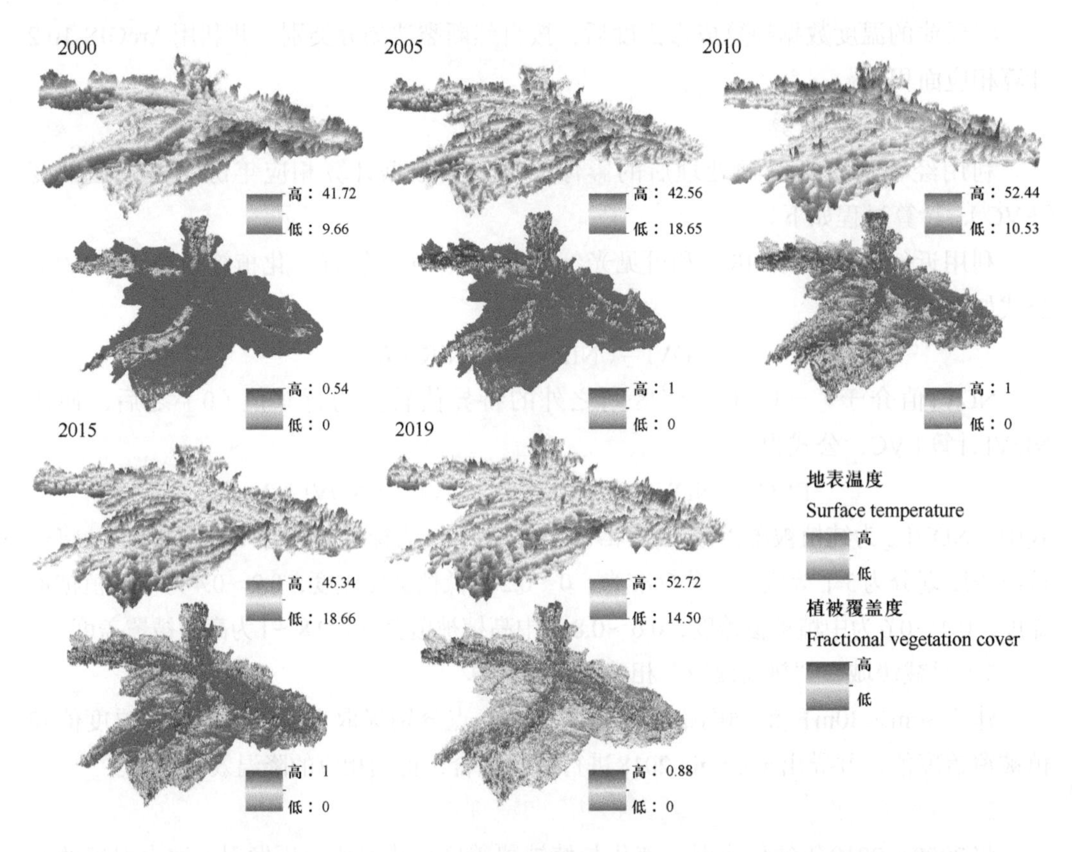

图5.36　2000～2019年西宁市地表温度变化与植被覆盖度变化对比图

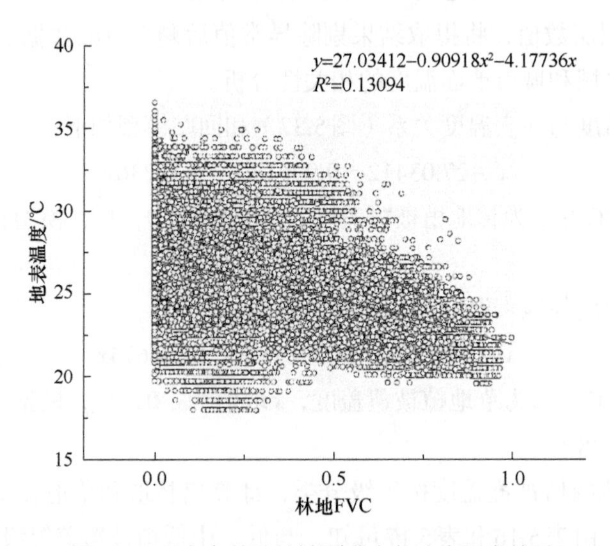

图5.37　西宁市林地植被覆盖度与地表温度关系

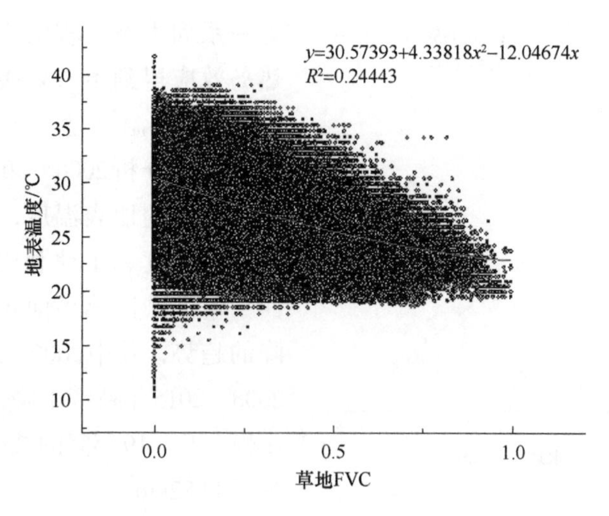

图5.38　西宁市草地植被覆盖度与地表温度关系

度在2.96～8.46℃，草地区域平均降温为4.37℃。

表5.16　西宁市林地不同等级植被覆盖度区域的平均温度　（单位：℃）

植被覆盖度等级	2000年	2005年	2010年	2015年	2019年
低植被覆盖度	22.31	25.91	24.56	25.65	28.76
中低植被覆盖度	21.55	24.57	25.16	23.99	29.70
中植被覆盖度	—	23.37	24.92	23.60	28.95
中高植被覆盖度	—	22.32	24.30	23.36	28.18
高植被覆盖度区	—	21.29	23.44	23.19	28.64
林地不同植被覆盖度温差	0.76	4.62	1.72	2.46	1.52

表5.17　西宁市草地不同等级植被覆盖度区域的平均温度　（单位：℃）

植被覆盖度等级	2000年	2005年	2010年	2015年	2019年
低植被覆盖度	27.42	27.01	27.32	27.11	33.59
中低植被覆盖度	24.37	25.63	27.71	26.48	31.90
中植被覆盖度	24.14	24.24	26.89	25.59	31.08
中高植被覆盖度	—	23.47	25.55	24.94	29.60
高植被覆盖度	—	22.86	24.71	24.15	25.13
草地不同植被覆盖度温差	3.28	4.15	3	2.96	8.46

水域面积与地表温度关系和回归模型：

$$y=26.05599-0.74974x$$

式中，y为地表温度（℃）；x为水域面积（km^2），模型在0.05的置信水平上显著相关（图5.39）。以西宁市各年份的水域区域平均温度计算，水域的降温幅度在1.46～2.86℃，水域区域平均降温为2.19℃。根据上述计算，西宁市城市绿化、湿地修复和河道整治

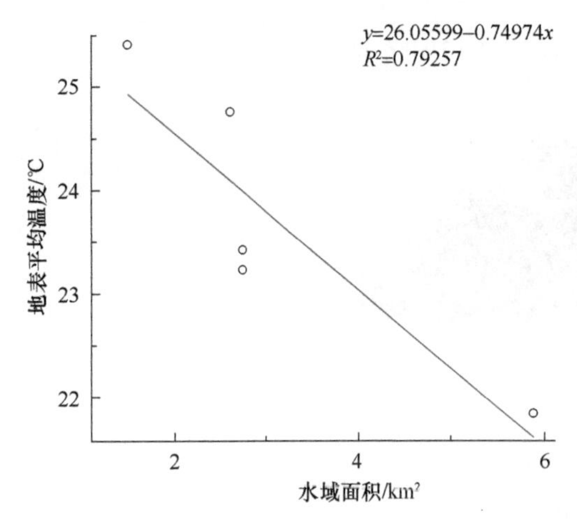

图5.39 西宁市水域面积与地表平均温度关系

等一系列生态工程的实施，使西宁市的热岛效应得到了有效缓解，并将在今后持续发挥降温效应。

通过分析2000～2019年西宁市遥感影像反演的地表温度，结合相应年份的植被覆盖度和土地利用类型数据得知：西宁市的城区热岛面积呈现先上升后下降的趋势，其中2000～2005年显著上升，2005～2015年持续下降，2015～2019年有小幅上升，19年间的城市热岛面积整体减少了44.82km^2。

西宁市城区的植被覆盖度在19年间整体呈现上升趋势，其中，中低植被覆盖度面积占城区面积比例增长最多（增长43.90%），低植被覆盖度面积的比例减少最多（减少61.58%）。高、中高植被覆盖度面积占比分别在2005年和2010年达到最高值，之后呈现缓慢下降的趋势。

经过温度模型和区域平均温度计算得知，西宁市城区林地和草地的区域平均降温效应分别为2.22℃和4.37℃，水域的区域平均降温效应为2.19℃，西宁市的林地、草地和水域发挥了对城市热岛效应的减缓作用。

西宁市在建成区面积迅速扩张的发展态势下，城区南北山地的植被覆盖率逐年增大，河谷地区的水域和湿地面积不断扩大，城市热岛效应得到明显的控制和缓解，这与多年的生态工程建设密切相关，2000～2019年的生态建设成效显著。

西宁市位于青藏高原东北部，降水量少、蒸发量大，城市气候较为干旱，天然植被主要分布于河谷地区。西宁市建成区主要分布于河谷地区，进入21世纪后，城市建设用地面积迅速扩张，耕地、草地、湿地等转换为建设用地后，城市热岛效应逐渐增强。高原的自然环境条件较差，生态系统较为脆弱，湿地、草地等一旦遭受破坏很难在自然状态下恢复，而西宁市的城市发展将生态用地占用后，需要更大力度增加城区的绿化面积和湿地公园数量等。

依据西宁市城市化建设和生态建设的现状，提出以下减缓热岛效应的措施：第一，将传统的集中绿化转变为均匀布置，对于城区密集开发的建设用地，如在海湖新区、生物园区、城南新区等新建城区配置一定数量的绿化用地，坚持道路绿化，新建、扩建公园；第二，在老城区改造过程中，除保留已有的林木外，还要大量引种和补栽林木，尝试对建筑物顶部、墙壁绿化，如城中区建国路至西门口老城街区，在改造过程中增加绿色苗木；第三，借助海绵型城市的建设工程，拓宽现有河道，在湿地生态设计和保护中增加人工湿地，总结已建的湟水河湿地公园、北川河湿地公园以及南川河河道整治等一系列生态工程的经验，在有条件的单位、居民区和商业区增加人工库塘数量和面积，如在西宁钢厂等高耗能、高热源区域增加水域面积。

作为高原城市，西宁市夏季温度相对较低，在20世纪以来快速城市化的过程中，生态建设有效地巩固并增强了城市的气候舒适度。根据国内普遍采用的温湿指数、风效指数算法对10个避暑型旅游城市的气候舒适度进行评价，研究得出西宁市和丽江市6～8月气候最为凉爽舒适，最适合夏季避暑旅游的结论（刘峰贵等，2015）。依据气象站点每月的平均气温、相对湿度和风速数据，运用模糊综合评价法对古丝绸之路沿线的14个旅游城市的气候资源进行对比研究，发现西宁市的气候舒适度居首位，西宁市的气候本身具有相对优势，在城市生态建设后更加巩固了其在全国避暑城市和古丝绸之路沿线城市中的优势地位。

在生态建设中，也可通过减少二氧化碳的排放量，以减轻温室效应间接降低城市地表的温度，但此措施具有相对滞后效应。本节所涉及的主要是生态系统碳汇增加方面，在减少碳排放量方面，西宁市作为第三批国家低碳试点城市，西宁经济技术开发区甘河工业园区已开展低碳示范试点工作，在低碳交通运输、低碳农业发展等方面成效显著。

西宁及周边气象站记录的数据显示，2000年以来的年平均气温呈现缓慢上升趋势，在气候变化背景下，城市年均温波动上升致使城市遭受高温袭击的可能性增大，在影响热岛效应的同时，还极易引发气候干旱、森林火灾等自然灾害（徐明超和马文婷，2012）。城市热岛效应受气候变化的影响是值得关注的，在气候变化影响下，植被和水体抵抗高温袭击的能力需进一步深入探究。

5.6　生态工程实施的经济、社会效益评估

5.6.1　经济效益评估

从农户生活水平、家庭经济收入、生态补偿重要性、退耕前后的经济收入变化和退耕前后的务工时间变化5个方面进行河湟谷地生态功能区生态工程的经济效益评估。

调查结果显示，自生态工程实施后，河湟谷地生态功能区农户的生活水平和家庭经济收入均有了显著的提升和增加。整体来看，被调查（57.48%）农户认为生活水平有了显著提升。分地区来看，川水地区、浅山地区和脑山地区约60%的被调查者均认为生态工程实施以来，生活水平有了提升。因此，研究结果显示生态工程实施后农户普遍认为生活水平较之前有所提升。从生态工程实施后农户家庭经济收入变化来看，河湟谷地生态功能区52.34%的农户认为家庭经济收入较之前有所增加，36.92%的农户

认为家庭经济收入没变化，10.74%的农户认为家庭经济收入有所降低。分地区来看，川水、浅山和脑山地区的农户普遍都认为生态工程实施后，家庭经济收入有所增加>家庭经济收入没变化>家庭经济收入有所降低，因此总体来看，该地区生态工程实施后家庭经济收入有所增加。

从生态补偿对农户的重要性来看，43.93%的农户认为生态补偿比较重要，46.73%的农户认为无所谓，9.34%的农户认为不重要，整体来看，河湟谷地生态功能区大部分农户认为生态补偿无所谓。分地区来看，川水、浅山和脑山地区的农户都普遍认为生态补助无所谓。这主要与生态补偿的标准和期限有关，第一期退耕还林时，补偿标准较低，以粮食补偿为主。一期退耕还林户的期限已到，故已经停止生态补偿。二期退耕还林生态补偿标准不太高，比起其他家庭经济收入较少，故大部分农户反映生态补偿对自己无所谓。

从生态工程实施后，农户退耕地前后的收入来看，河湟谷地生态功能区大部分农户认为生态工程实施后，退耕地的收入较之前增加了。42.12%的农户认为退耕地后的收入较之前有所增加，37.85%的农户认为没有变化，20.03%的农户认为减少了。其中，川水地区40%的农户认为退耕地后的收入较之前增加了，42.22%的农户认为没变化，17.78%的农户认为减少了。浅山地区41.42%的农户认为退耕地后的收入较之前增加了，36.36%的农户认为没变化，22.22%的农户认为减少了。脑山地区41.18%的农户认为退耕地后的收入较之前增加了，38.24%的农户认为没变化，20.58%的农户认为减少了。综上所述，对于退耕地前后的收入，川水地区的农户认为减少了，浅山地区和脑山地区农户认为增加了，可能与川水地区的退耕地经济效益比浅山地区和脑山地区的高有关。

从生态工程实施后农户的务工时间看，河湟谷地生态功能区大部分农户认为务工时间较之前有所增加，66.82%的农户认为生态工程实施后务工时间较之前有所增加，31.78%的农户认为没有变化，只有1.4%的农户认为减少了。分地区来看，川水、浅山和脑山地区的农户普遍认为务工时间有所增加。从生态工程实施后的第一产业增加值来看，河湟谷地生态功能区各县区的第一产业增加值从2000年开始一直呈上升趋势（图5.40）。其中，湟源县、化隆县和平安区的增长速度相比于其他县（区）较平稳，大通县、湟中区、互助县、乐都区和民和县的第一产业增加值增长速度较快。生态工程的实

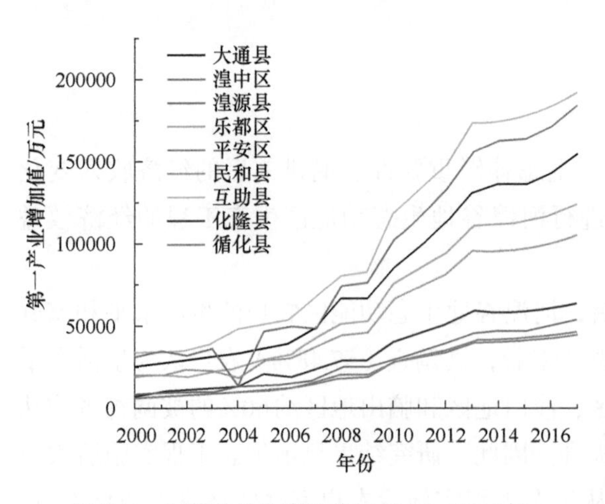

图5.40 河湟谷地生态功能区2000～2018年第一产业增加值变化曲线

施直接提高了农户人均年增收。此外，生态工程实施促进了当地科学合理地利用土地，为地方经济发展创造了条件，且解放了生产力，富余劳动力外出务工，增加了收入，农户生活水平普遍提高。

整体来看，生态工程实施的主要经济效益如下：林业生态建设为当地提供了更多的就业机会，吸收了更多的劳动力。林业属于劳动密集型产业，生态建设工程实施需要大量的劳动力，直接吸收了当地农村剩余部分劳动力以及居住在城镇，仍在待业状态的劳动力，为大部分剩余劳动力提供了较好的就业机会。科学合理的规划，有效地改善了当地的生态系统结构，使得生态系统更加复杂，具有更加的稳定性，良好的生态条件为植被和作物的生长提供了最有力的保障，而且为逐步实现农作物绿色化生产提供了可能，减少了农药等的使用，促进了畜牧业发展，降低了农民的生活成本，带动了收入的增长。

对“森林景观和游憩”基本上大同小异即“人们利用休闲时间，自由选择的、在森林中进行的、以良好森林景观和生态环境为主要旅游资源，以恢复体力和获得愉悦感受为主要目的的所有活动总和”。主要包括森林自然景观资源、森林生态环境资源、人文景观资源。所以森林有很高的森林景观游憩价值。

5.6.2　社会效益评估

生态系统是生态文明建设的物质基础和空间载体，生态系统服务社会价值将人的价值观与自然生态联系起来，反映出人类社会的态度与偏好，为生态文明建设创造了良好的精神文明基础，有助于生态系统管护决策，可推动生态文明建设可持续发展。

从农户对国家生态工程的支持度来看，河湟谷地生态功能区大部分农户支持国家生态工程，82.71%的农户持支持态度，10.28%的农户持无所谓的态度，只有7.01%的农户持不支持态度。分地区来看，川水、浅山和脑山地区的农户也都普遍支持国家生态工程。从农户对政府部门生态工程实施工作的满意度来看，河湟谷地生态功能区大部分农户对政府部门生态工程实施工作的持满意态度，78.50%的农户持支持态度，15.89%的农户持无所谓态度，只有5.61%的农户持不支持态度。分地区来看，川水、浅山和脑山地区的农户也普遍持满意态度。

从国家生态工程实施后收入渠道来看，河湟谷地生态功能区大部分农户认为国家生态工程实施后收入渠道增多了，62.15%的农户认为国家生态工程实施后收入渠道增多了，34.58%的农户认为无变化，只有3.27%的农户认为减少了。分地区来看，川水、浅山和脑山地区的农户普遍认为收入渠道增多了。从农户对开展类似生态工程的需求度来看，河湟谷地生态功能区大部分农户对开展类似工程的需求度较高，79.44%的农户对开展类似工程的需求度较高，11.21%的农户无所谓，只有9.35%

的农户需求度较低。分地区来看，川水、浅山和脑山地区的农户普遍对开展类似工程的需求度较高。

从本地关于退耕还林的组织数量来看，河湟谷地生态功能区大部分农户认为组织次数较多，40.19%的农户认为组织次数较多，27.57%的农户认为一般，32.24%的农户认为较少。分地区来看，川水、浅山和脑山地区的农户普遍认为退耕还林的组织次数较多。从国家生态工程实施后农户郊游场所的丰富度来看，河湟谷地生态功能区大部分农户认为郊游场所增多了，72.90%农户认为郊游场所增多了，25.70%农户认为没变化，只有1.40%的农户认为减少了。分地区来看，川水、浅山和脑山地区的农户普遍认为郊游场所增多了。

整体来看，河湟谷地生态功能区生态工程实施的社会效益主要有以下几个方面：

（1）生态工程的实施，以及生态补偿机制的初步建立，使得实施区周边群众的就业渠道进一步拓宽，经济收入有较为明显的提高，其生产生活条件得到了改善。

（2）通过宣传、培训等工作，广大干部以及群众加深了对生态保护工程建设意义的认识，参与的自觉性提高，对生态保护的观念从老旧的事不关己到如今的主动参与，发生了极大的转变与提高，生态文明理念初步建立，并且生态保护工程的实施，为创建全国生态文明建设先行区以及示范区创造了条件。

（3）林业生态建设所种植的苗木产生的某些物质可以杀菌和治疗某些疾病；林内的负氧离子具有促进新陈代谢、提高人体免疫力、降低发病率、加快病体恢复的作用。生存环境的逐步改善，为愉悦的心情提供了良好的基础保障，更为身体素质的改善提供了有利条件，增强了整个国民的体质，延长了寿命，增强了群众投入生态建设的自觉性和积极性，推动了整个社会的全面进步。

（4）在林业生态工程建设区，现代科学技术在解决当前存在的生态环境问题上起到了关键作用，如飞播造林、防沙治沙等不仅仅是应用先进技术，更通过这个过程增强了人们的科技认识，使新技术的应用与培训形成了更加完善的体系。

（5）森林是生态建设的主体，森林资源的变化会引起生态环境的变化。生态保护工程实施中，天然林保护、防护林建设等措施实施，贯彻“生态建设、生态安全、生态文明”的战略思想，坚持“严格保护、积极发展、科学经营、持续利用”的指导方针，实施以生态建设为主的林业发展战略，森林资源保护与发展取得了显著成绩。由于国家重视生态建设，各地强调实施科技造林，全社会群众性造林绿化运动蓬勃发展，造林取得了显著成效。在森林采伐消耗方面，坚持实行森林采伐限额制度，有效地控制了资源过量消耗。目前，我国森林资源状况已经得到了明显改善，森林覆盖率明显提高，森林面积持续增长，森林蓄积量稳步增加，森林质量有所改善，龄组结构和林种结构渐趋合理，表明以木材生产为主向以生态建设为主的林业历史性转变已初见成效。非公有制林业增加，所有制形式和投资结构开始趋向多元化。森林资源初步呈现出良好的增长态势，森林蓄积量也缓慢增长，森林资源整体质量开始好转，反映出森林结构的各项指标朝着合理化方向转变，森林生产力提高，森林生态功能增强。

5.7　生态保护、修复与建设集成模式

集成模式提出的主要目的：以生态增效、农业增收、供给有效为目标，通过集成分析提出针对该地区有差别的、较为有效的、集成的生态农业发展模式（图5.41）。

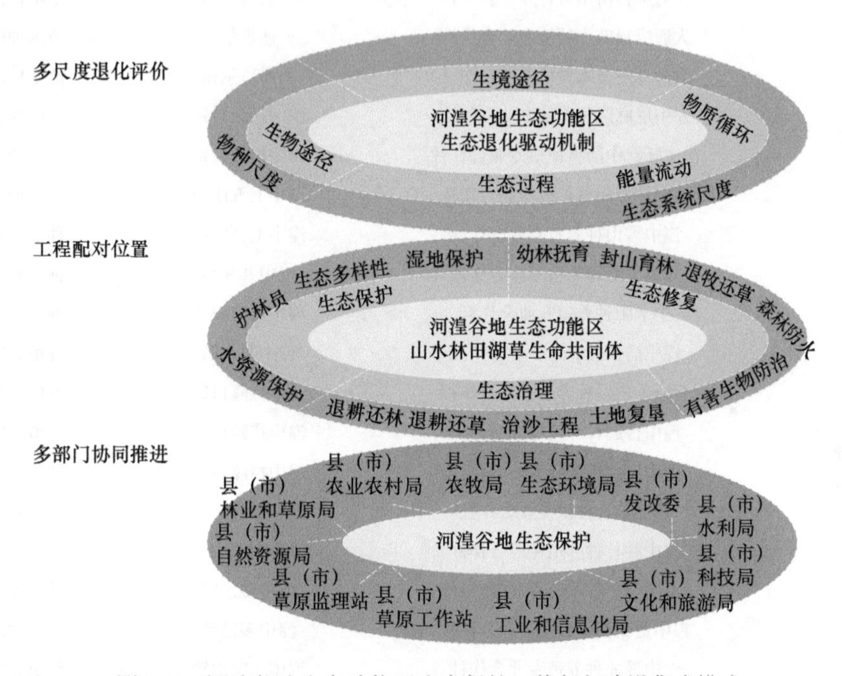

图5.41　河湟谷地生态功能区生态保护、修复与建设集成模式

河湟谷地生态功能区农业-生态生产集成模式清单见表5.18。

表5.18　河湟谷地生态功能区农业-生态生产集成模式清单

	实施单位	主要实施地区	实施模式
生态种植养殖业	湟中文昱种植养殖专业合作社	湟中	养殖
	湟中秀野养殖专业合作社	湟中	养殖
	湟源泽农药材种植有限公司	湟源	药材种植
	大通淼鑫林下生态种植专业合作社	大通	林下生态种植
	乐都长征苗木种植专业合作社	乐都	苗木种植
	大通鑫隆板蓝根种植营销专业合作社	大通向化藏族乡	药材种植
	大通桦茂藏药种植专业合作社	大通桦林乡	药材种植
	大通山丰林下种植专业合作社	大通东峡镇	林下种植

续表

	实施单位	主要实施地区	实施模式
生态种植养殖业	大通国粹中藏药种植专业合作社	大通良教乡	药材种植
	大通吉翔种养植专业合作社	大通桥头镇	种植养殖
	大通博鑫林下种养殖专业合作社	大通向化藏族乡	种植养殖
	大通锦禾苑特养殖专业合作社	大通朔北藏族乡	养殖
	大通百灵特种养殖专业合作社	大通逊让乡	种植养殖
	大通青顺种养殖专业合作社	大通长宁镇	养殖
	大通存明苗木种植专业合作社	大通城关镇	苗木种植
	大通宝杉苗木繁育专业合作社	大通塔尔镇	苗木种植
	大通成禄苗木种植专业合作社	大通塔尔镇	苗木种植
	大通林友苗木种植专业合作社	大通塔尔镇	苗木种植
	湟中尼麻隆种养殖专业合作社	湟中拦隆口镇	种植养殖
	湟中旺财中药材种植专业合作社	湟中拦隆口镇	药材种植
	湟中恩成药材种植专业合作社	湟中上五庄镇	药材种植
	湟中雪山种养殖专业合作社	湟中上新庄镇	种植养殖
	湟中生跃种养殖专业合作社	湟中共和镇	种植养殖
	中卡阳种养殖专业合作社	湟中拦隆口镇	种植养殖
	湟中浩恒种养殖专业合作社	湟中共和镇	种植养殖
	青海千户营种养殖专业合作社	湟中拦隆口镇	种植养殖
	湟中鲁起种养殖专业合作社	湟中拦隆口镇	种植养殖
	湟中广益种养殖专业合作社	湟中拦隆口镇	种植养殖
	湟中瑞林种植专业合作社	湟中鲁沙尔镇	种植养殖
	湟中胜林种养殖专业合作社	湟中李家山镇	种植养殖
	湟中益平种养殖专业合作社	湟中多巴镇	种植养殖
	湟中更新苗木种植专业合作社	湟中多巴镇	苗木种植
	湟中继才种养殖专业合作社	湟中李家山镇	种植养殖
	湟中国力种养殖专业合作社	湟中西堡镇	种植养殖
	湟中宏昕种植专业合作社	湟中多巴镇	种植养殖
	湟中祥茂种养殖专业合作社	湟中上新庄镇	种植养殖
	湟中旺林种养殖专业合作社	湟中西堡镇	种植养殖
	湟中郎目滩种植专业合作社	湟中上新庄镇	种植
	湟中通海苗木种植专业合作社	湟中多巴镇	苗木种植
	湟中长生种植专业合作社	湟中西堡镇	种植
	湟源青松苗木种植专业合作社	湟源大华镇	苗木种植
	湟源文兰苗木种植专业合作社	湟源大华镇	苗木种植
	湟源发林苗木种植专业合作社	湟源和平乡	苗木种植
	湟源发新苗木种植专业合作社	湟源巴燕乡	苗木种植
	湟源明义种植专业合作社	湟源申中乡	种植
	湟源明芬种植专业合作社	湟源申中乡	种植

续表

	实施单位	主要实施地区	实施模式
生态种植养殖业	湟源元德苗木种植专业合作社	湟源城郊乡	苗木种植
	湟源存元苗木种植专业合作社	湟源大华镇	苗木种植
	湟源森源苗木种植专业合作社	湟源大华镇	苗木种植
	湟源绿岩苗木种植专业合作社	湟源城关镇	苗木种植
	湟源立信苗木种植专业合作社	湟源城关镇	苗木种植
	湟源伟鹏种植专业合作社	湟源申中乡	种植
	湟源永文苗木种植专业合作社	湟源和平乡	苗木种植
	湟源育销苗木种植专业合作社	湟源大华镇	苗木种植
	湟源禄凯种植专业合作社	湟源巴燕乡	种植
	湟源桦林中药材种植专业合作社	湟源大华镇	药材种植
	湟源建忠药材种植专业合作社	湟源城关镇	药材种植
	湟源绿宝养殖专业合作社	湟源城关镇	养殖
	湟源青农药材种植专业合作社	湟源巴燕乡	药材种植
	湟源汇森药材种植专业合作社	湟源大华镇	药材种植
	湟源源禾种植专业合作社	湟源申中乡	种植
	湟源绿达药材种植专业合作社	湟源大华镇	药材种植
	湟源弘丰油菜籽种植专业合作社	湟源申中乡	油菜籽种植
	湟源沐园种植专业合作社	湟源申中乡	种植
	湟源新源药材种植合作社	湟源大华镇	药材种植
	湟源荣鑫药材种植专业合作社	湟源申中乡	药材种植
	民和富顺种植养殖专业合作社	民和甘沟乡	种植养殖
	民和昱荣生态种植专业合作社	民和硖门镇	生态种植
	民和海丰种植专业合作社	民和西沟乡	种植
	民和春良苗木种植合作社	民和巴州镇	苗木种植
	民和金田苗木种植专业合作社	民和中川乡	苗木种植
	民和元诚种植专业合作社	民和总堡乡	种植
	民和兆彦种植专业合作社	民和总堡乡	种植
	民和春兰苗木种植专业合作社	民和总堡乡	苗木种植
	民和绿赢苗木种植专业合作社	民和马营镇	苗木种植
	民和仕华种植专业合作社	民和川口镇	种植
	民和化润种植专业合作社	民和硖门镇	种植
	民和德发种植专业合作社	民和总堡乡	种植
	民和福全种植专业合作社	民和西沟乡	种植
	海东市乐都蛟鹏生态富硒养鸡专业合作社	乐都下营藏族乡	生态富硒养鸡（养殖）
	乐都兴昌野生养殖专业合作社	乐都寿乐镇	养殖
	乐都明家杂果种植专业合作社	乐都下营藏族乡	杂果种植
	海东市乐都山红百果种植专业合作社	乐都高庙镇	水果种植
	乐都洪强樱桃种植专业合作社	乐都高庙镇	水果种植

续表

	实施单位	主要实施地区	实施模式
生态种植养殖业	乐都岳琳种养殖专业合作社	乐都瞿昙镇	养殖
	乐都长征苗木种植专业合作社	乐都芦花乡	苗木种植
	乐都达江名优果品种植专业合作社	乐都高庙镇	水果种植
	乐都树盛苗木种植专业合作社	乐都碾伯镇	苗木种植
	乐都果林苗木种植专业合作社	乐都碾伯镇	苗木种植
	乐都万能种植专业合作社	乐都高庙镇	种植
	海东市绿天地种植专业合作社	乐都碾伯镇	种植
	乐都增荣种植专业合作社	乐都高庙镇	种植
	平安绿茵苗木种植专业合作社	平安平安镇	苗木种植
	平安昌新苗木种植专业合作社	平安平安镇	苗木种植
	海东市昌发生态鸡养殖专业合作社	平安沙沟回族乡	养殖
	平安晨光富硒树莓种植专业合作社	平安沙沟回族乡	种植
	互助千山秀农林种植专业合作社	互助东沟乡	种植
	互助成林苗木种植专业合作社	互助塘川镇	种植
	互助学虎种植农民专业合作社	互助加定镇	种植
	互助绿茂苗木种植农民专业合作社	互助加定镇	苗木种植
	互助成举苗木种植农民专业合作社	互助东沟乡	苗木种植
	互助大全种植营销农民专业合作社	互助五峰镇	种植
	互助国林浆果种植农民专业合作社	互助南门峡镇	水果种植
	互助金鉴药材种植专业合作社	互助东沟乡	药材种植
	互助光亮种植农民专业合作社	互助南门峡镇	种植
	互助旦华种植农民专业合作社	互助松多藏族乡	种植
	互助哈孙土鸡原生态养殖农民专业合作社	互助哈拉直沟乡	养殖
	海东地区彩虹特种养殖专业合作社	互助东和乡	种植养殖
	互助药水泉原生态种养殖农民专业合作社	互助东和乡	种植养殖
	互助青辉种养殖农民专业对合作社	互助蔡家堡乡	种植养殖
	互助荣诚养殖农民专业合作社	互助台子乡	养殖
	互助万康特色种养殖农民专业合作社	互助南门峡镇	种植养殖
	互助黑羽珍含养殖农民专业合作社	互助塘川镇	养殖
	化隆绿兴种养殖专业合作社	化隆	种植养殖
	化隆集鑫种养殖专业合作社	化隆甘都镇	种植养殖
	循化果丰特色种植专业合作社	循化查汗都斯乡	种植养殖
	循化南台滩大红枣种植专业合作社	循化清水乡	大红枣种植
	循化友林花椒种植专业合作社	循化街子镇	花椒种植
	青海忠华核桃有限公司	循化	核桃种植加工
农林园艺产业	青海康普生物科技股份有限公司	西宁	药材种植加工
	青海清华博众生物技术有限公司	西宁	药材种植加工

续表

	实施单位	主要实施地区	实施模式
农林园艺产业	青海省顺康生物开发有限公司	西宁	药材种植加工
	西宁市园林建设开发有限责任公司	西宁	园林公司
	西宁盛泰园艺有限责任公司	西宁	园艺公司
	循化南台农林开发有限公司	循化	农林公司
	青海省循化花椒红绿色农产品开发有限责任公司	循化	特色农产品种植加工
	青海省绿海生态建设苗木有限公司	乐都	苗木种植销售
	循化绿叶中藏药材科技产业开发有限公司	循化	药材种植加工
	青海三江雪食品饮料有限公司	互助	水果种植加工
	民和绿禾园林绿化有限公司	民和	园林绿化公司
	民和明盛园林绿化有限公司	民和	园林绿化公司
	民和大地绿良种苗木培育有限公司	民和	苗木种植销售
	青海紫元生态科技开发有限公司	海东市乐都	
	青海树莓农业产业化有限公司	湟源申中乡前沟村	水果种植销售
	青海嘉林浆果产业有限公司	海东市互助威远镇	水果种植销售
	青海美之林绿化有限公司	海东市互助威远镇卓扎滩村	园林绿化公司
	青海春常在绿化工程有限公司	西宁	园林绿化公司
	大通九盛源森林培育有限责任公司	大通	苗木种植销售
	乐都映山红樱桃专业合作社	乐都	水果种植销售
	青海诺蓝杞生物科技开发有限公司	西宁	水果种植销售
	西宁市城市园林绿化工程有限公司	西宁	园林绿化公司
	西宁市风景园林建设有限公司	西宁	园林绿化公司
	大通绿苗苗木花卉生产经营专业合作社	大通	苗木花卉公司
	青海高原美生态农业开发有限公司	西宁	
	乐都清泉樱桃专业合作社	乐都	水果种植销售
	青海汇峰天然野生资源开发有限公司	西宁	野生植物资源加工
	三江雪枸杞养生科技有限公司	西宁	水果种植销售
	青海巨峰农畜产品综合开发有限公司	西宁	养殖产品加工
	青海圣烽生物技术开发有限公司	西宁	药材种植加工
	民和堡嘉隆特色农业有限责任公司	民和	特色农产品加工
	循化大红袍花椒开发有限公司	循化	特色农产品加工
	西宁百灵生态产业有限公司	西宁	
	循化万云花椒农民专业合作社	循化	特色种植
	乐都茂源特色种苗产业化专业合作社	乐都	苗木种植
	大通鑫森源林生产经营专业合作社	大通	苗木种植
	大通富森林业专业合作社	大通	苗木种植
	大通祥泰生态苗木专业合作社	大通景阳镇	苗木种植
	大通翔源林业产业发展专业合作社	大通桦林乡	苗木种植

续表

	实施单位	主要实施地区	实施模式
农林园艺产业	大通泽霖苗木培育营销专业合作社	大通黄家寨镇	苗木种植
	大通锦绣生态农业观光专业合作社	大通城关镇	农业观光
	大通鑫森源林业生产经营专业合作社	大通塔尔镇	苗木种植
	大通金土地农业综合服务专业合作社	大通城关镇	
	大通森之源苗木繁育专业合作社	大通景阳镇	苗木种植
	大通富森林业专业合作社	大通城关镇	苗木种植
	大通成才农牧专业合作社	大通青林乡	
	大通正源林业专业合作社	大通城关镇	苗木种植
	乐都绿园大樱桃专业合作社	乐都农业示范园区	水果种植
	乐都清泉樱桃专业合作社	乐都高庙镇	水果种植
	乐都茂源特色种苗产业化专业合作社	乐都雨润镇	苗木种植
	乐都映山红樱桃专业合作社	乐都高庙镇	水果种植
	乐都旺盛苗木专业合作社	乐都高庙镇	苗木种植
	乐都花滩苗木专业合作社	乐都高庙镇	苗木种植
	互助永秀苗木农民专业合作社	互助塘川镇	苗木种植
	化隆世明绿化专业合作社	化隆雄先藏族乡	苗木种植
	循化创辉农牧开发专业合作社	循化查汗都斯乡	
	循化万云花椒农民专业合作社	循化查汗都斯乡	特色种植
	循化兴青生态农牧开发专业合作社	循化查汗都斯乡	
	青海振荣薄皮核桃综合开发有限公司	循化	特色种植
	循化万云花椒农民专业合作社	循化	特色种植
	西宁景林林业发展有限责任公司	西宁	苗木种植销售
	青海康健生物科技有限公司	西宁	药材种植加工
	青海伊纳维康生物科技有限公司	西宁	药材种植加工
	青海景阳川农业生态观光专业合作社	西宁	生态观光
	青海宏博农林科技开发有限公司	西宁市城西区	

5.7.1 农业-生态生产模式特征

截至2018年年底，通过问卷调查和统计的166个村、乡、镇合作社中，大部分以合作社、专业合作社或公司的形式形成以下几种主要农业模式：苗木种植+农作物种植（52家）、种植+农作物种植（28家）、种养殖+农作物种植（27家）、作物种植（16家）、药材+农作物种植（14家）、特色种植+农作物种植（11家）、水果种植+农作物种植（15家）、农业观光+农作物种植（2家）。为了进一步厘清河湟谷地生态功能区主要农业-生态生产模式，图5.42具体展示了该区域各生产模式在全区村、乡、镇合作社中的比例。苗木种植+农作物种植是河湟谷地生态功能区占比最大的生产模式，其占比高达26.5%，是河湟谷地生态功能区最主要的生产模式；其次是种植＋农作物种植和种植养殖＋农作物种植两个模式，分别占总村、乡、镇合作社的16.9%和16.3%，为该区域较关键的生产模式；养殖＋农作物种植和药材种植＋农作物种植两种模式的占比也较大，分别为9%和8.4%；水果种植＋农作物种植和水果种植＋销售两种模式的占比也不小，分别占总村、乡、镇合作社的6%和6%。

总体来看，除了苗木种植和特色农产品种植模式是单一的生产模式外，其余14种模式均为“复合”模式，其中只有5个生产模式与加工和销售搭配，形成“链生”生产模式，它们分别是苗木种植＋销售、水果种植＋加工、水果种植＋销售、特色农产品种植＋加工和养殖＋加工模式；其他9种生产模式均与农作物种植互相搭配，形成河湟谷地生态功能区特有的“复合型”农业-生态生产模式（图5.42）。

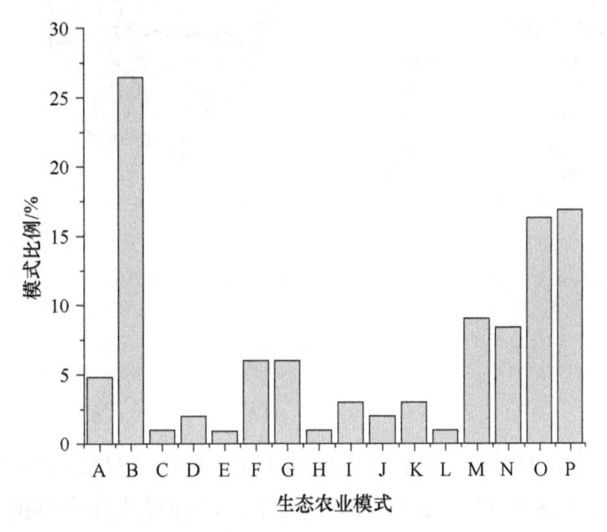

图5.42　河湟谷地生态功能区生态农业-生态生产模式分布比例

A．苗木种植；B．苗木种植＋农作物种植；C．苗木种植＋销售；D．农业观光＋农作物种植；E．水果种植＋加工；F．水果种植＋农作物种植；G．水果种植＋销售；H．特色农产品种植；I．特色农产品种植＋加工；J．特色农产品种植＋农作物种植．K．特色种植＋农作物种植；L．养殖＋加工；M．养殖＋农作物种植；N．药材种植＋农作物种植；O．种植养殖＋农作物种植；P．种植＋农作物种植

结合实际生产模式，不难发现河湟谷地生态功能区因其独特的地形条件和气候特征，生产模式形成“块状”分布特征，生态循环农业模式并不发达，且表现出独特的空间差异性（图5.43）。图5.43显示，河湟谷地生态功能区的农业-生态生产模式具有明显的空间差异性，化隆县和湟中区的种植养殖＋农作物种植模式占比最大，在各自的区域总模式中的占比均超过66%；民和县和互助县的主要生产模式为种植＋农作物种植，在全县总模式中的比例分别为53.3%和28.5%；平安区和大通县以苗木种植＋农作物种植模式为主，其模式在区域的比例分别为50%和46.4%；西宁市以水果种植＋销售模式为主，比例达40%，乐都区以苗木种植＋农作物种植和水果种植＋农作物种植模式为主，其比例分别为28%，而循化县以特色种植＋农作物种植和特色农产品

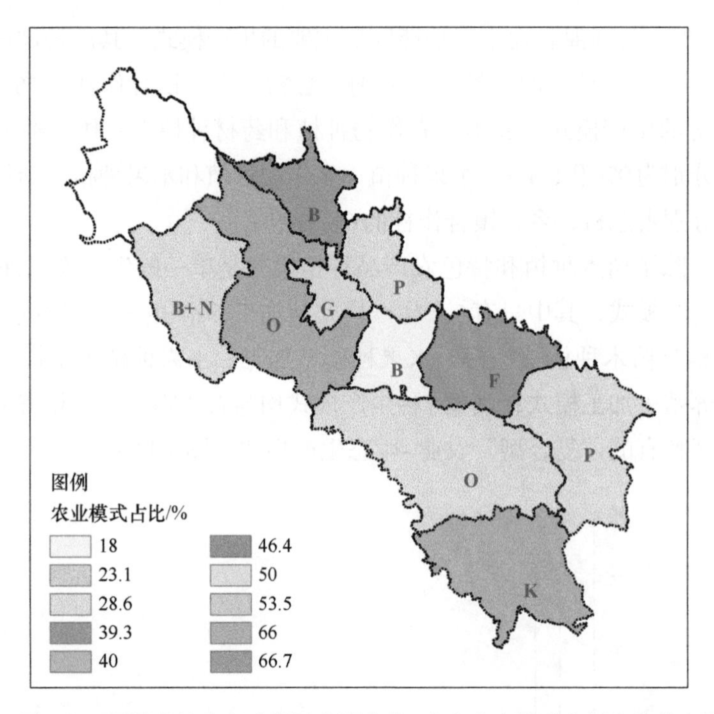

图5.43 河湟谷地生态功能区主要农业-生态生产模式空间占比分布图

B. 苗木种植+农作物种植；C. 苗木种植+销售；D. 农业观光+农作物种植；
E. 水果种植+加工；F. 水果种植+农作物种植；G. 水果种植+销售；H. 特色农产品种植；
I. 特色农产品种植+加工；J. 特色农产品种植+农作物种植；K. 特色种植+农作物种植；
L. 养殖+加工；M. 养殖+农作物种植；N. 药材重植+农作物种植；O. 种植养殖+农作物种植；P. 种植+农作物种植

种植+加工模式为主，其比例均为全县的23.1%；唯独湟源县以苗木种植+农作物种植和药材种植+农作物种植的"复合"模式为主，两种模式在全县的比例分别为39.2%和28.6%。综上所述，河湟谷地生态功能区农业-生态生产模式的特征可以总结为：以简单"复合型"模式为主，农作物种植模式为辅，特色农业种植+加工+销售为发展趋势，形成河湟谷地生态功能区独有的"复合型"农业-生态生产模式，集经济作物+农作物+养殖+特色农产品加工、销售方式为一体，发挥各区域独特的气候和地形优势，形成了该区域农业发展的基本生产模式。

5.7.2 农业-生态生产模式的区域性特征

为进一步探究河湟谷地生态功能区各区域的农业-生态生产模式，有必要对各区域主要生产模式的分布特征进行归纳和总结，并对各区域特有的模式进行评估和分析，以更好、更科学地理解和掌握该区域农业模式，为决策者和政策制定者提供依据。

西宁市作为河湟谷地生态功能区经济最发达、人口分布最密集、物质需求最高的省会城市，其耕地面积主要分布在城郊边缘地带，农业-生态生产模式以水果种植+销售模式为主（表5.19），以经济林苗木种植模式和农业观光＋农作物种植模式等为辅。该区农业发展符合农业圈层区位结构，以西宁市为核心，主要发展绿化经济林和花卉养殖业，以此为依托发展观光旅游业，并在外围区域发展收入相对较高的养殖业，以供城市大量人口的需求。而水果种植＋销售模式占比40%，主要依托城市人口众多，需求量大，且此类模式带来的经济效益更高。而随着人们物质需求的满足，对精神需求越来越注重，苗木种植＋农作物种植模式应该是今后发展的主要趋势，尤其以“花卉种植＋旅游观光”为主的生产模式将会成为主流。

表5.19　西宁市农业-生态生产模式种类占比统计

农业模式	A	D	G	L
占比/%	20.0	20.0	40.0	20.0

注：A. 苗木种植；D. 农业观光＋农作物种植；G. 水果种植＋销售；L. 养殖＋加工。

大通县农业-生态生产模式以苗木种植＋农作物种植模式为主（表5.20），以经济林苗木种植模式为辅，并发展养殖＋药材种植＋种植养殖＋农作物种植的特色农业-生态生产模式。苗木种植＋农作物种植模式的占比46.4%，主要依托该区域比例较大的耕地面积而发展，另一个重要的原因在于大通在西宁市辖区内，与市区距离近，因此，形成了以经济林“苗木种植”发展模式为主的生产模式，从而提高了经济收益。“养殖＋药材种植＋种植养殖＋农作物种植”模式也是今后发展的主要趋势，尤其药材种植和花卉种植的模式将成为未来大通县主要的生产发展模式。同时在保护生态的前提下，适当发展“农业观光＋”的农业-生态生产模式，将会带来更高的经济收益和生态收益。

表5.20　大通县农业-生态生产模式种类占比统计

农业模式	A	B	D	M	N	O	P
占比/%	14.2	46.4	3.5	10.8	10.8	10.8	3.5

注：A. 苗木种植；B. 苗木种植＋农作物种植；D. 农业观光＋农作物种植；M. 养殖＋农作物种植；N. 药材种植＋农作物种植；O. 种植养殖＋农作物种植；P. 种植＋农作物种植。

湟源县农业-生态生产模式也以苗木种植＋农作物种植模式为主，以经济林苗木种植模式为辅，并发展养殖＋药材种植＋种植＋农作物种植的特色农业-生态生产模式（表5.21）。苗木种植＋农作物种植模式占比39.2%，是主要依托西宁市而发展的经济林种植模式，提高了经济收益。“种植养殖＋种植＋农作物种植”的模式所占比例也较大，养殖带来的经济收益较高，但存在较大的环境污染，尤其是以养牛、猪和羊为主的养殖业，其粪便的处理还没有达到生态循环农业的标准，主要原因在于设备农业的发展速度远远落后于发达地区，其资金投入有限，尤其是粪便转化池的建设和相关天然气的设备缺乏。因此，在保护生态的前提下，养殖＋农作物种植模式目前发展受限。因此，未来的规划和模式转变应在设备农业中加大投资力度，实现生态循环农业，提高该县经济收益，并保证生态环境和农业增效双收益。

表5.21 湟源县农业-生态生产模式种类占比统计

农业模式	B	F	J	M	N	P
占比/%	39.2	3.6	3.6	3.6	28.6	21.4

注：B. 苗木种植+农作物种植；F. 水果种植+农作物种植；J. 特色农产品种植+农作物种植；M. 养殖+农作物种植；N. 药材种植+农作物种植；P. 种植+农作物种植。

湟中区农业-生态生产模式也以种植养殖+农作物种植模式为主，其占比66.6%（表5.22），其主要依托西宁市而发展，为城镇众多人口提供必需的奶、蛋、肉等农产品，从而提高经济收益。但此类模式也存在较大的问题，就是牲畜的粪便对生态环境的污染。因此，未来的规划和模式转变中应加强养殖业粪便、废水的处理能力和循环利用，发展循环农业模式，在保证生态环境免受污染和破坏的同时，提高经济效益。

表5.22 湟中区农业-生态生产模式种类占比统计

农业模式	B	M	N	O	P
占比/%	8.3	8.3	8.4	66.6	8.4

注：B. 苗木种植+农作物种植；M. 养殖+农作物种植；N. 药材种植+农作物种植；O. 种植养殖+农作物种植；P. 种植+农作物种植。

互助县农业-生态生产模式以种植+农作物种植模式为主，其占比28.5%，以“种植养殖+苗木种植+养殖”为辅（表5.23）。此类模式目前面临最大的挑战就是经济收益少、劳动投入较大。因此，未来的规划和模式转变应以经济收益大、生态环境改善为主，应依托该区域特有的自然资源，在保证生态环境免受污染的前提下，大力发展“农业观光+农作物种植”模式，以提高经济收益。

表5.23 互助县农业-生态生产模式种类占比统计

农业模式	B	C	E	F	M	N	O	P
占比/%	14.3	4.8	4.8	9.5	14.3	4.8	19.0	28.5

注：B. 苗木种植+农作物种植；C. 苗木种植+销售；E. 水果种植+加工；F. 水果种植+农作物种植；M. 养殖+农作物种植；N. 药材种植+农作物种植；O. 种植养殖+农作物种植；P. 种植+农作物种植。

平安区农业-生态生产模式以苗木种植+农作物种植模式为主，其占比50.0%（表5.24），以“养殖+种植+农作物种植”为辅。其主要依托西宁市和海东市发展经济林种植模式，从而提高经济收益。“养殖+种植+农作物种植”模式所占比例也较大，养殖带来的经济收益较高，同样也存在较大的环境污染，未来规划和模式转变应在设备农业中加大投资力度，实现生态循环农业，提高该县经济收益，并保证生态环境免受污染和破坏。

表5.24 平安区农业-生态生产模式种类占比统计

农业模式	B	M	P
占比/%	50.0	25.0	25.0

注：B. 苗木种植+农作物种植；M. 养殖+农作物种植；P. 种植+农作物种植。

乐都区农业-生态生产模式以苗木种植+农作物种植和水果种植+农作物种植模式为主，其均占28.0%（表5.25），以“养殖+种植+农作物种植”为辅。其主要依托海东市而发展经济林种植模式，从而提高经济收益。“养殖+种植+农作物种植”模式所占比例也较大，养殖带来的经济收益较高，未来的规划和模式转变应在设备农业中加大投资力度，实现生态循环农业，提高该县经济收益，并保证生态环境免受污染和破坏。

表5.25　乐都区农业-生态生产模式种类占比统计

农业模式	A	B	F	G	M	P
占比/%	8.0	28.0	28.0	8.0	12.0	16.0

注：A．苗木种植；B．苗木种植+农作物种植；F．水果种植+农作物种植；G．水果种植+销售；M．养殖+农作物种植；P．种植+农作物种植。

民和县农业-生态生产模式以种植+农作物种植模式为主，其占比53.3%（表5.26），以苗木种植+农作物种植为辅。其生产模式主要是依托自身特有的气候而发展起来的，以兰州—西宁经济带为依托，发展种植+农作物种植，从而提高经济收益。但此类模式面临的最大挑战依然是经济收益较低，未来的规划和模式转变应在保证生态环境免受污染和破坏的前提下，大力发展“水果种植+养殖+特色农产品种植+加工”的生产模式，以此增加经济收益。

表5.26　民和县农业-生态生产模式种类占比统计

农业模式	A	B	I	O	P
占比/%	6.7	26.6	6.7	6.7	53.3

注：A．苗木种植；B．苗木种植+农作物种植；I．特色农产品种植+加工；O．种植养殖+农作物种植；P．种植+农作物种植。

循化县农业-生态生产模式以特色农产品种植+加工和特色种植+农作物种植模式为主，其均占23.1%（表5.27），以“特色农产品+养殖+农作物种植”为辅。其生产模式主要依托自身特有的气候和土壤而发展起来，尤其以循化辣椒为主的特色农产品种植+加工模式为特色，其已经发展成为该区域独特的生产模式，在此基础上，可以继续延伸，形成“种植+生产+加工+销售”为一体的产业链模式，扩大规模，加大生产力。

表5.27　循化县农业-生态生产模式种类占比统计

农业模式	B	H	I	J	K	M	O
占比/%	7.7	7.7	23.1	15.4	23.1	15.4	7.6

注：B．苗木种植+农作物种植；H．特色农产品种植；I．特色农产品种植+加工；J．特色农产品种植+农作物种植；K．特色种植+农作物种植；M．养殖+农作物种植；O．种植养殖+农作物种植。

化隆县农业-生态生产模式以种植养殖+农作物种植模式为主，其占比66.7%（表5.28），以苗木种植+农作物种植为辅。其主要依托自身特有的气候而发展起来该生产模式，但该模式存在较大的缺陷，即经济收益低，劳动力投入成本高。因此，未来的规划和模式转变应以经济收益大、生态环境改善为主，依托该区域特有的自然资源，在保证生态环境免受污染的前提下，大力发展“农业观光＋农作物种植”模式，以提高经济收益。

表 5.28 化隆县农业-生态生产模式种类占比统计

农业模式	B	O
占比/%	33.3	66.7

注：B. 苗木种植＋农作物种植；O. 种植养殖＋农作物种植。

5.7.3 农业-生态生产模式的潜力

总结和归纳河湟谷地生态功能区农业-生态生产模式存在的问题，并针对各区域农业-生态生产模式发展提出建议和意见，从而为河湟谷地生态功能区生态保护、修复与建设的集成模式提供依据和参考。

存在的问题如下：

“生态农业”模式落后，配套设施不齐。其中，“种植养殖＋种植＋农作物种植”带来的经济收益较高，但存在较大的环境污染，其粪便处理还没有达到生态循环农业的标准；“苗木种植＋农作物种植”模式和“种植养殖＋苗木种植＋养殖”模式经济收益少、劳动投入较大，设备不齐全。另外，特色突出的农业-生态生产模式也并未形成完整的产业链，设施不全。

“苗木种植”模式占比大，经济收益变幅较大，可持续性差，收入不稳定。平安区、大通县、湟源县等农业-生态生产模式以苗木种植＋农作物种植模式为主，苗木种植模式是单一的生产模式，且经济收益少、劳动投入较大，可持续性差。

“特色种植”模式规模小，“种植-生产-加工-销售”产业链模式薄弱。区域内“特色种植”模式多样，但只停留在农产品种植＋加工上，没有形成产业链，例如，循化辣椒为主的特色农产品种植＋加工模式，已经发展成为该区域独特的生产模式，但未形成“种植＋生产＋加工＋销售”为一体的产业链模式，应扩大规模，加大生产力。

“养殖＋”模式污染较大，相应减排措施不完备。“养殖＋”的模式所占比例较大，且能带来较高的经济收益，但对环境污染较大，养殖业中粪便处理还没有达到生态循环农业的标准，设备农业的发展速度远远落后于发达地区，资金投入有限，尤其是粪便转化池的建设和相关天然气设备缺乏。

5.7.4 特色生产模式

距离西宁市区35km处，有一个汉藏融合的民族村落——西宁市湟中区拦隆口镇卡阳村。卡阳，藏语的意思是“纯净、神圣的地方”，这里有独特的原始林区和高山牧场，景色优美，空气清新。

“绿水青山就是金山银山。”依托良好的生态，卡阳村实现了脱贫致富，还获得了全国美丽乡村示范村的称号，走出了一条旅游扶贫的“卡阳模式”。

曾经的卡阳村，虽然拥有美丽的高原牧场和原始林区，但却是远近闻名的贫困村，全村面积七成是水土流失区，耕地九成是坡耕地。亩产只有150kg，有建档立卡贫困户45户128人。每年雨季，地里的土壤肥料都会被雨水冲走。水土流失严重的土地状况，更是让卡阳村的耕地不能浇水，庄稼全靠天，种地收入低。

2014年10月26日，全国坡耕地水土流失综合治理项目湟中拦隆口项目区开工，卡阳村的183.33hm^{2}坡耕地改造为梯田。当地水土保持部门精准施策，通过精准对接生态观赏性树种、梯田特色农作物、珍稀花卉种植等措施，卡阳村周边地区的水热状况得到改善，土壤涵养水源能力得到明显增加，地表径流冲刷逐年减少，土壤侵蚀程度也逐年减轻，生态得以良性循环。

如同一块跳板，如今，村子以梯田为载体，千亩优质油菜基地、优质中藏药基地和生态花卉基地已初具规模，形成了“青山如黛、花海飘香”的高原特色乡村旅游景观，为日后发展农业生态观光旅游和生态文明建设奠定了基础。

2015年，卡阳村再次迎来新机遇。卡阳村走出了一条景区开发与精准扶贫相结合的特色路子，乡村旅游产业带动经济发展，形成了“企业家+驻村干部+村党支部+农户”的党建扶贫模式，成为青海省脱贫攻坚的典范。

2015年起，在高原美丽乡村等项目支持下，卡阳村家家户户都建起了新房，村里也通上了自来水，建起了污水处理站。同时，村里把闲置的土地整合起来，种花种草种树。2016年9月，一条由省政府拨款修建的乡村扶贫旅游公路铺到了村口，为美丽的卡阳村插上了腾飞的翅膀。

美好的田园风光吸引着一拨又一拨的城里人到卡阳寻觅乡愁，也带来了村民们的新生活。凭借得天独厚的自然资源，卡阳村通过招商引资，引入西宁乡趣农业科技有限公司15000万元投资，打造成集健身徒步、观光采风、体验乡趣、品尝美食于一体的户外旅游度假景区。不仅创下三年旅游综合收入2000多万元的历史新高，更实现了卡阳村村民人均收入超过万元的华丽变身。

村民韩秀穿着围裙戴着套袖，一边热情地招呼着游客，一边说道：“自从我们村硬件条件好了之后，来游山玩水的城里人越来越多，我也把在外地的小饭馆关了，专门回来搞农家乐。在家门口就能挣钱，这在过去想都不敢想。”

“卡阳村两委通过精准帮扶、组织开展技能培训等，帮助全村40多家农户办起了农家乐。同时为村民提供景区内护林员、导游、服务员等工作岗位，带动全村260人就业。”祁生海说。

2017年1月11日，为了进一步发挥党的领导核心作用，卡阳村联合周边6个村党支部和景区党支部，成立了卡阳乡村旅游中心党委，打造出以卡阳村为中心的乡村生态旅游辐射区，带动更多贫困群众依托“卡阳模式”脱贫致富。

2018年，卡阳村利用幸福乡村党建基金和党员集资的资金购置了两辆中巴车，依托卡阳景区，开始经营乡村旅游运输，卡阳村率先实现村集体经济“破零”目标；2018年，争取帮扶资金225万元，落实“南京-西宁友谊林”产业扶贫项目，完成建设高标准景观山杏林25hm^2，打造出卡阳“春赏花、秋摘果”的美丽景观。2019年，争取乡村振兴资金300万元，新建了民宿；争取“一事一议”资金568万元，新建了停车场、村级综合服务中心，完成村卫生室改造以及美丽乡村的提档升级。2020年，青海乡趣卡阳户外旅游度假景区与西宁新华联童梦乐园签订合作协议，双方将共建精品景区。

5.7.5 农业-生态生产模式的发展建议

生态农业是生态经济体系的基础，具有农业发展和生态保护的双重功能，代表着现代农业的发展方向。河湟谷地生态功能区独特的地貌和气候条件为发展绿色农业、特色农业、生态农业提供了有利条件。结合以上实际农业-生态生产模式发展情况，探讨生态农业的发展模式，为河湟谷地生态功能区生态保护、修复与建设集成模式提供依据和参考。

1）设施农业集成模式

生态农业发展过程中设施农业是十分重要的组成部分。通过采用现代农业工程和机械化技术，人为作物生长创造良好的条件，以科学施肥、科学灌溉、生物防治和物理防治为主要手段开展病虫害防治，以植物共生互补促进农业实现良性循环。针对养殖业而言，应该完善化粪池的建设和增加相关设施的投入，进而与种植业形成循环农业模式，形成“无污染、高收益、促发展”的农业集成模式，进一步提升经济收益。设施农业占用耕地较多，会使得矛盾加剧，需谨慎布局设施农业规模。

2）“专业合作社＋农户”集成模式

目前在河湟谷地生态功能区的农业-生态生产模式中，“专业合作社＋农户”发展模式是主要发展模式，这种模式形式灵活，方便管理，能够显著提升农民生产的积极性，但是由于政策扶持不到位，这种发展模式融资难度比较大，管理制度不健全，今后还应对管理、技术、资金、产品深加工等方面加大支持力度，提高专业合作社经济多元性，加强市场调研以及与政府之间的“配合”。

3）“公司＋基地（合作社）＋农户”集成模式

该种模式具有投资小、见效快、适合农户种植等特点，通过生产基地和农户的示范带动逐渐扩展到其他农户，从而促进生产规模不断扩大，生产出来的产品由地方龙头企业统一收购，打消农户农产品销售疑虑。同时，企业能够紧密把控市场动态，保证生产数量和生产质量，从而不断增加农产品经济效益，促进农民增产增收。

4）"互联网+、物联网"现代化集成模式

该模式通过生产基地农户和用户的直接链接，打通了销售渠道，保障了销售总量，通过"互联网+、物联网"和大数据分析，实时链接农户和用户的需求，达到供需平衡，从而不断增加农产品经济效益，促进了农户增产增收。

5）"生产-生活-生态"集成模式

由于农业-生态生产理论成果、技术体系的缺乏，直接影响了"生产发展"这一核心目标的实现，成为新农村建设持续健康发展的突出隐患。"生产-生活-生态"集成模式以产量提高为主体、生态化运行为要求、生活改善为目标，通过对设施园艺、畜禽养殖、农村能源及其他相关农业工程技术的有效集成，达到提高新农村生产力水平、提高农产品技术含量和附加值、发展循环农业、改善农村生态的目的。

5.8 结　　论

根据调查，河湟谷地生态功能区国家级生态工程包括退耕还林（草）、"三北"防护林工程、公益林建设、天然林保护、小流域侵蚀治理、退牧还草、坡耕地治理、水土保持治理工程等8项；省级生态工程包括湟水流域百万亩造林工程、南川河生态环境综合整治工程、南北山绿化工程、湟水两岸生态修复景观绿化项目等4项；县级生态工程主要包括水污染防治与水生态修复、河道管制、污水管网建设、苗木及药材种植等10类。河湟谷地生态功能区实施的生态技术主要包括水资源保护与建设、耕地资源保护与建设、林地资源保护与建设、草地资源保护与建设、湿地资源保护与建设等七大类。

自生态工程实施后，河湟谷地生态功能区农户的生活水平和家庭经济收入均有了显著的提升和增加；其实施使得实施区周边群众的就业渠道进一步拓宽，经济收入有较为明显的提高，民众生产生活条件得到改善；广大干部群众加深了对生态保护工程建设意义的认识，生态文明理念初步建立。

综合集成指标对河湟谷地生态功能区的生态价值变化进行分析表明，从2000年起，河湟谷地生态功能区生态服务总价值与河湟谷地单位面积生态系统服务总价值整体均呈现增加的趋势，年增幅分别为164800万元/a与10.57万元/（km^2·a），其中，2000年河湟谷地生态功能区生态系统产生的生态效益总价值为417.42亿元，单位面积生态系统服务价值为267.73万元/km^2。到2018年，河湟谷地生态功能区生态系统服务总价值为970.52亿元，单位面积生态系统服务价值为622.48万元/km^2，与2000年相比增加了553.1亿元，单位面积增加447.5万元。从空间分布来看，河湟谷地生态功能区生态系统服务总价值整体呈现由西至东、从北向南逐渐增加的趋势。2000～2010年，西北地区增加明显，南部地区增加缓慢；2010～2018年，区域东北部和南部增加较快，北部地区明显增加；2000～2018年，除西北部地区之外整体呈现增加趋势且增加趋势显著。就2000～2018年变化率而言，北部地区有大量增加，其他地区逐年呈现增加趋势。

据调查，河湟谷地生态功能区共有16种农业-生态生产模式，其中只有5种生产模式与加工和销售搭配，形成“链生”生产模式，它们分别是：苗木种植＋销售、水果种植＋加工、水果种植＋销售、特色农产品种植＋加工和养殖＋加工模式；而其他9种生产模式均与农作物种植互相搭配，形成河湟谷地生态功能区特有的“复合型”农业-生态生产模式。结合以上实际农业-生态生产模式发展情况，提出河湟谷地生态功能区在未来发展过程中可采用的农业-生态模式，如设施农业集成模式、“专业合作社＋农户”集成模式、“公司＋基地（合作社）＋农户”集成模式、“互联网＋物联网”现代化集成模式、“生产-生活-生态”集成模式等。

参考文献

曹广超，付建新，李玲琴，等．2018．1960-2014年祁连山南坡及其附近地区气温时空变化特征．水土保持研究，25（3）：88-96.

曹生奎，曹广超，陈克龙，等．2014．青海湖高寒湿地生态系统服务价值动态．中国沙漠，（34）：1402-1409.

车子涵，陈克龙，杜岩功，等．2022．冻融凹陷对瓦颜山湿地土壤微生物群落结构的影响．基因组学与应用生物学：1-20. http://kns.cnki.net/kcms/detail/45.1369.Q.20221020.1013.002.html.

陈桂琛．2007．三江源自然保护区生态保护与建设．西宁：青海人民出版社.

陈桂琛，陈孝全，苟新京，等．2008．青海湖流域生态环境保护与修复．西宁：青海人民出版社.

陈孝全．2002．三江源自然保护区生态环境．西宁：青海人民出版社.

陈云浩，李晓兵，陈晋，等．2002．1983—1992年中国陆地植被NDVI演变特征的变化矢量分析．遥感学报，（1）：12-18，81.

陈治荣，曹广超，陈克龙，等．2022．基于GIS的青海湖流域水生态功能分区．长江科学院院报：1-7．http://kns.cnki.net/kcms/detail/42.1171.TV.20220113.1411.016.html.

陈治荣，侯元生，陈克龙，等．2022．青海湖流域31样地植被监测数据集（2018）的组成．全球变化数据学报（中英文），6（1）：73-77，232-236.

崔一付，刘雨嘉，马敏敏．2018．青藏高原东北部官亭盆地新石器——青铜时代聚落时空演变及其影响因素．中国科学（地球科学），48：152-164.

范微维．2017．2000—2014年三江源区植被NDVI时空变化特征与气候变化响应分析．成都：成都理工大学.

高黎明，张乐乐．2019．青海湖流域植被盖度时空变化研究．地球信息科学学报，21（9）：1318-1329.

国务院．2005．青海省三江源自然保护区生态保护和建设总体规划．http://www.qh.xinhuanet.com /2005-08/31/content_5014834.htm[2005-08-31].

蒋莉莉，陈克龙，朱锦福，等．2021．青海湖鸟岛湿地温室气体通量对模拟降水改变的响应．兰州大学学报（自然科学版），57（5）：591-599，607.

李凤霞，李晓东，徐维新，等．2016．青海湖流域生态环境参量遥感定量反演技术及应用．北京：气象出版社.

李辉霞，刘国华，傅伯杰．2011．基于NDVI的三江源地区植被生长对气候变化和人类活动的响应研究．生态学报，31（19）：5495-5504.

李润杰，王文卿，刘得俊．2006．西宁周边沟道水土流失综合治理．水土保持研究，（4）：158-160.

李小雁，李凤霞，马育军，等．2016．青海湖流域湿地修复与生物多样性保护．北京：科学出版社.

李小雁，马育军，黄永梅，等．2018．青海湖流域生态水文过程与水分收支研究．北京：科学出版社.

刘宝元．2006．西北黄土高原区土壤侵蚀预报模型开发项目研究成果报告．北京：水利部水土保持监测中心.

刘峰贵，李春花，陈蓉，等．2015．避暑型旅游城市的“凉爽”气候条件对比分析——以西宁市为例．青海师范大学学报（自然科学版），31（1）：56-61.

刘峰贵，李春花，张海峰，等．2016．丝绸之路沿线旅游城市气候比较优势分析．青海师范大学学报（自然科学版），32（3）：51-55.

刘海红，汪有奎，李世霞．2011．祁连山生物多样性保护现状与发展措施．中国林业，（18）：36.

刘纪远，徐新良，邵全琴．2008．近30年来青海三江源地区草地退化的时空特征．地理学报，（4）：364-376.

刘敏超，李迪强，温琰茂．2005．论三江源自然保护区生物多样性保护．干旱区资源与环境，（4）：49-53.

马伟东，刘峰贵，陈琼，等．2017．湟水上游农户对自然灾害的感知及响应．青海师范大学学报（自然科学版），33（3）：49-53.

穆少杰，李建龙，陈奕兆，等．2012．2001—2010年内蒙古植被覆盖度时空变化特征．地理学报，67（9）：1255-1268.

青海省农业资源区划办公室. 1995. 青海土种志. 北京：中国农业出版社.
青海省农业资源区划办公室. 1997. 青海土壤. 北京：中国农业出版社.
青海省统计局. 2016. 青海统计年鉴2016. 北京：中国统计出版社.
邵全琴，樊江文. 2012. 三江源区生态系统综合监测与评估. 北京：科学出版社.
王宝，王涛，王勤花，等. 2019. 关于确保甘肃省祁连山生态保护红线落地并严守的科技支撑建议. 中国沙漠，39（1）：7-11.
王翀. 2013. 三江源区高寒草地净初级生产力模拟研究. 兰州：兰州大学.
王春敏. 2018. 基于NDVI的三江源植被变化及影响因素分析. 北京：中国地质大学（北京）.
王宁，陈民，郝多虎，等. 2013. 基于NDVI估算植被覆盖度的研究——以滁州市为例. 测绘与空间地理信息，36（5）：51-54，57.
温仲明，焦峰，赫晓慧，等. 2006. 纸坊沟流域黄土丘陵区土地生产力变化与生态环境改善. 农业工程学报，（8）：91-95.
吴恒飞，陈克龙，张乐乐. 2022. 气候变化下青海湖流域生态健康评价研究. 生态科学，41（4）：41-48.
吴致蕾，刘峰贵，陈琼，等. 2017. 公元733年河湟谷地耕地分布格局重建. 资源科学，39（2）：252-262.
谢遵党. 2017. 三江源水生态文明建设现状与建议. 中国水利，（17）：3-6.
徐明超，马文婷. 2012. 干旱气候因子与森林火灾. 冰川冻土，34（3）：603-608.
杨紫唯，陈克龙，张乐乐，等. 2022. 青海湖流域两种不同高寒湿地类型CO_2、CH_4和N_2O排放通量对模拟降水的响应. 生态科学，41（2）：211-219.
伊万娟，李小雁，崔步礼，等. 2010. 青海湖流域气候变化及其对湖水位的影响. 干旱气象，28（4）：375-383.
于德永，史培军，周涛，等. 2022. 青海省生态系统服务价值总量及时空差异的量化. 北京：科学出版社.
于信芳，庄大方. 2006. 基于MODIS NDVI数据的东北森林物候期监测. 资源科学，（4）：111-117.
曾泽南，沈守云. 2018. GIS支持下西毛里湖流域生态敏感性分析. 吉林农业，（14）：107-108.
张登山，吴汪洋，田丽慧，等. 2014. 青海湖沙地麦草方格沙障的蚀积效应与规格选取. 地理科学，34（5）：627-634.
张登山，张佩，吴汪洋，等. 2016. 青海湖东克土沙区风沙运动规律及防治对策. 中国沙漠，36（2）：274-280.
赵成章. 2017-07-17. 全面构筑祁连山生态安全屏障. 甘肃日报，008版.
赵传燕，别强，彭焕华. 2010. 祁连山北坡青海云杉林生境特征分析. 地理学报，65（1）：113-121.
郑度. 1996. 青藏高原自然地域系统研究. 中国科学（D辑：地球科学），（4）：336-341.
朱夫静. 2016. 基于遥感模型的三江源区合理牧业人口规模测算. 南昌：东华理工大学.
朱杰，龚健，李靖业. 2020. 青藏高原东部生态敏感区生境质量时空演变特征——以青海省河湟谷地为例. 资源科学，42（5）：991-1003.
Anderson R G, Goulden M L. 2011. Relationships between climate, vegetation, and energy exchange across a montane gradient. Journal of Geophysical Research: Biogeosciences, 116: 1-16.
Chen B X, Zhang X Z, Tao J, et al. 2014. The impact of climate change and anthropogenic activities on alpine grassland over the Qinghai-Tibet Plateau. Agricultural and Forest Meteorology, 189-190: 11-18.
Chen F H, Dong G H, Zhang D J, et al. 2015. Agriculture facilitated permanent human occupation of the Tibetan Plateau after 3600 BP. Science, 347: 248-250.
Dong G H, Jia X, Elston R, et al. 2013. Spatial and temporal variety of prehistoric human settlement and its influencing factors in the upper Yellow River valley, Qinghai Province, China. J Archaeol Sci, 40: 2538-2546.
Dong G H, Ren L L, Jia X, et al. 2016. Chronology and subsistence strategy of Nuomuhong culture in the Tibetan Plateau. Quat Int, 426: 42-49.
Jia X, Dong G H, Wang L, et al. 2016. How humans inhabited the northeastern Tibetan Plateau during the Little Ice Age: A case study at Hualong County, Qinghai Province, China. J Archaeol Sci Rep, 7: 27-36.
Lawrence D M, Rosie A F, Charles D K, et al. 2019. The community land model version 5: Description of new features, benchmarking, and impact of forcing uncertainty. Journal of Advances in Modeling Earth Systems, 11: 4245-4287.
Liu Y Y, Yang Y, Wang Q, et al. 2019. Evaluating the responses of net primary productivity and carbon use efficiency of global grassland to climate variability along an aridity gradient. Science of the Total Environment, 652: 671-682.
Potter C S, Randerson J T, Field C B, et al. 1993. Terrestrial ecosystem production: A process model based on global satellite and surface data. Global Biogeochemical Cycles, 7(4): 811-841.
Rahman M R, Shi Z H, Cai C, et al. 2015. Assessing soil erosion hazard a raster-based GIS approach with spatial principal component analysis (SPCA). Earth Science Informatics, 8:1-13.

Sharp R, Tallis H T, Ricketts T, et al. 2016. InVEST +VERSION+ User's Guide. The Natural Capital Project, Stanford University, University of Minnesota, The Nature Conservancy, and World Wildlife Fund.

Yu M, Cao G, Cao S, et al. 2019. Soil characteristics and water holding capacity of three typical shrubs in the southern slope of Qilian Mountains . Fresenius Environmental Billetin, 28 (4): 3357-3364.

Yu Z, Li Z, Xiao J, et al. 2019. Spatiotemporal transition of institutional and socioeconomic impacts on vegetation productivity in Central Asia over last three decades. Science of the Total Environment, 658: 922-935.

Zhang Z, Cao G, Cao S, et al. 2020. Study on carbon sequestration potential of an alpine meadow in Qinghai Province . Fresenius Environmental Billetin, 29 (11): 9789-9795.

Zhou W, Gang C, Zhou F, et al. 2015. Quantitative assessment of the individual contribution of climate and human factors to desertification in northwest China using net primary productivity as an indicator.Ecological Indicators, 48: 560-569.